普通高等教育系列教材

信号与系统分析基础

（非信息类专业）

潘文诚　徐宏飞　李津蓉　编著

机 械 工 业 出 版 社

本书是介绍信号与系统分析方法的基础教材。全书分7章，内容包括信号与系统的基本概念、连续信号的傅里叶变换、连续信号的拉普拉斯变换、离散信号与系统、离散傅里叶变换、快速傅里叶变换、数字滤波器设计等。本着以连续信号、连续系统的理论为基础，以离散信号、离散系统的理论和内容为重点的原则，本书探索主线式教学方式，力求使读者通过本课程的基础学习，能抓住贯穿本课程的主线，能掌握连续与离散两部分中信号分析与处理、系统分析与综合的具有共性的理论和方法。

本书可作为测控技术与仪器专业、理工科非信息类专业本科生的教材或参考书，也可供有关科技人员参考。

图书在版编目（CIP）数据

信号与系统分析基础：非信息类专业/潘文诚等编著. —北京：机械工业出版社，2011.1（2024.7重印）

普通高等教育系列教材

ISBN 978-7-111-32753-0

Ⅰ.①信… Ⅱ.①潘… Ⅲ.①信号分析-高等学校-教材②信号系统-系统分析-高等学校-教材 Ⅳ.①TN911.6

中国版本图书馆CIP数据核字（2010）第243923号

机械工业出版社（北京市百万庄大街22号 邮政编码100037）
策划编辑：王小东 责任编辑：王玉鑫 王小东 卢若薇
版式设计：霍永明 责任校对：李秋荣
封面设计：王伟光 责任印制：张 博
北京雁林吉兆印刷有限公司印刷
2024年7月第1版第8次印刷
184mm×260mm · 16.75印张 · 413千字
标准书号：ISBN 978-7-111-32753-0
定价：49.80元

电话服务	网络服务
客服电话：010-88361066	机 工 官 网：www.cmpbook.com
010-88379833	机 工 官 博：weibo.com/cmp1952
010-68326294	金 书 网：www.golden-book.com
封底无防伪标均为盗版	机工教育服务网：www.cmpedu.com

前　言

在微电子技术、计算机科学与技术取得了巨大成就的今天，信号的发生、传送、分析与处理的理论和方法，在自动控制、仪器仪表、机电工程、生物医学、遥感遥测、语音图像处理、通信学等工程技术领域有着广泛的应用。所以“信号与系统”这门课程，已被许多学校列入了电类、非电类专业的教学计划，作为这些理工学科的基础课程。

本书的读者对象定位为理工科非信息类专业的本科学生，为此在内容安排上有如下考虑：

1）全书包括了信号类课程中确定性信号、线性时不变系统连续和离散两部分的基础教学内容，且重点向离散部分倾斜，具有较强的系统性和实用性。本书的内容在讲述离散信号与系统分析的基础上，以相当多的篇幅介绍了数字信号处理和数字滤波器的基础知识，这为不单独开设“数字信号处理”课程的非信息类专业提供了信号类课程两课合一的选择与尝试。

2）本书对于信号与系统的连续与离散两部分中具有共性或可比性的知识点，比如连续时间信号和离散时间序列，傅里叶变换和离散傅里叶变换，连续、离散系统的系统函数和复频域分析，以及模拟滤波器和数字滤波器的性能指标、频率响应等，在论述中都考虑了突出其共性和可比性。力求使读者通过本课程的基础学习，能抓住贯穿本课程全局的主线，能掌握连续与离散两部分中信号分析与处理、系统分析与综合的具有共性的理论与方法。

3）本书加强了仿真实验的分量和工程背景的展示，使本课程从纯数学的教学环境中解脱出来。在各章均有一节对该章所涉及的知识点，给出了 MATLAB 仿真所需的函数说明和例程，并配备了仿真习题。考虑工科专业的需要，一些实践性较强的知识点，比如时域抽样、离散傅里叶变换参数选择、快速傅里叶变换编程等环节，均在理论阐述中融入了工程思想。

4）本书作为教材，参考学时为60学时左右。如果裁去第3章、第7章以及4.5.2、6.3节、6.6节等，可将学时数降低至40学时左右，且还能自成体系，不影响系统性。因此，本书可以适应不同专业的需要。

在成书过程中：徐宏飞编写了第2、3章，李津蓉编写了第4、5、6章，潘文诚编写了第1、7章以及各章的仿真部分，并负责了全书的统稿。书中参考和引用了相关教材与资料，在此对参考文献的作译者表示感谢。

由于作者水平有限，书中不当之处在所难免，恳请读者批评指正。

作　者

于西密湖畔

目　录

第1章　信号与系统的基本概念

在微电子技术、计算机科学与技术取得巨大成就的今天，信号的发生、传送、分析与处理的理论和方法，在自动控制、仪器仪表、生物医学、遥感遥测、语音图像处理、故障诊断、地震学、气象学、通信学等工程技术领域，以及基础科学、生产管理和文化艺术等领域都有着广泛的应用。

本章主要讨论信号与系统的基本概念，包括信号的定义、分类以及运算，信号与系统的关系，系统的定义、分类以及线性时不变系统的分析方法等内容。

1.1　信号

1.1.1　信号的定义

人们在社会活动与生产活动中，彼此通过语言、文字、数据和图像等来交流信息。通常信息是通过一定形式的信号来传送的。信号是信息的载体，信息是信号的内涵。

信号通过多种方式来描述：在物理上，信号是信息寄寓变化的形式；在数学上，信号是一个或多个变量的函数；在形态上，信号表现为一种波形；信号的自变量可以是时间、位移、周期、频率、幅度、相位等。

本书只讨论一维信号，并常常将应用广泛的电信号作为研究对象，它可以是电压和电流，也可以是电荷或磁通。信号具有一定的波形，根据出现时间的先后、持续时间的长短以及随时间变化的快慢等描述的是信号的时间特性。信号也可以是频率的函数，在一定条件下，信号可以分解为不同频率的正弦分量，即具有不同幅值的频率成分，这被称为信号的频率特性。

1.1.2　信号的分类

1. 连续时间信号和离散时间序列

(1)连续时间信号。在连续时间范围内有定义的信号称为连续时间信号，简称为连续信号，如图1-1a所示。连续信号的表达式与函数表达式相同，如

$$f(t) = A\cos\omega t$$

(2)离散时间信号(或称序列)。只有在一些离散时刻才有定义的信号称为离散时间信号，简称为离散信号或序列。此类信号时间是离散的，幅值是连续的。图1-1b是序列的图形表示，用其样值的集合可表示为

$$x(n) = \{4,\underline{3},0,2,1\} \tag{1.1.1}$$

式(1.1.1)中加注下画线的样值，表示其位于 $n=0$ 时的位置，n 只能取整数。

(3)数字信号。时间是离散的，幅值也是离散的信号称为数字信号。由于幅值是离散的，故数字信号的每个样值又可以表示为二进制码的形式。数字信号是通过模/数(A/D)转

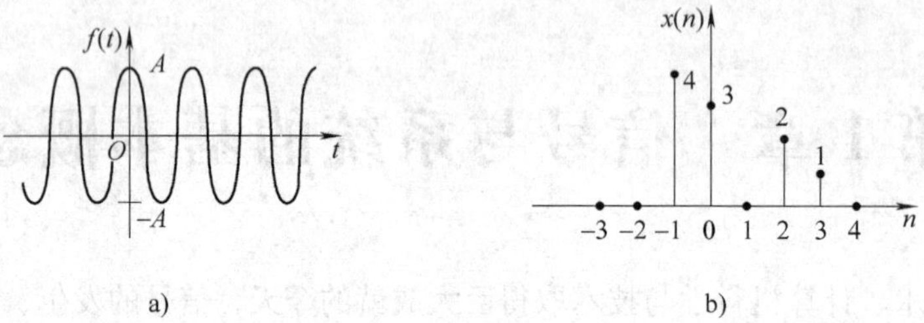

图 1-1　连续时间信号和离散时间序列

换器对连续时间信号 $f(t)$ 等间隔抽样得到的，抽样间隔为 T_s，抽样频率为 f_s。

离散时间信号 $x(n)$ 也看做是对连续时间信号 $f(t)$ 的等间隔抽样。因离散时间信号的一些理论同样适用于数字信号，故本书基本上讨论离散时间信号的分析和处理。

2. 周期信号与非周期信号

(1)连续时间周期信号。一个连续信号 $f(t)$，若对所有的 t 均有

$$f(t)=f(t+mT) \qquad m=0,\ \pm1,\ \pm2,\ \cdots \tag{1.1.2}$$

则称 $f(t)$ 为连续时间周期信号，满足式(1.1.2)的最小 T 值称为 $f(t)$ 的周期。

(2)离散时间周期信号。一个离散时间序列 $x(n)$，n 与 N 均为整数，若对所有的 n 均有

$$x(n)=x(n+mN) \qquad m=0,\ \pm1,\ \pm2,\ \cdots \tag{1.1.3}$$

则称 $x(n)$ 为离散时间周期信号，满足式(1.1.3)的最小 N 值称为序列 $x(n)$ 的周期。

(3)非周期信号。凡是不满足式(1.1.2)或式(1.1.3)的信号都称为非周期信号，或者认为它具有趋向于无穷大的周期。

3. 确定性信号与随机信号

(1)确定性信号。任一由确定性时间函数描述的信号称为确定性信号或规则信号。这类信号给定某一时刻值时，就能确定一个相应的信号值。

(2)随机信号。随机信号在某一时刻的取值具有不确定性，只能通过大量试验测出它在某一时刻取值的概率分布，用统计特性加以描述。

本书主要讨论确定性信号的分析与处理。

4. 能量信号与功率信号

信号有多少能量以及对应的功率是多少，显然是一个重要的问题。由电磁场理论得知，电场的能量密度和电场强度的幅值平方成正比，电路中的一个电阻上消耗的功率也是和电压的平方成正比的。故对于连续信号 $f(t)$，如果有

$$E=\lim_{T\to\infty}\int_{-T}^{T}|f(t)|^2\mathrm{d}t<\infty \tag{1.1.4}$$

对于离散信号 $x(n)$，如果有

$$E=\sum_{n\to-\infty}^{\infty}|x(n)|^2<\infty \tag{1.1.5}$$

则 $f(t)$ 和 $x(n)$ 被称为能量有限信号。反之，不满足式(1.1.4)和式(1.1.5)的信号，则被称为能量无限信号。一般能量无限信号的平均功率是有限的，可以从功率的角度对信号进行考察，并称为功率信号。

5. 因果信号与反因果信号

若当 $t<t_0$(t_0 为实常数)时，$f(t)=0$；当 $t\geqslant t_0$ 时，$f(t)\neq0$，则称 $f(t)$ 为因果信号。

若当 $n<n_0$（n_0 为实整数）时，$x(n)=0$；当 $n\geqslant n_0$时，$x(n)\neq 0$，则称 $x(n)$为因果序列。否则，称反因果信号或反因果序列。实际应用时，上面的时间条件中常取 $t_0=0$，$n_0=0$。

1.1.3　连续与离散信号的基本运算

1. 反褶运算

将信号 $f(t)$的自变量 t 更换为 $-t$，此时$f(-t)$的波形相当于将$f(t)$以纵轴 $t=0$ 为对称轴反褶过来，此运算也称为时间轴反转，如图 1-2 所示。

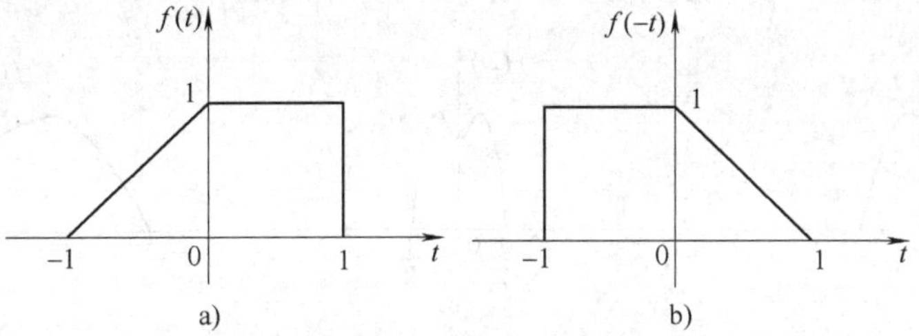

图 1-2　连续信号的反褶运算

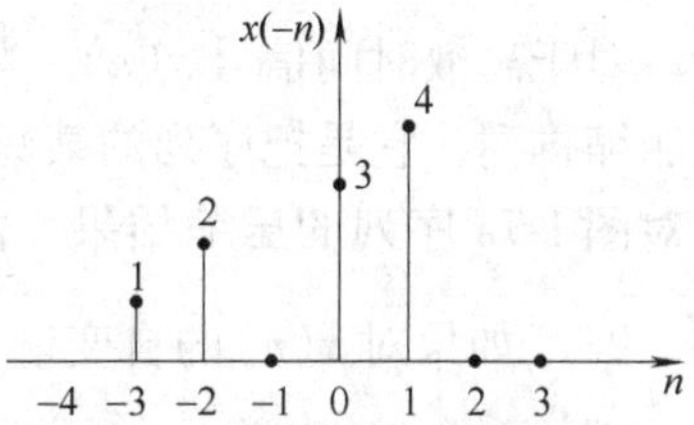

图 1-3　序列的反褶运算

序列的反褶是用 $-n$ 代换 $x(n)$中的变量 n。反褶的图形表示序列以 $n=0$ 的纵轴为对称轴，将序列 $x(n)$予以反褶。图 1-3 表示对图 1-1b 所示信号的反褶运算。用序列的集合表示法显示反褶过程为：由 $x(n)=\{4,\ \underline{3},\ 0,\ 2,\ 1\}$，经反褶得到 $x(-n)=\{1,\ 2,\ 0,\ \underline{3},\ 4\}$。

2. 移位运算

若将$f(t)$表达式的自变量 t 更换为 $t-t_0$，其中 t_0 为正的或负的实数，则$f(t-t_0)$相当于$f(t)$波形在 t 轴上作整体移动，如图 1-4 所示。当 $t_0>0$ 时波形右移，如图 1-4b 所示；当 $t_0<0$ 时波形左移，如图 1-4c 所示；图 1-4a 为 $t_0=0$ 时的波形。

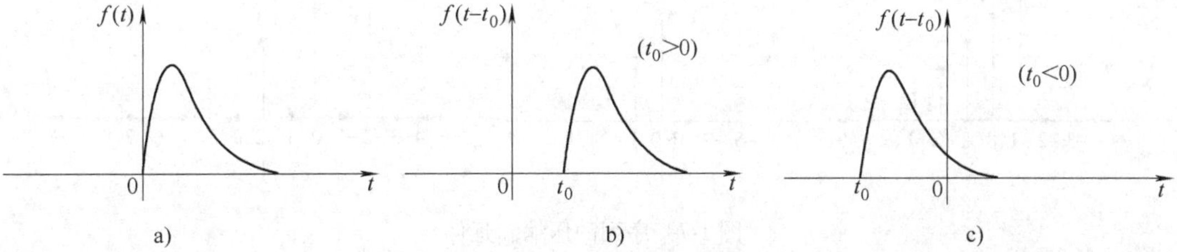

图 1-4　信号的移位运算

序列移位运算是用 $n-n_0$ 代换 $x(n)$中的变量 n，构成新序列。n_0 为整数，当 $n_0>0$ 时波形右移，当 $n_0<0$ 时波形左移。比如 $n_0=1$ 时，$x(n-1)$表示原序列右移 1 个单位，通常称序列延时 1 个单位；$x(n+1)$表示原序列左移 1 个单位，通常称序列超前 1 个单位。图 1-5b 显示了对图 1-5a 序列右移一个单位的结果。对图 1-5a 所示的序列，用集合表示为 $x(n)=\{4,\ \underline{3},\ 0,\ 2,\ 1\}$，右移 1 位后得到 $x(n-1)=\{\underline{4},\ 3,\ 0,\ 2,\ 1\}$。

3. 尺度变换运算

尺度变换运算又称做横坐标展缩，将信号 $f(t)$的自变量 t 乘以正实数 a，则信号波形

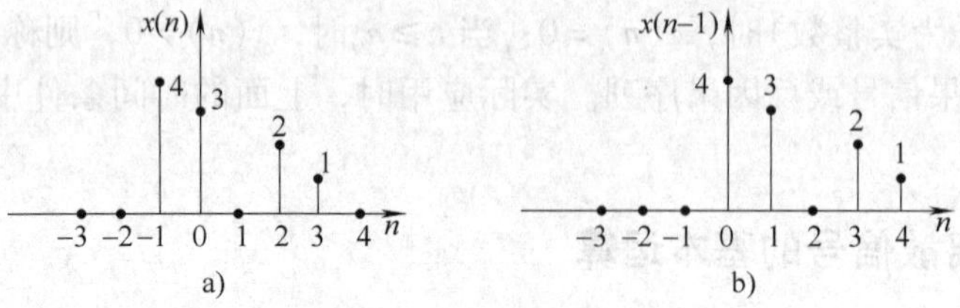

图 1-5　序列的移位运算

$f(at)$将是$f(t)$波形在时间轴上的压缩($a>1$)或扩展($a<1$)，如图 1-6 所示。其中，图 1-6a 为 $a=1$ 时的波形，图 1-6b、c 分别为 $a>1$ 和 $a<1$ 时的波形。

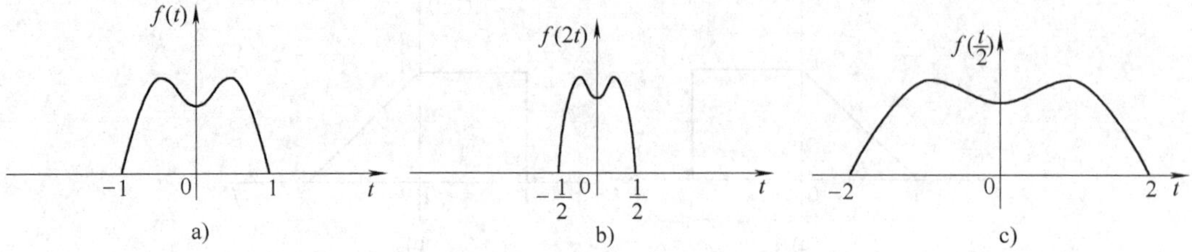

图 1-6　信号的尺度变换运算

对于离散时间信号 $x(n)$，将其自变量 n 乘以正整数 m，则称序列 $x(mn)$是 $x(n)$作 m 倍的压缩排列，它是把序列的某些值去除掉，余下的序列按次序重新排列。图 1-7b 表示 $m=2$ 时对图 1-7a 序列的压缩结果，由 $x(n)=\{5,\ \underline{4},\ 3,\ 2,\ 1\}$经 $m=2$ 压缩重排得到 $x(2n)=\{\underline{4},\ 2\}$。如果对 $x(n)$的自变量 n 除以正整数 l，则称序列 $x\left(\dfrac{n}{l}\right)$是 $x(n)$作 l 倍的插值，它是在原序列相邻值之间插入零值。图 1-7c 表示 $l=2$ 时对图 1-7a 序列的内插零的结果，可以看出，内插零后的新序列犹如原序列延伸了 $l-1$ 倍，由 $x(n)=\{5,\ \underline{4},\ 3,\ 2,\ 1\}$经 $l=2$ 延伸重排得到 $x\left(\dfrac{n}{2}\right)=\{5,\ 0,\ \underline{4},\ 0,\ 3,\ 0,\ 2,\ 0,\ 1\}$。

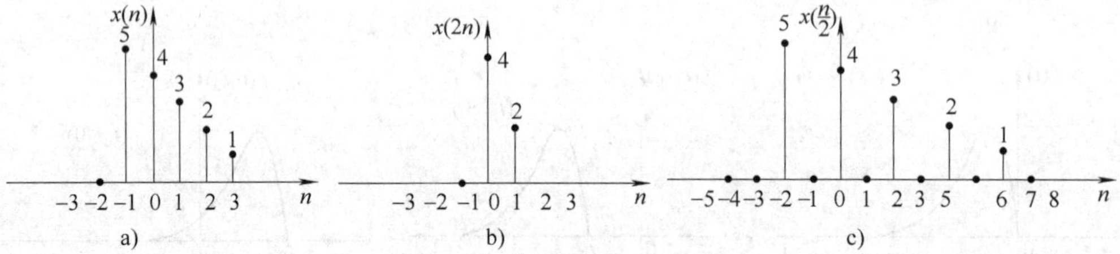

图 1-7　序列的压缩和延伸

【例 1-1】　已知信号 $f(t)$的波形如图 1-8a 所示，试画出 $f(-3t-2)$的波形。

【解】　按移位、尺度、反褶的顺序画波形。

考虑移位的作用，求得 $f(t-2)$波形，如图 1-8b 所示，$t_0>0$，右移；将 $f(t-2)$作尺度倍乘，求得 $f(3t-2)$，如图 1-8c 所示，$a>1$，压缩；将 $f(3t-2)$反褶，得 $f(-3t-2)$，如图 1-8d 所示。

要注意的是，以上过程均是对自变量 t 进行运算。

4. 序列的加减与相乘运算

(1)相加(减)运算：

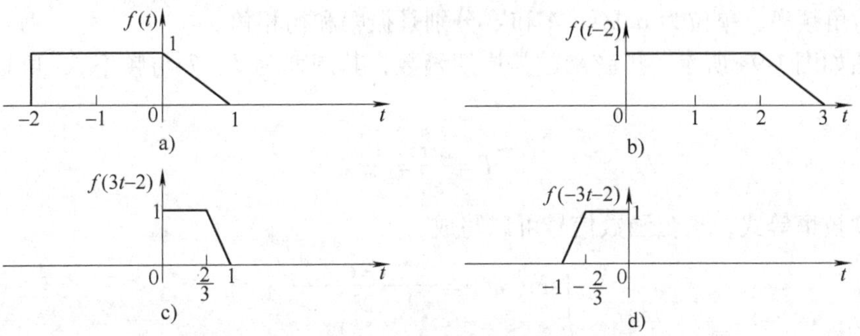

图 1-8　例 1-1 的波形

$$
\begin{aligned}
y(n) &= x_1(n) + x_2(n) \\
y(n) &= x_1(n) - x_2(n)
\end{aligned}
\tag{1.1.6}
$$

把式(1.1.6)的运算描述为：两个序列在相同序列号处(同一时刻 n)的样值点点相加(减)，其结果仍然是一个序列。

(2) 累加运算：

$$y(n) = \sum_{m=-\infty}^{n} x(m) \tag{1.1.7}$$

式(1.1.7)表示序列 $y(n)$ 在时刻 n 的值等于 $x(n)$ 当前时刻 n 的值和 $x(n)$ 以前所有值的总和。

(3) 相乘运算：

$$y(n) = x_1(n)x_2(n) \tag{1.1.8}$$

把式(1.1.8)的运算描述为：两个序列在相同序列号处(同一时刻 n)的样值点点相乘，其结果仍然是一个序列。

(4) 标量乘：

$$y(n) = ax(n) \tag{1.1.9}$$

式(1.1.9)表示将 $x(n)$ 在所有时刻 n 的样值乘以常数 a。显然，当 a 为大于零的实数时，其作用是将 $x(n)$ 放大 a 倍。

5. 序列的差分运算

前向差分：　$\Delta x(n) = x(n+1) - x(n)$

后向差分：　$\nabla x(n) = x(n) - x(n-1)$

由此可证明

$$\nabla x(n) = \Delta x(n-1)$$

1.1.4　常见的信号与序列

1. 正弦函数信号与正弦序列

机械波、电磁波、声波和光波等物理现象，在一定的条件下都可以用正弦函数信号来描述。正弦函数和余弦函数二者仅在相位上相差$\frac{\pi}{2}$，在本书中统称正弦函数。正弦函数信号的一般形式为

$$f(t) = A\cos(\omega t + \varphi) \tag{1.1.10}$$

式中，ω 为角频率，单位为 rad/s；A 和 φ 分别是振幅和初相角。

波形图如图 1-9a 所示。正弦函数是周期函数，其周期为 T，T 与频率 f、角频率 ω 之间的关系为

$$T=\frac{2\pi}{\omega}=\frac{1}{f} \tag{1.1.11}$$

根据欧拉恒等式，正弦函数信号可以写成

$$\begin{cases}\sin(\omega t)=\dfrac{e^{j(\omega t)}-e^{-j(\omega t)}}{2j}\\ \cos(\omega t)=\dfrac{e^{j(\omega t)}+e^{-j(\omega t)}}{2}\end{cases} \tag{1.1.12}$$

即一个正弦信号可以表示为两个周期相同但频率异号的虚指数信号的加权和。式中出现的负(角)频率实际上是不存在的，这里只是为了理论分析的需要引入的一种数学表示而已。

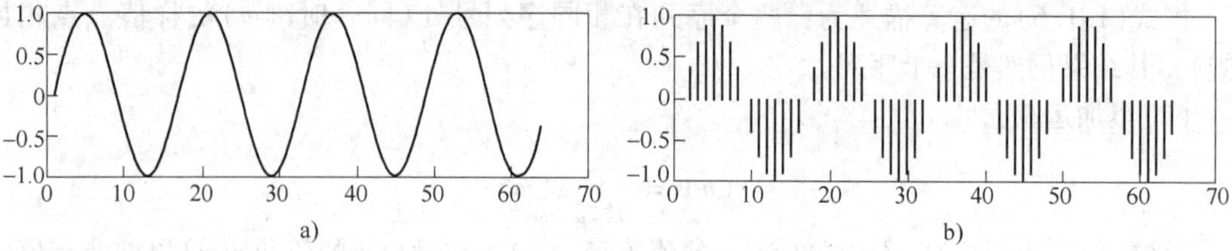

图 1-9　正弦函数信号与正弦序列

正弦序列的波形如图 1-9b 所示。可以这样来看，对正弦函数信号 $x(t)=A\cos(\omega t+\varphi)$ 在时间轴 t 上进行等间隔抽样，即 $t=nT_s$（n 为抽样序号，量纲为一；T_s 为抽样间隔，单位为 s），就可得到正弦序列

$$x(nT_s)=x(t)\big|_{t=nT_s}=A\cos(\omega nT_s+\varphi) \tag{1.1.13}$$

在式(1.1.13)中令

$$\Omega=\omega T_s \tag{1.1.14}$$

称 Ω 为数字角频率，单位为 rad；又由于 T_s 是一个常数，通常将 $x(nT_s)$ 简写成 $x(n)$。这样，式(1.1.13)可简写为下列形式：

$$x(n)=A\cos(\Omega n+\varphi) \tag{1.1.15}$$

由此可知，序号 n 隐含了常数 T_s，以后不再特别说明。

和连续时间正弦信号不同的是，离散时间正弦序列并非都是周期信号。这是因为离散时间信号的自变量 n 只能取整数，因而周期序列的周期 N 也一定是整数。在正弦序列中，并非对任何 Ω 都能找到满足周期性要求的正整数 N。假设 $x(n)=\cos(\Omega n+\varphi)$ 是周期序列，则应有

$$x(n)=\cos(\Omega n+\varphi)=\cos[\Omega(n+N)+\varphi] \tag{1.1.16}$$

要使式(1.1.16)成立，需有 $\Omega N=2\pi k$，k 为整数，即当 $N=\dfrac{2\pi}{\Omega}k$ 为整数时，或者

$$\frac{2\pi}{\Omega}=\frac{N}{k}=\frac{T}{T_s} \tag{1.1.17}$$

为有理数时，正弦序列才是周期序列；否则为非周期序列。式中，T_s 和 T 分别是抽样周期和正弦信号的周期。

根据欧拉恒等式，正弦序列也可以表示为两个频率异号的虚指数序列的加权和，即

$$\begin{cases}\sin(\Omega n)=\dfrac{e^{j(\Omega n)}-e^{-j(\Omega n)}}{2j}\\[2ex]\cos(\Omega n)=\dfrac{e^{j(\Omega n)}+e^{-j(\Omega n)}}{2}\end{cases}\tag{1.1.18}$$

2. 指数函数信号与指数序列

(1)指数函数信号。指数函数信号的一般形式为

$$f(t)=Ae^{st}\tag{1.1.19}$$

根据式中 $s=\sigma+j\omega$ 的不同取值，指数函数信号有实指数信号、虚指数信号和复指数信号。

实指数信号 $f(t)=Ae^{\sigma t}$，$\sigma>0$ 时，$f(t)$ 随时间 t 的增大按指数规律增长；$\sigma<0$ 时，$f(t)$ 随时间 t 的增大按指数规律衰减，衰减波形如图 1-10a 所示。

虚指数信号 $f(t)=Ae^{j\omega t}$，根据欧拉恒等式，虚指数信号可以表示为

$$e^{j\omega t}=\cos\omega t+j\sin\omega t\tag{1.1.20}$$

式(1.1.20)表明，$e^{j\omega t}$ 的实部和虚部都是角频率为 ω 的正弦信号，显然 $e^{j\omega t}$ 也是周期信号，其周期为 $\dfrac{2\pi}{|\omega|}$。

复指数信号是指式(1.1.19)中 A 和 s 均为复数。设 $A=|A|e^{j\varphi}$，$s=\sigma+j\omega$，则有

$$\begin{aligned}f(t)&=Ae^{st}=|A|e^{j\varphi}e^{(\sigma+j\omega)t}\\&=|A|e^{\sigma t}e^{j(\omega t+\varphi)}\\&=|A|e^{\sigma t}[\cos(\omega t+\varphi)+j\sin(\omega t+\varphi)]\end{aligned}\tag{1.1.21}$$

(2)指数序列。指数序列的一般形式为

$$x(n)=Aa^{\beta n}\tag{1.1.22}$$

根据式(1.1.22)中 A 和 β 的不同取值，指数序列有实指数序列、虚指数序列和复指数序列。

实指数序列 $x(n)=Aa^{\beta n}$ 中，A 和 β 均为实常数。$\beta<0$ 时的波形如图 1-10b 所示。

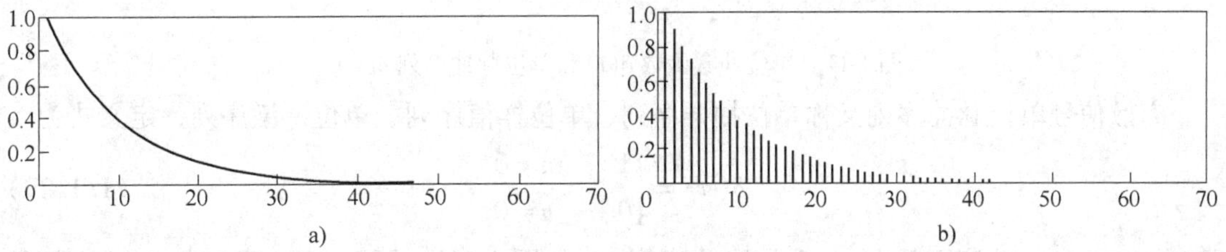

图 1-10　实指数函数信号与实指数序列

虚指数序列中，$A=1$，$a=e$，$\beta=j\Omega$(即 β 为纯虚数)，$x(n)=e^{j\Omega n}$，根据欧拉恒等式，虚指数序列可以表示为

$$e^{j\Omega n}=\cos\Omega n+j\sin\Omega n\tag{1.1.23}$$

式(1.1.23)表明，$e^{j\Omega n}$ 的实部和虚部都是正弦序列，只有当其实部和虚部同时为周期序列时，才能保证 $x(n)=Ae^{j\Omega n}$ 是周期的。

复指数信号是指式(1.1.22)中 A 和 β 均为复数，且 $a=e$。设 $A=|A|e^{j\varphi}$，$\beta=\rho+j\Omega$，并记 $e^{\rho}=r$，则有

$$
\begin{aligned}
x(n) &= A\mathrm{e}^{\beta n} = |A|\,\mathrm{e}^{\mathrm{j}\varphi}\mathrm{e}^{(\rho+\mathrm{j}\Omega)n} \\
&= |A|\,\mathrm{e}^{\rho n}\mathrm{e}^{\mathrm{j}(\Omega n+\varphi)} = |A|\,r^n\mathrm{e}^{\mathrm{j}(\Omega n+\varphi)} \\
&= |A|\,r^n[\cos(\Omega n+\varphi)+\mathrm{j}\sin(\Omega n+\varphi)]
\end{aligned}
\tag{1.1.24}
$$

3. 单位冲激信号与单位脉冲序列

某些物理现象需要用一个时间极短、幅值极大的函数来描述，如瞬间作用的冲击力、高速模/数转换中的抽样脉冲等，此类背景引出了“冲激函数”的概念，其数学定义如式(1.1.25)、式(1.1.26)所示

$$
\delta(t)=\begin{cases}\infty & t=0\\ 0 & t\neq 0\end{cases}
\tag{1.1.25}
$$

且有

$$
\int_{-\infty}^{\infty}\delta(t)\,\mathrm{d}t = 1
\tag{1.1.26}
$$

式中，$\delta(t)$是广义函数，在$t=0$时幅度趋向于无穷大，且其强度为1。

波形如图1-11a所示。据此，可得冲激函数的筛选特性如下

$$
\int_{-\infty}^{\infty}f(t)\delta(t)\,\mathrm{d}t = \int_{0-}^{0+}f(t)\delta(t)\,\mathrm{d}t = f(0)\int_{0-}^{0+}\delta(t)\,\mathrm{d}t = f(0)
\tag{1.1.27}
$$

式(1.1.27)对于任意在$t=0$时连续的函数$f(t)$均成立，反映了单位冲激函数$\delta(t)$将$f(t)$在$t=0$时函数值$f(0)$筛选出来，称为单位冲激函数的筛选特性。若将单位冲激信号$\delta(t)$平移t_0，其筛选特性进一步表现为

$$
\int_{-\infty}^{\infty}f(t)\delta(t-t_0)\,\mathrm{d}t = f(t_0)\int_{-\infty}^{\infty}\delta(t-t_0)\,\mathrm{d}t = f(t_0)
\tag{1.1.28}
$$

图1-11　单位冲激函数$\delta(t)$和单位脉冲序列$\delta(n)$

离散信号单位脉冲序列又称单位抽样序列、单位样值序列、单位冲激序列，定义式为

$$
\delta(n)=\begin{cases}1 & n=0\\ 0 & n\neq 0\end{cases}
\tag{1.1.29}
$$

即$\delta(n)=\{\underline{1}\}$。此序列只在$n=0$处取单位值1，如图1-11b所示。应注意它与$\delta(t)$之间的区别。类似于$\delta(t)$，$\delta(n)$也具有筛选特性，如

$$
x(n)\delta(n)=x(0)\delta(n)
\tag{1.1.30}
$$

$$
x(n)\delta(n-m)=x(m)\delta(n-m)
\tag{1.1.31}
$$

$$
\sum_{n=-\infty}^{\infty}x(n)\delta(n-n_0) = \sum_{n=-\infty}^{\infty}x(n_0)\delta(n-n_0) = x(n_0)
\tag{1.1.32}
$$

若将$\delta(n)$在时间轴上延迟m个抽样周期，得到$\delta(n-m)$，则

$$
\delta(n-m)=\begin{cases}1 & n=m\\ 0 & n\neq m\end{cases}
\tag{1.1.33}
$$

在式(1.1.33)中，若 m 从 $-\infty$ 变到 ∞，那么，$\delta(n)$ 的所有移位可形成一个无限长的脉冲串序列 $p(n)$，即

$$p(n)=\sum_{m=-\infty}^{\infty}\delta(n-m) \tag{1.1.34}$$

由式(1.1.34)可知，任意序列都可以表示为单位脉冲序列的移位加权和，由此得到 $\delta(n)$ 的加权特性：

$$x(n)=\sum_{m=-\infty}^{\infty}x(m)\delta(n-m)=\cdots+x(-1)\delta(n+1)+x(0)\delta(n)+x(1)\delta(n-1)+\cdots \tag{1.1.35}$$

例如，序列 $x(n)=\{2,\ -4,\ \underline{-1},\ 8\}$ 可以写为

$$x(n)=2\delta(n+2)-4\delta(n+1)-\delta(n)+8\delta(n-1)$$

4. 单位阶跃信号与单位阶跃序列

单位阶跃信号的函数表达式定义为

$$u(t)=\begin{cases}1 & t>0\\ 0 & t<0\end{cases} \tag{1.1.36}$$

在式(1.1.36)中未定义 $t=0$ 时 $u(t)$ 的取值，有的教材中定义 $t=0$ 时 $u(t)=1/2$。$u(t)$ 的信号波形如图1-12a所示。

图1-12　单位阶跃信号 $u(t)$ 和单位阶跃序列 $u(n)$

单位阶跃序列定义为

$$u(n)=\begin{cases}1 & n\geqslant 0\\ 0 & n<0\end{cases} \tag{1.1.37}$$

单位阶跃序列是一个右边序列，也是一个因果序列，即 $u(n)=\{\underline{1},\ 1,\ 1,\ \cdots\}$，如图1-12b所示。$u(n)$ 在 $n=0$ 处有明确规定值1，这与图1-12a所示单位阶跃函数 $u(t)$ 在 $t=0$ 处是不同的。单位阶跃序列 $u(n)$ 与单位脉冲序列 $\delta(n)$ 之间有如下关系：

$$\delta(n)=u(n)-u(n-1) \tag{1.1.38}$$

$$u(n)=\sum_{m=0}^{\infty}\delta(n-m) \tag{1.1.39}$$

利用单位阶跃函数可表示单边信号，如单边正弦信号 $\sin t u(t)$、单边指数信号 $e^{-t}u(t)$ 等。利用将单位脉冲序列 $u(n)$ 与其他序列相乘，构成一个右边序列，又称因果序列。这种特性称为切除特性。

5. 门函数信号与矩形序列

矩形脉冲信号也称门函数，幅度为1的矩形脉冲信号可以用 $\Pi\left(\frac{t}{\tau}\right)$ 表示，即

$$\Pi\left(\frac{t}{\tau}\right)=\begin{cases}1 & |t|<\dfrac{\tau}{2}\\ 0 & \text{其他}\end{cases} \tag{1.1.40}$$

门函数信号的波形如图 1-13a 所示。如果用单位阶跃函数来表示，则有

$$\Pi\left(\frac{t}{\tau}\right)=u\left(t+\frac{\tau}{2}\right)-u\left(t-\frac{\tau}{2}\right) \tag{1.1.41}$$

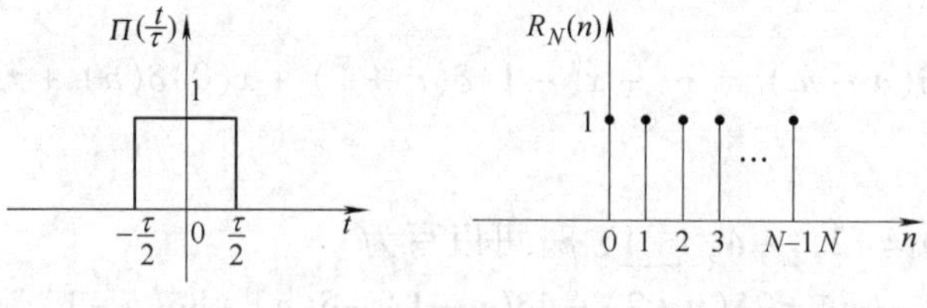

a)　　　　b)

图 1-13　门信号 $\Pi\left(\frac{t}{\tau}\right)$ 和矩形序列 $R_N(n)$

矩形序列定义为

$$R_N(n)=\begin{cases}1 & 0\leqslant n\leqslant N-1\\ 0 & \text{其他}\end{cases} \tag{1.1.42}$$

即 $R_N(n)=\{\underbrace{1,\ 1,\ \cdots,\ 1}_{N}\}$。如图 1-13b 所示，此序列从 $0\sim N-1$，共有 N 个为 1 的数值。如果用单位阶跃序列 $u(n)$ 表示矩形序列，则有

$$R_N(n)=u(n)-u(n-N)$$

矩形序列 $R_N(n)$ 和 $\delta(n)$ 的关系为

$$R_N(n)=\sum_{m=0}^{N-1}\delta(n-m)=\delta(n)+\delta(n-1)+\cdots+\delta[n-(N-1)]$$

6. 内插函数信号（辛格函数）

定义内插函数信号

$$\operatorname{sinc}(x)=\frac{\sin x}{x}\quad(x\text{ 为实数}) \tag{1.1.43}$$

也称为辛格函数，该信号在信号与系统理论中是占有重要地位的一个函数（信号），它具有振荡的波形，其振幅按 $\frac{1}{x}$ 的规律衰减。显然，$\operatorname{sinc}(x)$ 是关于 x 的偶函数；利用罗必塔法则，该函数在 $x=0$ 处有最大值 1；当 $x\neq0$ 时，在 $\sin x$ 为 0 处 $\operatorname{sinc}(x)$ 出现过零点，此时 $x=\pm\pi,\ \pm2\pi,\ \cdots$，如图 1-14 所示。

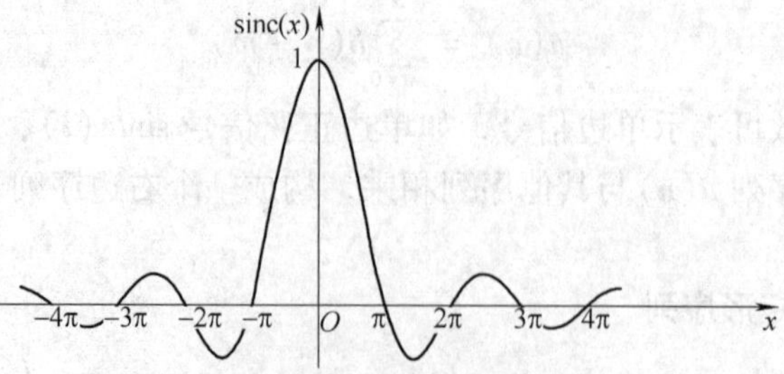

图 1-14　$\operatorname{sinc}(x)$ 的波形

1.1.5　连续与离散信号的卷积运算

在后续章节中可看到，信号变换的卷积特性在信号和系统分析中占有重要的地位，它说明了两函数在时域(或频域)中的卷积，对应于频域(或时域)中两者的变换(或反变换)所具有的关系。卷积运算有两种，对于连续信号是“卷积分”运算；对于离散信号是“卷积和”运算。

1. 连续信号的卷积分运算

两个时间函数信号$f_1(t)$和$f_2(t)$，卷积分$f(t)$定义为

$$f(t)=f_1(t)*f_2(t)=\int_{-\infty}^{\infty}f_1(\tau)f_2(t-\tau)\mathrm{d}\tau \tag{1.1.44}$$

式中，τ为积分变量；t为参变量。

由卷积分的定义可知，两函数卷积分是改变自变量、反褶、平移、相乘、积分的结果，现以一个例子来说明此过程。

【例1-2】　计算图1-15所示函数$f_1(t)$和$f_2(t)$的卷积分$f(t)=f_1(t)*f_2(t)$。

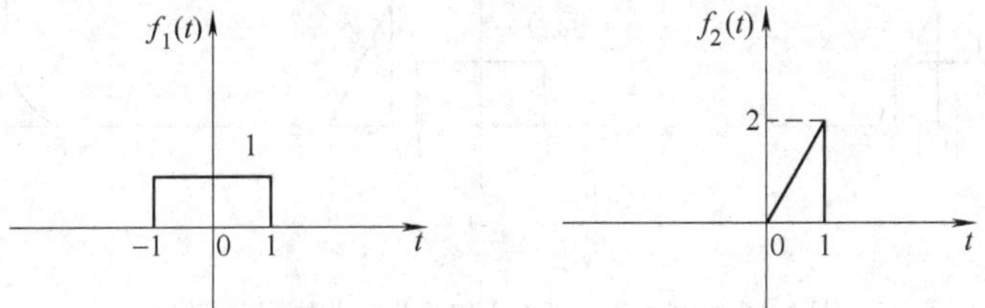

图1-15　例1-2信号波形

【解】　改变两函数的自变量为τ，则有

$$f_1(\tau)=\begin{cases}1 & -1<\tau<1\\0 & \tau\text{为其他值}\end{cases},\qquad f_2(\tau)=\begin{cases}2\tau & 0<\tau<1\\0 & \tau\text{为其他值}\end{cases}$$

将$f_2(\tau)$反褶为$f_2(-\tau)$，使之沿τ轴自左至右平移t，得到$f_2(t-\tau)$，其中参变量t自$-\infty$逐渐向右平移。由于$f_1(\tau)$和$f_2(t-\tau)$均为有限长波形，因此相乘和积分应分几个区间进行。图1-16给出了计算过程的图解如下：

图1-16a中，$-\infty<t\leqslant-1$，$f_1(\tau)$和$f_2(t-\tau)$波形无重叠部分，此时$f(t)=0$。

图1-16b中，$-1\leqslant t\leqslant0$，$f_1(\tau)$和$f_2(t-\tau)$两波形重叠区间为$-1\leqslant\tau<t$，因此

$$\begin{aligned}f(t)&=f_1(t)*f_2(t)\\&=\int_{-\infty}^{\infty}f_1(\tau)f_2(t-\tau)\mathrm{d}\tau=\int_{-1}^{t}f_1(\tau)f_2(t-\tau)\mathrm{d}\tau=\int_{-1}^{t}1\times2(t-\tau)\mathrm{d}\tau=(t+1)^2\end{aligned}$$

图1-16c中，$0\leqslant t\leqslant1$，在$t-1<\tau<t$区域内，两波形重叠，所以有

$$f(t)=\int_{t-1}^{t}1\times2(t-\tau)\mathrm{d}\tau=1$$

图1-16d中，$1\leqslant t\leqslant2$，两波形在$t-1<\tau<1$区间重叠，所以有

$$f(t)=\int_{t-1}^{t}1\times2(t-\tau)\mathrm{d}\tau=1-(t-1)^2$$

图1-16e中，$2\leqslant t<\infty$，$f_1(\tau)$和$f_2(t-\tau)$波形无重叠部分，$f(t)=0$。

综合以上计算，由图1-16f可知，$f(t)$波形的表达式为

$$f(t)=\begin{cases}(t+1)^2 & -1\leqslant t\leqslant 0\\ 1 & 0\leqslant t\leqslant 1\\ 1-(t-1)^2 & 1\leqslant t\leqslant 2\\ 0 & t\leqslant -1,\ t\geqslant 2\end{cases}$$

可见，图解法作卷积概念清楚。正确确定 t 在不同区间上的积分上、下限是十分重要的。

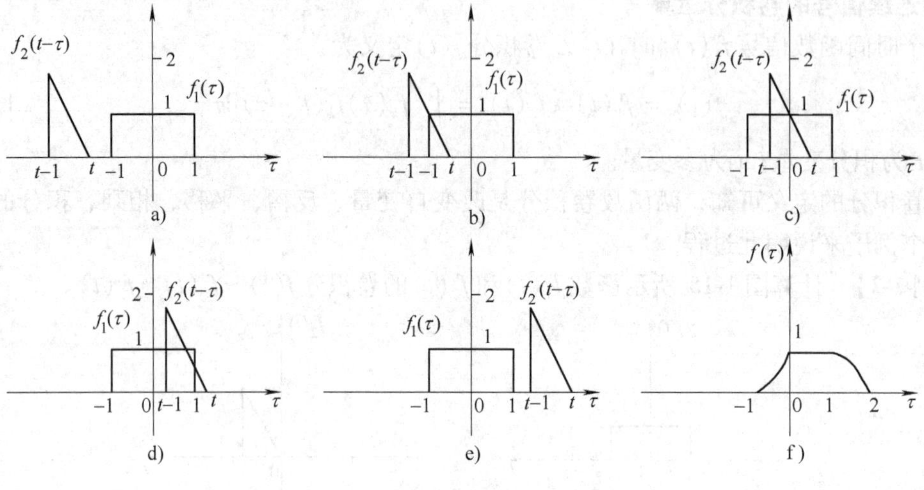

图 1-16　例 1-2 中 $f_1(t)$ 和 $f_2(t)$ 的卷积分图解

两个时限信号相卷积，其结果仍然为时限信号，左边界为两信号左边界之和，右边界为两信号右边界之和，横轴上的跨度为两信号在横轴上的跨度之和。

2. 离散信号的“卷积和”运算

两个离散信号 $x(n)$ 和 $h(n)$，其“卷积和”$y(n)$ 定义为

$$y(n)=x(n)*h(n)=\sum_{m=-\infty}^{\infty}x(m)h(n-m) \tag{1.1.45}$$

式中，m 为累加变量；n 为参变量。

为区别于第 6 章的圆周卷积(圆卷积)，又把式(1.1.45)称为线性卷积(或线卷积)。

与连续信号的卷积分运算类似，离散信号(序列)的“卷积和”的求取也可以采用图解法。下面通过例 1-3 来图解说明其步骤。

【例 1-3】　已知 $x(n)=\left\{\underline{0},\ \frac{1}{2},\ 1,\ \frac{3}{2}\right\}$，$h(n)=\{\underline{1},1,1\}$，求 $x(n)*h(n)$。

【解】　(1)换元：将 $x(n)$ 和 $h(n)$ 中的变量 n 更换成变量 m，如图 1-17a 与 b 所示；

(2)反褶：将 $h(m)$ 反褶为 $h(-m)$，如图 1-17c 所示；

(3)位移：将反褶后的 $h(-m)$ 沿 m 轴平移一个 n 值，得到 $h(n-m)$；对变量 m，当 n 为正整数时，右移 n 位，如图 1-17e 所示，当 n 为负整数时，左移 n 位，如图 1-17d 所示；

(4) 相乘：将 $x(m)$ 乘以移位后的序列 $h(n-m)$；

(5) 求和：将 $x(m)$ 和 $h(n-m)$ 相乘所得的序列相加，即为 n 值下的“卷积和”值。

重复以上步骤(3)、(4)、(5)，于是有

$$y(0)=\sum_{m=0}^{0}x(m)h(0-m)=0$$

$$y(1)=\sum_{m=0}^{1}x(m)h(1-m)=0+\frac{1}{2}\times 1=\frac{1}{2}$$

$$y(2)=\sum_{m=0}^{2}x(m)h(2-m)=0+\frac{1}{2}\times 1+1\times 1=\frac{3}{2}$$

$$y(3)=\sum_{m=0}^{3}x(m)h(3-m)=0+\frac{1}{2}\times 1+1\times 1+\frac{3}{2}\times 1=3$$

$$y(4)=\sum_{m=0}^{4}x(m)h(4-m)=0+0+1\times 1+\frac{3}{2}\times 1=\frac{5}{2}$$

$$y(5)=\sum_{m=0}^{5}x(m)h(5-m)=0+0+0+\frac{3}{2}\times 1+\cdots=\frac{3}{2}$$

由此，得到两个序列的“卷积和”：$y(n)=\{\underline{y(0)},\ y(1),\ y(2),\ y(3),\ y(4),\ y(5)\}=\left\{\underline{0},\ \frac{1}{2},\ \frac{3}{2},\ 3,\ \frac{5}{2},\ \frac{3}{2}\right\}$，其波形如图 1-17f 所示。

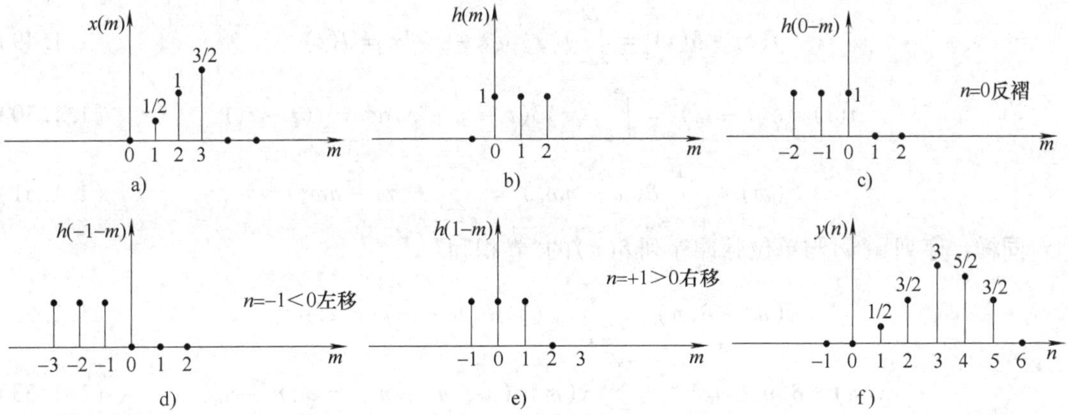

图 1-17　例 1-3 中 $x(n)$ 和 $h(n)$“卷积和”的图解

两个有限长序列相卷积，其结果仍然为有限长序列，其左边界为两序列左边界之和，右边界为两序列右边界之和，长度为两序列长度之和减 1。

如果 $x(n)$ 和 $h(n)$ 均为因果的有限长序列，其中 $x(n)$ 为 N_1 点长度 $[0,\ N_1-1]$，$h(n)$ 为 N_2 点长度 $[0,\ N_2-1]$，则在式(1.1.45)中有，$0\leqslant m\leqslant N_1-1$，$0\leqslant n-m\leqslant N_2-1$，将两式相加，则得到系统响应 $y(n)$ 的长度为 N_1+N_2-1，$0\leqslant n\leqslant N_1+N_2-2$。

3. 卷积的性质

以下结论可以根据卷积的定义方便地证明。

(1)交换律

$$f_1(t)*f_2(t)=f_2(t)*f_1(t) \tag{1.1.46}$$

【证明】

$$f_1(t)*f_2(t)=\int_{-\infty}^{\infty}f_1(\tau)f_2(t-\tau)\mathrm{d}\tau \xrightarrow{\text{令 } t-\tau=\lambda}$$

$$\int_{\infty}^{-\infty}f_1(t-\lambda)f_2(\lambda)(-\mathrm{d}\lambda)=\int_{-\infty}^{\infty}f_1(t-\lambda)f_2(\lambda)\mathrm{d}\lambda=f_2(t)*f_1(t)$$

由“卷积和”的定义式(1.1.45)，同样可证明序列的“卷积和”满足交换律。

(2)分配律

$$f_1(t)*[f_2(t)+f_3(t)]=f_1(t)*f_2(t)+f_1(t)*f_3(t) \tag{1.1.47}$$

【证明】

$$f_1(t)*[f_2(t)+f_3(t)]=\int_{-\infty}^{\infty}f_1(\tau)[f_2(t-\tau)+f_3(t-\tau)]\mathrm{d}\tau$$

$$=\int_{-\infty}^{\infty}f_1(\tau)f_2(t-\tau)\mathrm{d}\tau+\int_{-\infty}^{\infty}f_1(\tau)f_3(t-\tau)\mathrm{d}\tau$$

$$=f_1(t)*f_2(t)+f_1(t)*f_3(t)$$

由“卷积和”的定义式(1.1.45)，同样可证明序列的“卷积和”满足分配律。

(3)结合律

同样可证明

$$[f_1(t)*f_2(t)]*f_3(t)=f_1(t)*[f_2(t)*f_3(t)] \tag{1.1.48}$$

$$[x_1(n)*x_2(n)]*x_3(n)=x_1(n)*[x_2(n)*x_3(n)]$$

(4)连续信号$f(t)$与冲激函数$\delta(t)$的卷积分

$$f(t)*\delta(t)=\int_{-\infty}^{\infty}f(\tau)\delta(t-\tau)\mathrm{d}\tau=f(t) \tag{1.1.49}$$

$$f(t)*\delta(t-t_0)=\int_{-\infty}^{\infty}f(\tau)\delta(t-t_0-\tau)\mathrm{d}\tau=f(t-t_0) \tag{1.1.50}$$

$$F(\omega)*\sum_{n=-\infty}^{\infty}\delta(\omega-n\omega_s)=\sum_{n=-\infty}^{\infty}F(\omega-n\omega_s) \tag{1.1.51}$$

同样，序列$x(n)$与单位脉冲序列$\delta(n)$的“卷积和”

$$x(n)*\delta(n)=\sum_{m=-\infty}^{\infty}x(m)\delta(n-m)=x(n) \tag{1.1.52}$$

$$x(n)*\delta(n-n_0)=\sum_{m=-\infty}^{\infty}x(m)\delta(n-n_0-m)=x(n-n_0) \tag{1.1.53}$$

式(1.1.49)~式(1.1.53)运用了冲激函数以及单位脉冲序列的筛选特性。

1.2　系统

1.2.1　系统的定义及与信号的关系

广义上说，系统是由若干相互依赖、相互作用的事物组合而成的具有特定功能的整体。系统可分为物理系统，如通信系统、自控系统、化工系统等；非物理系统，如生产管理、司法、金融等社会经济与管理方面的系统。

在信息技术领域，系统可定义为对信号进行处理的物理装置和软件运算方法。例如，要滤除信号中的噪声，可使信号通过一个被称为滤波器的系统，这个系统可以是硬件装置，也可以是计算机软件实现的算法。这也是本书所要讨论的狭义系统。我们这样说，信号输入到系统经过处理后再输出，这个系统可以是一个电路、一个装置、一个滤波器，也可以是一种运算、一种变换。

系统分析和信号分析一样，首先要建立描述该系统基本特性的数学模型，然后用数学方法对其进行求解，并对所得结果赋予实际含义。在工程中，系统的数学模型是对输入信号与输出信号关系的描述。如果系统的输入、输出信号都只有一个，称为单输入-单输出系统；如果系统的输入、输出信号有多个，则称为多输入-多输出系统。本书研究的系统是单输入-单输出系统，如图 1-18 所示。

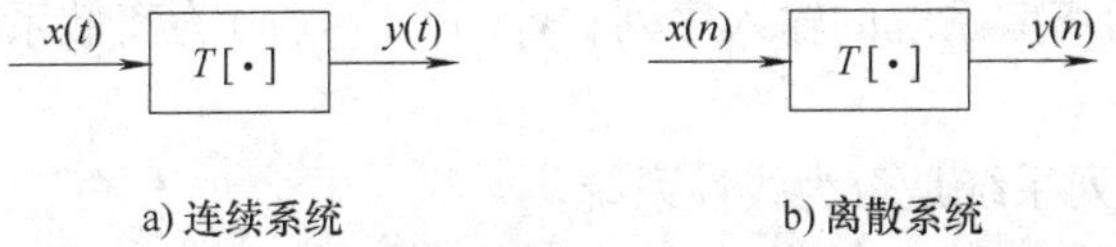

图 1-18　单输入-单输出系统示例

图 1-18 中，$T[\cdot]$是算子，它的意思是 $x(t)$ 或 $x(n)$ 经过算子 $T[\cdot]$所规定的运算或变换，得到 $y(t)$ 或 $y(n)$，即

$$\begin{aligned} y(t) &= T[x(t)] \\ y(n) &= T[x(n)] \end{aligned} \tag{1.2.1}$$

1.2.2　系统的分类

1. 连续系统与离散系统

若系统的输入和输出都是连续时间信号，且其内部也未转换为离散时间信号，则称此系统为连续时间系统。若系统的输入和输出都是离散时间信号，则称此系统为离散时间系统。连续系统与离散系统常组合使用，可称为混合系统。连续时间系统在时域的数学模型是微分方程。离散时间系统在时域的数学模型是差分方程。

2. 线性系统与非线性系统

满足叠加原理的系统称为线性系统，即若某一输入是由 N 个信号加权和组成的，则输出就是系统对这几个信号中每一个响应的同样加权和组成，即满足比例性和可加性。

设系统的输入 $x(t)$ 和输出 $y(t)$ 的关系如图 1-19a 所示，即 $y(t)=T[x(t)]$；a 为任意常数，若系统的激励增大 a 倍时，其响应也增大 a 倍，即

$$T[ax(t)] = aT[x(t)]$$

则称该系统满足比例性(或称均匀性、齐次性)，如图 1-19b 所示。

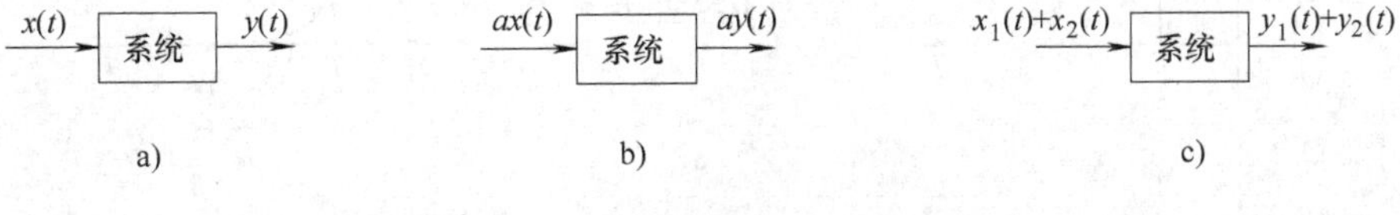

图 1-19　系统满足比例性和可加性

设系统在 $x_1(t)$ 和 $x_2(t)$ 单独输入时的输出分别为 $y_1(t)$ 和 $y_2(t)$，即

$$\begin{aligned} y_1(t) &= T[x_1(t)] \\ y_2(t) &= T[x_2(t)] \end{aligned}$$

如果有

$$T[x_1(t)+x_2(t)] = T[x_1(t)] + T[x_2(t)] = y_1(t) + y_2(t) \tag{1.2.2}$$

成立，则称系统满足可加性，如图 1-19c 所示。

设 a_1、a_2 为任意常数，若既满足比例性又满足可加性的系统用式(1.2.3)来描述，即

$$T[a_1x_1(t)+a_2x_2(t)]=T[a_1x_1(t)]+T[a_2x_2(t)]=a_1y_1(t)+a_2y_2(t) \tag{1.2.3}$$

则称系统满足叠加原理，为线性系统。凡不能同时满足比例性和可加性的系统称为非线性系统。

同理，满足叠加原理的线性离散系统，可用下式描述：

$$T[a_1x_1(n)+a_2x_2(n)]=T[a_1x_1(n)]+T[a_2x_2(n)]=a_1y_1(n)+a_2y_2(n) \tag{1.2.4}$$

式中，$x_1(n)$、$x_2(n)$为离散系统的输入序列；$y_1(n)$、$y_2(n)$为离散系统的输出序列；a_1、a_2为任意常数。

【例 1-4】 判断下列系统是否为线性系统。

(1) $y(t)=T[x(t)]=tx(t)$；

(2) $y(n)=T[x(n)]=x(n)-2$。

【解】 设 a 为任意常数。

(1) $T[ax(t)]=tax(t)=atx(t)=ay(t)$满足比例性；又因为 $T[x_1(t)+x_2(t)]=t[x_1(t)+x_2(t)]=tx_1(t)+tx_2(t)=y_1(t)+y_2(t)$，也满足可加性。故此系统为线性系统。

(2) $T[ax(n)]=ax(n)-2\neq a[x(n)-2]=ay(n)$，不满足比例性，故不是线性系统。

3. 时不变系统与时变系统

系统的运算关系 $T[\cdot]$在整个运算过程中不随时间(或不随序列的延迟)而变化，这种系统称为时不变系统(或称移不变系统)，否则为时变系统。时不变性质可用以下关系表达：若输入信号$x(t)$或$x(n)$通过系统后输出信号为$y(t)$或$y(n)$，则输入信号作时间平移后，系统的输出信号除了跟着平移外，数值应该保持不变，即若

$$T[x(t)]=y(t) \tag{1.2.5}$$

或

$$T[x(n)]=y(n) \tag{1.2.6}$$

则有

$$T[x(t-t_0)]=y(t-t_0) \tag{1.2.7}$$

或

$$T[x(n-m)]=y(n-m) \quad m\text{ 为任意整数} \tag{1.2.8}$$

满足以上关系的系统就称为时不变系统。式(1.2.5)和式(1.2.7)的图解分别如图 1-20a、b 所示。读者可自行构思式(1.2.6)和式(1.2.8)的图解。

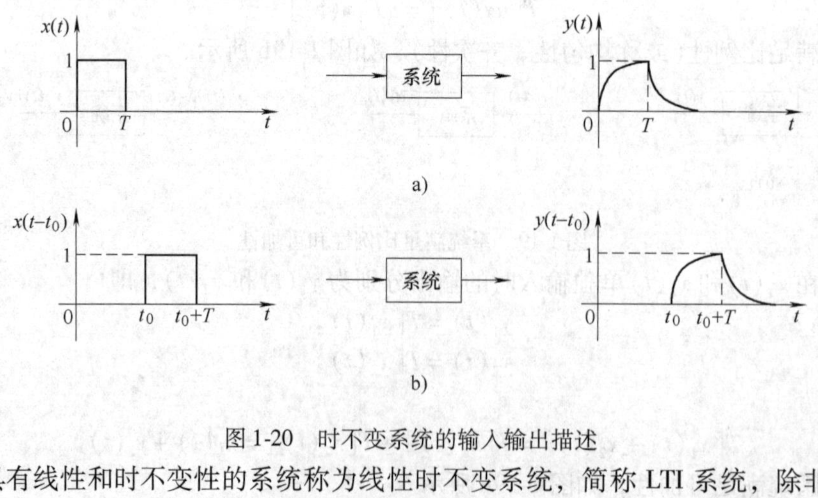

图 1-20　时不变系统的输入输出描述

同时具有线性和时不变性的系统称为线性时不变系统，简称 LTI 系统，除非特别说明，本书都是研究线性时不变系统。必须特别强调指出的是，系统的线性和时不变性是两个不同

的概念，相互间没有制约关系或决定关系，线性系统可以是时不变的，也可以是时变的，反之亦然。

【例 1-5】 若 a 为常数，试问以下系统是否为时不变系统？

(1) $T[x(t)]=y(t)=ax(t)$；

(2) $T[x(n)]=y(n)=anx(n)$。

【解】 (1)由于 $T[x(t-t_0)]=ax(t-t_0)$，且 $y(t-t_0)=ax(t-t_0)$，显然有 $T[x(t-t_0)]=y(t-t_0)$，故该系统是时不变系统。

(2)由于 $T[x(n-n_0)]=anx(n-n_0)$，$y(n-n_0)=a(n-n_0)x(n-n_0)$，显然有 $T[x(n-n_0)]\neq y(n-n_0)$，所以该系统是时变的。

【例 1-6】 已知线性时不变系统 $x_1(t)$ 和响应 $y_1(t)$ 的波形如图 1-21a 和 b 所示，试求响应为图 1-21c 所示 $y_2(t)$ 波形时的激励 $x_2(t)$ 的波形。

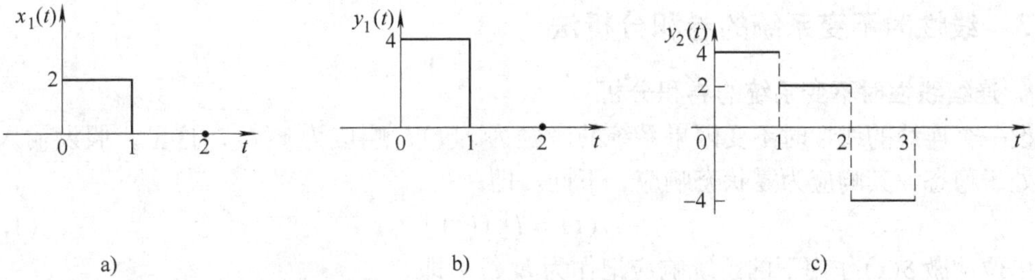

图 1-21　例 1-6 的波形

【解】 已知线性时不变系统的输入 $x_1(t)$ 和输出 $y_1(t)$ 分别如图 1-21a 和 b 所示，可推得输入和输出的关系

$$y(t)=2x(t)$$

由此式可得图 1-21c 所示 $y_2(t)$ 波形时的激励 $x_2(t)$ 的波形如图 1-22 所示。

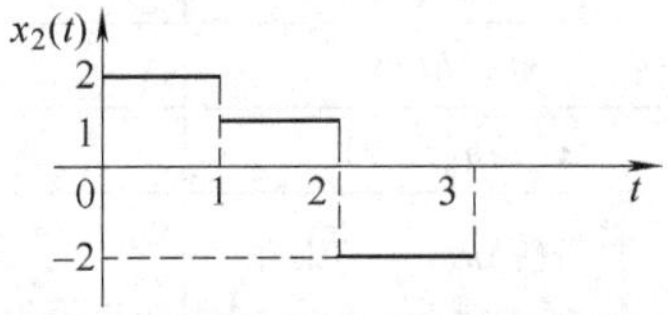

图 1-22　例 1-6 的解

4. 因果系统与非因果系统

在实际的物理系统中，激励是产生响应的原因，而响应是激励引起的后果，这种特性称为因果性。因果系统是指系统在 $t=t_0$ 时刻的响应只与 $t=t_0$ 和 $t<t_0$ 时刻的输入有关。也就是说，系统在 t_0 时刻的输出只取决于输入的现在值和过去值，而与输入的将来值无关。它说明激励是产生响应的原因，响应是激励产生的结果。反之，若某系统的输出取决于输入的将来值，即输出变化发生在输入变化之前，则称该系统为非因果系统，该系统具有非因果性。

在实际生活中，人们所接触的系统都是因果的。非因果系统是不可物理实现的。

由于一般都是以 $t=0$ 时刻作为计算时间的起点，从而定义了从零时刻开始的信号为因果信号。所以，在因果信号的激励下，因果系统的响应信号也必然是因果信号。这也是判断系统因果性常用的方法。

许多重要的网络，如频率特性为理想矩形的理想低通滤波器，以及理想微分器，都是非因果的不可实现的系统。但是数字信号处理往往是非实时的，即使是实时处理也允许有很大的延时。这时对某一个输出 $y(n)$ 来说，已有大量的"未来"输入 $x(n+1)$，$x(n+2)$，…记录在存储器中可以被调用，因而可以很接近于实现这种非因果系统。也就是说，可以用具有很大延时的因果系统去逼近非因果系统。这个概念在以后"有限长单位脉冲响应滤波器（FIR）"的设计时要常用到，这也是数字系统优于模拟系统的特点之一。因而数字系统可以比模拟系统更能获得接近理想的特性。

5. 稳定系统

如果系统的输入有界（最大取值为有限值），输出也有界，则称系统为稳定系统。反之，如果系统的输入有界，而输出无界（无限值），则系统称为不稳定系统。

1.2.3 线性时不变系统的卷积分析法

1. 连续线性时不变系统的卷积分析

设一个连续的线性时不变因果系统的激励为 $x(t)$，响应为 $y(t)$，这里，假设输入时系统已处于稳态，其响应为零状态响应，下同。即

$$y(t) = T[x(t)] \tag{1.2.9}$$

把在单位冲激 $\delta(t)$ 作用下的系统响应记作为 $h(t)$。即

$$h(t) = T[\delta(t)] \tag{1.2.10}$$

单位冲激响应 $h(t)$ 反映了线性时不变系统的特征，下面通过表 1-1 所列的输入和输出的关系来描述线性时不变系统的卷积分析法。

表 1-1　连续线性时不变系统的输入和输出的关系

序号	输　入	输　出	输入和输出的描述
1	$\delta(t)$	$h(t)$	$h(t)$ 为系统的冲激响应，表征了系统的特征
2	$x(\tau)\delta(t)$	$x(\tau)h(t)$	$x(\tau)$ 为常数，系统满足比例性
3	$x(\tau)\delta(t-\tau)$	$x(\tau)h(t-\tau)$	系统满足时不变性
4	$\int_{-\infty}^{\infty} x(\tau)\delta(t-\tau)\mathrm{d}\tau$	$\int_{-\infty}^{\infty} x(\tau)h(t-\tau)\mathrm{d}\tau$	积分即求和，系统满足可加性

由 $\delta(t)$ 的筛选特性，即式(1.1.49)，当 $\tau = t$ 时，记表格第 4 行的输入为

$$x(t) = \int_{-\infty}^{\infty} x(\tau)\delta(t-\tau)\mathrm{d}\tau \tag{1.2.11}$$

则表格第 4 行的输出为

$$y(t) = \int_{-\infty}^{\infty} x(\tau)h(t-\tau)\mathrm{d}\tau = x(t) * h(t) \tag{1.2.12}$$

可见，线性时不变连续系统的响应 $y(t)$ 是系统激励 $x(t)$ 和系统冲激响应 $h(t)$ 的卷积分。

2. 离散线性时不变系统的卷积分析

用同样的思路，可得到离散线性时不变系统的卷积分析法。我们把在单位脉冲序列 $\delta(n)$ 作用下的系统响应记作为 $h(n)$，称为系统的单位脉冲响应。

对于任意整数 m，由系统的线性和时不变特性，当激励为 $x(m)\delta(n-m)$ 时，响应必为 $x(m)h(n-m)$。于是，对于激励 $x(n)$ 为 $\delta(n)$ 的移位加权和，即

$$x(n) = \sum_{m=-\infty}^{\infty} x(m)\delta(n-m)$$

时，系统零状态响应 $y(n)$ 为

$$y(n) = \sum_{m=-\infty}^{\infty} x(m)h(n-m) = x(n) * h(n) \tag{1.2.13}$$

式(1.2.13)的 $y(n)$ 即为激励 $x(n)$ 的响应。即一旦求得系统的单位脉冲响应 $h(n)$，只要计算激励信号 $x(n)$ 和 $h(n)$ 的“卷积和”，就可得到激励 $x(n)$ 引起的系统零状态响应 $y(n)$。

1.3　本章内容 MATLAB 仿真

1.3.1　典型信号的 MATLAB 表示

MATLAB 软件可以很方便地表示各种典型信号，从现在开始，本书将从信号的表示和波形的绘制入手来学习使用 MATLAB。通过本章对 MATLAB 的接触，可以初步感受到它的快捷和方便，同时也为后面各章用 MATLAB 进一步分析信号做好准备。

1. 单位阶跃信号

对于像阶跃函数这样具有突变点的函数波形，MATLAB 有专门的阶跃信号 stepfun 函数。本例学习用这个函数来绘制阶跃函数。

用 MATLAB 绘制其波形的命令语句如下：

```
clear all; close all;                %初始化现场
t = -0.5: 0.001: 2;                  %定义时间数组
t0 =0;                               %定义单位阶跃信号阶跃点
u = stepfun(t, t0);                  %用阶跃信号函数绘制单位阶跃信号
subplot(1, 2, 1);
plot(t, u);
axis([ -0.5, 2, -0.2, 1.2])
t0 =1;                               %阶跃点延迟到 t =1
u = stepfun(t, t0);
subplot(1, 2, 2);
plot(t, u);
```

用 MATLAB 绘制的单位阶跃信号和延迟 $t_0 = 1\text{s}$ 的单位阶跃信号分别如图 1-23a 和 b 所示。

用阶跃函数的组合可以表示分段信号。例如，脉冲宽度为 τ 的门信号可以用阶跃信号的组合表示为

$$\Pi\left(\frac{t}{\tau}\right) = u\left(t + \frac{\tau}{2}\right) - u\left(t - \frac{\tau}{2}\right)$$

用 MATLAB 绘制其幅值为 1、宽度 τ 为 1 的函数波形的程序如下：

```
clear all; close all;            %初始化现场
t = -1:0.001:1;
```

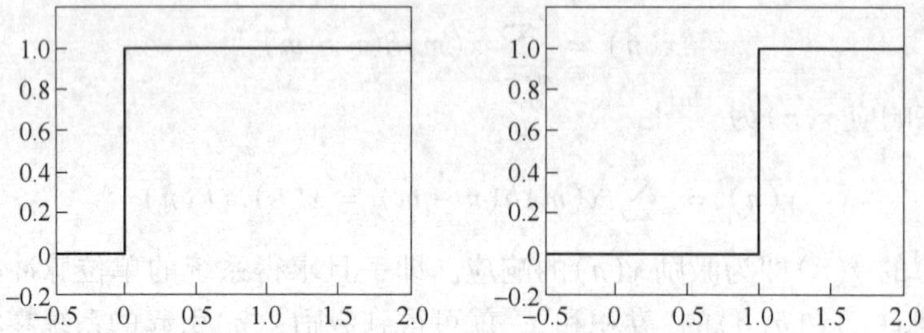

a) b)

图 1-23 单位阶跃信号仿真

```
p=1;
g=stepfun(t, -0.5*p)-stepfun(t, 0.5*p);
plot(t, g);
axis([-1, 1, -0.1, 1.2])
```

脉冲宽度为 1，幅值为 1 的门信号波形如图 1-24 所示。

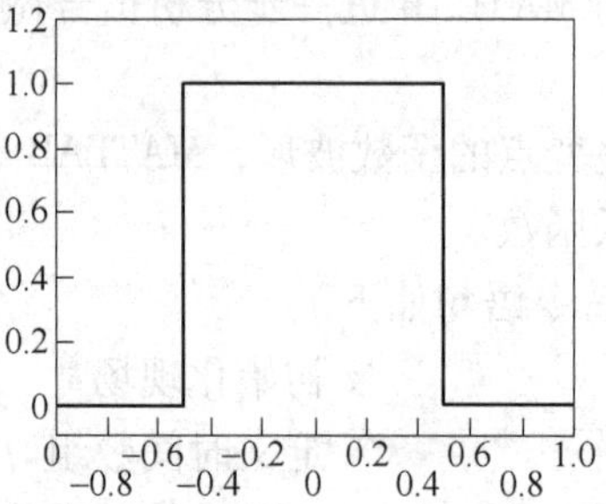

图 1-24 用单位阶跃信号构成的门信号波形

2. 内插函数信号

内插函数信号的数学表达式为

$$\operatorname{sinc}(t) = \frac{\sin(t)}{t}$$

但 MATLAB 中定义 $\operatorname{sinc}(t) = \dfrac{\sin(\pi t)}{\pi t}$，可以利用 $\operatorname{sinc}(t)$ 来计算内插函数信号。

用 MATLAB 计算并绘制波形的命令如下：

```
t=-10:0.11:10;                      %定义信号 x1、x2 的时间范围向量
x1=sinc(t);                         %计算 x1
subplot(2, 1, 1); plot(t, x1);      %绘制 x1
x2=sinc(t/pi);                      %计算 x2
subplot(2, 1, 2); plot(t, x2)       %绘制 x2
```

绘制的波形如图 1-25 所示，其中图 a 为 $x_1 = \dfrac{\sin(\pi t)}{\pi t}$，图 b 为 $x_2 = \dfrac{\sin(t)}{t}$。

3. 单位脉冲序列和单位阶跃序列

在用 MATLAB 绘制单位脉冲序列和单位阶跃序列的图形时，需要学习用交互式方法输入经常变动的数据，并学习用线型图绘制函数 stem 绘制离散序列图形。以下是编制的 M 文

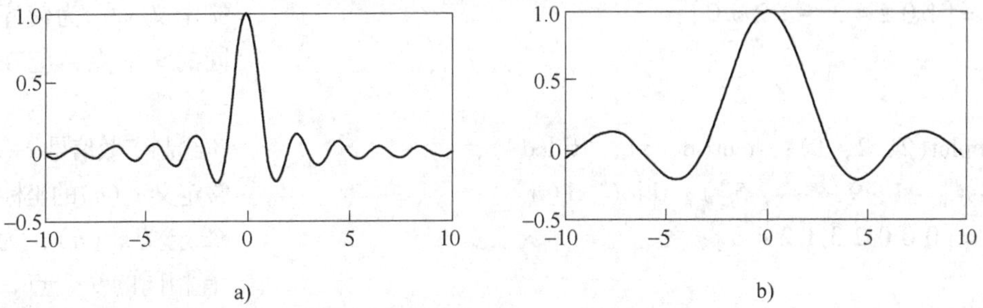

图 1-25　内插函数信号 sinc(t)的仿真

件：

```
n1 = input('输入序列的起点 n1 = ');                  %以交互方式输入序列的起点n1( <0)
n2 = input('输入序列的终点 n2 = ');                  %以交互方式输入序列的终点n2( >0)
n = n1: n2; k = length(n);                           %确定 n 向量及其元素的个数 k
x1 = zeros(1, k); x1(1, -n1 +1) =1;                  %计算单位脉冲序列
subplot(1, 2, 1); stem(n, x1, 'filled')              %绘制单位脉冲序列的图形
x2 = zeros(1, k); x2(1, -n1 +1: n2 -n1 +1) =1;       %计算单位阶跃序列
subplot(1, 2, 2); stem(n, x2, 'filled')              %绘制单位阶跃序列的线型图形
```

若运行该程序时按照提示输入：输入序列的起点 $n_1 = -10$，输入序列的终点 $n_2 = 10$，则可得到图 1-26 所示的图形，图 a 为单位脉冲序列，图 b 为单位阶跃序列。

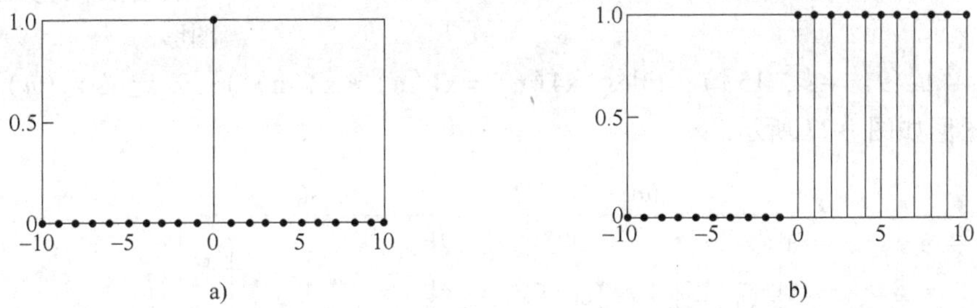

图 1-26　单位脉冲序列与单位阶跃序列

1.3.2　信号运算的 MATLAB 实现

1. 离散信号的加减乘除

在 MATLAB 中，序列的相加和相乘运算需表示成向量的相加和相乘，因此要求参加运算的序列一定要具有相同的长度。不同长度的两个序列不能直接进行运算，必须先通过补零的方法使各序列具有相同的长度。下面看一个例子。

【例 1-7】　已知：$x_1(n) = \{\underline{1}, 0, 2, 4, 3, -1, 2, 3\}$；$x_2(n) = \{\underline{0}, 0, 0, 2, 3, 1, 2, 4, 3\}$。用 MATLAB 绘出下列信号的图形：$x_1(n)$；$x_2(n)$；$x_1(n)+x_2(n)$；$x_1(n)x_2(n)$。

【解】　编写的 M 文件如下：

```
n =0: 8;                                             %定义离散时间数组，注
                                                      意应包含参与运算的信号
                                                      的全部时间序列点
```

```
x1 = [1 0 2 4 3  -1 2 3 0];                             %定义x1，为使序列有相同的9个点，应在最后补一个零
subplot(2, 2, 1); stem(n, x1, 'filled');                %绘制离散信号x1(n)图形
axis([-1, 9, -4, 5]); title('x1(n)');                   %定义x1(n)的坐标与标题
x2 = [0 0 0 2 3 1 2 4 3];                               %定义x2(n)，为使序列有相同的9个点，应在前面补3个零
subplot(2, 2, 2); stem(n, x2, 'filled');                %绘制离散信号x2(n)图形
axis([-1, 9, -4, 5]); title('x2(n)');                   %定义x2(n)的坐标与标题
x3 = x1 + x2;                                           %计算两个离散信号的和x3(n)
subplot(2, 2, 3); stem(n, x3, 'filled');                %绘制相加计算结果x3(n)图形
axis([-1, 9, -4, 9]); title('x3(n) = x1(n) + x2(n)');   %定义x3(n)的坐标与标题
x4 = x1. * x2;                                          %计算两个离散信号的积x4(n)
subplot(2, 2, 4); stem(n, x4, 'filled');                %绘制相乘计算结果x4(n)图形
axis([-1, 9, -4, 15]); title('x4(n) = x1(n) * x2(n)'); %定义x4(n)的坐标与标题
```

仿真图形如图 1-27 所示。

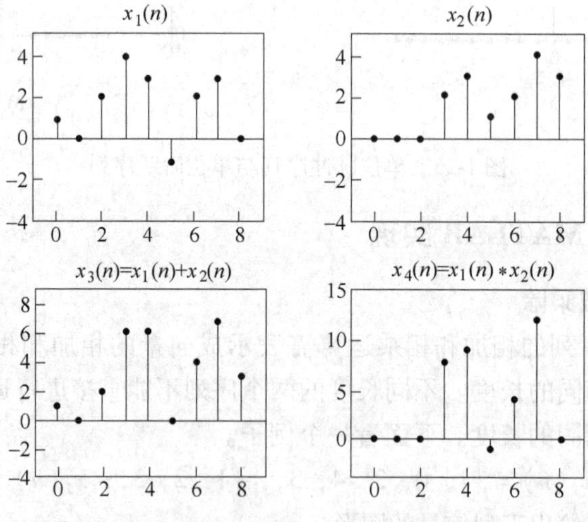

图 1-27　例 1-7 的解图

2. 序列的“卷积和”（线卷积）运算

语法格式：conv(x, y)。求向量 x 和 y 的卷积，若 $x(n)$ 和 $y(n)$ 的长度分别为 M 和 N，则返回值是长度为 $M+N-1$ 的向量。

【例 1-8】 $x(n)=\{\underline{1},2,3,4,5\}$，$h(n)=\{\underline{6},2,3,6,4,2\}$，求 $y(n)=x(n)*h(n)$。

【解】 程序如下：

```
clear all;
N=5; M=6; L=N+M-1;
x=[1, 2, 3, 4, 5]; h=[6, 2, 3, 6, 4, 2];
y=conv(x, h);
nx=0:N-1; nh=0: M-1; ny=0:L-1;
subplot(1, 3, 1);
stem(nx, x, '.k'); xlabel('n'); ylabel('x(n)'); grid on; axis([-1, 5, 0, 7])
subplot(1, 3, 2);
stem(nh, h, '.k'); xlabel('n'); ylabel('h(n)'); grid on; axis([-1, 6, 0, 7])
subplot(1, 3, 3);
stem(ny, y, '.k'); xlabel('n'); ylabel('y(n)'); grid on;
```

可得结果：$y(n)=\{\underline{6},14,25,42,63,50,55,52,28,10\}$，仿真的波形如图 1-28 所示。

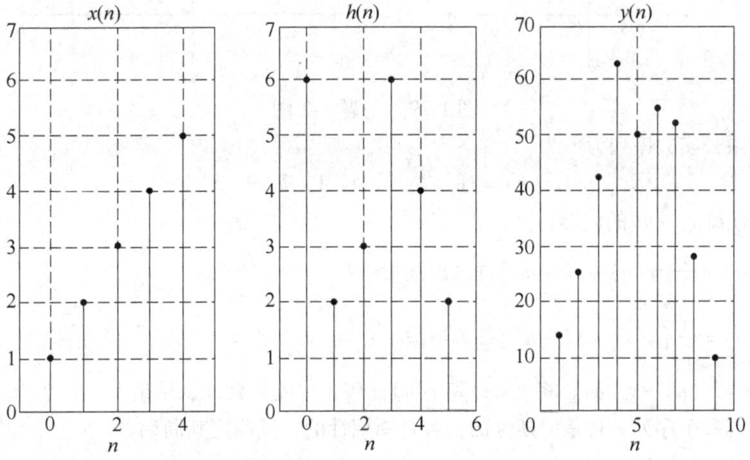

图 1-28 卷积和 $y(n)=x(n)*h(n)$ 的仿真

1.4 小结

本章给出了信号的基本概念。可以把离散时间信号看作是连续时间信号的等时间间隔抽样。周期的连续信号其周期 T 可以是任意正实数，而周期的离散信号其周期 N 只能是正整数。反褶运算、平移(移位)运算、尺度变换运算是连续信号和离散信号的基本运算。欧拉恒等式可以将正弦信号在三角形式和复指数形式之间转换，是进行信号与系统的分析和综合的重要数学工具。单位冲激信号和单位脉冲序列具有“筛选特性”，单位阶跃函数和单位阶跃序列具有“切除特性”，奇异信号的这些性质对后续的分析将十分有用。辛格函数(又称内插函数信号)在信号与系统理论中占有重要地位。卷积的运算及其性质在信号与系统的分析、综合中极其重要。

本章还给出了系统的基本概念。输入和输出满足比例性和可加性(合起来称为叠加原理)的系统称为线性系统，输入和输出关系不随时间(或不随序列的延迟)变化的系统称为时不变系统。线性时不变系统是本课程的研究对象。系统现在的输出只取决于输入的现在值和过去值，称之为因果系统。非因果系统是物理不可实现的。稳定系统在输入有界时，输出也有界。卷积分析法是线性时不变系统的重要分析方法，连续系统的响应 $y(t)$ 是系统激励 $x(t)$ 和系统冲激响应 $h(t)$ 的卷积分；离散系统的响应 $y(n)$ 可以通过求系统激励 $x(n)$ 和系统单位脉冲响应 $h(n)$ 的卷积和得到。

习　题　1

1-1　信号 $f(t)$ 如图 1-8(例 1-1 的波形)所示，分别按以下顺序求 $f(-3t-2)$。

(1)反褶、尺度、移位；

(2)尺度、移位、反褶。

1-2　试计算图 1-29 所示函数 $f_1(t)$ 和 $f_2(t)$ 的卷积积分。

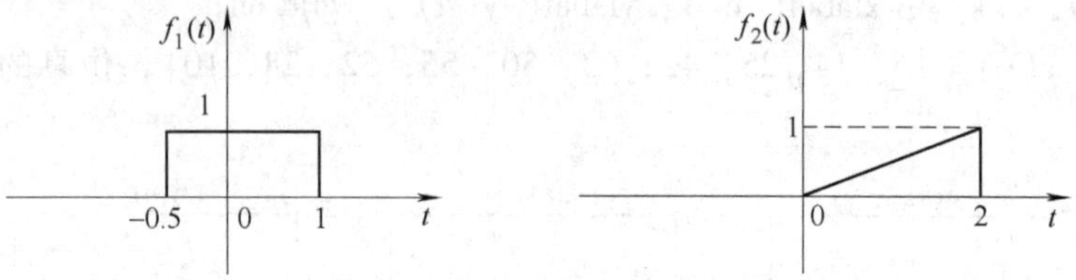

图 1-29　习题 1-2 图

1-3　设某有限长实数序列为

$$x(n)=\{8,\ 7,\ \underline{9},\ 5,\ 1,\ 7,\ 9,\ 5\}$$

(1)画出 $x(n)$ 和 $x(-n)$ 的波形；

(2)计算 $x_e(n)=\frac{1}{2}[x(n)+x(-n)]$ 并画出波形；

(3)计算 $x_o(n)=\frac{1}{2}[x(n)-x(-n)]$ 并画出波形；

(4)求 $x_1(n)=x_e(n)+x_o(n)$，将 $x_1(n)$ 和 $x(n)$ 比较，你能得到什么结论?

1-4　判断下列每个序列是否是周期性的；若是周期性的，试确定其周期。

(1) $f(t)=\cos 20t+\cos 22t$

(2) $f(t)=4\sin 7t+5\sin 2\pi t$

(3) $x(n)=A\cos\left(\frac{3\pi}{7}n-\frac{\pi}{8}\right)$

(4) $x(n)=A\sin\left(\frac{13}{3}\pi n\right)$

(5) $x(n)=e^{j\left(\frac{\pi}{6}-n\right)}$

(6) $x(n)=\cos\frac{n\pi}{12}+\sin\frac{n\pi}{18}$

1-5　有一连续正弦信号 $x(t)=\cos(2\pi ft+\varphi)$，其中 $f=20\text{Hz}$，$\varphi=\frac{\pi}{6}$。

(1)求其周期 T；

(2)在 $t=nT_s$ 时刻对其抽样，$T_s=0.02\text{s}$，写出抽样后序列 $x(n)$ 的表达式；

(3)求 $x(n)$ 的周期 N。

1-6　判断下列系统的线性和时不变性。

(1) $y(n)=2x(n)+3$

(2) $y(n)=x(n)\sin\left(\frac{2}{7}\pi n+\frac{\pi}{6}\right)$

1-7　已知线性时不变系统激励 $x_1(t)$ 和响应 $y_1(t)$ 的波形如图1-30a和b所示，试求激励如图1-30c所示的 $x_2(t)$ 波形时的响应 $y_2(t)$ 的波形。

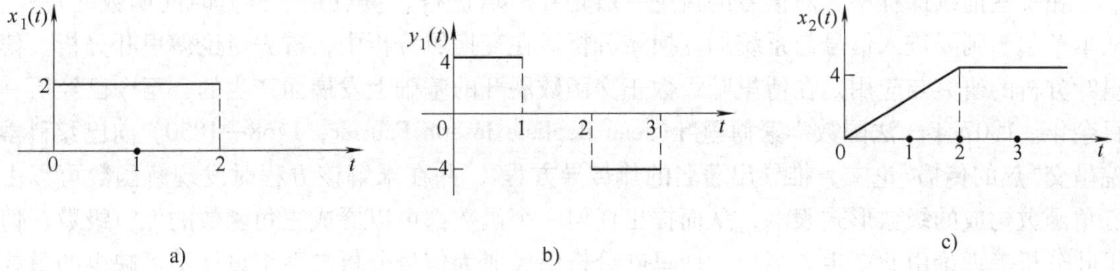

图1-30　习题1-7图

1-8　试证明：序列的“卷积和”满足交换律和分配率。

1-9　用MATLAB的阶跃信号函数stepfun仿真图1-30b所示波形。

1-10　(1) $x(n)=\{\underline{1},2,3,4,5\}$，$h(n)=R_6(n)$，计算 $y(n)=x(n)*h(n)$；

(2)编制MATLAB程序，仿真验算之。

1-11　如果时域离散时不变系统的单位脉冲响应为 $h(n)$，输入 $x(n)$ 是以 N 为周期的周期函数，试证明其输出 $y(n)$ 也是以 N 为周期的周期序列。

1-12　已知一个线性时不变系统的单位脉冲响应 $h(n)$ 在区间 $N_0\leqslant n\leqslant N_1$ 之外全为零，输入信号 $x(n)$ 在区间 $N_2\leqslant n\leqslant N_3$ 之外全为零；其输出响应在区间 $N_4\leqslant n\leqslant N_5$ 之外全为零。试确定 N_4、N_5 与 N_0、N_1、N_2 和 N_3 的关系式。

1-13　如果系统的输出变化不会发生在输入变化之前，则称该系统为因果系统，证明此定义等价于：当 $n<0$ 时，线性时不变系统的单位脉冲响应 $h(n)=0$，则该系统必然为因果系统。

1-14　设时域离散线性时不变系统的单位脉冲响应 $h(n)$ 和输入激励信号 $x(n)$ 分别为 $h(n)=\left(\frac{\mathrm{j}}{2}\right)^n u(n)$，$\mathrm{j}=\sqrt{-1}$ 和 $x(n)=\cos(\pi n)u(n)$。求系统对 $x(n)$ 的稳态响应 $y(n)$（这里稳态响应指 n 足够大时的响应）。

1-15　序列 $x(n)$ 如图1-31所示，请用单位脉冲序列的移位加权和表示之。

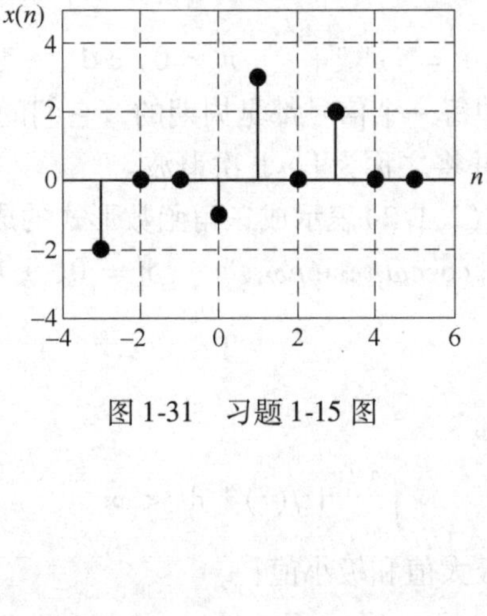

图1-31　习题1-15图

第 2 章　连续信号的傅里叶变换

在一些前续课程中，对信号的讨论一般是在时域进行，重点是考察其时间函数的特性。从本章起，则要进入信号与系统的变换域分析。在变换域分析中，首先讨论傅里叶分析。傅里叶分析的研究与应用是在傅里叶级数正交函数展开的基础上发展而产生的，至今已经历一百余年。1807 年，法国数学家傅里叶(Jean Baptiste Joseph Fourier，1768—1830）向巴黎科学院呈交“热的传播”论文，推导出著名的热传导方程，并在求解该方程时发现解函数可以由三角函数构成的级数形式表示，从而提出任何一个函数都可以展成三角函数的无穷级数，傅里叶分析等理论由此产生。当今，傅里叶分析已经成为信号分析与系统设计不可缺少的重要工具。

2.1　傅里叶级数(FS)

傅里叶发现，任何周期函数都可以用正弦函数和余弦函数构成的无穷级数来表示(选择正弦函数与余弦函数作为基函数是因为它们是正交的，当然也可以选择其他的完备正交信号集来表示)，所以被称为傅里叶级数(Fourier series，FS)——一种特殊的三角级数。

2.1.1　周期信号的傅里叶级数

如果某一连续时间信号 $f(t)$ 是周期的，则存在着一个非零的正实数 T_1，对任何 t 都满足

$$f(t) = f(t \pm T_1) \tag{2.1.1}$$

满足式(2.1.1)中的 T_1 称为该信号的基波周期，$\omega_1 = \dfrac{2\pi}{T_1}$ 称为该信号的基波角频率。

已知任意一个复指数信号 $e^{j\omega_1 t}$ 是周期的，对于式(2.1.1)所示的周期信号，与之成谐波关系的复指数信号的集合为

$$\Phi_n(t) = \{e^{jn\omega_1 t}\} \qquad n = 0, \pm 1, \pm 2, \cdots \tag{2.1.2}$$

在式(2.1.2)中，$\Phi_n(t)$ 中每一个信号都是周期的，它们的角频率都是 ω_1 的整数倍，因此称它们与 ω_1 成谐波关系，并将之称为 $|n|$ 次谐波。

根据欧拉公式，可以将式(2.1.2)表示成三角函数形式的成谐波关系的信号集

$$\Phi_n(t) = \{\cos n\omega_1 t, \sin n\omega_1 t\} \qquad n = 0, \pm 1, \pm 2, \cdots \tag{2.1.3}$$

狄义赫利条件如下：

在同一个周期 T_1 内：

1）信号 $f(t)$ 绝对可积，即

$$\int_{t_0}^{t_0+T_1} |f(t)|\,dt < \infty \tag{2.1.4}$$

2）信号 $f(t)$ 只有有限个极大值和极小值；

3) 信号 $f(t)$ 只有有限个间断点，并且在每个不连续点上信号都必须是有限值。

一般周期信号都是满足这三个条件，任何满足狄义赫利条件的周期函数都可展成傅里叶级数。

1. 三角形式的傅里叶级数

由数学分析课程已知，周期信号 $f(t)$，周期为 T_1，基波角频率为 $\omega_1=\dfrac{2\pi}{T_1}$，在满足狄义赫利条件时，可展开成

$$f(t)=a_0+\sum_{n=1}^{\infty}(a_n\cos n\omega_1 t+b_n\sin n\omega_1 t) \tag{2.1.5}$$

式中，n 为正整数。

各次谐波分量幅度值的计算公式如下：

直流分量

$$a_0=\frac{1}{T_1}\int_0^{T_1}f(t)\mathrm{d}t=\frac{1}{T_1}\int_{-\frac{T_1}{2}}^{\frac{T_1}{2}}f(t)\mathrm{d}t \tag{2.1.6}$$

n 次谐波余弦分量的系数

$$a_n=\frac{2}{T_1}\int_0^{T_1}f(t)\cos n\omega_1 t\mathrm{d}t=\frac{2}{T_1}\int_{-\frac{T_1}{2}}^{\frac{T_1}{2}}f(t)\cos n\omega_1 t\mathrm{d}t \tag{2.1.7}$$

n 次谐波正弦分量的系数

$$b_n=\frac{2}{T_1}\int_0^{T_1}f(t)\sin n\omega_1 t\mathrm{d}t=\frac{2}{T_1}\int_{-\frac{T_1}{2}}^{\frac{T_1}{2}}f(t)\sin n\omega_1 t\mathrm{d}t \tag{2.1.8}$$

合并式(2.1.5)中同频率的正弦项，可得傅里叶级数的余弦形式

$$f(t)=c_0+\sum_{n=1}^{\infty}c_n\cos(n\omega_1 t+\varphi_n) \tag{2.1.9}$$

合并同频率的余弦项，可得傅里叶级数的正弦形式

$$f(t)=d_0+\sum_{n=1}^{\infty}d_n\sin(n\omega_1 t+\theta_n) \tag{2.1.10}$$

比较式(2.1.5)、式(2.1.9)和式(2.1.10)，可看出傅里叶级数中各个量之间的关系如下：

$$\begin{cases}a_0=c_0=d_0\\ c_n=d_n=\sqrt{a_n^2+b_n^2}\\ a_n=c_n\cos\varphi_n=d_n\sin\theta_n\\ b_n=-c_n\sin\varphi_n=d_n\cos\theta_n\\ \tan\theta_n=\dfrac{a_n}{b_n}\\ \tan\varphi_n=-\dfrac{b_n}{a_n}\end{cases}\qquad n=1,2,\cdots \tag{2.1.11}$$

2. 傅里叶级数的复指数形式

用复指数形式 $\mathrm{e}^{jn\omega_0 t}$ 表达傅里叶级数是非常方便的，已知

$$f(t) = a_0 + \sum_{n=1}^{\infty} (a_n \cos n\omega_1 t + b_n \sin n\omega_1 t)$$

由欧拉恒等式，即式(1.1.12)，上式可写成

$$f(t) = a_0 + \sum_{n=1}^{\infty} \left[\frac{a_n - \mathrm{j}b_n}{2} \mathrm{e}^{\mathrm{j}n\omega_1 t} + \frac{a_n + \mathrm{j}b_n}{2} \mathrm{e}^{-\mathrm{j}n\omega_1 t} \right] \tag{2.1.12}$$

令

$$\begin{cases} F_n = F(n\omega_1) = \dfrac{a_n - \mathrm{j}b_n}{2} \\ F_{-n} = F(-n\omega_1) = \dfrac{a_n + \mathrm{j}b_n}{2} \qquad n = 1,2,\cdots \\ F_0 = a_0 \end{cases} \tag{2.1.13}$$

则式(2.1.12)可写成

$$\begin{aligned} f(t) &= a_0 + \sum_{n=1}^{\infty} [F(n\omega_1)\mathrm{e}^{\mathrm{j}n\omega_1 t} + F(-n\omega_1)\mathrm{e}^{-\mathrm{j}n\omega_1 t}] \\ &= F_0 + \sum_{n=1}^{\infty} [F_n \mathrm{e}^{\mathrm{j}n\omega_1 t} + F_{-n}\mathrm{e}^{-\mathrm{j}n\omega_1 t}] \\ &= \sum_{n=-\infty}^{\infty} F_n \mathrm{e}^{\mathrm{j}n\omega_1 t} \end{aligned} \tag{2.1.14}$$

式(2.1.14)称为周期信号傅里叶级数的复指数形式，F_n 称为周期信号傅里叶级数的谱系数(简称傅里叶系数)，一般情况下 F_n 为复数，由 $f(t)$ 直接给出的定义式为

$$F_n = \frac{1}{T_1}\int_0^{T_1} f(t)\mathrm{e}^{-\mathrm{j}n\omega_1 t}\mathrm{d}t = \frac{1}{T_1}\int_{-\frac{T_1}{2}}^{\frac{T_1}{2}} f(t)\mathrm{e}^{-\mathrm{j}n\omega_1 t}\mathrm{d}t \tag{2.1.15}$$

由式(2.1.13)，可证明如下：

$$\begin{aligned} F_n &= \frac{a_n - \mathrm{j}b_n}{2} = \frac{1}{T_1}\int_0^{T_1} f(t)\cos(n\omega_1 t)\,\mathrm{d}t - \mathrm{j}\frac{1}{T_1}\int_0^{T_1} f(t)\sin(n\omega_1 t)\,\mathrm{d}t \\ &= \frac{1}{T_1}\int_0^{T_1} f(t)[\cos(n\omega_1 t) - \mathrm{j}\sin(n\omega_1 t)]\,\mathrm{d}t \\ &= \frac{1}{T_1}\int_0^{T_1} f(t)\mathrm{e}^{-\mathrm{j}n\omega_1 t}\mathrm{d}t \end{aligned}$$

【例 2-1】 求图 2-1 所示周期锯齿波的三角形式的傅里叶级数展开式。

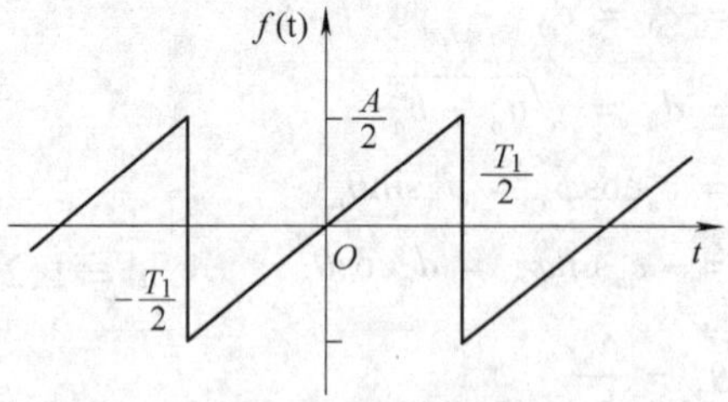

图 2-1　例 2-1 的波形

【解】 由图 2-1 可得

$$f(t) = \frac{A}{T_1}t \qquad -\frac{T_1}{2} \leqslant t \leqslant \frac{T_1}{2}$$

则各谐波分量的系数为

$$a_0 = \frac{1}{T_1}\int_{-\frac{T_1}{2}}^{\frac{T_1}{2}} \frac{A}{T_1} t \mathrm{d}t = 0$$

$$a_n = \frac{2}{T_1}\int_{-\frac{T_1}{2}}^{\frac{T_1}{2}} \frac{A}{T_1} t\cos(n\omega_1 t)\mathrm{d}t = 0$$

$$b_n = \frac{2}{T_1}\int_{-\frac{T_1}{2}}^{\frac{T_1}{2}} \frac{A}{T_1} t\sin(n\omega_1 t)\mathrm{d}t = \frac{A}{n\pi}(-1)^{n+1} \qquad n = 1,2,3,\cdots$$

所以，周期锯齿波的傅里叶级数展开式为

$$f(t) = \frac{A}{\pi}\sin\omega_1 t - \frac{A}{2\pi}\sin 2\omega_1 t + \frac{A}{3\pi}\sin 3\omega_1 t - \cdots$$

【例 2-2】 将图 2-2 所示的周期矩形脉冲信号展开为指数形式的傅里叶级数。

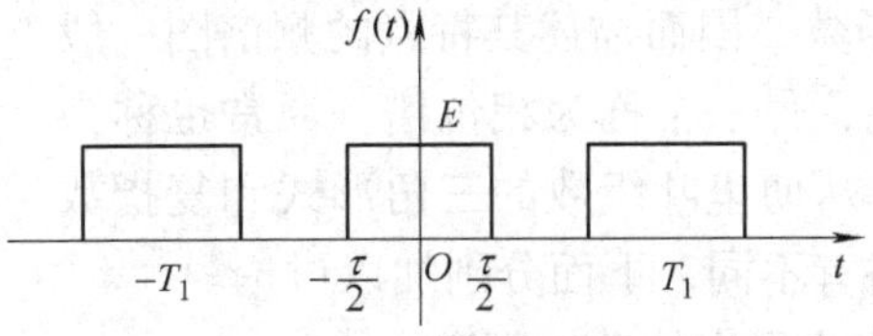

图 2-2　例 2-2 的波形

【解】 由图 2-2 可以看出，在一个周期内，该信号为

$$f(t) = \begin{cases} E & |t| < \frac{\tau}{2} \\ 0 & |t| > \frac{\tau}{2} \end{cases}$$

由式(2.1.15)得

$$F_n = \frac{1}{T_1}\int_{-\frac{T_1}{2}}^{\frac{T_1}{2}} f(t)\mathrm{e}^{-\mathrm{j}n\omega_1 t}\mathrm{d}t = \frac{1}{T_1}\int_{-\frac{\tau}{2}}^{\frac{\tau}{2}} E\mathrm{e}^{-\mathrm{j}n\omega_1 t}\mathrm{d}t = \frac{E\tau}{T_1}\mathrm{sinc}\left(\frac{n\omega_1\tau}{2}\right)$$

代入式(2.1.14)，于是周期矩形脉冲信号 $f(t)$ 的复指数形式的傅里叶级数展开式为

$$f(t) = \sum_{n=-\infty}^{\infty} F_n \mathrm{e}^{\mathrm{j}n\omega_1 t} = \frac{E\tau}{T_1}\sum_{n=-\infty}^{\infty}\mathrm{sinc}\left(\frac{n\omega_1\tau}{2}\right)\mathrm{e}^{\mathrm{j}n\omega_1 t}$$

从以上例子可以看到，一个周期信号可以分解为直流和许多正弦(余弦)分量，它们的基波角频率与原周期信号相同，为 $\omega_1 = \frac{2\pi}{T_1}$，各次谐波角频率按 $n\omega_1$ 递增。

2.1.2　傅里叶级数频谱

将一个周期信号表示成式(2.1.14)所示的复指数正弦信号组合，实质上是将周期信号分解为不同频率的谐波分量。这个表达式不仅仅是一种信号表示方法，更重要的是它揭示了周期信号的实质，即一个周期信号由不同频率的谐波分量所组成，周期信号之所以具有周期性，其原因也正在于此。

傅里叶分析实质上是一种频域分析方法，在信号被分解成各次谐波以后，就可以从频域来分析处理问题。一般而言，信号的频域特性是信号的内在本质，而信号的时域波形只是信号的外在形式。显然，从本质上分析处理问题将会更深入、更全面、更方便，也更具有优越性。

在傅里叶级数中，各个信号分量（谐波分量）间的区别也仅仅是幅度（可以是复数）和频率不同。因此，可以用一根线段来表示某个分量的幅度，用线段的位置表示相应的频率，这样绘出来的图称为频谱图，习惯上也常将幅度频谱简称为频谱。

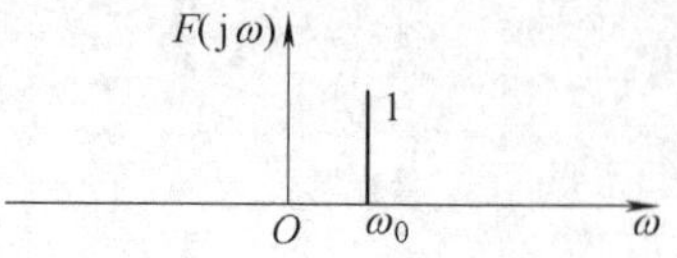

图 2-3　$e^{j\omega_0 t}$ 的频谱

例如，$F(j\omega) = e^{j\omega_0 t}$，可表示为图 2-3 所示形式。

$F(j\omega) = \cos\omega_0 t = \dfrac{1}{2}(e^{j\omega_0 t} + e^{-j\omega_0 t})$，可表示为图 2-4 所示形式。

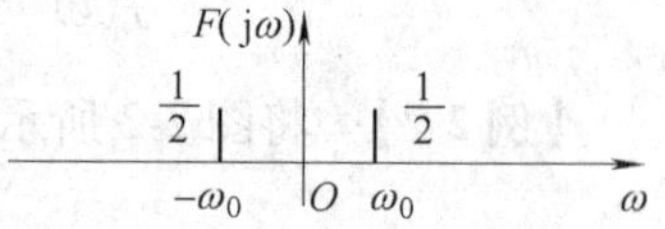

图 2-4　$\cos\omega_0 t$ 的频谱

由于信号的频谱完全代表了信号，因此研究它的频谱就等于研究信号本身。这种表示信号的方法称为频域表示法。周期信号 $f(t)$ 一般为 $n\omega_1$ 的复函数，因而描述其特点的频谱图一般要画两个，一个称为幅度谱，另一个称为相位谱，通常也称为幅频特性图和相频特性图。从傅里叶级数的三角形式和复指数形式导出的频谱在外观上略有不同，下面分别加以讨论。

1. 从傅里叶级数三角形式导出的单边频谱

从 $f(t)$ 的傅里叶级数的三角形式或余弦形式的各个量之间的关系，即式（2.1.11），可得幅频特性和相频特性如下：

$$\begin{aligned} |c_n| &= \sqrt{a_n^2 + b_n^2} \\ \varphi_n &= \arctan\left(\frac{-b_n}{a_n}\right) \end{aligned} \tag{2.1.16}$$

式（2.1.16）表示的振幅与相位随频率变化的图形只在频率轴的零频率和正频率一边有谱线，称为信号的单边频谱，如图 2-5a、b 所示，其中 a 是幅度频谱 $|c_n|$—ω 关系曲线，b 是相位频谱 φ_n—ω 的关系曲线。在 a 分图中，每条竖线代表该频率分量的幅度，称谱线；连接各谱线顶点的曲线（图中虚线所示）称为包络线，它反映了各分量幅度随频率变化的情况。

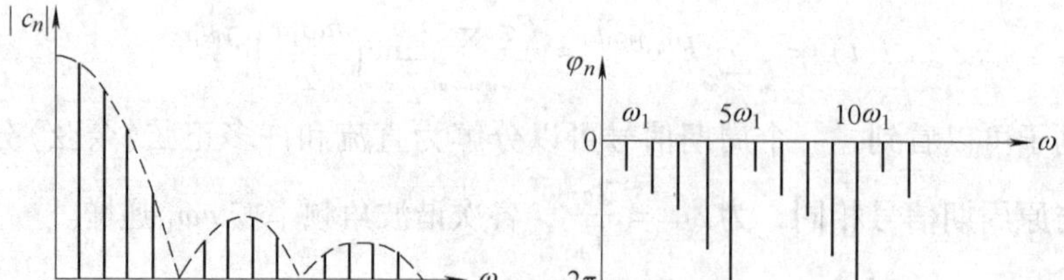

图 2-5　傅里叶级数的单边频谱

2. 从傅里叶级数复指数形式导出的双边频谱

傅里叶级数复指数形式［式（2.1.14）］中的傅里叶系数的模 $|F_n|$、相位 φ_n 随频率变化的幅频特性和相频特性分别如图 2-6a、b 所示。因为在频率轴的正频率和负频率两边都有谱线，所以将它称为双边频谱。负频率的出现完全是数学运算的结果，并没有任何物理意义。由式（2.1.13）可得

$$\begin{aligned} |F_n| &= \left|\frac{a_n - \mathrm{j}b_n}{2}\right| = \frac{1}{2}\sqrt{a_n^2 + b_n^2} \\ \varphi_n &= \arctan\left(\frac{-b_n}{a_n}\right) \end{aligned} \tag{2.1.17}$$

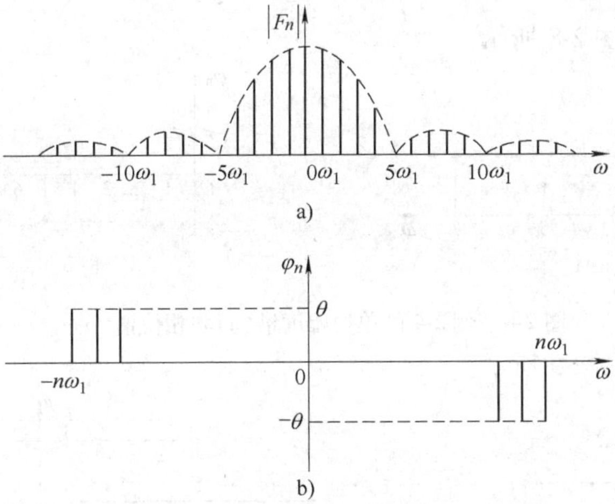

图 2-6 傅里叶级数的双边频谱

【例 2-3】 画出周期矩形脉冲信号的幅度频谱。

【解】 由例 2-2 得周期矩形脉冲信号的复指数形式傅里叶级数展开式

$$f(t) = \sum_{n=-\infty}^{\infty} F_n \mathrm{e}^{\mathrm{j}n\omega_1 t} = \sum_{n=-\infty}^{\infty} \frac{E\tau}{T_1}\mathrm{sinc}\left(\frac{n\omega_1\tau}{2}\right)\mathrm{e}^{\mathrm{j}n\omega_1 t}$$

傅里叶系数 $F_n = F(n\omega_1)$ 为一辛格函数，由此画出的幅度频谱如图 2-7 所示。

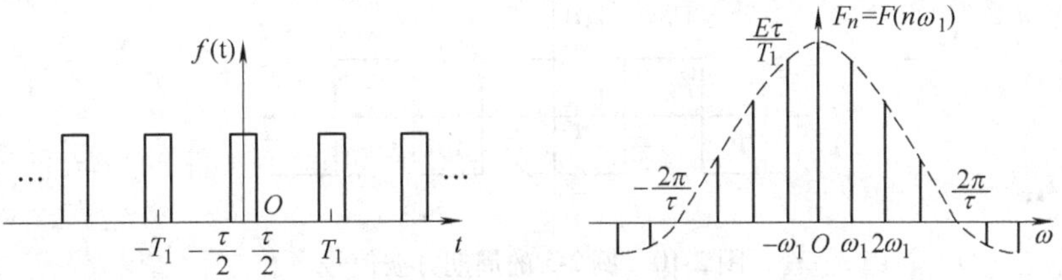

图 2-7 例 2-3 的周期矩形信号的幅度频谱

由图 2-5、图 2-6 可见，周期信号的频谱具有以下特点：

1）频谱图由频率不连续的谱线组成，每根谱线代表一个谐波分量，即周期信号频谱具有离散性。以后还会知道，非周期信号的频谱是连续的。

2）频谱中的谱线只出现在基波频率 ω_1 的整数倍频率处，即频谱具有谐波性。

3）频谱中各线的高度，即各次谐波的振幅随谐波次数的增高而逐渐减小。当谐波次数无限增高时，谐波分量的振幅趋于无穷小，即频谱具有收敛性。

以上就是周期信号的频谱的三个特点：离散性、谐波性和收敛性。这是所有周期信号共有的特点。

【例 2-4】 已知周期信号 $f(t) = 3\cos t + \sin\left(5t + \frac{\pi}{6}\right) - 2\cos\left(8t - \frac{2\pi}{3}\right)$。

（1）画出单边幅度谱和相位谱；

(2)画出双边幅度谱和相位谱。

【解】　$f(t) = 3\cos t + \cos\left(5t + \frac{\pi}{6} - \frac{\pi}{2}\right) + 2\cos\left(8t - \frac{2\pi}{3} + \pi\right)$

$$= 3\cos t + \cos\left(5t - \frac{\pi}{3}\right) + 2\cos\left(8t + \frac{\pi}{3}\right)$$

(1)单边频谱图如图 2-8 所示。

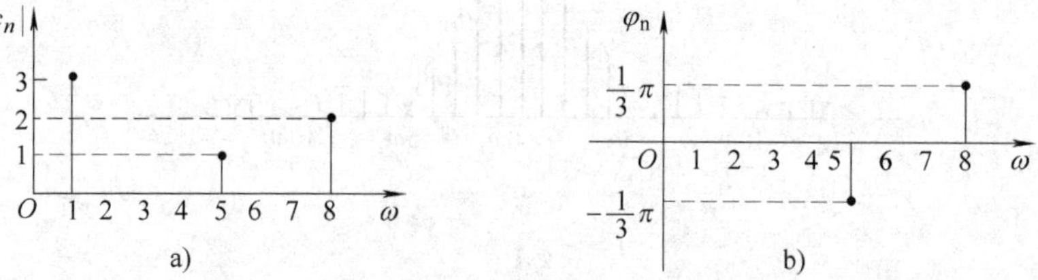

图 2-8　例 2-4 的单边幅度谱(a)和相位谱(b)

(2)双边频谱图如图 2-9 所示。

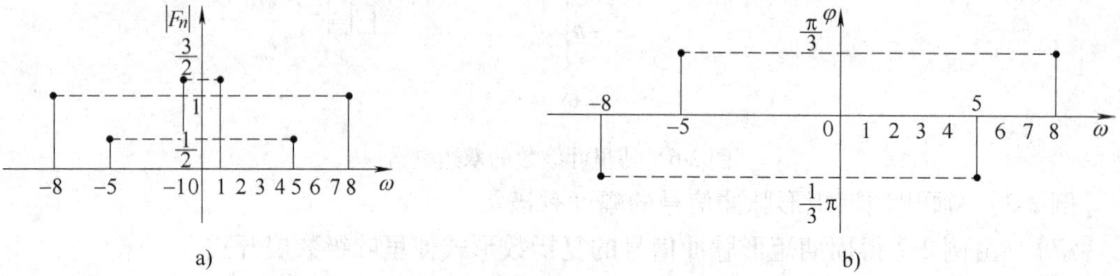

图 2-9　例 2-4 的双边幅度谱(a)和相位谱(b)

【例 2-5】　将图 2-10 所示信号 $f(t)$ 展成傅里叶级数并画出频谱图。

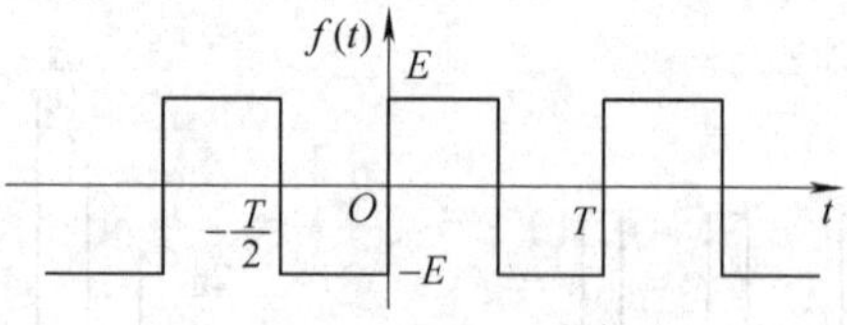

图 2-10　例 2-5 的周期方波信号

【解】　由图 2-10 看出，在一个周期内方波信号的解析式为

$$f(t) = \begin{cases} -E & -\frac{T}{2} \leqslant t < 0 \\ E & 0 \leqslant t < \frac{T}{2} \end{cases}$$

按式(2.1.6)、式(2.1.7)和式(2.1.8)，分别求得傅里叶级数各分量

$$a_0 = 0, a_n = 0, b_n = \begin{cases} \frac{4E}{n\pi} & n\text{ 为奇数} \\ 0 & n\text{ 为偶数} \end{cases}$$

所以，信号的傅里叶级数展开式为

$$f(t) = \frac{4E}{\pi}\sum_{n=1,3,5,\cdots}^{\infty} \frac{1}{n}\sin n\omega_1 t$$

$$|c_n| = \sqrt{a_n^2 + b_n^2} = b_n = \begin{cases} \dfrac{4E}{n\pi} & n \text{ 为奇数} \\ 0 & n \text{ 为偶数} \end{cases}$$

傅里叶系数为

$$\begin{aligned} F_n &= \frac{1}{T}\int_{-\frac{T}{2}}^{\frac{T}{2}} f(t)\,\mathrm{e}^{-\mathrm{j}n\omega_0 t}\,\mathrm{d}t \\ &= \frac{1}{T}\int_{-\frac{T}{2}}^{0}(-E)\,\mathrm{e}^{-\mathrm{j}n\omega_0 t}\,\mathrm{d}t + \frac{1}{T}\int_{0}^{\frac{T}{2}} E\mathrm{e}^{-\mathrm{j}n\omega_0 t}\,\mathrm{d}t \\ &= \begin{cases} \dfrac{2E}{n\pi}\mathrm{e}^{-\mathrm{j}\frac{\pi}{2}} & n \text{ 为奇数} \\ 0 & n \text{ 为偶数} \end{cases} \end{aligned}$$

所以，其单边频谱与双边频谱分别如图 2-11a、b 所示。

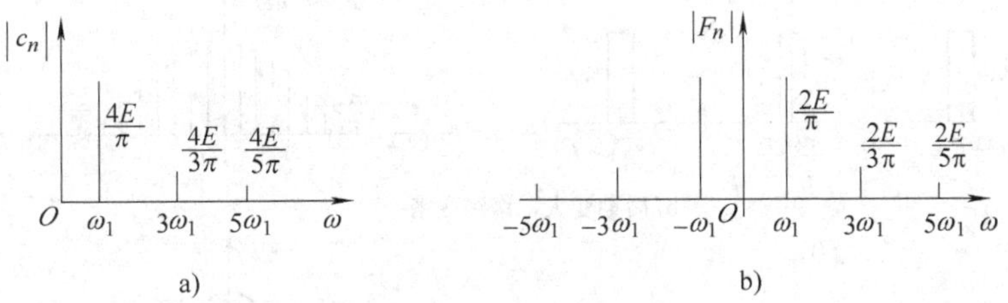

图 2-11　例 2-5 周期方波信号单边和双边频谱

1898 年美国物理学家米切尔森（Albert Michelson）发现，当用傅里叶级数前 N 项谐波分量的有限项之和 $f_N(t)$ 去近似周期方波时，发现随着所取谐波项数 N 的增加，在信号间断点两侧总是存在着起伏的高频信号和上冲超量。当 N 增大时，这些高频起伏和超量所拥有的能量将减少，并趋向于信号的间断点处。当所选取的项数 N 很大时，该量趋于一个常数，它大约等于总跳变值的 9%，并从不连续点开始以起伏振荡的形式逐渐衰减下去。1899 年美国著名物理学家吉布斯（Josiah Willard Gibbs）解释了这一现象，这种现象就被称为吉布斯现象。用有限项谐波叠加成方波信号的过程如图 2-12 所示。

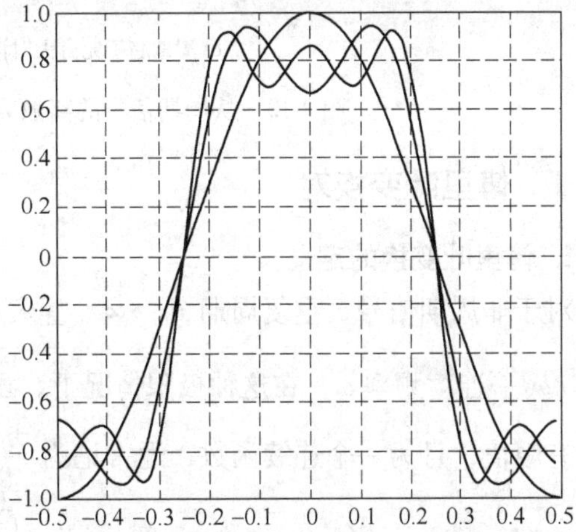

图 2-12　方波信号的吉布斯现象

2.2　傅里叶变换（FT）

上一节讨论了周期信号的傅里叶级数展开，并得到了它们的离散频谱。本节把傅里叶分析的方法推广到非周期信号中去，并导出傅里叶变换（FT）。

仍以周期矩形信号为例，当周期 T_1 趋于无穷时，它就演变成一个非周期的单脉冲信号，所以可以把非周期信号看成是一个周期趋于无穷时的周期信号。由图 2-13 可见，当周期信号的周期 T_1 增大时，谱线的间隔 $\omega_1 = \dfrac{2\pi}{T_1}$ 变小，若周期 T_1 趋于无穷大，则谱线的间隔趋于无穷小，这样，离散频谱就变成连续频谱了。图 2-13a ~ c 分图表示周期信号的周期逐渐增至无穷大时，谱线的间隔趋于无穷小直至成为连续频谱。

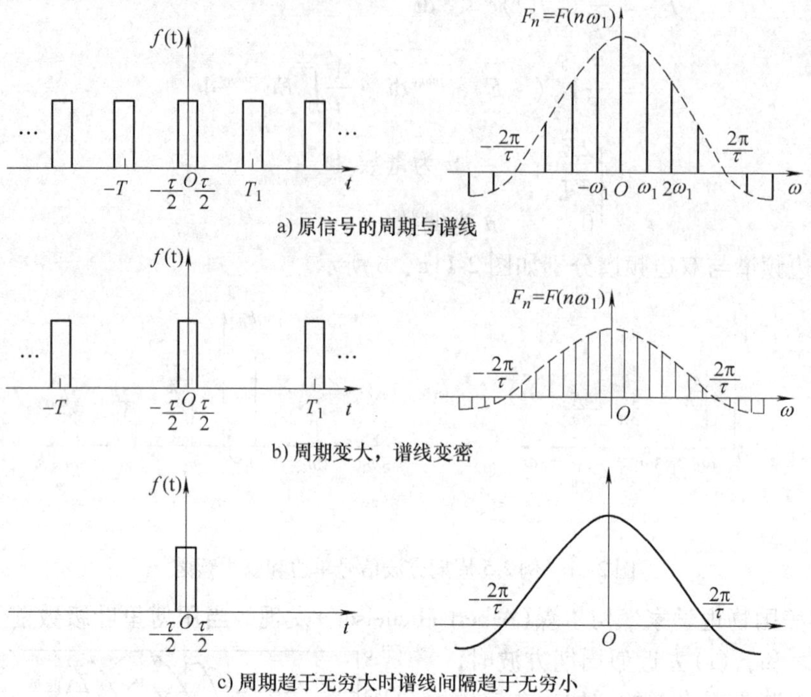

a) 原信号的周期与谱线

b) 周期变大，谱线变密

c) 周期趋于无穷大时谱线间隔趋于无穷小

图 2-13　从周期信号的离散频谱到非周期信号的连续频谱

2.2.1　傅里叶变换对

1. 傅里叶变换的定义

对于非周期信号，重复周期 $T_1 \to \infty$，重复频率 $\omega_1 \to 0$，而谱线间隔 $\Delta(n\omega_1) \to \mathrm{d}\omega$，离散频率 $n\omega_1 \to$ 连续频率 ω。在这种极限情况下，虽然 F_n 趋于无穷小量，但是 $F_n T_1 = \dfrac{2\pi F_n}{\omega_1}$ 可望趋于有限值，且为一个连续函数，通常记为 $F(\mathrm{j}\omega)$，即

$$F(\mathrm{j}\omega) = \lim_{T_1\to\infty} F_n T_1 = \lim_{T_1\to\infty}\int_{-\frac{T_1}{2}}^{\frac{T_1}{2}} f(t)\,\mathrm{e}^{-\mathrm{j}n\omega_1 t}\,\mathrm{d}t$$

$$= \int_{-\infty}^{\infty} f(t)\,\mathrm{e}^{-\mathrm{j}\omega t}\,\mathrm{d}t \tag{2.2.1}$$

称 $F(\mathrm{j}\omega)$ 为非周期信号 $f(t)$ 的频谱密度函数，简称频谱函数。同理，对 $f(t)$ 的傅里叶级数展开式也可做如下改写：

$$f(t) = \sum_{n=-\infty}^{\infty}\left[F_n \mathrm{e}^{\mathrm{j}n\omega_1 t}\right] = \sum_{n=-\infty}^{\infty}\frac{F_n}{\omega_1}\mathrm{e}^{\mathrm{j}n\omega_1 t}\omega_1 \tag{2.2.2}$$

因为 $T_1 \to \infty$ 时，式(2.2.2)为非周期信号 $f(t)$ 的表达式，此时重写式(2.2.1)如下：

$$\lim_{T_1\to\infty}\frac{2\pi F_n}{\omega_1} = F(j\omega)$$

或

$$\lim_{T_1\to\infty}\frac{F_n}{\omega_1} = \frac{1}{2\pi}F(j\omega)$$

且 $n\omega_1\to\omega,\omega_1\to d\omega$，$\sum_{n\omega_1=-\infty}^{\infty}\to\int_{-\infty}^{\infty}$，从而式(2.2.2)可写成

$$f(t) = \lim_{T_1\to\infty}\sum_{n=-\infty}^{\infty}\frac{F_n}{\omega_1}e^{jn\omega_1 t}\omega_1 = \frac{1}{2\pi}\int_{-\infty}^{\infty}F(j\omega)e^{j\omega t}d\omega \tag{2.2.3}$$

由此，得到了式(2.2.1)和式(2.2.3)为非周期信号 $f(t)$ 的频谱表达式。可记为

$$F(j\omega) = \mathcal{F}[f(t)] = \int_{-\infty}^{\infty}f(t)e^{-j\omega t}dt \tag{2.2.4}$$

$$f(t) = \mathcal{F}^{-1}[F(j\omega)] = \frac{1}{2\pi}\int_{-\infty}^{\infty}F(j\omega)e^{j\omega t}d\omega \tag{2.2.5}$$

式(2.2.4)称为傅里叶正变换，式(2.2.5)称为傅里叶逆变换。$f(t)$ 和 $F(j\omega)$ 的对应关系也可简记为

$$f(t)\stackrel{F}{\longleftrightarrow}F(j\omega) \tag{2.2.6}$$

傅里叶变换是一对线性变换，它们之间存在一一对应的关系，其中一个积分方程是另一个积分方程的解。式(2.2.4)是从已知的 $F(j\omega)$ 恢复原有信号 $f(t)$，称为合成公式；式(2.2.5)是从已知信号 $f(t)$ 求得它的组成分量 $F(j\omega)$，称为分解公式。通过它们将时域和频域有机地联系起来。傅里叶正变换与傅里叶逆变换具有唯一性。如果两个函数的傅里叶正变换或傅里叶逆变换相等，则这两个函数必然相等。

傅里叶级数和傅里叶变换的比较见表 2-1。

表 2-1　傅里叶级数与傅里叶变换的比较

	傅里叶级数	傅里叶变换
分析对象	周期信号	非周期信号
频率定义域	离散频率，谐波频率处	连续频率，整个频率轴
函数值意义	频率分量的数值	频率分量的密度值

2. 频谱密度函数的特性和存在的条件

频谱密度函数 $F(j\omega)$ 一般是复函数，可写成：$F(j\omega)=|F(j\omega)|e^{j\varphi(\omega)}$。其中 $|F(j\omega)|$ 是 $F(j\omega)$ 的模，习惯上称为幅度频谱密度函数，简称幅度谱，表示信号中各频谱分量的相对大小随频率变化的幅频特性；$\varphi(\omega)=\arg[F(j\omega)]$ 是 $F(j\omega)$ 的相位函数，习惯上称为相位频谱密度函数，简称相位谱，表示信号中各频率分量之间的相位随频率变化的相频特性。

傅里叶变换的频谱可以分解为实部和虚部，即

$$F(j\omega) = |F(j\omega)|e^{j\varphi(\omega)} = R(\omega)+jX(\omega) \tag{2.2.7}$$

从定义式及欧拉恒等式，有

$$F(j\omega) = \int_{-\infty}^{\infty}f(t)e^{-j\omega t}dt = \int_{-\infty}^{\infty}f(t)\cos(\omega t)dt - j\int_{-\infty}^{\infty}f(t)\sin(\omega t)dt$$

所以

$$\begin{cases} R(\omega) = \int_{-\infty}^{\infty} f(t)\cos(\omega t)\,\mathrm{d}t \\ X(\omega) = -\int_{-\infty}^{\infty} f(t)\sin(\omega t)\,\mathrm{d}t \end{cases} \tag{2.2.8}$$

因而有

$$\begin{cases} |F(\mathrm{j}\omega)| = \sqrt{R^2(\omega) + X^2(\omega)} \\ \varphi(\omega) = \arctan = \dfrac{X(\omega)}{R(\omega)} \end{cases} \tag{2.2.9}$$

由式(2.2.8)和式(2.2.9)容易得到 $|F(\mathrm{j}\omega)|$ 是偶函数，$\varphi(\omega)$是奇函数。

因此：

1）当$f(t)$为 t 的实偶函数，即$f(t)=f(-t)$时，$X(\omega)=0$，则

$$F(\mathrm{j}\omega) = R(\omega) = \int_{-\infty}^{\infty} f(t)\cos(\omega t)\,\mathrm{d}t = 2\int_{0}^{\infty} f(t)\cos(\omega t)\,\mathrm{d}t$$

为 ω 的实偶函数。

2）当$f(t)$为 t 的实奇函数，即$f(t)=-f(-t)$ 时，$R(\omega)=0$，则

$$F(\mathrm{j}\omega) = \mathrm{j}X(\omega) = -\mathrm{j}\int_{-\infty}^{\infty} f(t)\sin(\omega t)\,\mathrm{d}t = -2\mathrm{j}\int_{0}^{\infty} f(t)\sin(\omega t)\,\mathrm{d}t$$

为 ω 的奇函数，且为 ω 的虚函数。

3）非周期函数$f(t)$的傅里叶变换表达式也可以改写为三角函数的形式，即

$$f(t) = \frac{1}{2\pi}\int_{-\infty}^{\infty} F(\mathrm{j}\omega)\mathrm{e}^{\mathrm{j}\omega t}\mathrm{d}\omega = \frac{1}{2\pi}\int_{-\infty}^{\infty} |F(\mathrm{j}\omega)|\,\mathrm{e}^{\mathrm{j}[\omega t+\varphi(\omega)]}\mathrm{d}\omega$$

$$= \frac{1}{2\pi}\left\{\int_{-\infty}^{\infty} |F(\mathrm{j}\omega)|\cos[\omega t + \varphi(\omega)]\mathrm{d}\omega + \mathrm{j}\int_{-\infty}^{\infty} |F(\mathrm{j}\omega)|\sin[\omega t + \varphi(\omega)]\mathrm{d}\omega\right\}$$

由此可见，非周期信号$f(t)$也可分解为许多不同频率成分的正弦分量。

需要指出的是，上面在推导傅里叶变换时并未遵循数学上的严格步骤。从理论上讲，$f(t)$应满足一定的条件才存在傅里叶变换。一般来讲，傅里叶变换存在的充分条件是

$f(t)$应满足绝对可积条件，即

$$\int_{-\infty}^{\infty} |f(t)|\,\mathrm{d}t < \infty \tag{2.2.10}$$

但这并不是必要条件，后面将会看到，在引入奇异函数后，许多并不满足绝对可积的信号也存在傅里叶变换，如单位阶跃函数 $u(t)$、符号函数 $\mathrm{sgn}(t)$等。

3. 信号的带宽与时宽

如果信号$f(t)$的傅里叶变换 $F(\mathrm{j}\omega)$当 $\omega > \omega_{\mathrm{m}}$ 时均为零，则称$f(t)$是带限的，正实数 ω_{m} 称为信号$f(t)$的带宽。如果信号$f(t)$存在一个正实数 T_{m}，当 $|t| > T_{\mathrm{m}}$ 时，$f(t)=0$，则称该信号是时限的，它对应于频域有一个时宽 T_{m}。可以证明，带限信号在时域上是无限连续时间的，即带限信号不能是时限的；相应地，时限信号必然是无限带宽的，如图 2-14 所示。

从信号的频谱可以看到，信号的主要能量集中于低频分量。事实上，传输信号的系统都具有自己的频率特性。工程中在传输信号时，也没有必要把信号的所有频率分量都有效地传输，而只要保证将占据信号能量主要部分的频率分量有效传输即可。因此，需要对信号定义带宽。通常在满足一定失真条件下，还有如下定义带宽的方法：

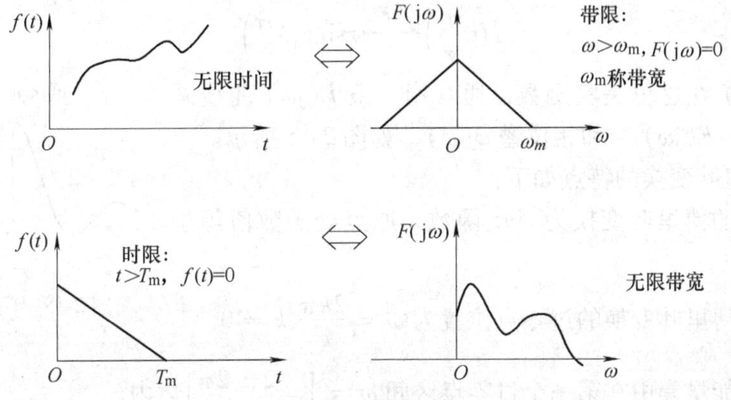

图 2-14　带宽与时宽

1) $F(j\omega)$下降到最大值的$\frac{1}{\sqrt{2}}$时对应的频率范围，此时带内信号分量占有信号总能量的$\frac{1}{2}$。

2) 对包络线是辛格函数形状的频谱，通常定义主瓣宽度(即频谱第一个零点内的范围)为信号带宽。

3) 对于一般周期信号，将幅度下降为$\frac{1}{10}|F(j\omega)|_{max}$的频率区间定义为频带宽度。

对于大多数物理可实现的时限信号，可以证明，当$\omega\to\infty$时，傅里叶变换$F(j\omega)\to 0$。因此，通常假设当$\omega>\omega_m$时，$|F(j\omega)|\approx 0$，式中ω_m取适当大的值。带宽与时宽是成反比的，一般来讲，信号时宽越宽即持续时间越长，其频带宽度越窄；时宽越窄，频宽越宽。极限情况下，时域上无限长的信号频域有限，时域有限长则频域无限。

以矩形脉冲为例(详见2.2.2节)，按带宽的定义，可以得出，脉宽乘以带宽等于一个常数(如脉宽为τ的矩形脉冲，其傅里叶变换后的信号的包络线是一个辛格函数信号，第一个包络点为$\omega=\frac{2\pi}{\tau}$即为带宽，两者的乘积为2π)。这清楚地反映了频域和时域的相反关系。时域信号持续时间越短，该信号的频带越宽，这一点在实际工作中应予以注意。特别在通信系统中，由于信道的带宽有限，不宜传输过高频率的信号。系统的通频带必须大于信号的带宽，才能保证传输的不失真。

2.2.2　典型非周期信号的傅里叶变换

1. 门信号(矩形脉冲)

已知脉宽为τ、脉高为1的门函数(矩形脉冲)信号$f(t)=\Pi\left(\frac{t}{\tau}\right)$，其频谱函数为

$$F(j\omega)=\int_{-\infty}^{\infty}\Pi\left(\frac{t}{\tau}\right)e^{-j\omega t}dt=\int_{-\frac{\tau}{2}}^{\frac{\tau}{2}}e^{-j\omega t}dt$$

$$=-\frac{1}{j\omega}e^{-j\omega t}\Bigg|_{-\frac{\tau}{2}}^{\frac{\tau}{2}}=\tau\mathrm{sinc}\left(\frac{\omega\tau}{2}\right)$$

所以有

$$\Pi\left(\frac{t}{\tau}\right) \stackrel{F}{\longleftrightarrow} \tau \mathrm{sinc}\left(\frac{\omega\tau}{2}\right) \tag{2.2.11}$$

因为 $F(\mathrm{j}\omega)$ 在这里是实函数，通常用一条 $F(\mathrm{j}\omega)$ 曲线同时表示幅度谱 $|F(\mathrm{j}\omega)|$ 和相位谱 $\varphi(\omega)$，如图 2-15 所示。

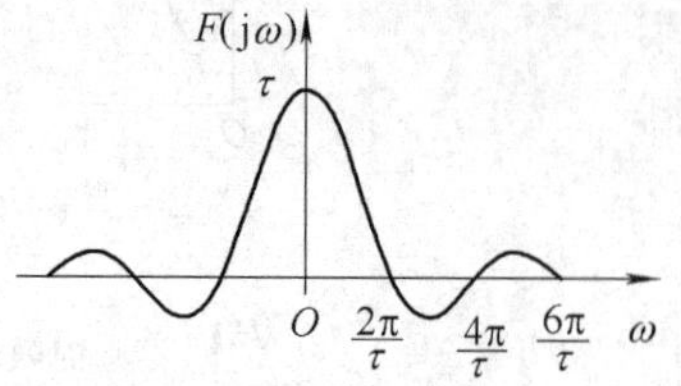

图 2-15　门信号的频谱

门信号傅里叶变换的特点如下：

1）门信号的傅里叶变换为 sinc 函数，原点处函数值等于矩形脉冲的面积。

2）门信号傅里叶变换的过零点位置为 $\omega = \dfrac{2k\pi}{\tau}, k \neq 0$。

3）频域的能量集中在第一个过零点区间 $\omega \in \left[-\dfrac{2\pi}{\tau}, \dfrac{2\pi}{\tau}\right]$ 之内。

4）由于其主要能量集中在第一个过零点之内，所以常将 $\omega = 0 \sim \dfrac{2\pi}{\tau}$ 这段频率范围称为矩形脉冲的频带宽度 B_ω(rad/s) 或 B_f(Hz)，记为

$$B_\omega = \frac{2\pi}{\tau}$$

或

$$B_f = \frac{1}{\tau}$$

显然，频宽 B_ω 只与脉宽 τ 有关，而与脉高“1”无关。

门信号等效脉宽为

$$\tau = \frac{F(0)}{f(0)}$$

门信号等效带宽为

$$B_f = \frac{1}{\tau}$$

如图 2-16 所示。

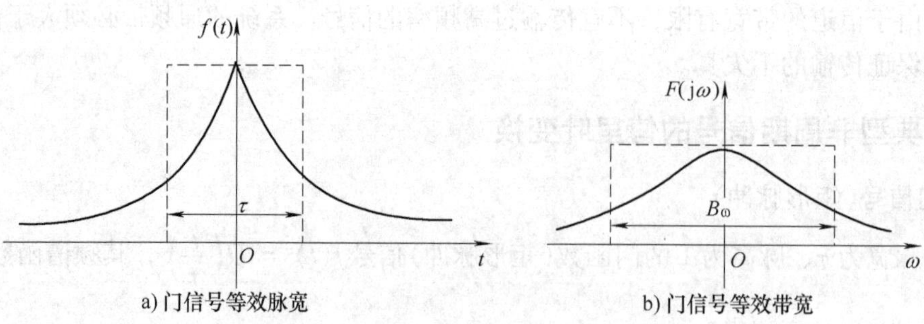

a) 门信号等效脉宽　　b) 门信号等效带宽

图 2-16　门信号的等效脉宽和等效带宽

2. 单边指数信号

已知单边指数信号

$$f(t) = \mathrm{e}^{-at}u(t) \qquad a > 0$$

将 $f(t)$ 代入傅里叶变换定义式，即可得

$$F(\mathrm{j}\omega)=\int_{-\infty}^{\infty}f(t)\mathrm{e}^{-\mathrm{j}\omega t}\mathrm{d}t=\int_{0}^{\infty}\mathrm{e}^{-at}\mathrm{e}^{-\mathrm{j}\omega t}\mathrm{d}t=\int_{0}^{\infty}\mathrm{e}^{-(a+\mathrm{j}\omega)t}\mathrm{d}t=\frac{1}{a+\mathrm{j}\omega}$$

所以有

$$\mathrm{e}^{-at}u(t)\xleftrightarrow{F}\frac{1}{a+\mathrm{j}\omega} \tag{2.2.12}$$

幅度谱为

$$|F(\mathrm{j}\omega)|=\frac{1}{\sqrt{a^2+\omega^2}}$$

相位谱为

$$\varphi(\omega)=-\arctan\left(\frac{\omega}{a}\right)$$

单边指数信号的幅度谱、相位谱如图2-17所示。

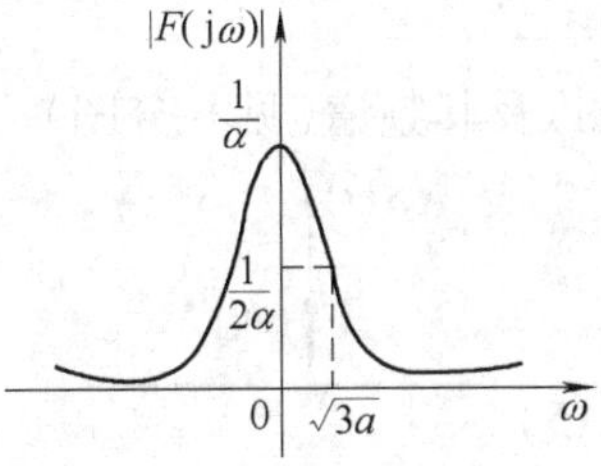

a)幅度谱

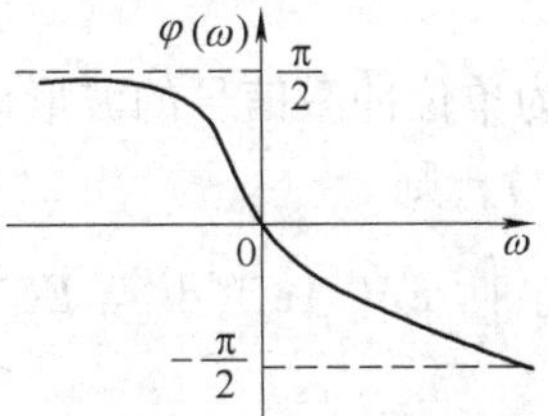

b)相位谱

图2-17　单边指数信号 $\mathrm{e}^{-t}u(t)$ 的幅度谱和相位谱

3．双边指数信号

双边指数信号如图2-18a所示，可表示为

$$f(t)=\mathrm{e}^{-a|t|}\qquad -\infty<t<\infty\text{，}a>0$$

其傅里叶变换

$$\begin{aligned}F(\mathrm{j}\omega)&=\int_{-\infty}^{\infty}f(t)\mathrm{e}^{-\mathrm{j}\omega t}\mathrm{d}t=\int_{-\infty}^{0}\mathrm{e}^{at}\mathrm{e}^{-\mathrm{j}\omega t}\mathrm{d}t+\int_{0}^{\infty}\mathrm{e}^{-at}\mathrm{e}^{-\mathrm{j}\omega t}\mathrm{d}t\\&=\int_{-\infty}^{0}\mathrm{e}^{-(-a+\mathrm{j}\omega)t}\mathrm{d}t+\int_{0}^{\infty}\mathrm{e}^{-(a+\mathrm{j}\omega)t}\mathrm{d}t\\&=\frac{1}{a-\mathrm{j}\omega}+\frac{1}{a+\mathrm{j}\omega}=\frac{2a}{a^2+\omega^2}\end{aligned}$$

结果为实偶函数，所以有

$$\mathrm{e}^{-a|t|}(a>0)\xleftrightarrow{F}\frac{2a}{a^2+\omega^2} \tag{2.2.13}$$

幅度谱为

$$|F(\mathrm{j}\omega)|=\frac{2a}{a^2+\omega^2}$$

相位谱为

$$\varphi(\omega)=0$$

双边指数信号频谱如图2-18b所示。

4．单位冲激信号

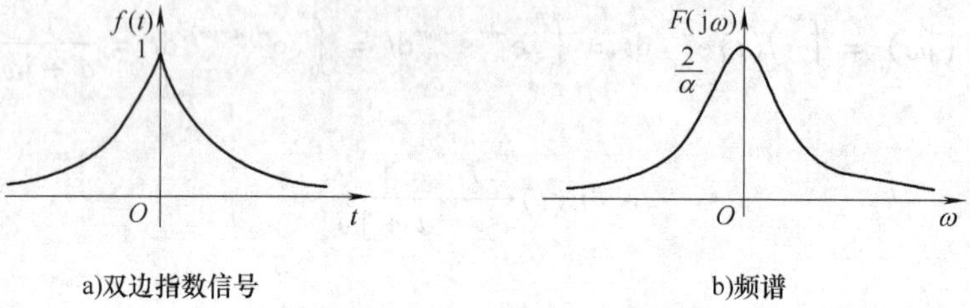

图 2-18　双边指数信号及其频谱

单位冲激信号 $\delta(t)$ 的傅里叶变换为

$$\mathscr{F}[\delta(t)] = \int_{-\infty}^{\infty}\delta(t)\mathrm{e}^{-\mathrm{j}\omega t}\mathrm{d}t = \mathrm{e}^{-\mathrm{j}\omega 0} = 1$$

所以有

$$\delta(t)\overset{F}{\longleftrightarrow}1 \tag{2.2.14}$$

图 2-19 所示为单位冲激信号的波形（见 a 分图）及其频谱（见 b 分图）。

若 $f(t)=E\delta(t)$，则

$$\mathscr{F}[E\delta(t)] = \int_{-\infty}^{\infty}E\delta(t)\mathrm{e}^{-\mathrm{j}\omega t}\mathrm{d}t = E\mathrm{e}^{-\mathrm{j}\omega 0} = E \tag{2.2.15}$$

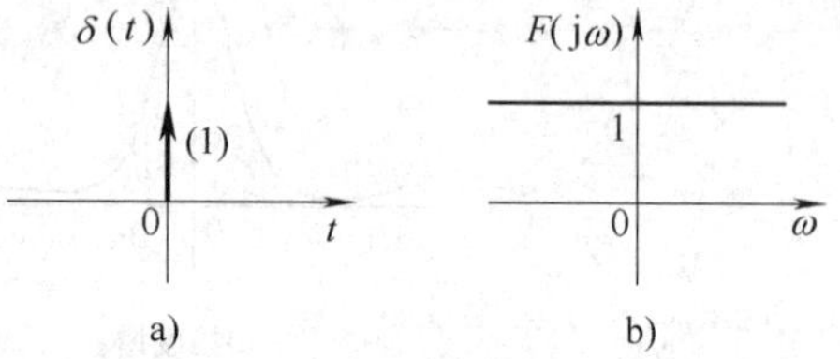

图 2-19　单位冲激信号及其频谱

单位冲激信号的频谱等于常数，也就是说，在整个频率范围内频谱是均匀分布的。显然，在时域中变化异常剧烈的冲激信号包含幅度相等的所有频率分量，振幅频率是常数，相位频谱为零，也即不同频率的幅值相同且同相位。因此，这类频谱通常称为“均匀谱”或“白色谱”。所谓均匀谱（白色谱）是指频谱在任何频率处的密度都是均匀的。

【讨论】

由傅里叶逆变换定义式 $f(t)=\dfrac{1}{2\pi}\int_{-\infty}^{\infty}F(\mathrm{j}\omega)\mathrm{e}^{\mathrm{j}\omega t}\mathrm{d}\omega$ 知

$$\delta(t) = \frac{1}{2\pi}\int_{-\infty}^{\infty}1\cdot\mathrm{e}^{\mathrm{j}\omega t}\mathrm{d}\omega$$

所以

$$\int_{-\infty}^{\infty}\mathrm{e}^{\mathrm{j}\omega t}\mathrm{d}\omega = 2\pi\delta(t) \tag{2.2.16}$$

由式(2.2.16)可知，积分 $\int_{-\infty}^{\infty}\mathrm{e}^{\mathrm{j}\omega t}\mathrm{d}\omega$ 按通常意义是无法进行的，但引入奇异函数 $\delta(t)$ 后，其积分是存在的，且为 $2\pi\delta(t)$。

同理，可推导得出

$$\int_{-\infty}^{\infty}\mathrm{e}^{-\mathrm{j}\omega t}\mathrm{d}\omega = 2\pi\delta(-t) = 2\pi\delta(t) \tag{2.2.17}$$

$$\int_{-\infty}^{\infty}\mathrm{e}^{\pm\mathrm{j}\omega t}\mathrm{d}t = 2\pi\delta(\pm\omega) = 2\pi\delta(\omega) \tag{2.2.18}$$

许多并不满足绝对可积条件的信号，借助于冲激信号都可以获得傅里叶变换，这使得傅

里叶变换的应用更为广泛。

5. 直流信号

幅度为 E 的直流信号可表示为 $f(t)=E,\ -\infty<t<+\infty$。由于直流信号不满足绝对可积条件，不能直接用定义式来求 $F(\mathrm{j}\omega)$。由式(2.2.18)可得

$$F(\mathrm{j}\omega)=\int_{-\infty}^{\infty}f(t)\mathrm{e}^{-\mathrm{j}\omega t}\mathrm{d}t=\int_{-\infty}^{\infty}E\mathrm{e}^{-\mathrm{j}\omega t}\mathrm{d}t=2\pi E\delta(\omega)$$

即

$$E\xleftrightarrow{F}2\pi E\delta(\omega) \tag{2.2.19}$$

其频谱如图 2-20 所示。

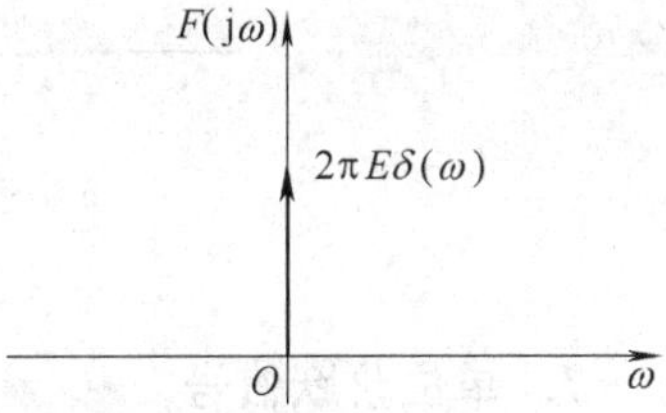

图 2-20　直流信号频谱

在图 2-20 中可见，直流信号在频域中只含 $\omega=0$ 的直流分量，而不含其他频率分量。由于直流信号占有的时间宽度为无限大，因而其占有的频带宽度为零，符合信号持续时间与频带宽度成反比的规律。

6. 符号函数信号

符号函数的定义为

$$\mathrm{sgn}(t)=\begin{cases}1 & t>0\\ 0 & t=0\\ -1 & t<0\end{cases}$$

其波形如图 2-21a 所示。因为 $\mathrm{sgn}(t)$ 不满足绝对可积条件，所以无法由定义直接求得其频谱。现考虑信号

$$f(t)=\begin{cases}\mathrm{e}^{-at} & t>0\\ -\mathrm{e}^{at} & t<0\end{cases}$$

当 $a\to0$ 时，其极限为符号函数信号 $\mathrm{sgn}(t)$，因而可以用来求得 $f(t)$ 的频谱 $F(\mathrm{j}\omega)$，故 $\mathrm{sgn}(t)$ 存在傅里叶变换，即

$$\begin{aligned}F(\mathrm{j}\omega)&=\mathscr{F}[\mathrm{sgn}(t)]=\lim_{a\to0}\{\mathscr{F}[\mathrm{e}^{-at}u(t)-\mathrm{e}^{at}u(-t)]\}\\&=\lim_{a\to0}\left(\frac{1}{a+\mathrm{j}\omega}-\frac{1}{a-\mathrm{j}\omega}\right)\\&=\lim_{a\to0}\left(-\mathrm{j}\frac{2\omega}{a^2+\omega^2}\right)=\begin{cases}\dfrac{2}{\mathrm{j}\omega} & \omega\neq0\\ 0 & \omega=0\end{cases}\end{aligned}$$

所以有

$$\mathrm{sgn}(t)\xleftrightarrow{F}\frac{2}{\mathrm{j}\omega}\quad \omega\neq0 \tag{2.2.20}$$

其中，幅度谱为

$$|F(\mathrm{j}\omega)|=\frac{2}{|\omega|}$$

相位谱为

$$\varphi(\omega)=\begin{cases}-\dfrac{\pi}{2} & \omega>0\\ \dfrac{\pi}{2} & \omega<0\end{cases}$$

其幅度频谱如图 2-21b 所示。

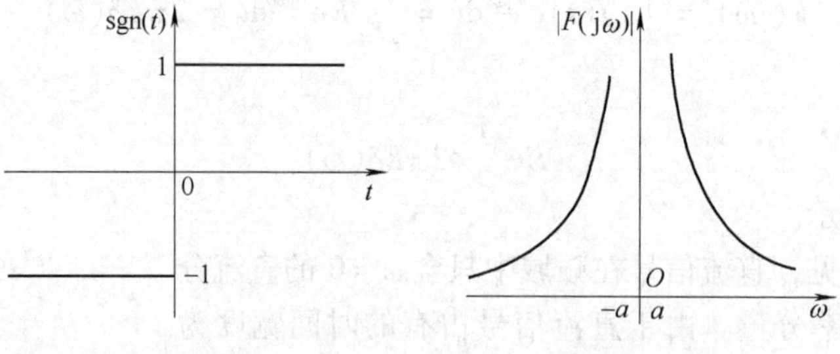

a)符号函数信号　　b)符号函数信号频谱

图 2-21　符号函数信号及频谱

7. 单位阶跃信号

虽然单位阶跃函数不满足绝对可积条件，无法由定义直接求出其频谱函数，但是由于 $u(t)=\dfrac{1}{2}+\dfrac{1}{2}\mathrm{sgn}(t)$，则存在傅里叶变换

$$u(t)\overset{F}{\longleftrightarrow}\frac{1}{2}2\pi\delta(\omega)+\frac{1}{\mathrm{j}\omega}=\pi\delta(\omega)+\frac{1}{\mathrm{j}\omega} \tag{2.2.21}$$

单位阶跃信号及其幅度谱如图 2-22 所示。在 $\omega=0$ 处有一个冲激 $\pi\delta(\omega)$，该冲激来自 $u(t)$ 中的直流分量。

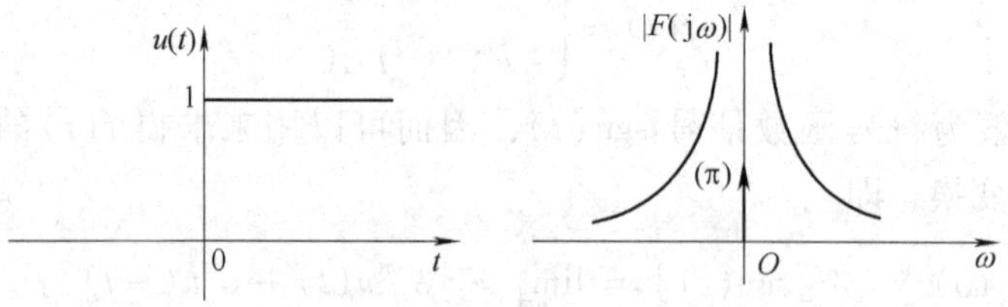

图 2-22　单位阶跃信号及其幅度谱

8. 高斯脉冲信号

高斯脉冲信号又称为钟形脉冲信号，定义为

$$f(t)=A\mathrm{e}^{-\left(\frac{t}{\tau}\right)^2}$$

式中，A、τ 均为正实数，如图 2-23a 所示。

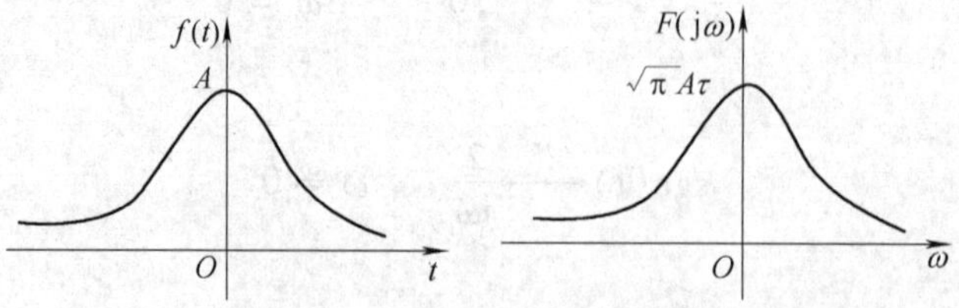

a)　　b)

图 2-23　高斯脉冲信号及其频谱

高斯脉冲信号在随机信号处理中非常有用。

由于

$$F(\mathrm{j}\omega)=\int_{-\infty}^{\infty}A\mathrm{e}^{-\left(\frac{t}{\tau}\right)^2}\mathrm{e}^{-\mathrm{j}\omega t}\mathrm{d}t=A\int_{-\infty}^{\infty}\mathrm{e}^{-\left(\frac{t}{\tau}\right)^2}\mathrm{e}^{-\mathrm{j}\omega t}\mathrm{d}t$$

查积分手册，可得

$$F(\mathrm{j}\omega)=\sqrt{\pi}A\tau\mathrm{e}^{-\left(\frac{\omega\tau}{2}\right)^2}$$

其相位频谱为零，频谱如图 2-23b 所示。可见，高斯脉冲信号的波形，经过傅里叶变换，其频谱仍然具有高斯脉冲信号的形状。

所以有

$$A\mathrm{e}^{-\left(\frac{t}{\tau}\right)^2}\xleftrightarrow{F}\sqrt{\pi}A\tau\mathrm{e}^{-\left(\frac{\omega\tau}{2}\right)^2}\tag{2.2.22}$$

2.3　傅里叶变换的基本性质

傅里叶变换建立了信号时域和频域描述的一一对应关系，信号在一个域中所具有的特性，必然在另一个域中有其相对应的特性存在，当在某个域中分析发生困难时，利用傅里叶变换的性质可以转换到另一个域中进行分析计算。另外，根据定义来求取傅里叶正、逆变换时，不可避免地会遇到繁杂的积分或不满足绝对可积而可能出现广义函数的麻烦。傅里叶变换有许多重要的性质，熟练地利用这些性质对求取 $f(t)$ 的傅里叶变换或从 $F(\mathrm{j}\omega)$ 求取 $f(t)$ 的逆变换，将带来很大的方便，同时在分析信号通过系统时也能使运算大大的简化。下面，将分析它们的关联性质。

1. 线性性质

若 $f_1(t)\xleftrightarrow{F}F_1(\mathrm{j}\omega)$，$f_2(t)\xleftrightarrow{F}F_2(\mathrm{j}\omega)$，且设 a_1、a_2 为常数，则有

$$a_1f_1(t)+a_2f_2(t)\xleftrightarrow{F}a_1F_1(\mathrm{j}\omega)+a_2F_2(\mathrm{j}\omega)\tag{2.3.1}$$

线性性质包括：

比例性 $\mathcal{F}[af(t)]=a\mathcal{F}[f(t)]$；

可加性 $\mathcal{F}[f_1(t)+f_2(t)]=\mathcal{F}[f_1(t)]+\mathcal{F}[f_2(t)]$。

这个性质虽然简单，但很重要，它是频域分析的基础。由傅里叶变换的定义很容易证明出来，显然，傅里叶变换是一种线性运算，它满足叠加原理。此处证明略。

【例 2-6】　求图 2-24a 所示信号 $f(t)$ 的傅里叶变换 $F(\mathrm{j}\omega)$。

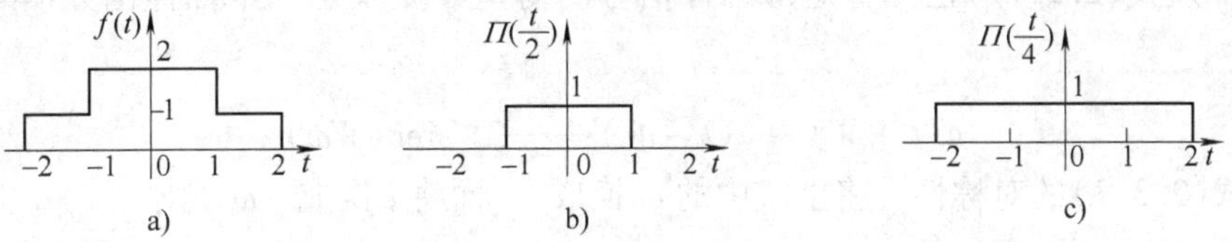

图 2-24　例 2-6$f(t)$ 的信号波形与分解

【解】　将 $f(t)$ 看成为图 2-24b 所示门信号 $\Pi\left(\frac{t}{2}\right)$ 和图 2-24c 所示门信号 $\Pi\left(\frac{t}{4}\right)$ 的叠加，然后应用门信号的傅里叶变换及线性性质，就可以简便地求得 $F(\mathrm{j}\omega)$。即

$$f(t)=\Pi\left(\frac{t}{2}\right)+\Pi\left(\frac{t}{4}\right)$$

由式(2.2.11)知

$$\Pi\left(\frac{t}{2}\right)\stackrel{F}{\longleftrightarrow}2\mathrm{sinc}(\omega),\ \Pi\left(\frac{t}{4}\right)\stackrel{F}{\longleftrightarrow}4\mathrm{sinc}(2\omega)$$

由线性性质可得

$$F(\mathrm{j}\omega)=2\mathrm{sinc}(\omega)+4\mathrm{sinc}(2\omega)$$

2. 对称性质

在前面的讨论中已经看到，在信号的时域和频域的表达式之间，存在着对称性，例如直流信号的频谱是冲激信号，而冲激信号的频谱是直流信号等。

傅里叶变换之所以存在对称性，其基本原因在于傅里叶变换及其逆变换的定义式(2.2.4)与式(2.2.5)之间在形式上是对称的。说得更具体一点，这两个积分式对变量 t 和 ω 来说是对称的。由傅里叶逆变换式(2.2.5)

$$f(t)=\mathscr{F}^{-1}[F(\mathrm{j}\omega)]=\frac{1}{2\pi}\int_{-\infty}^{\infty}F(\mathrm{j}\omega)\mathrm{e}^{\mathrm{j}\omega t}\mathrm{d}\omega$$

如果对式中变量 t 进行置换，令 $t=-t$，则可以求得

$$f(-t)=\frac{1}{2\pi}\int_{-\infty}^{\infty}F(\mathrm{j}\omega)\mathrm{e}^{-\mathrm{j}\omega t}\mathrm{d}\omega \tag{2.3.2}$$

若再将式(2.3.2)中的变量 t 和 ω 互换，则有

$$f(-\omega)=\frac{1}{2\pi}\int_{-\infty}^{\infty}F(\mathrm{j}t)\mathrm{e}^{-\mathrm{j}t\omega}\mathrm{d}t$$

因此，可以将傅里叶变换的对称性表述如下：

如果

$$f(t)\stackrel{F}{\longleftrightarrow}F(\mathrm{j}\omega)$$

则

$$F(t)\stackrel{F}{\longleftrightarrow}2\pi f(-\omega) \tag{2.3.3}$$

简单地说，所谓对称性，就是在傅里叶变换对中，时域信号中的独立变量 t 和频域信号中的独立变量 ω 之间存在着某种互换性。

【例 2-7】 若信号 $f(t)$ 的傅里叶变换为矩形脉冲 $F(\mathrm{j}\omega)=u(\omega+W)-u(\omega-W)$，利用对称性质求信号 $f(t)$ 的表达式。

【解】 从式(2.2.11)已知，矩形脉冲信号的傅里叶变换是一个抽样函数（辛格函数），即

$$u(t+W)-u(t-W)\stackrel{F}{\longleftrightarrow}2W\mathrm{sinc}(W\omega)$$

利用式(2.3.3)的对称性，将上式中的 ω 换成 t，而将 t 换成 $-\omega$，则

$$2W\mathrm{sinc}(Wt)\stackrel{F}{\longleftrightarrow}2\pi[u(-\omega-W)-u(-\omega+W)]=2\pi[u(\omega+W)-u(\omega-W)]$$

于是，本例所求的信号 $f(t)$ 为一抽样函数，即

$$f(t)=\frac{W}{\pi}\mathrm{sinc}(Wt)\stackrel{F}{\longleftrightarrow}u(\omega+W)-u(\omega-W) \tag{2.3.4}$$

因为矩形信号的傅里叶变换是一个抽样函数，所以，在时域和频域之间，矩形信号与辛

格函数信号是相互对称的，如图 2-25 所示。

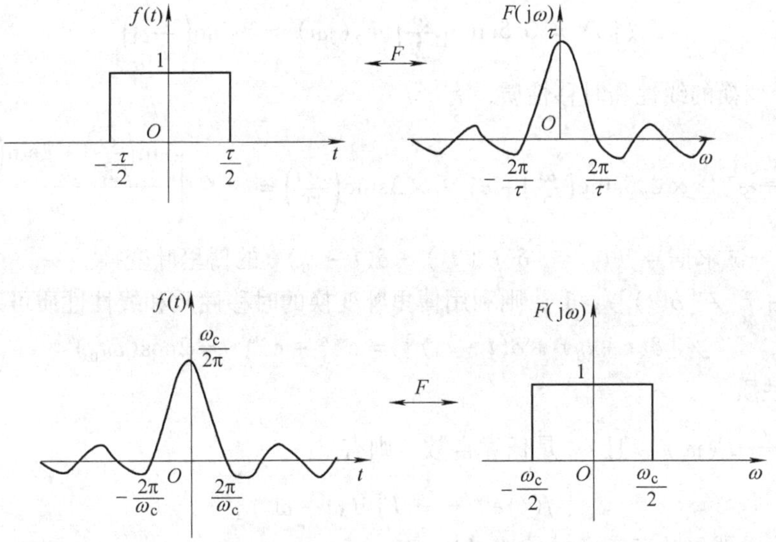

图 2-25　傅里叶变换对称性例图

3. 时移(延时)性质

若$f(t)\overset{F}{\longleftrightarrow}F(\mathrm{j}\omega)$，且 t_0 是任意常数，则有

$$f(t\pm t_0)\overset{F}{\longleftrightarrow}F(\mathrm{j}\omega)\mathrm{e}^{\pm\mathrm{j}\omega t_0} \tag{2.3.5}$$

【证明】　根据傅里叶逆变换式(2.2.5)

$$f(t)=\frac{1}{2\pi}\int_{-\infty}^{\infty}F(\mathrm{j}\omega)\mathrm{e}^{\mathrm{j}\omega t}\mathrm{d}\omega$$

将式中 t 用 $t\pm t_0$ 取代，可得

$$f(t\pm t_0)=\frac{1}{2\pi}\int_{-\infty}^{\infty}F(\mathrm{j}\omega)\mathrm{e}^{\mathrm{j}\omega(t\pm t_0)}\mathrm{d}\omega=\frac{1}{2\pi}\int_{-\infty}^{\infty}\mathrm{e}^{\pm\mathrm{j}\omega t_0}F(\mathrm{j}\omega)\mathrm{e}^{\mathrm{j}\omega t}\mathrm{d}\omega$$

所以

$$\mathscr{F}[f(t\pm t_0)]=F(\mathrm{j}\omega)\mathrm{e}^{\pm\mathrm{j}\omega t_0}$$

证毕。

此性质表明，信号在时域中沿时间轴左移(超前)或右移(延时)t_0，其频域函数的幅度不变，而各频率分量的相位比原来的 $F(\mathrm{j}\omega)$ 各频率分量的相位增加或滞后了 ωt_0，即时域时间超前或延时⇒频域相位超前或滞后。

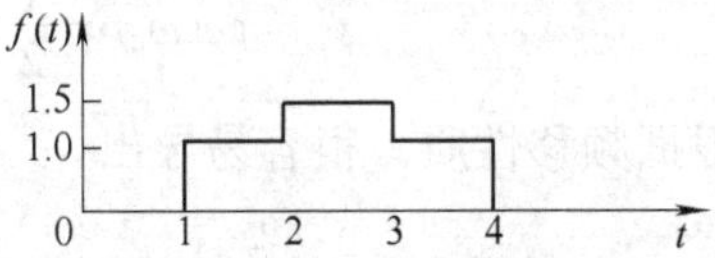

图 2-26　例 2-8 信号的波形

【例 2-8】　求图 2-26 所示信号 $f(t)$ 的傅里叶变换 $F(\mathrm{j}\omega)$。

【解】　若设

$$f_1(t)=0.5\Pi(t)\qquad f_2(t)=\Pi\left(\frac{t}{3}\right)$$

则

$$f(t)=f_1\left(t-\frac{5}{2}\right)+f_2\left(t-\frac{5}{2}\right)$$

由式(2.2.11)得

$$F_1(\mathrm{j}\omega)=0.5\mathrm{sinc}\left(\frac{\omega}{2}\right),F_2(\mathrm{j}\omega)=3\mathrm{sinc}\left(\frac{3}{2}\omega\right)$$

再根据傅里叶变换的线性和时移性质，有

$$f(t)\xleftrightarrow{F}\mathrm{e}^{-\mathrm{j}\omega\frac{5}{2}}\times0.5\mathrm{sinc}\left(\frac{\omega}{2}\right)+\mathrm{e}^{-\mathrm{j}\omega\frac{5}{2}}\times3\mathrm{sinc}\left(\frac{3\omega}{2}\right)=\mathrm{e}^{-\mathrm{j}\omega\frac{5}{2}}\left[\frac{\sin\left(\frac{\omega}{2}\right)+2\sin\left(\frac{3\omega}{2}\right)}{\omega}\right]$$

【例 2-9】 试求信号 $f(t)=[\delta(t+t_0)+\delta(t-t_0)]$ 的傅里叶变换。

【解】 由于 $\mathcal{F}[\delta(t)]=1$，则利用傅里叶变换的时移性质和线性性质可以求得

$$\mathcal{F}[\delta(t+t_0)+\delta(t-t_0)]=\mathrm{e}^{\mathrm{j}\omega t_0}+\mathrm{e}^{-\mathrm{j}\omega t_0}=2\cos(\omega t_0)$$

4. 频移性质

若 $f(t)\xleftrightarrow{F}F(\mathrm{j}\omega)$，且 ω_0 是任意常数，则有

$$f(t)\mathrm{e}^{\mathrm{j}\omega_0 t}\xleftrightarrow{F}F[\mathrm{j}(\omega-\omega_0)] \tag{2.3.6}$$

【证明】 由傅里叶正变换式(2.2.4)，有

$$\mathcal{F}[f(t)\mathrm{e}^{\mathrm{j}\omega_0 t}]=\int_{-\infty}^{\infty}f(t)\mathrm{e}^{\mathrm{j}\omega_0 t}\mathrm{e}^{-\mathrm{j}\omega t}\mathrm{d}t=\int_{-\infty}^{\infty}f(t)\mathrm{e}^{-\mathrm{j}(\omega-\omega_0)t}\mathrm{d}t=F[\mathrm{j}(\omega-\omega_0)]$$

证毕。

同理

$$f(t)\mathrm{e}^{-\mathrm{j}\omega_0 t}\xleftrightarrow{F}F[\mathrm{j}(\omega+\omega_0)] \tag{2.3.7}$$

可见，若时间信号 $f(t)$ 乘以 $\mathrm{e}^{\pm\mathrm{j}\omega_0 t}$，等效于 $f(t)$ 的频谱 $F(\mathrm{j}\omega)$ 沿频率轴移位 $\mp\omega_0$，也就是说，具有频谱搬移功能。时域 $f(t)$ 乘以 $\mathrm{e}^{\mathrm{j}\omega_0 t}$，频域频谱右移 ω_0；时域 $f(t)$ 乘以 $\mathrm{e}^{-\mathrm{j}\omega_0 t}$，频域频谱左移 ω_0。

频谱搬移技术在通信系统中得到广泛的应用，例如幅度调制、同步解调、变频等过程都是在频谱搬移的基础上完成的。在实际应用中，频谱搬移是通过将信号 $f(t)$ 与某一载波信号 $\cos\omega_0 t$ 或 $\sin\omega_0 t$ 相乘来完成的。

因为

$$\cos\omega_0 t=\frac{1}{2}(\mathrm{e}^{\mathrm{j}\omega_0 t}+\mathrm{e}^{-\mathrm{j}\omega_0 t}),\ \sin\omega_0 t=\frac{1}{2\mathrm{j}}(\mathrm{e}^{\mathrm{j}\omega_0 t}-\mathrm{e}^{-\mathrm{j}\omega_0 t})$$

根据频移性质，很容易导出

$$f(t)\cos\omega_0 t\xleftrightarrow{F}\frac{1}{2}\{F[\mathrm{j}(\omega-\omega_0)]+F[\mathrm{j}(\omega+\omega_0)]\} \tag{2.3.8}$$

$$f(t)\sin\omega_0 t\xleftrightarrow{F}\frac{1}{2\mathrm{j}}\{F[\mathrm{j}(\omega-\omega_0)]-F[\mathrm{j}(\omega+\omega_0)]\} \tag{2.3.9}$$

所以，任何信号乘以 $\sin\omega_0 t$ 或 $\cos\omega_0 t$ 信号，可以实现频谱搬移功能，将原信号一分为二，沿频率轴向左或向右各平移 ω_0。式(2.3.8)和式(2.3.9)也称为调制定理。

如果在式(2.3.8)和式(2.3.9)中假设 $f(t)=1$，则利用常系数信号的傅里叶变换为冲激信号的结果，即 $\mathcal{F}[1]=2\pi\delta(\omega)$，可以求得正弦和余弦信号的傅里叶变换分别为

$$\mathcal{F}[\cos(\omega_0 t)]=\pi[\delta(\omega-\omega_0)+\delta(\omega+\omega_0)] \tag{2.3.10}$$

$$\mathcal{F}[\sin(\omega_0 t)] = \frac{\pi}{\mathrm{j}}[\delta(\omega-\omega_0)-\delta(\omega+\omega_0)] \tag{2.3.11}$$

显然，由于正弦信号和余弦信号都是一个单频周期信号，因此，在它们的频谱中都只有一个频率为 ω_0 的分量，其傅里叶变换也仅由位于 $\pm\omega_0$ 处的 δ 函数组成。周期信号傅里叶变换的详细讨论见 2.4 节。

【例 2-10】 已知单位阶跃信号 $u(t)$ 的傅里叶变换为 $\frac{1}{\mathrm{j}\omega}+\pi\delta(\omega)$，求单边余弦信号 $\cos(\omega_0 t)u(t)$ 的傅里叶变换。

【解】 由于

$$\mathcal{F}[\cos(\omega_0 t)u(t)] = \mathcal{F}\left[\frac{\mathrm{e}^{\mathrm{j}\omega_0 t}+\mathrm{e}^{-\mathrm{j}\omega_0 t}}{2}u(t)\right]$$

$$\mathcal{F}[u(t)] = \frac{1}{\mathrm{j}\omega}+\pi\delta(\omega)$$

利用频移性质式(2.3.6)和式(2.3.7)，可以求得

$$\begin{aligned}\mathcal{F}[\cos(\omega_0 t)u(t)] &= \frac{1}{2}\left[\frac{1}{\mathrm{j}(\omega-\omega_0)}+\pi\delta(\omega-\omega_0)+\frac{1}{\mathrm{j}(\omega+\omega_0)}+\pi\delta(\omega+\omega_0)\right]\\ &= \frac{\pi}{2}[\delta(\omega+\omega_0)+\delta(\omega-\omega_0)]-\mathrm{j}\frac{\omega}{\omega^2-\omega_0^2}\end{aligned}$$

5. 尺度变换性质

若 $f(t)\overset{F}{\longleftrightarrow}F(\mathrm{j}\omega)$，$a$ 是任意常数，且 $a\neq 0$，则有

$$f(at)\overset{F}{\longleftrightarrow}\frac{1}{|a|}F\left(\mathrm{j}\frac{\omega}{a}\right) \tag{2.3.12}$$

【证明】 利用傅里叶变换公式，有

$$\mathcal{F}[f(at)] = \int_{-\infty}^{\infty} f(at)\mathrm{e}^{-\mathrm{j}\omega t}\mathrm{d}t$$

令 $x=at$，则 $t=\frac{x}{a}$，$\mathrm{d}t=\frac{1}{a}\mathrm{d}x$，代入上式得

(1) $a>0$ 时，$\mathcal{F}[f(at)] = \int_{-\infty}^{\infty} f(x)\mathrm{e}^{-\mathrm{j}\frac{\omega}{a}x}\frac{1}{a}\mathrm{d}x = \frac{1}{a}F\left(\mathrm{j}\frac{\omega}{a}\right)$

(2) $a<0$ 时，$\mathcal{F}[f(at)] = \int_{-\infty}^{\infty} f(x)\mathrm{e}^{-\mathrm{j}\frac{\omega}{a}x}\frac{1}{-a}\mathrm{d}x = -\frac{1}{a}\int_{-\infty}^{\infty} f(x)\mathrm{e}^{-\mathrm{j}\frac{\omega}{a}x}\mathrm{d}x = -\frac{1}{a}F\left(\mathrm{j}\frac{\omega}{a}\right)$

综合上述情况有

$$f(at)\overset{F}{\longleftrightarrow}\frac{1}{|a|}F\left(\mathrm{j}\frac{\omega}{a}\right)$$

证毕。

此性质表明：时域信号 $f(t)$ 在时间轴上压缩 $\frac{1}{a}$，对应频域在 ω 轴上扩展 a 倍，同时频域的幅度也减少到原来的 $\frac{1}{|a|}$。同理，时域扩展对应频域压缩。这是因为时间坐标压缩，信号变化就加快，导致信号频率提高；反之，时间坐标扩展，信号变化就变慢，导致信号频率降低。如图 2-27 所示。

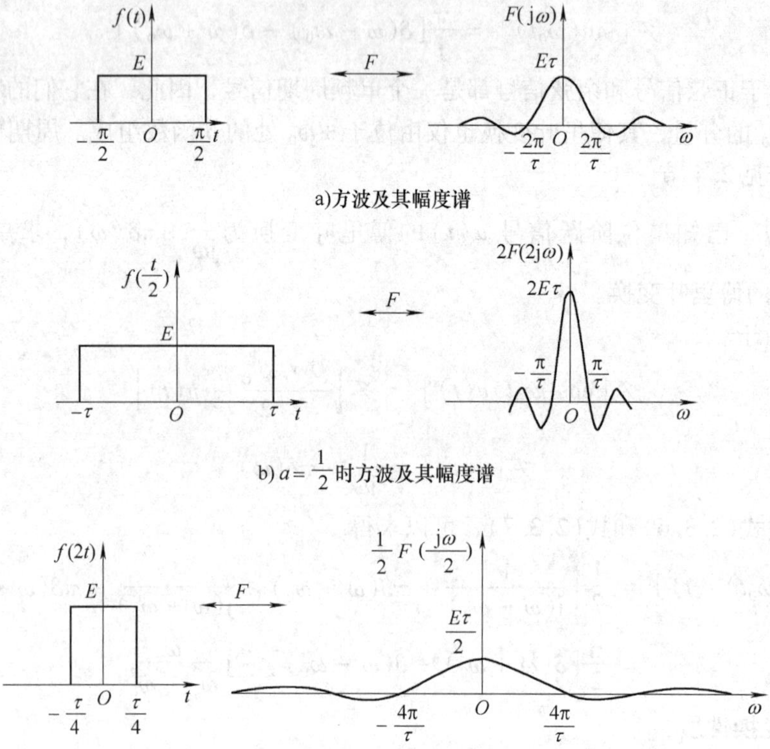

a)方波及其幅度谱

b) $a=\frac{1}{2}$时方波及其幅度谱

c) $a=2$ 时方波及其幅度谱

图 2-27　尺度变换性质图解

作为一个特例，如果取 $a=-1$，则有

$$f(-t)\xleftrightarrow{F}F(-\mathrm{j}\omega) \tag{2.3.13}$$

式(2.3. 13)也称为时域倒置定理。

不难证明，若信号同时进行时移和尺度变换，则有

$$f(at-b)\xleftrightarrow{F}\frac{1}{|a|}F\left(\mathrm{j}\frac{\omega}{a}\right)\mathrm{e}^{-\mathrm{j}\frac{b}{a}\omega} \tag{2.3.14}$$

【例 2-11】　已知时域信号 $f(t)$ 的傅里叶变换为 $F(\mathrm{j}\omega)$，求 $f(8-4t)$ 的傅里叶变换。

【解】　由式(2.3.14)得

$$f(8-4t)\xleftrightarrow{F}\frac{1}{4}F\left(-\frac{\mathrm{j}\omega}{4}\right)\mathrm{e}^{-2\mathrm{j}\omega}$$

6. 时域卷积性质

若 $f_1(t)\xleftrightarrow{F}F_1(\mathrm{j}\omega)$，$f_2(t)\xleftrightarrow{F}F_2(\mathrm{j}\omega)$，则有

$$f_1(t)*f_2(t)\xleftrightarrow{F}F_1(\mathrm{j}\omega)F_2(\mathrm{j}\omega) \tag{2.3.15}$$

【证明】　因为

$$f_1(t)*f_2(t)=\int_{-\infty}^{\infty}f_1(\tau)f_2(t-\tau)\mathrm{d}\tau$$

将上式等号两边作傅里叶变换，有

$$\mathcal{F}[f_1(t)*f_2(t)] = \int_{-\infty}^{\infty}\left[\int_{-\infty}^{\infty}f_1(\tau)f_2(t-\tau)\mathrm{d}\tau\right]\mathrm{e}^{-\mathrm{j}\omega t}\mathrm{d}t = \int_{-\infty}^{\infty}f_1(\tau)\left[\int_{-\infty}^{\infty}f_2(t-\tau)\mathrm{e}^{-\mathrm{j}\omega t}\mathrm{d}t\right]\mathrm{d}\tau$$

由时移性质可知

$$\int_{-\infty}^{\infty}f_2(t-\tau)\mathrm{e}^{-\mathrm{j}\omega t}\mathrm{d}t = F_2(\mathrm{j}\omega)\mathrm{e}^{-\mathrm{j}\omega t}$$

从而有

$$\mathcal{F}[f_1(t)*f_2(t)] = F_2(\mathrm{j}\omega)\int_{-\infty}^{\infty}f_1(\tau)\mathrm{e}^{-\mathrm{j}\omega t}\mathrm{d}\tau = F_2(\mathrm{j}\omega)F_1(\mathrm{j}\omega)$$

证毕。

时域卷积性质在信号与系统理论中占有重要的地位，它将系统分析中的时域方法与频域方法紧密联系在一起，将时域中复杂的两信号的卷积运算转换为频域上较为简单的相乘运算。例如，在时域分析中，某系统的零状态响应为

$$y(t) = x(t)*h(t)$$

而在频域分析中，如果已知 $X(\mathrm{j}\omega) = \mathcal{F}[x(t)]$，$H(\mathrm{j}\omega) = \mathcal{F}[h(t)]$，那么根据卷积性质有

$$Y(\mathrm{j}\omega) = \mathcal{F}[y(t)] = X(\mathrm{j}\omega)H(\mathrm{j}\omega)$$

将上式取傅里叶逆变换，就可以得到系统的零状态响应，即

$$y(t) = \mathcal{F}^{-1}[Y(\mathrm{j}\omega)] = \mathcal{F}^{-1}[X(\mathrm{j}\omega)H(\mathrm{j}\omega)]$$

7. 频域卷积(时域积分)**性质**

若 $f_1(t)\xleftrightarrow{F}F_1(\mathrm{j}\omega)$，$f_2(t)\xleftrightarrow{F}F_2(\mathrm{j}\omega)$，则有

$$f_1(t)f_2(t)\xleftrightarrow{F}\frac{1}{2\pi}F_1(\mathrm{j}\omega)*F_2(\mathrm{j}\omega) \tag{2.3.16}$$

【证明】 因为

$$F_1(\mathrm{j}\omega)*F_2(\mathrm{j}\omega) = \int_{-\infty}^{\infty}F_1(\mathrm{j}\eta)F_2[\mathrm{j}(\omega-\eta)]\mathrm{d}\eta$$

所以有

$$\begin{aligned}\mathcal{F}^{-1}\left[\frac{1}{2\pi}F_1(\mathrm{j}\omega)*F_2(\mathrm{j}\omega)\right] &= \frac{1}{2\pi}\frac{1}{2\pi}\int_{-\infty}^{\infty}\left\{\int_{-\infty}^{\infty}F_1(\mathrm{j}\eta)F_2[\mathrm{j}(\omega-\eta)]\mathrm{d}\eta\right\}\mathrm{e}^{\mathrm{j}\omega t}\mathrm{d}\omega\\ &= \frac{1}{2\pi}\int_{-\infty}^{\infty}F_1(\mathrm{j}\eta)\left\{\frac{1}{2\pi}\int_{-\infty}^{\infty}F_2[\mathrm{j}(\omega-\eta)]\mathrm{e}^{\mathrm{j}\omega t}\mathrm{d}\omega\right\}\mathrm{d}\eta\end{aligned}$$

由频移性质可知

$$\frac{1}{2\pi}\int_{-\infty}^{\infty}F_2[\mathrm{j}(\omega-\eta)]\mathrm{e}^{\mathrm{j}\omega t}\mathrm{d}\omega = f_2(t)\mathrm{e}^{-\mathrm{j}\eta t}$$

从而有

$$\begin{aligned}\mathcal{F}^{-1}\left[\frac{1}{2\pi}F_1(\mathrm{j}\omega)*F_2(\mathrm{j}\omega)\right] &= \frac{1}{2\pi}\int_{-\infty}^{\infty}F_1(\mathrm{j}\eta)f_2(t)\mathrm{e}^{\mathrm{j}\eta t}\mathrm{d}\eta\\ &= f_2(t)\frac{1}{2\pi}\int_{-\infty}^{\infty}F_1(\mathrm{j}\eta)\mathrm{e}^{\mathrm{j}\eta t}\mathrm{d}\eta = f_2(t)f_1(t)\end{aligned}$$

证毕。

此性质说明，时域的乘法运算等效于频域的卷积运算。尤其当两个相乘信号中有一个信号的频谱是 δ 函数或冲激串时，利用频域卷积性质就可以简化求解过程，而频域卷积性质的主要应用也正在于此。

【例 2-12】 求信号 $f(t)=\frac{\sin t}{t}\cos(4t)$ 的傅里叶变换。

【解】 设 $f_1(t)=\frac{\sin t}{t}$，$f_2(t)=\cos(4t)$，则可将 $f(t)$ 看成 $f_1(t)$ 和 $f_2(t)$ 的乘积。而 $f_1(t)$ 和 $f_2(t)$ 的傅里叶变换分别为

$$f_1(t)\xleftrightarrow{F}F_1(\mathrm{j}\omega)=\pi\Pi\left(\mathrm{j}\frac{\omega}{2}\right)$$

$$f_2(t)\xleftrightarrow{F}F_2(\mathrm{j}\omega)=\pi[\delta(\omega+4)+\delta(\omega-4)]$$

由卷积性质得

$$f(t)\xleftrightarrow{F}\frac{1}{2\pi}F_1(\mathrm{j}\omega)*F_2(\mathrm{j}\omega)=\frac{1}{2\pi}\pi\Pi\left(\mathrm{j}\frac{\omega}{2}\right)*\pi[\delta(\omega+4)+\delta(\omega-4)]$$

$$=\frac{\pi}{2}\left[\Pi\left(\mathrm{j}\frac{\omega+4}{2}\right)+\Pi\left(\mathrm{j}\frac{\omega-4}{2}\right)\right]$$

8. 时域微分性质

若 $f(t)\xleftrightarrow{F}F(\mathrm{j}\omega)$，则有

$$\frac{\mathrm{d}f(t)}{\mathrm{d}t}\xleftrightarrow{F}\mathrm{j}\omega F(\mathrm{j}\omega) \tag{2.3.17}$$

【证明】 傅里叶逆变换式

$$f(t)=\frac{1}{2\pi}\int_{-\infty}^{\infty}F(\mathrm{j}\omega)\mathrm{e}^{\mathrm{j}\omega t}\mathrm{d}\omega$$

两端对 t 微分，得

$$\frac{\mathrm{d}f(t)}{\mathrm{d}t}=\frac{1}{2\pi}\int_{-\infty}^{\infty}F(\mathrm{j}\omega)\frac{\mathrm{d}}{\mathrm{d}t}(\mathrm{e}^{\mathrm{j}\omega t})\mathrm{d}\omega=\frac{1}{2\pi}\int_{-\infty}^{\infty}\mathrm{j}\omega F(\mathrm{j}\omega)\mathrm{e}^{\mathrm{j}\omega t}\mathrm{d}\omega$$

所以有

$$\frac{\mathrm{d}f(t)}{\mathrm{d}t}\xleftrightarrow{F}\mathrm{j}\omega F(\mathrm{j}\omega)$$

证毕。

推论：

$$\frac{\mathrm{d}^n f(t)}{\mathrm{d}t^n}\xleftrightarrow{F}(\mathrm{j}\omega)^n F(\mathrm{j}\omega) \tag{2.3.18}$$

9. 时域积分性质

若 $f(t)\xleftrightarrow{F}F(\mathrm{j}\omega)$，则有

$$\int_{-\infty}^{t}f(\tau)\mathrm{d}\tau\xleftrightarrow{F}\pi F(0)\delta(\omega)+\frac{F(\mathrm{j}\omega)}{\mathrm{j}\omega} \tag{2.3.19}$$

如果 $F(0)=0$，则有

$$\int_{-\infty}^{t}f(\tau)\mathrm{d}\tau\xleftrightarrow{F}\frac{F(\mathrm{j}\omega)}{\mathrm{j}\omega} \tag{2.3.20}$$

【证明】 由于

$$f(t) * u(t) = \int_{-\infty}^{\infty} f(\tau) u(t-\tau) \mathrm{d}\tau = \int_{-\infty}^{t} f(\tau) \mathrm{d}\tau$$

而 $u(t) \overset{F}{\longleftrightarrow} \pi\delta(\omega) + \dfrac{1}{\mathrm{j}\omega}$，根据卷积性质，有

$$\mathscr{F}\left[\int_{-\infty}^{t} f(\tau) \mathrm{d}t\right] = \mathscr{F}[f(t) * u(t)] = F(\mathrm{j}\omega)\left[\pi\delta(\omega) + \frac{1}{\mathrm{j}\omega}\right] = \pi F(0)\delta(\omega) + \frac{F(\mathrm{j}\omega)}{\mathrm{j}\omega}$$

证毕。

10. 频域微分性质

若 $f(t) \overset{F}{\longleftrightarrow} F(\mathrm{j}\omega)$，则有

$$(-\mathrm{j}t)^n f(t) \overset{F}{\longleftrightarrow} F^{(n)}(\mathrm{j}\omega) \tag{2.3.21}$$

式中，$F^{(n)}(\mathrm{j}\omega) = \dfrac{\mathrm{d}^n}{\mathrm{d}\omega^n} F(\mathrm{j}\omega)$。

【证明】 傅里叶正变换式

$$F(\mathrm{j}\omega) = \int_{-\infty}^{\infty} f(t) \mathrm{e}^{-\mathrm{j}\omega t} \mathrm{d}t$$

两端对 ω 微分，得

$$F'(\mathrm{j}\omega) = \frac{\mathrm{d}}{\mathrm{d}\omega}\left[\int_{-\infty}^{\infty} f(t) \mathrm{e}^{-\mathrm{j}\omega t} \mathrm{d}t\right] = \int_{-\infty}^{\infty} f(t) \frac{\mathrm{d}}{\mathrm{d}\omega}(\mathrm{e}^{-\mathrm{j}\omega t}) \mathrm{d}t = \int_{-\infty}^{\infty} [(-\mathrm{j}t) f(t)] \mathrm{e}^{-\mathrm{j}\omega t} \mathrm{d}t$$

这个积分式定义了一个傅里叶变换对，可表示为

$$(-\mathrm{j}t) f(t) \overset{F}{\longleftrightarrow} F'(\mathrm{j}\omega)$$

同理可得

$$(-\mathrm{j}t)^n f(t) \overset{F}{\longleftrightarrow} F^{(n)}(\mathrm{j}\omega)$$

证毕。

11. 帕斯瓦尔定理

若 $f(t)$ 是能量信号，且设 $f(t) \overset{F}{\longleftrightarrow} F(\mathrm{j}\omega)$，则有

$$E = \int_{-\infty}^{\infty} |f(t)|^2 \mathrm{d}t = \frac{1}{2\pi}\int_{-\infty}^{\infty} |F(\mathrm{j}\omega)|^2 \mathrm{d}\omega \tag{2.3.22}$$

式(2.3.22)称为帕斯瓦尔能量等式或帕斯瓦尔定理(Parseval theory)，表明信号的能量可以用 $f(t)$ 在时域里或用 $F(\mathrm{j}\omega)$ 在频域中计算，两者所获得的结果相同。帕斯瓦尔定理指出，信号在时域拥有的总能量等于其在频谱内能量 $\left[\dfrac{|F(\mathrm{j}\omega)|^2}{2\pi}\right]$ 的总和。因此，$|F(\mathrm{j}\omega)|^2$ 常称为信号 $f(t)$ 的能量谱密度，表示信号在频域上能量分布情况，单位为 J/Hz。

从式(2.3.22)可以看出，能量信号的总能量等于各频率分量的能量之和，每个频率分量的能量为 $\dfrac{|F(\mathrm{j}\omega)|^2}{2\pi}\mathrm{d}\omega$；信号的能量密度仅仅由信号傅里叶变换的模(幅度谱)确定，与信号的相位谱无关。换言之，凡是具有同样幅度谱而相位不同的信号，都具有相同的能量谱密度。

表 2-2 列出了傅里叶变换的基本性质，以便查阅。

表 2-2　傅里叶变换的基本性质

性质	时域$f(t)$	频域$F(\mathrm{j}\omega)$	时域频域对应关系
线性	$\sum_{i=1}^{n} a_i f_i(t)$	$\sum_{i=1}^{n} a_i F_i(\mathrm{j}\omega)$	线性叠加
对称性	$F(t)$	$2\pi f(-\omega)$	对称
尺度变换	$f(at),\ a\neq 0$	$\frac{1}{\mid a\mid}F\left(\frac{\mathrm{j}\omega}{a}\right)$	压缩和扩展
	$f(-t)$	$F(-\mathrm{j}\omega)$	反褶
时移	$f(t\pm t_0)$	$F(\mathrm{j}\omega)\mathrm{e}^{\pm \mathrm{j}\omega t_0}$	时移与相移
频移	$f(t)\mathrm{e}^{\pm \mathrm{j}\omega_0 t}$	$F[\mathrm{j}(\omega\mp\omega_0)]$	调制与频移
	$f(t)\cos(\omega_0 t)$	$\frac{1}{2}\{F[\mathrm{j}(\omega-\omega_0)]+F[\mathrm{j}(\omega+\omega_0)]\}$	
	$f(t)\sin(\omega_0 t)$	$\frac{1}{2\mathrm{j}}\{F[\mathrm{j}(\omega-\omega_0)]-F[\mathrm{j}(\omega+\omega_0)]\}$	
时域微分	$\frac{\mathrm{d}f(t)}{\mathrm{d}t}$	$\mathrm{j}\omega F(\mathrm{j}\omega)$	
	$\frac{\mathrm{d}^n f(t)}{\mathrm{d}t^n}$　$f(t)\neq$常数	$(\mathrm{j}\omega)^n F(\mathrm{j}\omega)$	
频域微分	$-\mathrm{j}tf(t)$	$\frac{\mathrm{d}F(\mathrm{j}\omega)}{\mathrm{d}\omega}$	
	$(-\mathrm{j}t)^n f(t)$	$\frac{\mathrm{d}^n F(\mathrm{j}\omega)}{\mathrm{d}\omega^n}$	
时域积分	$\int_{-\infty}^{t} f(\tau)\mathrm{d}\tau$	$\pi F(0)\delta(\omega)+\frac{1}{\mathrm{j}\omega}F(\mathrm{j}\omega)$	
时域卷积	$f_1(t)*f_2(t)$	$F_1(\mathrm{j}\omega)F_2(\mathrm{j}\omega)$	乘积与卷积
频域卷积	$f_1(t)f_2(t)$	$\frac{1}{2\pi}F_1(\mathrm{j}\omega)*F_2(\mathrm{j}\omega)$	
帕斯瓦尔定理	$E=\int_{-\infty}^{\infty}\left\lvert f(t)\right\rvert^2\mathrm{d}t=\frac{1}{2\pi}\int_{-\infty}^{\infty}\left\lvert F(\mathrm{j}\omega)\right\rvert^2\mathrm{d}\omega$		

2.4　周期信号的傅里叶变换

由前面的讨论，周期信号的傅里叶级数和非周期信号的傅里叶变换，得出周期信号的频谱为离散的振幅谱、而非周期信号的频谱是连续的密度谱的结论。在频域分析中，如果对周期信号用傅里叶级数，而对非周期信号用傅里叶变换，显然会给频域分析带来很多不便。那么周期信号是否存在傅里叶变换呢?

通常，周期信号并不满足绝对可积的条件，因而直接使用傅里叶变换的定义是无法求解的。然而，一旦引入奇异函数后，对某些不满足绝对可积条件的信号也可求傅里叶变换，例如前面讨论过的直流信号、单位阶跃信号 $u(t)$、符号信号 $\mathrm{sgn}(t)$等。可以推测，引入奇异函数后，周期信号有可能存在傅里叶变换。

由傅里叶级数可知，一个周期信号可以展开成其基频谐波的傅里叶级数，即

$$f(t) = \sum_{n=-\infty}^{\infty} F_n \mathrm{e}^{\mathrm{j}n\omega_1 t}$$

$$F_n = \frac{1}{T}\int_0^T f(t)\mathrm{e}^{-\mathrm{j}n\omega_1 t}\mathrm{d}t$$

根据傅里叶变换的频移性质，可求得

$$\mathscr{F}[\mathrm{e}^{\mathrm{j}n\omega_1 t}] = 2\pi\delta(\omega - n\omega_1)$$

依此，可求得周期信号$f(t)$的傅里叶变换为

$$F(\mathrm{j}\omega) = \mathscr{F}\left[\sum_{n=-\infty}^{\infty} F_n \mathrm{e}^{\mathrm{j}n\omega_1 t}\right] = 2\pi\sum_{n=-\infty}^{\infty} F_n\delta(\omega - n\omega_1) \tag{2.4.1}$$

式(2.4.1)表明，周期信号的傅里叶变换由一系列的冲激信号 $\delta(\omega)$组成，是离散谱，而且，这些$\delta(\omega)$冲激信号将位于 ω_1的各次谐波频率点上，各个谐波分量的强度为 $2\pi F_n$，因此只要求出周期信号傅里叶级数的系数 F_n，就可以求得周期信号的傅里叶变换。

由式(2.4.1)可知，求解周期信号的傅里叶变换需要首先得到傅里叶系数 F_n。下面给出一种更简便求解周期信号的傅里叶变换的方法。取周期信号$f(t)$的一个周期，可令

$$f_0(t) = \begin{cases} f(t) & |t| \leqslant \dfrac{T}{2} \\ 0 & |t| > \dfrac{T}{2} \end{cases}$$

设$f_0(t)\xleftrightarrow{F}F_0(\mathrm{j}\omega)$，则

$$F_0(\mathrm{j}\omega) = \int_{-\infty}^{\infty} f_0(t)\mathrm{e}^{-\mathrm{j}\omega t}\mathrm{d}t = \int_{-\frac{T}{2}}^{\frac{T}{2}} f(t)\mathrm{e}^{-\mathrm{j}\omega t}\mathrm{d}t$$

对照傅里叶系数式(2.1.15)

$$F_n = \frac{1}{T}\int_{-\frac{T}{2}}^{\frac{T}{2}} f(t)\mathrm{e}^{-\mathrm{j}n\omega_1 t}\mathrm{d}t$$

显然有

$$F_n = \frac{1}{T} F_0 (\mathrm{j} n\omega_1) \tag{2.4.2}$$

式(2.4.2)表明，周期脉冲的傅里叶系数 F_n 等于其单脉冲的傅里叶变换在 $n\omega_1$ 频率点的值乘以$\frac{1}{T}$，于是式(2.4.1)可改写为

$$F(\mathrm{j}\omega) = 2\pi \sum_{n=-\infty}^{\infty} F_n \delta(\omega - n\omega_1) = \omega_1 \sum_{n=-\infty}^{\infty} F_0(\mathrm{j}n\omega_1)\delta(\omega - n\omega_1) \tag{2.4.3}$$

式(2.4.3)表明，周期信号傅里叶变换强度的包络线的形状与单脉冲频谱的形状相同。下面详细讨论几种常见周期信号的傅里叶变换。

1. 正弦信号的傅里叶变换

在傅里叶变换的频移特性的推导中曾得式(2.3.10)和式(2.3.11)如下：

$$\mathcal{F}[\cos(\omega_0 t)] = \pi[\delta(\omega - \omega_0) + \delta(\omega + \omega_0)]$$

$$\mathcal{F}[\sin(\omega_0 t)] = \frac{\pi}{\mathrm{j}}[\delta(\omega - \omega_0) - \delta(\omega + \omega_0)]$$

其频谱如图 2-28 所示，其中图 2-28a 为余弦信号的频谱，图 2-28b 则是正弦信号的频谱。

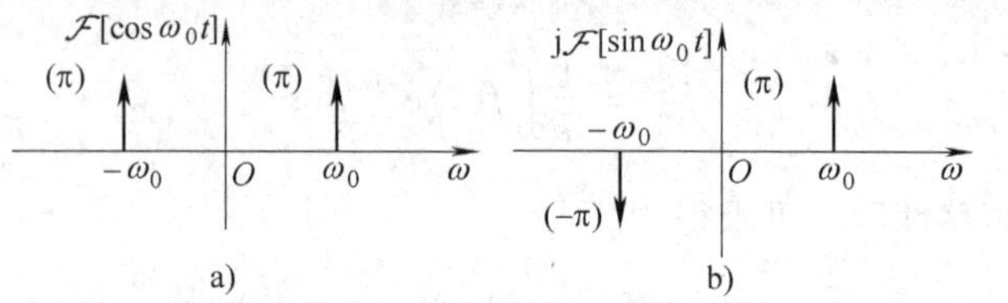

图 2-28　余弦信号和正弦信号的频谱

2. 周期单位冲激序列的傅里叶变换

将单位冲激序列(见图 2-29a)展成复指数形式的傅里叶级数

$$\delta_T(t) = \sum_{n=-\infty}^{\infty} F_n \mathrm{e}^{\mathrm{j}n\omega_1 t} = \sum_{n=-\infty}^{\infty} \frac{1}{T} F_0(\mathrm{j}n\omega_1)\mathrm{e}^{\mathrm{j}n\omega_1 t} = \frac{1}{T}\sum_{n=-\infty}^{\infty} \mathrm{e}^{\mathrm{j}n\omega_1 t}$$

因为 $F_0(\mathrm{j}n\omega_1) = \delta(t) \xleftrightarrow{F} 1$，$\delta_T(t)$的傅里叶级数的谱系数 $F_n = \frac{1}{T}$，所以频谱为

$$\begin{aligned} F(\mathrm{j}\omega) &= \mathcal{F}[\delta_T(t)] = \frac{1}{T}\sum_{n=-\infty}^{\infty} \mathcal{F}[\mathrm{e}^{\mathrm{j}n\omega_1 t}] \\ &= \frac{1}{T}\sum_{n=-\infty}^{\infty} 2\pi\delta(\omega - n\omega_1) = \frac{2\pi}{T}\sum_{n=-\infty}^{\infty} \delta(\omega - n\omega_1) \\ &= \omega_1 \sum_{n=-\infty}^{\infty} \delta(\omega - n\omega_1) = \omega_1 \delta_{\omega_1}(\omega) \end{aligned} \tag{2.4.4}$$

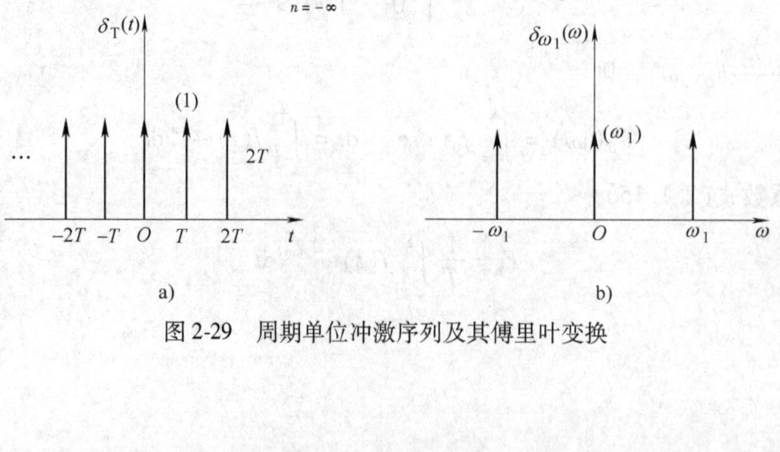

图 2-29　周期单位冲激序列及其傅里叶变换

因此，在时域中以 T 为周期的单位冲激序列 $\delta_T(t)$ 的傅里叶变换(见图 2-29b)仍是冲激序列，强度和间隔都是 $\omega_1=\dfrac{2\pi}{T}$。

3. 周期矩形脉冲序列的傅里叶变换

图 2-30 所示为周期矩形脉冲信号，幅度为 E，周期为 T。

从图 2-30 所示周期矩形脉冲信号中截取一个周期的单脉冲信号(门函数信号)

$$f_0(t)=\begin{cases}E & |t|\leqslant\dfrac{T}{2}\\ 0 & |t|>\dfrac{T}{2}\end{cases}$$

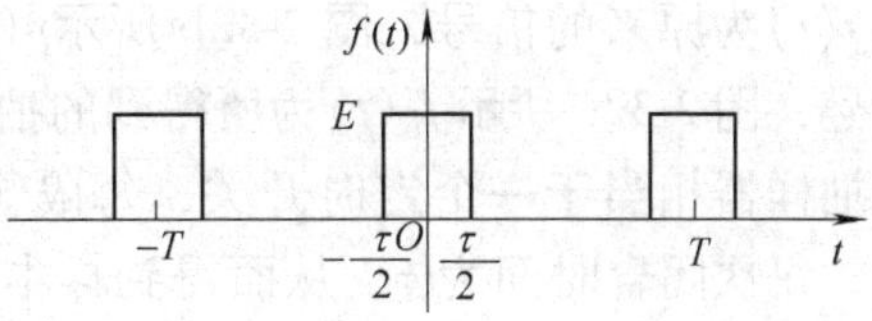

图 2-30　周期矩形脉冲信号

其傅里叶变换为

$$F_0(\mathrm{j}\omega)=E\tau\mathrm{sinc}\left(\frac{\omega\tau}{2}\right)$$

$$F_0(\mathrm{j}n\omega_1)=E\tau\mathrm{sinc}\left(\frac{n\omega_1\tau}{2}\right)$$

代入式(2.4.3)，有

$$\begin{aligned}F(\mathrm{j}\omega)&=\omega_1\sum_{n=-\infty}^{\infty}E\tau\mathrm{sinc}\left(\frac{n\omega_1\tau}{2}\right)\delta(\omega-n\omega_1)\\&=E\tau\omega_1\sum_{n=-\infty}^{\infty}\mathrm{sinc}\left(\frac{n\omega_1\tau}{2}\right)\delta(\omega-n\omega_1)\end{aligned}\tag{2.4.5}$$

此时，傅里叶系数

$$F_n=\frac{1}{T}F_0(\mathrm{j}n\omega_1)=\frac{E\tau}{T}\mathrm{sinc}\left(\frac{n\omega_1\tau}{2}\right)$$

图 2-31 给出了单个矩形脉冲信号的傅里叶变换以及周期矩形脉冲信号的傅里叶级数和傅里叶变换的信号波形和频谱图。由此可更直观地看到单个矩形脉冲信号的傅里叶变换与周期矩形脉冲信号傅里叶变换的关系。

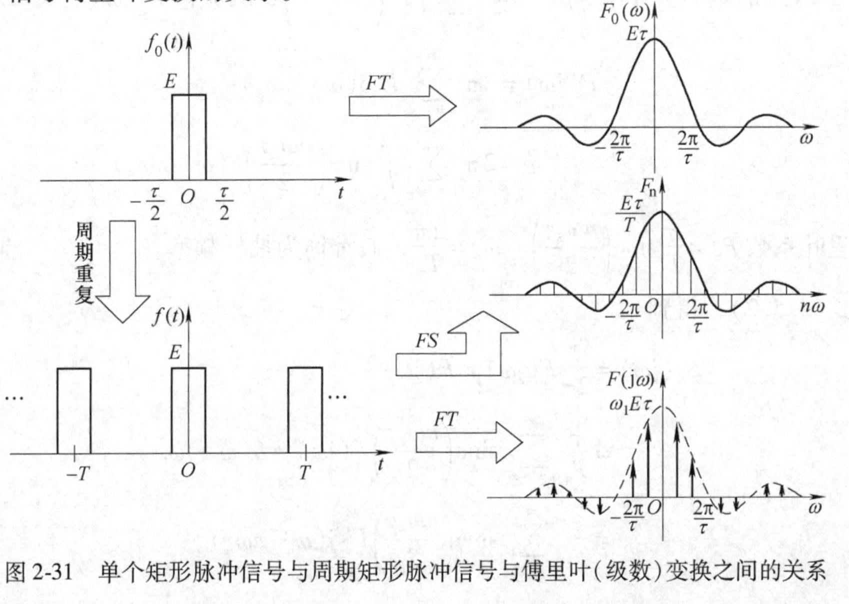

图 2-31　单个矩形脉冲信号与周期矩形脉冲信号与傅里叶(级数)变换之间的关系

2.5　抽样信号的傅里叶变换

抽样，又称采样、取样，就是从信号函数或信号波形中每隔一段时间间隔抽取一个样本，并将这一系列离散样本集合起来构成一个新信号，这个新信号就是抽样信号。抽样是从连续信号通往离散信号的桥梁，也是对信号进行数字处理的非常关键的第一个环节。

图 2-32 所示为抽样过程原理。其中，图 2-32a 所示 $f(t)$ 为原来的信号，图 2-32b 所示 $p(t)$ 为抽样序列信号，图 2-32c 所示 $f_s(t)$ 为所得到的抽样信号。实际的抽样器相当于一个定时开关，每隔 T_s 时间闭合一次，每次闭合时间为 τ，从而得到样本信号即离散信号 $f_s(t)$。由此可见，只要用一个周期为 T_s，宽度为 τ 的矩形串也即矩形脉冲序列信号 $p(t)$ 来控制电子开关，即可实现 $f_s(t)$ 信号的获取。抽样过程可以看成由一个原信号 $f(t)$ 与一个开关信号 $p(t)$ 的乘积来描述，即

$$f_s(t)=f(t)p(t) \tag{2.5.1}$$

由傅里叶变换的频域卷积性质，可这样得到抽样信号的频谱 $F_s(j\omega)$

$$f(t)p(t)\overset{F}{\longleftrightarrow}\frac{1}{2\pi}F(j\omega)*P(j\omega) \tag{2.5.2}$$

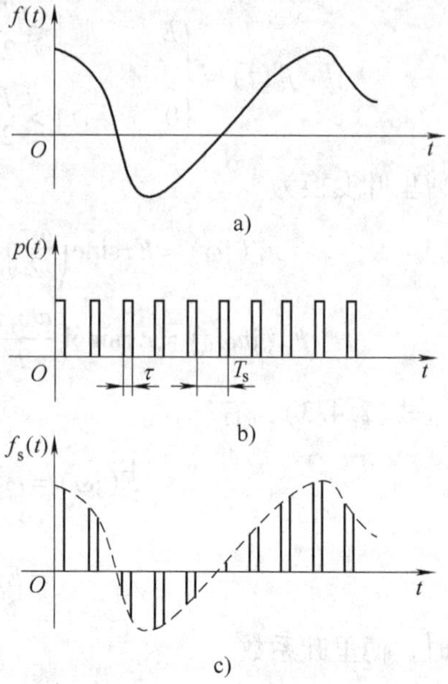

图 2-32　抽样过程原理

2.5.1　矩形脉冲抽样的傅里叶变换

矩形脉冲抽样也称实际抽样或自然抽样。如图 2-33 所示，抽样序列 $p(t)$ 是幅度为 1、脉宽为 $\tau(\tau<T_s)$ 的矩形脉冲串，$p(t)=\sum\limits_{n=-\infty}^{\infty}\prod\left(\frac{t-nT_s}{\tau}\right)$，其频谱 $P(j\omega)$ 由式(2.4.5)求得

$$\begin{aligned}P(j\omega)&=2\pi\sum_{n=-\infty}^{\infty}P_n\delta(\omega-n\omega_s)\\&=2\pi\sum_{n=-\infty}^{\infty}\frac{\tau}{T_s}\mathrm{sinc}\left(\frac{n\omega_s\tau}{2}\right)\delta(\omega-n\omega_s)\end{aligned}$$

式中，傅里叶系数 $P_s=\frac{\tau}{T_s}\mathrm{sinc}\left(\frac{n\omega_s\tau}{2}\right)$；$\omega_s=\frac{2\pi}{T_s}$，通常称为抽样频率。

代入式(2.5.2)，得到

$$\begin{aligned}F_s(j\omega)&=\frac{1}{2\pi}F(j\omega)*P(j\omega)\\&=\frac{\tau}{T_s}\sum_{n=-\infty}^{\infty}\mathrm{sinc}\left(\frac{n\omega_s\tau}{2}\right)F(j\omega)*\delta(\omega-n\omega_s)\\&=\frac{\tau}{T_s}\sum_{n=-\infty}^{\infty}\mathrm{sinc}\left(\frac{n\omega_s\tau}{2}\right)F[j(\omega-n\omega_s)]\end{aligned} \tag{2.5.3}$$

由以上推导可知，当抽样脉冲为矩形脉冲时，频谱幅度以 sinc 函数的规律变化，图 2-33 所示为其频谱结构示意图。从图中可以看到，频谱 $F_s(j\omega)$ 是连续信号的频谱 $F(j\omega)$ 以抽样角频率 ω_s 为间隔周期重复得到的。在重复的过程中，幅度被抽样脉冲 $p(t)$ 的傅里叶系数 P_n 所加权。

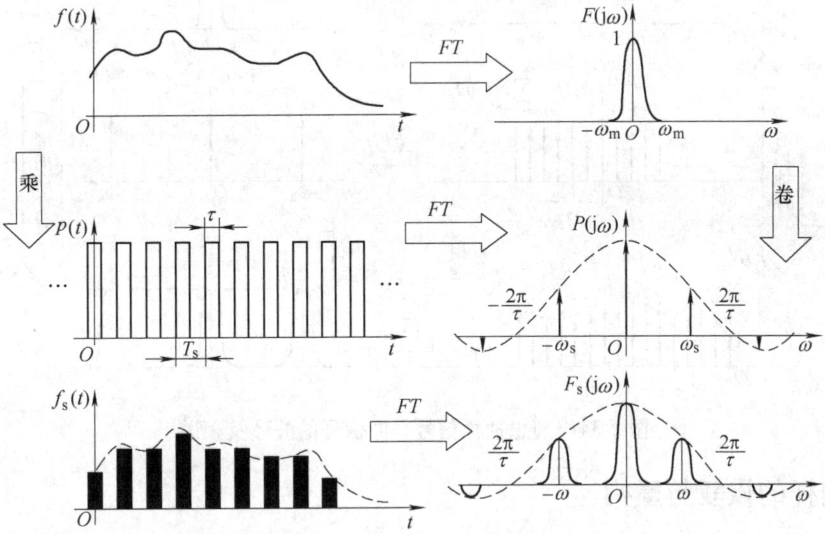

图 2-33　矩形脉冲抽样的傅里叶变换频谱结构示意图

2.5.2　理想抽样的傅里叶变换

理想抽样就是抽样器的开关闭合时间 τ 无限短，即抽样脉冲序列 $p(t)$ 的脉冲宽度 $\tau\to 0$ 的极限情况。这时，抽样脉冲序列信号蜕变为单位冲激序列

$$p(t)=\delta_T(t)=\sum_{n=-\infty}^{\infty}\delta(t-nT_s)$$

则由式(2.5.1)得

$$f_s(t)=f(t)\delta_T(t)=\sum_{n=-\infty}^{\infty}f(nT_s)\delta(t-nT_s)$$

所以有

$$\begin{aligned}F_s(j\omega)&=\mathscr{F}[f(t)\delta_T(t)]=\frac{1}{2\pi}F(j\omega)*\mathscr{F}[\delta_T(t)]\\&=\frac{1}{2\pi}F(j\omega)*\frac{2\pi}{T_s}\sum_{n=-\infty}^{\infty}\delta(\omega-n\omega_s)\\&=\frac{1}{T_s}\sum_{n=-\infty}^{\infty}F[j(\omega-n\omega_s)]\end{aligned}\tag{2.5.4}$$

式(2.5.4)表明，抽样信号的频谱 $F_s(j\omega)$ 具有周期性，它是原信号的频谱 $F(j\omega)$ 以抽样频率 ω_s 为间隔周期延拓的结果。图 2-34 给出了理想抽样的时域信号及其相对应的频谱。在这个频谱中，假设信号 $f(t)$ 是个带限信号，且其最高频率 ω_m 小于抽样频率 ω_s 的一半，即 $\omega_m<\frac{\omega_s}{2}$。由图可见，在这个条件下，抽样信号的频谱仅仅是原信号频谱的周期重复，其频

谱形状未发生变化，仅幅度大小变为原信号频谱的$\frac{1}{T_s}$而已。

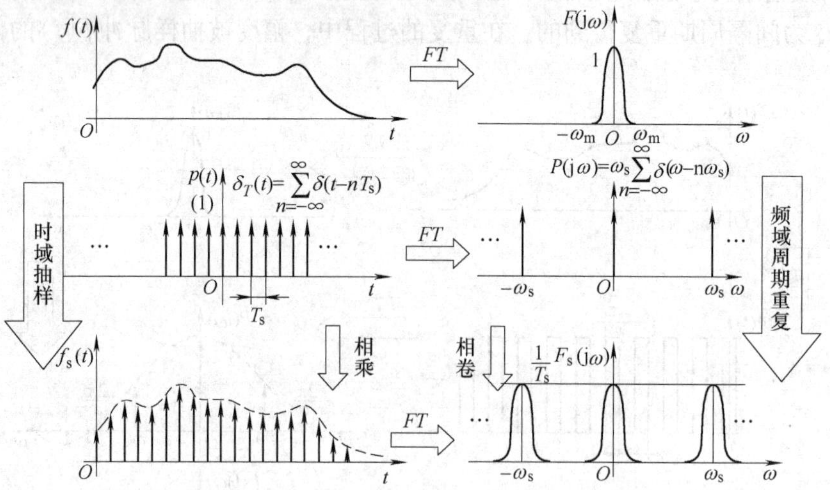

图 2-34 理想抽样信号、原信号的波形及频谱

2.5.3 抽样的恢复与重构

抽样信号的频谱中含有原信号的频谱，这一特征是从抽样信号恢复出原信号的理论依据，然而这种恢复是有条件的。下面以理想抽样为例进行分析，得出的结论和实际脉冲序列所进行的抽样最后得到的结论没有本质的区别。

1. 时域抽样定理

通过以上对连续信号理想抽样的分析，得到式(2.5.4)，即

$$F_s(j\omega)=\frac{1}{T_s}\sum_{n=-\infty}^{\infty}F[j(\omega-n\omega_s)]$$

由上式可见，一个连续时间信号经过理想抽样后，其频率谱将沿着频率轴以抽样频率ω_s为间隔而重复，这就是说频谱产生了周期性延拓。但是，由于抽样频率ω_s的不同选取，则会使这种延拓产生不同的结果。下面来看图 2-35 所示的时域抽样的图解。从图 2-35a 可见，$f(t)$的最高频率分量为ω_m，周期延拓后的谱间隔为ω_s；图 2-35b 示出了频谱的混叠现象，这是由于抽样频率ω_s小于 2 倍的信号最高频率ω_m所致；图 2-35c 是$\omega_s=2\omega_m$时，各次延拓分量与原频谱分量不发生频谱混叠的情况。将抽样频率之半$\frac{\omega_s}{2}$称为折叠频率，它如同一面镜子，当信号频谱超过它时，就会被折叠回来，造成频谱的混叠。

由此得出结论：一个频带受限的信号$f(t)$，要想抽样后能够不失真地还原出原信号，则抽样频率必须大于 2 倍信号谱的最高频率，这就是时域抽样定理，也称奈奎斯特定理，即

$$\omega_s\geqslant 2\omega_m \tag{2.5.5}$$

频率ω_m一般称为奈奎斯特频率，而频率$2\omega_m$称为奈奎斯特率(或称奈奎斯特间隔)。抽样频率必须大于奈奎斯特率。在实际工作中，为了避免频谱混淆现象发生，抽样频率总是选得比奈奎斯特频率更大些，例如选到$(3\sim4)\omega_m$。

2. 抽样的恢复

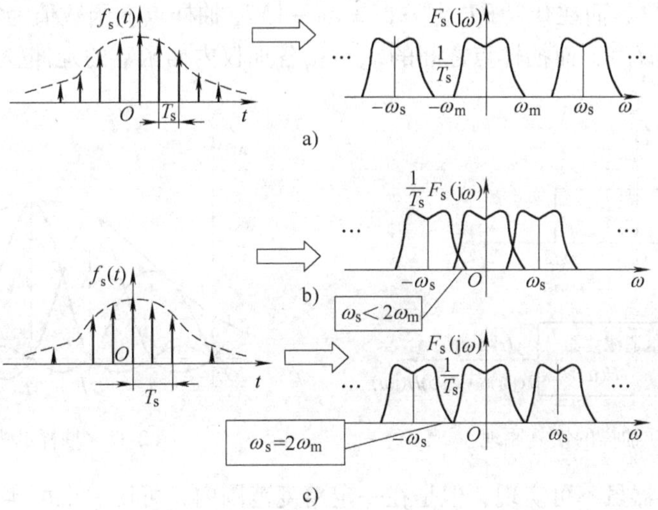

图 2-35　时域抽样定理的图解

理论上讲，从满足抽样定理的抽样信号中恢复出原信号是很简单的。设连续时间信号 $x(t)$ 的理想抽样满足奈奎斯特定理，即其频谱的最高频率小于折叠频率，则抽样后不会产生频谱混叠，由式(2.5.4)知

$$X_s(j\omega)=\frac{1}{T_s}X(j\omega)\qquad |\omega|<\frac{\omega_s}{2}$$

如将抽样信号 $x_s(t)$ 通过一个理想低通滤波器，如图 2-36 所示：$|H(j\omega)|$ 是理想低通滤波器的幅频特性，设其增益为 T_s(为了补偿抽样时频谱幅度的减少)；频带大于 ω_m 且小于$(\omega_s-\omega_m)$，或为$\frac{\omega_s}{2}$；抽样信号通过这个滤波器后，就可滤出原模拟信号的频谱

$$Y(j\omega)=X_s(j\omega)H(j\omega)=X(j\omega)$$

因此，在输出端可以得到的原模拟信号由卷积定理给出

$$y(t)=x(t)=x_s(t)*h(t)$$

在理想抽样情况下

$$x_s(t)=\sum_{n=-\infty}^{\infty}x(nT_s)\delta(t-nT_s)$$

理想低通滤波器的频率特性 $H(j\omega)$ 是门函数，则其时域波形 $h(t)$ 应该是辛格函数

$$h(t)=\mathscr{F}^{-1}[H(j\omega)]=\mathscr{F}^{-1}\left[T_s\prod\left(\frac{\omega}{\omega_s}\right)\right]=\mathrm{sinc}\left(\frac{\omega_s t}{2}\right)$$

于是，有

$$x(t)=x_s(t)*h(t)=\sum_{n=-\infty}^{\infty}x(nT_s)\delta(t-nT_s)*\mathrm{sinc}\left(\frac{\omega_s}{2}t\right)$$

$$=\sum_{n=-\infty}^{\infty}x(nT_s)\,\mathrm{sinc}\left[\frac{\omega_s}{2}(t-nT_s)\right]\qquad(2.5.6)$$

式(2.5.6)说明，$x(t)$ 可由无穷多个加权系数为 $x(nT_s)$ 的辛格函数之和来恢复。也可以说在抽样信号 $x_s(t)$ 的每个抽样值上画一个峰值为 $x(nT_s)$ 的辛格函数波形，由此合成的信号就是 $x(t)$。在这里，辛格函数起着内插的作用，所以也称之为内插函数。该函数仅在 $t=nT_s$ 的

抽样点上函数值为 1，而在 0，$\pm T_s$，…，$\pm(n-1)T_s$ 抽样点上函数值为零。这样，抽样点上 $x(t)\mid_{t=nT_s}=x(nT_s)$，而抽样点之间的 $x(t)$ 由各加权内插函数的延伸叠加而形成，如图 2-37 所示。

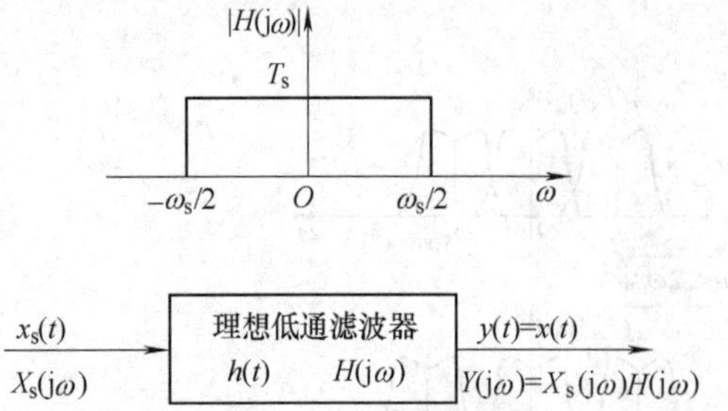

图 2-36　抽样的恢复原理

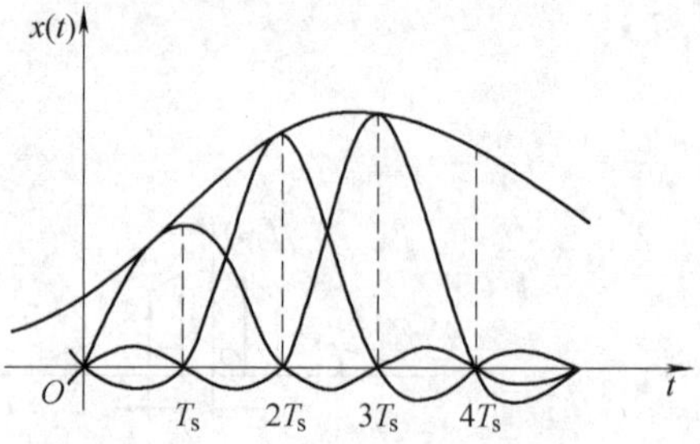

图 2-37　抽样的内插恢复

理想低通滤波器虽不可实现，但是在一定精度范围内，可用一个可实现的滤波器来逼近它，这个问题将在本书的第 7 章详细讨论。

2.6　傅里叶变换的应用

通信系统是傅里叶变换的典型应用领域之一。一般而言，在所有的通信系统中，源信号包括已编码的信号源都要首先被调制器处理后再被发射装置所发送，以便用最合适的传输形式在通信信道上传送；而在通信信道的另一端，即接收端又通过相反的处理方式将信号予以恢复。任何一个通信信道都可以看成是一个系统，因此通信信道的传输特性可由其频率响应特性 $H(j\omega)$ 来描述。一个通信信道的频率特性不可能是理想的无失真传输系统，它们具有一定的工作频率范围或频率带宽，适合传送该频率范围的信号，而在该频率范围以外，通信将严重受阻，甚至不可能。例如，想要利用某一通信信道上传输像语言或音乐这样的音频，就必须通过适当的调制方式，将该信号嵌入到另一个适合于信道传输的具有某一中心频率 ω_0 的载波信号中去。

将某一个载有信息的信号嵌入到另一个信号的过程一般称之为调制。调制也可以理解为用一个信号（原信号，也称调制信号）去控制另一个信号（载波信号）的某一参量，从而产生已调制信号。调制的实质是对原信号进行频谱搬移，将信号的频谱搬移到所需要的较高频带上，从而满足信号传输的需要。解调则是相反的过程，即从已调制的信号提取出原信号的过程。特别需要指出的是，调制技术不仅仅是能将信息嵌入到某一可以有效传输的载波中去，而且还有其他多种用途，例如还能将频谱重叠的多个信号在同一通道上同时传输，这就是所谓的复用概念。通过复用可以实现多路信号的同时通信。广泛利用的正弦载波幅度调制就能完成这些频谱搬移功能。

2.6.1　正弦幅度调制与解调

很多通信系统都是建立在正弦幅度调制的基础之上。用于信号传输的各种不同的媒介或信道，例如大气、同轴电缆、双绞线和计算机通信网络，一般说来都有一定的工作频宽，即对于落在该频段的信号才有最佳传输效果。而信道的频率范围可能与要传输的信号范围并不匹配，例如，微波中继的频率范围为 300MHz ~ 300GHz，语音信号所在的频率范围为 200Hz ~ 4kHz，如果要在微波中继的通信系统长距离传输语音信号时，就必须将语音信号或已编码的语音信号调制到微波中继的频率范围内。一般将载有信息的信号 $f(t)$ 称为调制信号，所谓调制是指如下运算：

$$y(t)=f(t)c(t) \tag{2.6.1}$$

式中，$c(t)$ 称为载波信号，一般为高频周期信号或正弦波信号；$y(t)$ 称为已调信号。

$\cos\omega_0 t$ 信号与任意信号相乘，具有频谱搬移功能，可将有用信号搬移到适当的频段上。

正弦载波的幅度调制如图 2-38 所示，$c(t)=\cos\omega_0 t$ 为载波信号，ω_0 是载波角频率。因此，已调信号 $y(t)$ 为

$$y(t)=f(t)\cos(\omega_0 t) \tag{2.6.2}$$

图 2-39 所示为信号的正弦调制，调制信号 $f(t)$ 如图2-39a 所示，载波信号如图 2-39b 所示，则已调信号 $y(t)$ 如图 2-39c 所示。其结果改变了载波信号 $\cos\omega_0 t$ 的振幅，已调信号的包络线就是调制信号。

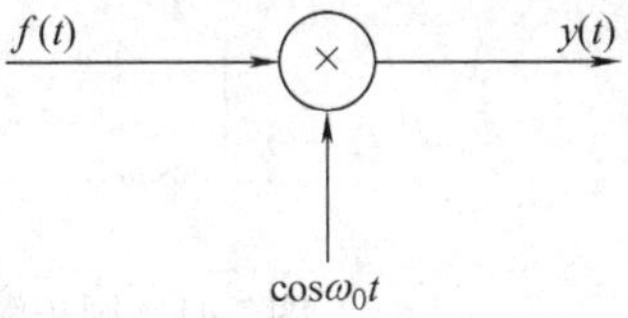

图 2-38　正弦载波的幅度调制

根据傅里叶变换的频域卷积性质，有

$$Y(\mathrm{j}\omega)=\frac{1}{2\pi}F(\mathrm{j}\omega)*C(\mathrm{j}\omega) \tag{2.6.3}$$

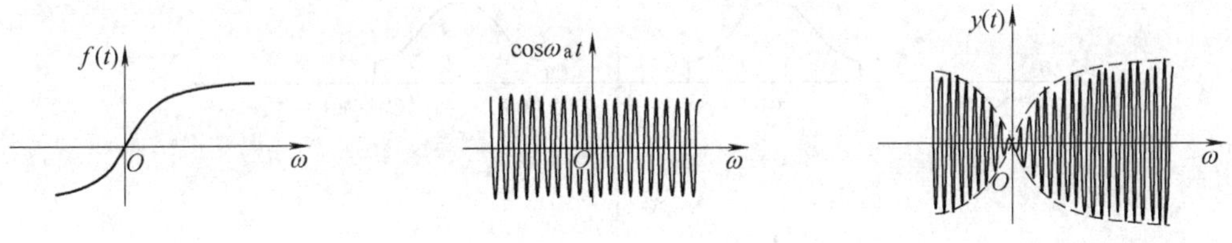

a)　　b)　　c)

图 2-39　信号的正弦调制

式中，载波信号 $c(t)=\cos\omega_0 t$ 的频谱为

$$C(\mathrm{j}\omega)=\pi[\delta(\omega-\omega_0)+\delta(\omega+\omega_0)] \tag{2.6.4}$$

代入式(2.6.3)，可得

$$Y(\mathrm{j}\omega)=\frac{1}{2}[F(\mathrm{j}(\omega-\omega_0))+F(\mathrm{j}(\omega+\omega_0))] \tag{2.6.5}$$

实现了信号搬移到较高的载波频率点 ω_0 的功能。如图 2-40 所示，信号频谱被无失真地搬到 ω_0 和 $-\omega_0$ 频率点上，仅在幅度上有 $\frac{1}{2}$ 的变化。

从已调信号 $y(t)$ 恢复调制信号 $f(t)$ 的过程称为解调。图 2-41 所示是实现解调的一种原理框图，它通过对已调信号二次调制来恢

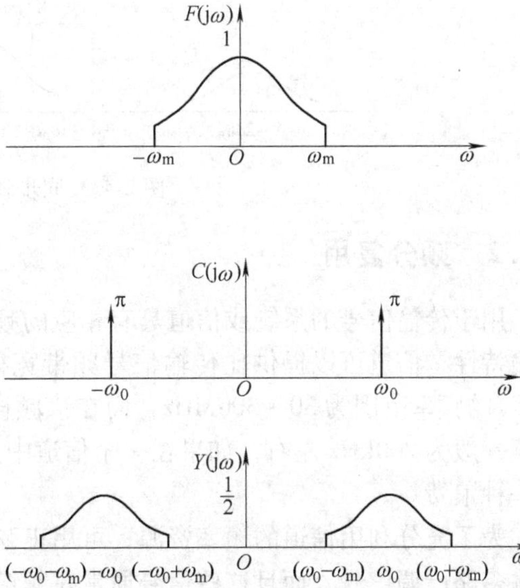

图 2-40　正弦载波调制的频谱示意图

复调制信号。图中，$\cos\omega_0 t$ 是接收端的本地载波信号，它必须与发射端的载波同频同相，因此，它是一种同步解调。

若 $y(t)=f(t)\cos\omega_0 t$，由图 2-41 可得

$$w(t)=f(t)\cos^2\omega_0 t=\frac{1}{2}f(t)[1+\cos(2\omega_0 t)] \tag{2.6.6}$$

$$W(\mathrm{j}\omega)=\frac{1}{2}F(\mathrm{j}\omega)+\frac{1}{4}F[\mathrm{j}(\omega-2\omega_0)]+\frac{1}{4}F[\mathrm{j}(\omega+2\omega_0)]$$

再通过如图 2-42 所示的数字滤波器，则

$$W(\mathrm{j}\omega)H(\mathrm{j}\omega)=F(\mathrm{j}\omega) \tag{2.6.7}$$

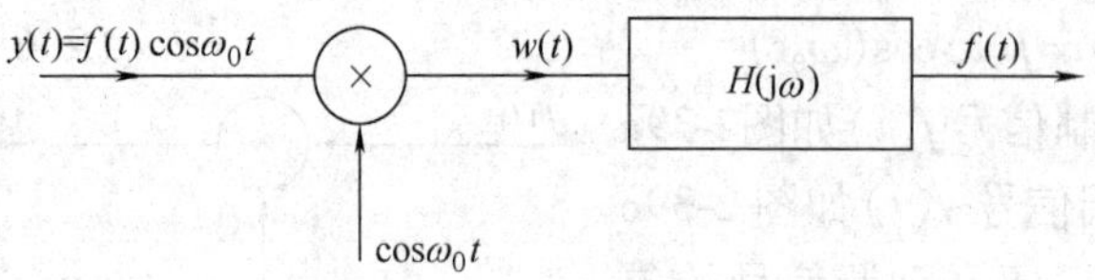

图 2-41　同步解调原理框图

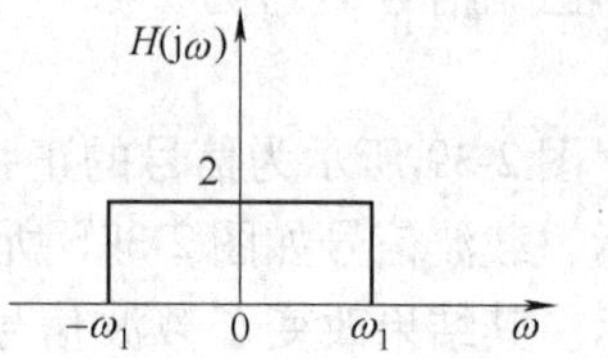

图 2-42　数字滤波器 $H(\mathrm{j}\omega)$ 频谱

同步解调的频谱如图 2-43 所示。

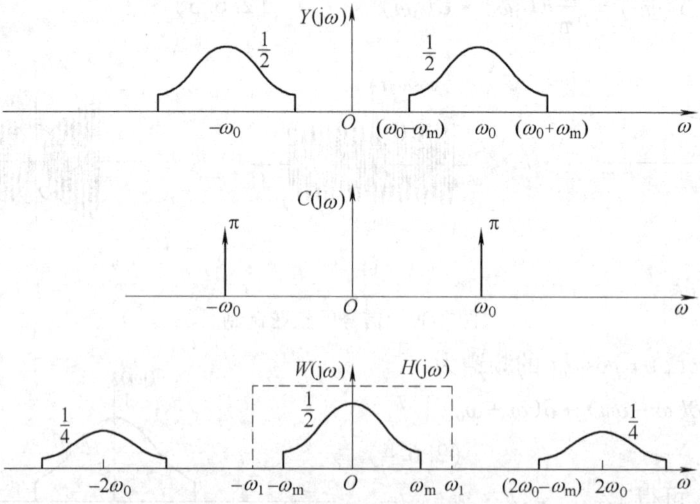

图 2-43　同步解调的频谱示意图

2.6.2　频分复用

用于传输信号的系统或信道具有相应的频率特性，不同信道对不同频段的信号具有最佳传输特性，信道可以提供比传输信号频带宽得多的带宽。例如甚高频（Very high frequency，VHF）的频率范围为 30 ~ 300MHz，而在该频段进行调频（Frequency Modulation，FM）广播的带宽一般为 200kHz 左右，如果在一个信道中只传输一路信号，显然对有限的信道频率资源是一种浪费。

为了充分利用信道的频率资源，可用正弦载波幅度调制的频谱搬移功能，在同一信道上传输多路已调信号，而且这些信号通常在频谱上是重叠的，从而实现多路信号的同时通信。这就是频分多路复用，简称频分复用。频分复用的概念是建立在正弦波幅度调制的基础上，

利用调制技术把不同的频谱分别搬移到不同载频上，使这些已调信号的频谱不再重叠，这样就可以在同一个宽带信道上同时传输不同的信号。

图 2-44 所示为频分复用的原理。图中假设每一个将被传送的信号都是带限的(实际上，该条件总是能满足的)，并且用不同的载波频率进行调制，然后把这些已调信号叠加在一起，在同一个信道上同时传输，或分别独立地在同一个信道上进行传输。

假设每一个信号的频谱如图 2-45 第一行所示，调制后的各信号频谱分别为第二、三、四行，复合后为第五行。通过频分复用后，不同的信号在信道频带内不同的位置上。

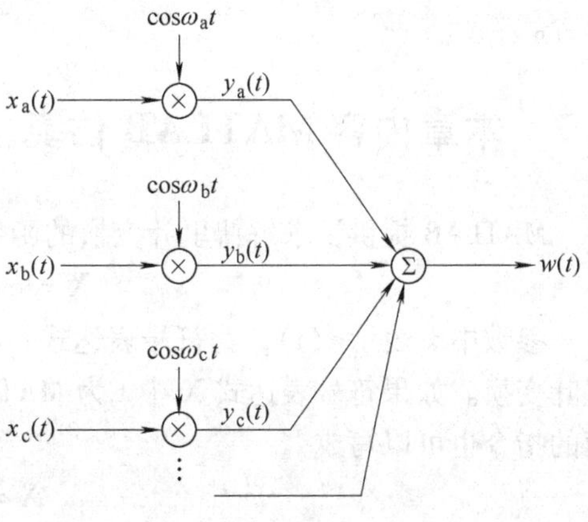

图 2-44　频分复用的原理

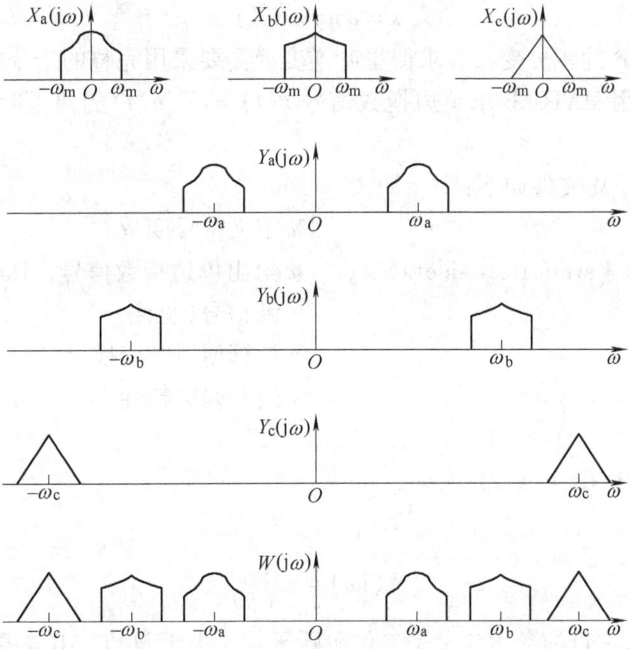

图 2-45　频分复用波形示意图

对频分多路复用信号解调时，首先要解复用，从复用信道的频谱中，利用带通滤波器滤出所需的一路信号，然后再对该路信号进行解调。整个频分复用的解复与解调的原理如图 2-46 所示。

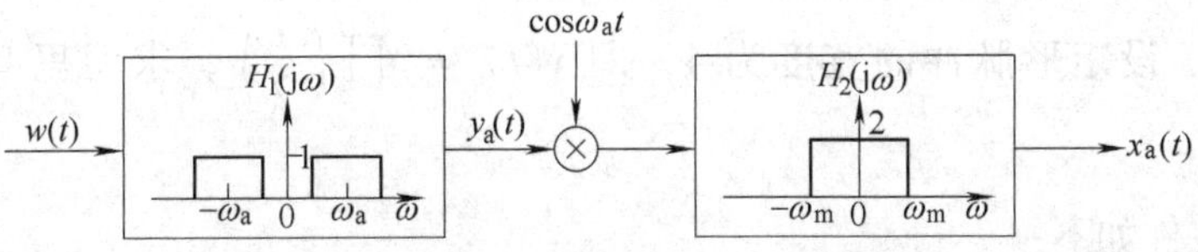

图 2-46　某一路频分复用信号的解复与解调的原理

频分复用是信号传输系统中最基本的通信技术，它广泛用于广播电视系统和射频通信等场合。

2.7　本章内容 MATLAB 仿真

MATLAB 提供了求解傅里叶变换的函数 fourier，格式如下：

```
X = fourier(x, t, w)
```

参数中 x 表示 x(t)，为符号表达式；t 表示积分变量；w 表示角频率；X 表示 x(t) 的傅里叶变换。如果符号表达式 X 中 t 为 MATLAB 规定的积分变量，而且用 w 表示复频率，上面的指令也可以写成

```
X = fourier(x)
```

当 x(t) 中除了 t 外还有其他符号变量时，最好采用完整的指令格式。

傅里叶逆变换的指令格式如下：

```
x = ifourier(X, w, t)
x = ifourier(X)
```

如果 w 不为 MATLAB 的积分变量，求傅里叶逆变换需要采用完整的指令格式。

【例 2-13】　利用 MATLAB 求单边指数信号 $x(t)=\mathrm{e}^{-2t}u(t)$ 的傅里叶变换 $X(\mathrm{j}\omega)$，并绘制 $|X(\mathrm{j}\omega)|$ 的图形。

【解】　本例中，M 文件如下：

```
syms t w x;                                  % 定义符号变量
x = exp(-2*t)*sym('Heaviside(t)');           % 给出单边指数信号，Heaviside(t)是单位阶
                                               跃信号(见注)
X = fourier(x)                               % 计算傅里叶变换
ezplot(abs(X))                               % 绘制幅频特性
grid
```

计算结果：X = 1/(2 + i*w)

即傅里叶变换为

$$X(\mathrm{j}\omega)=\frac{1}{2+\mathrm{j}\omega}$$

注：Heaviside(t - a) 的数学含义是单位阶跃函数。由于 MATLAB 本身并没有对它进行定义，只是借用了 Maple 函数库中关于 Heaviside 的定义，所以当要在符号运算中用到该函数时，必须整体地把 Heaviside(t - a) 作为一个符号对象加以定义，而不能把 Heaviside(t - a) 看作 MATLAB 的函数加以调用。

绘制单边指数信号频谱的幅度谱如图 2-47 所示。

【例 2-14】　设矩形脉冲的宽度为 4，即 $x(t)=\prod\left(\frac{t}{2}\right)$，求傅里叶变换，并绘制 $|X(\mathrm{j}\omega)|$ 的图形。

【解】　M 文件如下：

```
syms t w
X = fourier(sym('Heaviside(t+2)') - sym('Heaviside(t-2)'), t, w);
```

```
Y = simple(X)
ezplot(Y)
grid
```

运行结果如下：

傅里叶变换 X = exp(2 * i * w) * (pi * Dirac(w) - i/w) - exp(-2 * i * w) * (pi * Dirac(w) - i/w)

简化后的傅里叶变换 Y = 2 * sin(2 * w)/w

即
$$X(\mathrm{j}\omega)=\frac{2\sin(2\omega)}{\omega}$$

MATLAB 绘制矩形脉冲的频谱的幅度谱如图 2-48 所示。

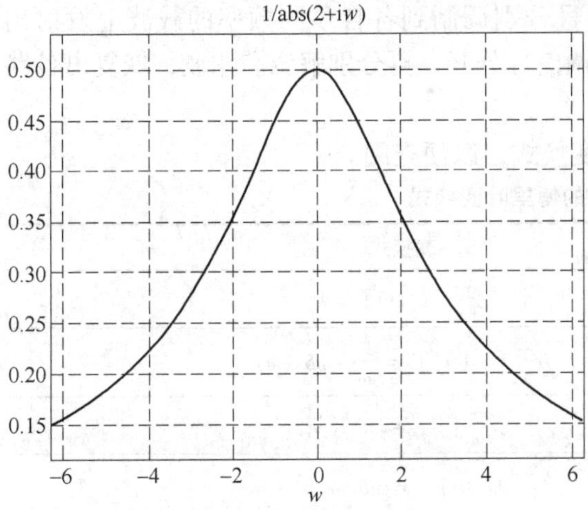

图 2-47　例 2-13 的幅频特性

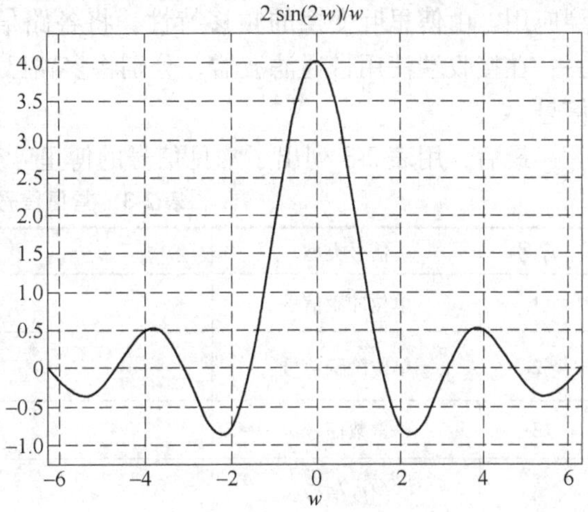

图 2-48　例 2-14 的幅频特性

2.8　小结

满足狄义赫利条件的周期信号可以展开为傅里叶级数，傅里叶级数展开式有三角形式和复指数形式。由三角形式的谐波系数、复指数形式的傅里叶系数都可以得到周期信号的幅值频谱和相位频谱，前者是单边频谱，后者是双边频谱，它们都是非周期的离散谱线，其中幅值频谱是偶函数，相位频谱是奇函数。

从周期信号的傅里叶级数推导出非周期信号傅里叶变换和逆变换的定义。傅里叶变换得到的非周期信号的频谱密度函数 $F(\mathrm{j}\omega)$ 是随频率连续变化的频谱。傅里叶变换建立了信号时域和频域间一一对应的关系，信号在一个域中所具有的特性，必然在另一个域中有其相对应的特性存在。傅里叶变换的性质包括线性、对称性、时移性、频移性、尺度变换、卷积定理、积分定理、微分定理等，熟练地利用这些性质，对求取傅里叶变换和逆变换带来很大方便，同时在分析信号通过系统时也能简化运算。

为方便对周期信号的分析，引入奇异函数后也能对不满足绝对可积的周期信号求傅里叶变换，周期信号的傅里叶变换由一系列冲激信号 $\delta(t)$ 组成，是离散谱。而且，这些冲激信号位于各次谐波点 $n\omega_1$ 上，各个谐波分量的强度为周期信号傅里叶级数系数 F_n 的 2π 倍。

周期信号傅里叶变换的幅度谱和周期信号傅里叶级数的幅度谱具有相同的包络线。

每隔一定时间间隔从一个连续信号中抽取一个样本数据，得到的一系列离散样本值构成了序列，把这个过程称为抽样。抽样信号的频谱是原来连续信号频谱以抽样角频率 ω_s 为间隔的周期延拓，其幅度被抽样脉冲 $p(t)$ 的傅里叶系数 P_n 所加权。自然抽样时频谱幅度以 sinc 函数的规律变化；理想抽样时频谱形状不发生变化，仅幅度大小变为原信号频谱的 $\frac{1}{T_s}$。为了不使周期延拓的频谱产生混叠失真，抽样角频率 ω_s 要大于原信号最高频率分量 ω_h 的 2 倍以上，这就是奈奎斯特抽样定理。遵循抽样定理，频谱不混叠的抽样信号可以通过低通滤波器恢复出原信号。

通信领域里的频分复用，即单信道多路信号传送技术，是傅里叶变换在工程中的一个典型应用。由傅里叶变换的频移特性，将各路信号分别调制到各自不同频率的载波上发射出去；在接收端使用带通滤波器，分别将多路已调信号分开，再分别解调和滤波，恢复出各路信号。

最后，用表 2-3 列出了常见信号的傅里叶变换式，以便查阅。

表 2-3　常见信号的傅里叶变换式

序号	信号类型	变换式
1	单位冲激信号	$\mathcal{F}[\delta(t)]=1$
2	单位阶跃信号	$\mathcal{F}[u(t)]=\frac{1}{j\omega}+\pi\delta(\omega)$
3	常数信号	$\mathcal{F}[1]=2\pi\delta(\omega)$
4	斜变信号	$\mathcal{F}[tu(t)]=j\pi\delta(\omega)-\frac{1}{\omega^2}$
5	单边指数信号	$\mathcal{F}[e^{-at}u(t)]=\frac{1}{a+j\omega}$
6	双边指数信号	$\mathcal{F}[e^{-ja\|t\|}u(t)]=\frac{2a}{a^2+\omega^2}$
7	矩形脉冲信号	$\mathcal{F}\left[u\left(t+\frac{\tau}{2}\right)-u\left(t-\frac{\tau}{2}\right)\right]=\tau\mathrm{sinc}\left(\frac{\omega\tau}{2}\right)$
8	抽样函数信号	$\mathcal{F}[\mathrm{sinc}(Wt)]=\frac{\pi}{W}[u(\omega+W)-u(\omega-W)]$
9	正弦信号	$\mathcal{F}[\sin(\omega_0 t)]=j\pi[\delta(\omega+\omega_0)-\delta(\omega-\omega_0)]$
10	余弦信号	$\mathcal{F}[\cos(\omega_0 t)]=\pi[\delta(\omega+\omega_0)+\delta(\omega-\omega_0)]$
11	单边正弦信号	$\mathcal{F}[\sin(\omega_0 t)u(t)]=\frac{j\pi}{2}[\delta(\omega+\omega_0)-\delta(\omega-\omega_0)]-\frac{\omega_0}{\omega^2-\omega_0^2}$
12	单边余弦信号	$\mathcal{F}[\cos(\omega_0 t)u(t)]=\frac{\pi}{2}[\delta(\omega+\omega_0)+\delta(\omega-\omega_0)]-j\frac{\omega}{\omega^2-\omega_0^2}$
13	周期信号	$\mathcal{F}\left[\sum_{n=-\infty}^{\infty}f(t-nT_0)\right]=2\pi\sum_{n=-\infty}^{\infty}F(jn\omega_0)\delta(\omega-n\omega_0)$
14	周期冲激序列	$\mathcal{F}\left[\sum_{n=-\infty}^{\infty}\delta(t-nT_0)\right]=\omega_0\sum_{n=-\infty}^{\infty}\delta(\omega-n\omega_0)$
15	理想抽样	$\mathcal{F}\left[\sum_{n=-\infty}^{\infty}f(t)\delta(t-nT_S)\right]=\frac{1}{T_S}\sum_{n=-\infty}^{\infty}F[j(\omega-n\omega_S)]$

习　题　2

2-1　狭义赫利条件是什么？

2-2　周期信号频谱有什么特点？

2-3　求图 2-49 所示周期对称三角波的三角形式的傅里叶级数展开式。

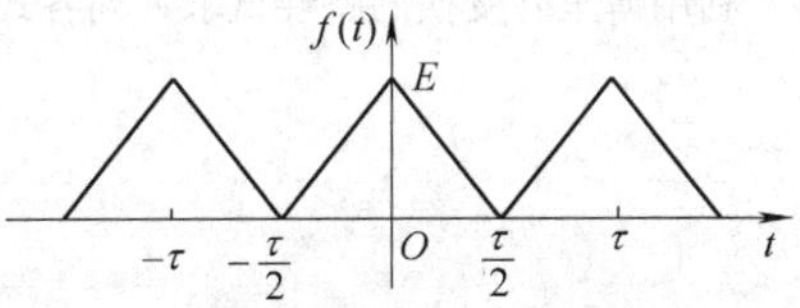

图 2-49　习题 2-3 图

2-4　周期信号 $f(t)=2+3\cos t+\sin\left(3t-\dfrac{\pi}{6}\right)-2\cos\left(5t+\dfrac{\pi}{3}\right)$，试画出傅里叶级数的幅度频谱和相位频谱。

2-5　已知周期信号 $f(t)=2+3\cos(2t)+4\sin(2t)+2\sin\left(3t+\dfrac{\pi}{3}\right)-2\cos\left(7t+\dfrac{5\pi}{6}\right)$。

(1) 求周期信号 $f(t)$ 的基波角频率；

(2) 画出周期信号 $f(t)$ 的幅度频谱和相位频谱。

2-6　利用傅里叶变换的定义，求下列信号的傅里叶变换。

(1) $f_1(t)=\delta(t+2)+\delta(t-2)$

(2) $f_2(t)=u(t)-u(t-2)$

(3) $f_3(t)=t[u(t+1)-u(t-1)]$

(4) $f_4(t)=\cos\left(\dfrac{\pi}{\tau}t\right)\left[u\left(t+\dfrac{\tau}{2}\right)-u\left(t-\dfrac{\tau}{2}\right)\right]$

2-7　求下列函数的傅里叶变换，并画出其幅度频谱。

(1) $f(t)=e^{-3t}u(t)$

(2) $f(t)=\text{sinc}(2t)$

(3) $f(t)=e^{at}u(-t)$

(4) $f(t)=tu(t)$

2-8　已知 $F(j\omega)=\mathcal{F}[f(t)]$，求下列信号的傅里叶变换。

(1) $y_1(t)=f(t-1)$

(2) $y_2(t)=(t-1)f(t-1)$

(3) $y_3(t)=tf(-2t)$

(4) $y_4(t)=e^{j3t}f(2t)$

(5) $y_5(t)=t\dfrac{df(t)}{dt}$

(6) $y_6(t)=f(2t-6)$

2-9　试求下列信号的傅里叶变换。

(1) $f_1(t)=\dfrac{5}{\pi}$

(2) $f_2(t)=\sum\limits_{n=-\infty}^{\infty}\delta(t+4n)$

(3) $f_3(t)=e^{t}[u(t)-u(t-1)]$

(4) $f_4(t)=\frac{\sin t}{2t}$

2-10　试求下列信号的傅里叶变换。

(1) $f(t)=2+4e^{-2t}u(t)$

(2) $f(t)=e^{jt}\text{sgn}(3-2t)$

2-11　已知$f(t)\overset{F}{\longleftrightarrow}F(j\omega)$，利用傅里叶变换的特性试求下列各式的傅里叶变换。

(1) $(t-3)f(-3t)$

(2) $\int_{-\infty}^{1-\frac{1}{2}t}f(t)\,dt$

(3) $f(t)\cos[3(t-4)]$

(4) $\int_{-\infty}^{t}f(2\tau-2)\,d\tau$

2-12　利用傅里叶变换的特性求以下函数的卷积。

(1) $\text{sinc}(t)*\text{sinc}(t)$

(2) $\text{sinc}(t)*e^{j3t}\text{sinc}(t)$

(3) $\frac{df(t)}{dt}*\frac{1}{\pi t}$

2-13　利用傅里叶变换的有关性质求信号$f(t)=t\text{sinc}^2(t)$的傅里叶变换。

2-14　利用傅里叶变换的有关性质证明下列等式。

(1) $\int_{0}^{\infty}\frac{\sin t}{t}dt=\frac{\pi}{2}$

(2) $\int_{-\infty}^{\infty}\left(\frac{\sin t}{t}\right)^2dt=\pi$

2-15　求信号$f(t)=10\cos\left(200\pi t-\frac{\pi}{4}\right)$的傅里叶变换。

2-16　信号如图2-50所示，求各信号的频谱$F(j\omega)$。

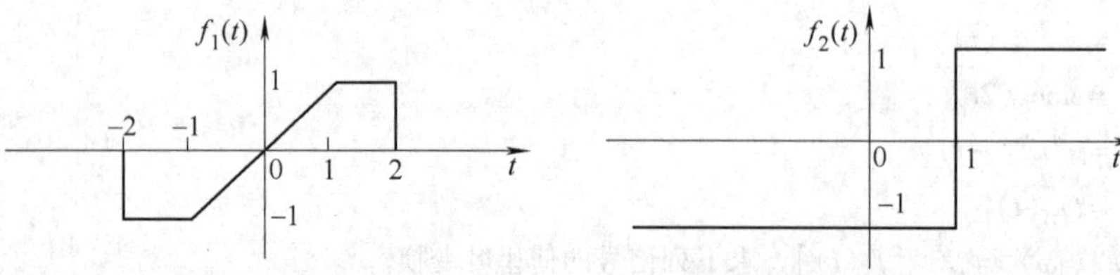

图2-50　习题2-16图

2-17　已知信号$f(t)$的频谱为$F(j\omega)=\pi\delta(\omega-\omega_0)+\frac{\omega_0}{j(\omega-\omega_0)}$，$\omega_0$为一常数，求$f(t)$。

2-18　已知信号$f(t)$的傅里叶变换为$F(j\omega)=\frac{\sin^3(\omega t)}{\left(\frac{\omega t}{2}\right)^3}$，试求$f(0)$和$f(4)$。

2-19　求下列频谱函数的傅里叶逆变换。

(1) $F(j\omega)=\frac{-\omega^2+4j\omega+5}{-\omega^2+3j\omega+2}$

(2) $F(j\omega)=\frac{1}{(j\omega+1)(j\omega+2)}$

(3) $F(j\omega)=\pi\delta(\omega-\omega_0)+\frac{1}{j(\omega-\omega_0)}\omega_0$

2-20　求下列频谱函数 $F(j\omega)$ 的傅里叶逆变换 $f(t)$。

(1) $2u(1-\omega)$

(2) $\dfrac{2\sin\omega}{\omega}\cos5\omega$

(3) $\dfrac{\sin(3\omega+6)}{\omega+2}$

2-21　利用时域和频域的对称性，求下列傅里叶变换的时域函数。

(1) $F(j\omega)=\delta(\omega-\omega_0)$

(2) $F(j\omega)=u(\omega+\omega_0)-u(\omega-\omega_0)$

(3) $F(j\omega)=2u(\omega)-1$

2-22　已知信号 $f(t)$ 的傅里叶变换为

$$F(j\omega)=|F(j\omega)|=\begin{cases}1 & |\omega|<1\\0 & |\omega|>1\end{cases}$$

设有函数 $y(t)=\dfrac{df(t)}{dt}$，试求 $Y\left(\dfrac{j\omega}{2}\right)$ 的傅里叶逆变换。

2-23　试确定下列信号的奈奎斯特频率和奈奎斯特间隔。

(1) $\text{sinc}(200t)$

(2) $\text{sinc}^2(100t)$

(3) $\text{sinc}(100t)+\text{sinc}^2(60t)$

(4) $\text{sinc}(100t)+\text{sinc}^{10}(50t)$

2-24　带限信号 $f_1(t)$ 的最高频率为 500Hz，带限信号 $f_2(t)$ 的最高频率为 1000Hz，对下列信号进行时域抽样，求下列信号的奈奎斯特率。

(1) $f(t)=f_1(t)+f_2(t)$

(2) $f(t)=f_2\left(\dfrac{t}{2}\right)$

(3) $f(t)=f_1(t-5)$

(4) $f(t)=f_2(3t)$

(5) $f(t)=f_1(t)f_2\left(\dfrac{t}{3}\right)$

(6) $f(t)=f_1^2(t)$

2-25　信号不失真的条件是什么？

2-26　系统如图 2-51 所示，试确定下列条件下的输出信号 $y(t)$。

(1) $f(t)=\sin(200\pi t)+2\sin(400\pi t)$；

(2) $g(t)=f(t)\sin(400\pi t)$；

(3) 理想低通滤波器 $H(j\omega)$ 的截止频率为 400π，通带增益为 2，相位特性为 0。

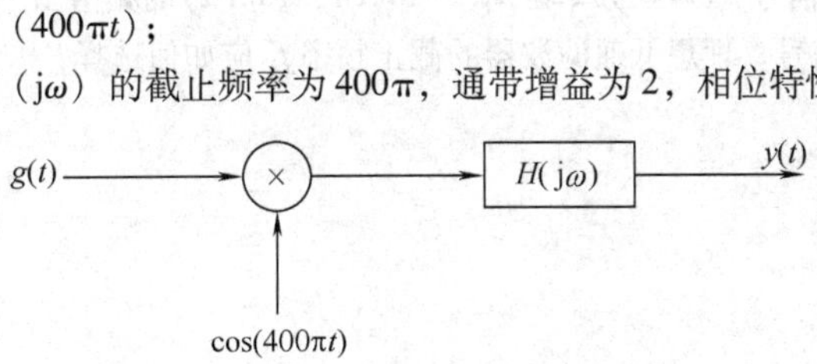

图 2-51　习题 2-26 图

2-27　系统如图 2-52 所示，$H_i(j\omega)$ 为理想低通滤波器，具有

$$H_i(j\omega)=\begin{cases}e^{-j\omega t_0} & |\omega|\leqslant1\\0 & |\omega|>1\end{cases}$$

（1）若 $v_1(t)$ 为单位阶跃信号 $u(t)$，写出 $v_2(t)$ 的表达式；

（2）若 $v_1(t)=\dfrac{2\sin\left(\dfrac{t}{2}\right)}{t}$，写出 $v_2(t)$ 的表达式。

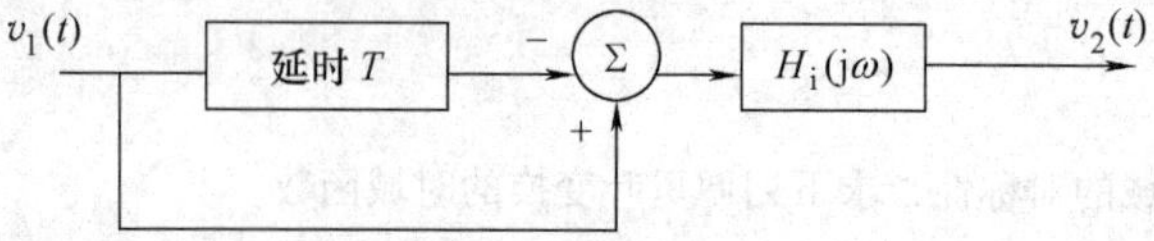

图 2-52　习题 2-27 图

2-28　系统如图 2-53 所示，理想低通滤波器的系统函数为

$$H(j\omega)=[u(\omega+2)-u(\omega-2)]\ e^{-j3\omega}$$

（1）若 $f(t)=\left(\dfrac{\sin t}{t}\right)^2\cos 50t$，求 $y(t)$ 的表达式；

（2）若 $f(t)=\left(\dfrac{\sin t}{t}\right)^2\sin 50t$，求 $y(t)$ 的表达式。

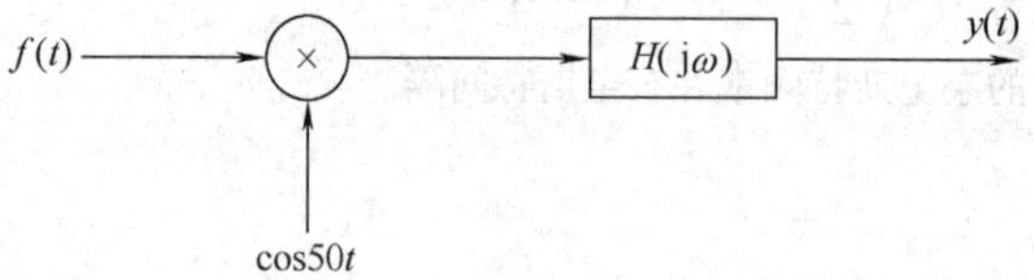

图 2-53　习题 2-28 图

2-29　频率多路复用如何解调？

2-30　求如图 2-54 所示信号的傅里叶变换。

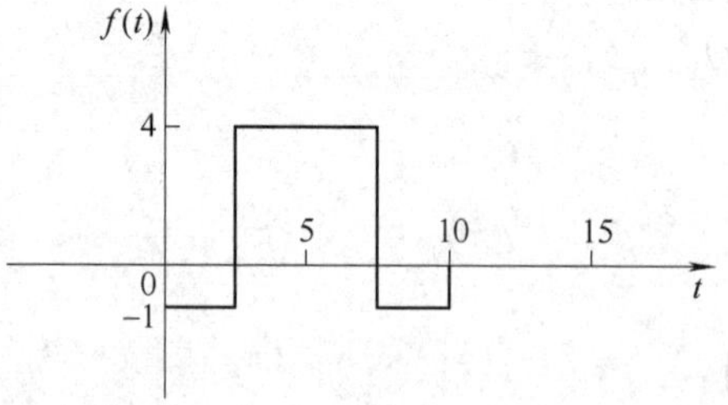

图 2-54　习题 2-30 图

2-31　有限频带信号 $f(t)=5+2\cos(2\pi f_1 t)+\cos(4\pi f_1 t)$，其中 $f_1=1\text{kHz}$，若用 $f_s=5\text{kHz}$ 的冲激函数序列进行抽样。

（1）画出 $f(t)$ 及其抽样信号 $f_s(t)$ 在频率区间 $(-10\text{kHz},10\text{kHz})$ 的频谱图。

（2）若由 $f_s(t)$ 恢复原信号，理想低通滤波器的截止频率 f_c 应如何选择？

第 3 章　连续信号的拉普拉斯变换

从前一章已经了解到，在信号与系统的研究里，傅里叶变换是一个强有力的分析工具，它有明确的物理概念，能够为抽象的数字变换式提供一个直观的感性认识，因而在各个不同的领域得到了极为广泛的应用。然而，并不是所有信号都能进行傅里叶变换，一般情况下，只有满足收敛条件的信号才能进行傅里叶变换。阶跃信号、斜坡信号、周期信号等都不满足绝对可积条件，故不能直接求得它们的傅里叶变换，虽然借助于广义函数可得它们的傅里叶变换，但变换式中往往有冲激函数出现。

1780 年，法国数学家拉普拉斯（Laplace）提出了一种新的积分变换，即拉普拉斯变换。

傅里叶变换的理论基础是将信号分解为正弦指数信号，基于这一原理，也可以将一个信号分解为复指数信号，从而得到拉普拉斯变换（也可简称拉氏变换）（LF）。鉴于傅里叶变换和拉普拉斯变换都是建立在信号分解的基础之上，而且都是分解指数信号，因此，它们在基本性质等许多方面是相似的。而且，拉普拉斯变换的条件更宽松，有自己的特点和自己的应用领域，这主要表现在系统函数及其零极点的应用方面。在线性时不变连续系统的分析中，拉普拉斯变换仍然是一个不可缺少的有力工具。此外，在微分方程的求解方面，拉普拉斯变换也是傅里叶变换所不能取代的。

3.1　拉普拉斯变换的定义及收敛域

信号 $f(t)$ 之所以不能满足绝对可积的条件，是由于当 $t\to\pm\infty$ 时，$f(t)$ 不趋于零。若用一个实指数函数 $\mathrm{e}^{-\sigma t}$ 乘以 $f(t)$，只要选择适当的值，就可以解决这个问题。通常，称 $\mathrm{e}^{-\sigma t}$ 为收敛因子。

3.1.1　基本定义

拉氏变换可以从数学上直接定义，也可以从傅里叶变换间接导出。为了说明拉普拉斯变换与傅里叶变换的内在联系，这里用后一种方式来导出。

当信号 $f(t)$ 满足狄义赫利条件时，其傅里叶变换式为

$$F(\mathrm{j}\omega)=\int_{-\infty}^{\infty}f(t)\mathrm{e}^{-\mathrm{j}\omega t}\mathrm{d}t \tag{3.1.1}$$

按照这个定义，可求得 $f(t)$ 与实指数函数 $\mathrm{e}^{-\sigma t}$ 乘积的傅里叶变换为

$$\begin{aligned}\mathscr{F}[f(t)\mathrm{e}^{-\sigma t}]&=\int_{-\infty}^{\infty}[f(t)\mathrm{e}^{-\sigma t}]\mathrm{e}^{-\mathrm{j}\omega t}\mathrm{d}t\\&=\int_{-\infty}^{\infty}f(t)\mathrm{e}^{-(\sigma+\mathrm{j}\omega)t}\mathrm{d}t\\&=F(\sigma+\mathrm{j}\omega)\end{aligned} \tag{3.1.2}$$

请注意，符号 $F(\sigma+\mathrm{j}\omega)$ 的含义，它表示信号 $f(t)\mathrm{e}^{-\sigma t}$ 的傅里叶变换是在原信号 $f(t)$

的傅里叶变换 $F(\mathrm{j}\omega)$ 中将 ω 置换成$\frac{\sigma+\mathrm{j}\omega}{\mathrm{j}}$的结果。如果令 $s=\sigma+\mathrm{j}\omega$（称为复频率）为一个新变量，则式（3.1.2）可以演变成一个新的变换式

$$F(s)=\int_{-\infty}^{\infty} f(t)\mathrm{e}^{-st}\mathrm{d}t \tag{3.1.3}$$

这个新变换式就是信号 $f(t)$ 的拉普拉斯定义式，它是复变量 s 的函数。对 $f(t)$ 来讲，$F(s)$ 是它的双边拉普拉斯变换。

显然，当 $\sigma=0$ 时，$s=\mathrm{j}\omega$，则有

$$F(\mathrm{j}\omega)=\int_{-\infty}^{\infty} f(t)\mathrm{e}^{-\mathrm{j}\omega t}\mathrm{d}t$$

也就是 $f(t)$ 的傅里叶变换。这表明，傅里叶变换是双边拉氏变换在 $\sigma=0$ 时，或在 $\mathrm{j}\omega$ 轴上的特例，拉普拉斯变换是对傅里叶变换的推广，拉氏变换比傅里叶变换有更广泛的适用性。

同样，利用傅里叶变换的逆变换定义，可以推出拉普拉斯变换的逆变换式。因为，当把 $F(s)$看作是 $f(t)\mathrm{e}^{-\sigma t}$的傅里叶变换时，根据傅里叶变换的逆变换定义可知

$$f(t)\mathrm{e}^{-\sigma t}=\frac{1}{2\pi}\int_{-\infty}^{\infty} F(s)\mathrm{e}^{\mathrm{j}\omega t}\mathrm{d}\omega$$

在此式两边同时乘以 $\mathrm{e}^{\sigma t}$，则有

$$f(t)=\frac{1}{2\pi}\int_{-\infty}^{\infty} F(s)\mathrm{e}^{(\sigma+\mathrm{j}\omega)t}\mathrm{d}\omega$$

再利用 $s=\sigma+\mathrm{j}\omega$ 以及 $\mathrm{d}\omega=-\mathrm{j}\mathrm{d}s$ 的关系，则可得到拉普拉斯变换的逆变换式为

$$f(t)=\frac{1}{2\pi\mathrm{j}}\int_{\sigma-\mathrm{j}\infty}^{\sigma+\mathrm{j}\infty} F(s)\mathrm{e}^{st}\mathrm{d}s \tag{3.1.4}$$

将式（3.1.3）和式（3.1.4）结合起来，就构成一拉普拉斯变换的变换对，即

$$\begin{cases} F(s)=\int_{-\infty}^{\infty} f(t)\mathrm{e}^{-st}\mathrm{d}s \\ f(t)=\frac{1}{2\pi\mathrm{j}}\int_{\sigma-\mathrm{j}\infty}^{\sigma+\mathrm{j}\infty} F(s)\mathrm{e}^{st}\mathrm{d}s \end{cases} \tag{3.1.5}$$

这里，$F(s)$ 称为 $f(t)$ 的象函数，而 $f(t)$ 称为 $F(s)$ 的原函数。为了方便起见，变换对可表示为

$$F(s)=\mathcal{L}[f(t)]$$
$$f(t)=\mathcal{L}^{-1}[F(s)]$$

由于实际信号都是因果信号，即 $t<0$ 时，$f(t)=0$，所以可将式（3.1.3）写为

$$F(s)=\int_{0^-}^{\infty} f(t)\mathrm{e}^{-st}\mathrm{d}t \tag{3.1.6}$$

式（3.1.6）称为单边拉普拉斯变换式。式中取 0^- 是考虑到 $f(t)$ 中可能包含冲激函数及其各阶导数。式（3.1.6）的逆变换的积分限并不改变。

3.1.2　拉普拉斯变换的收敛域

上节提到，当信号 $f(t)$ 乘以收敛因子 $\mathrm{e}^{-\sigma t}$后，就有可能满足绝对可积条件，然而，是否一定满足，还要看 $f(t)$ 的性质与 σ 的相对关系而定。换句话说，并不是对所有的 σ 值而言，函数 $f(t)$ 都存在拉普拉斯变换，而只是在一定的 σ 值范围内，$f(t)\ \mathrm{e}^{-\sigma t}$是收敛的，

$f(t)$存在拉氏变换。通常，将拉普拉斯变换存在的 s 取值范围称为信号 $f(t)$ 的拉普拉斯变换的收敛域（ROC）。又由于 $F(s)$ 的存在与否完全由 s 的实部 σ 来决定，与 s 的虚部 $\mathrm{j}\omega$ 无关，因此有：若因果函数 $f(t)$ 与 $\mathrm{e}^{-\sigma t}$的乘积 $f(t)\ \mathrm{e}^{-\sigma t}$在 $\sigma > \sigma_0$ 时满足

$$\lim_{t\to\infty} f(t)\mathrm{e}^{-\sigma t} = 0 \tag{3.1.7}$$

则函数 $f(t)$ 的拉普拉斯变换在 s 平面上的 $\mathrm{Re}[s] > \sigma_0$ 范围内是收敛的。使极限存在的所有 σ 的集合称 $F(s)$ 的收敛域，过 σ_0 的垂直于 σ 轴线的垂直线称为收敛边界，或称收敛轴。下面根据信号 $f(t)$ 的几种不同类型，进一步讨论收敛域的几种情况。

1）右边信号，在 $t < t_0$ 时 $f(t)$ 为零，其收敛域在收敛轴的右边，例如单位阶跃信号 $u(t)$,有

$$\lim_{t\to\infty} u(t)\mathrm{e}^{-\sigma t} = 0$$

阶跃信号与其收敛域如图 3-1 所示。

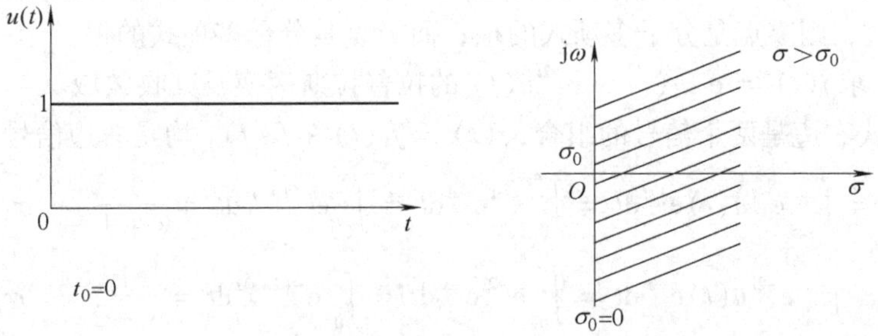

图 3-1　阶跃信号与其收敛域

2）左边信号，在 $t > t_0$ 时 $f(t)$ 为零，其收敛域在收敛轴的左边，例如左单边指数信号 $\mathrm{e}^{at}u(-t)$，有

$$\lim_{t\to\infty} \mathrm{e}^{at}\mathrm{e}^{-\sigma t} = 0 \qquad \sigma < a$$

左单边指数信号与其收敛域如图 3-2 所示。

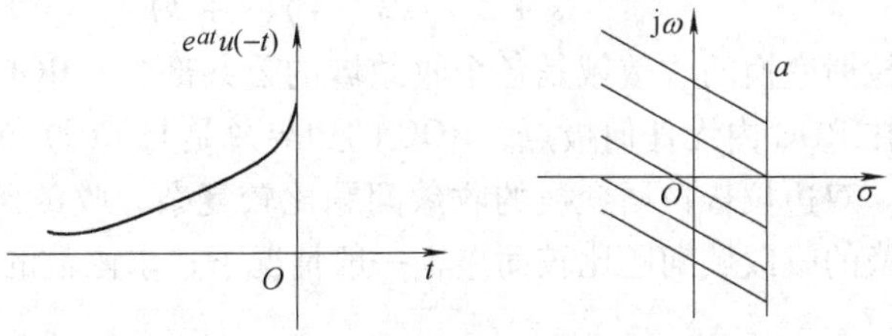

图 3-2　左单边指数信号与其收敛域

3）双边信号，其收敛域在 $\sigma_1 < \sigma < \sigma_2$，如图 3-3 所示。

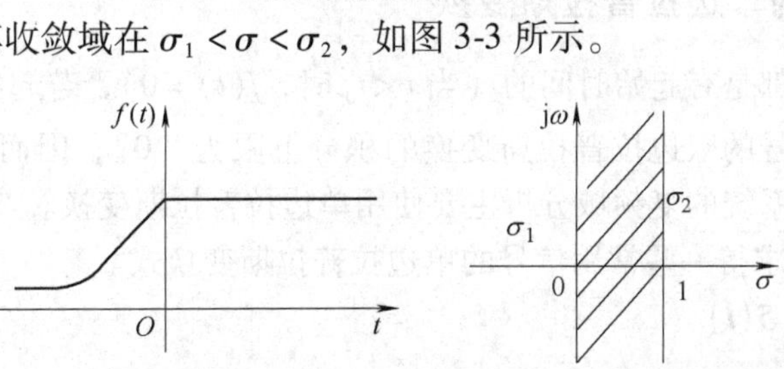

图 3-3　双边信号与其收敛域

4）时限信号，在时间轴上有始有终，且其能量是有限的。对任何 σ 值，式（3.1.7）均成立，其收敛域为整个 s 平面，如图 3-4 所示。

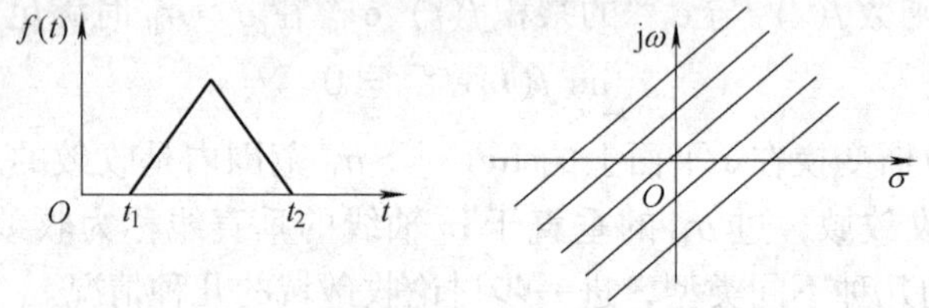

图 3-4　时限信号与其收敛域

在求解信号的拉普拉斯变换时，可以利用式（3.1.7）这个基本条件求得变换式的收敛域，但是在大多数情况下，比较方便的方法是利用变换式的零点、极点，以及信号的基本类型来确定收敛域。所谓零、极点，就是使变换式的值分别等于零和无穷大的 s 值。如果变换式是有理多项式，则零点是分子多项式的根，而极点是分母多项式的根。

【例 3-1】　求 $f(t) = e^{-t}u(t) + e^{-2t}u(t)$ 的拉普拉斯变换及其收敛域。

【解】　等式右边是两个信号的组合，$f(t) = f_1(t) + f_2(t)$，均是右边信号。由定义得

$$F_1(s) = \int_{-\infty}^{\infty} e^{-t}u(t)e^{-st}dt = \int_0^{\infty} e^{-t}e^{-st}dt = \int_0^{\infty} e^{-(1+s)t}dt = \frac{1}{s+1} \qquad \sigma_1 = -1$$

$$F_2(s) = \int_{-\infty}^{\infty} e^{-2t}u(t)e^{-st}dt = \int_0^{\infty} e^{-2t}e^{-st}dt = \int_0^{\infty} e^{-(2+s)t}dt = \frac{1}{s+2} \qquad \sigma_2 = -2$$

因此

$$e^{-t}u(t) \stackrel{L}{\longleftrightarrow} \frac{1}{s+1} \qquad \text{ROC:Re}[s] > -1$$

$$e^{-2t}u(t) \stackrel{L}{\longleftrightarrow} \frac{1}{s+2} \qquad \text{ROC:Re}[s] > -2$$

所以 $F(s) = F_1(s) + F_2(s) = \dfrac{1}{s+1} + \dfrac{1}{s+2} = \dfrac{2s+3}{(s+1)(s+2)} \qquad \text{ROC:Re}[s] > -1$

由此可见，拉普拉斯变换的收敛域是各个收敛域的公共部分。ROC 总是以平行于 $j\omega$ 轴的直线作为边界的，在 ROC 内无任何极点，ROC 的边界总是与 $F(s)$ 的分母的根相对应的，收敛域以极点为界限。双边拉普拉斯变换的收敛问题比较复杂，收敛条件将受到很多限制。由于单边拉普拉斯变换的收敛域问题比较简单，一般情况下，求函数的单边拉普拉斯变换时不再加注其收敛范围。

3.1.3　常见信号的单边拉普拉斯变换

由于实际的信号都是有起始时间的（当 $t < t_0$ 时，$f(t) = 0$），若起始时刻 $t_0 = 0$，则 $f(t)$ 为因果信号。因果信号的双边拉普拉斯变换的积分下限为“0”，因而该变换称为单边拉普拉斯变换。线性连续系统的复频域分析主要使用单边拉普拉斯变换。按照拉普拉斯变换的定义式（3.1.6），可以求得一些常用信号的单边拉普拉斯变换式。

1. 单位冲激信号 $\delta(t)$

$$\mathcal{L}[\delta(t)] = \int_{0^-}^{\infty} \delta(t)e^{-st}dt = 1 \qquad (3.1.8)$$

其收敛域为整个 s 平面，如果冲激信号出现在 $t=t_0$ 时刻（$t_0>0$），则有

$$\mathcal{L}[\delta(t-t_0)]=\mathrm{e}^{-st_0} \tag{3.1.9}$$

2. 单位阶跃信号 $u(t)$

根据单位阶跃信号的单边特性，可得

$$\mathcal{L}[u(t)]=\int_{0-}^{\infty}u(t)\mathrm{e}^{-st}\mathrm{d}t=\int_{0}^{\infty}\mathrm{e}^{-st}\mathrm{d}t=-\left.\frac{\mathrm{e}^{-st}}{s}\right|_0^{\infty}=\frac{1}{s} \tag{3.1.10}$$

3. 单边指数信号 $\mathrm{e}^{-at}u(t)$

$$\mathcal{L}[\mathrm{e}^{-at}u(t)]=\int_{0-}^{\infty}\mathrm{e}^{-at}u(t)\mathrm{e}^{-st}\mathrm{d}t=\int_{0}^{\infty}\mathrm{e}^{-(s+a)t}\mathrm{d}t=-\left.\frac{\mathrm{e}^{-(a+s)t}}{s+a}\right|_0^{\infty}=\frac{1}{s+a} \tag{3.1.11}$$

4. t 的正幂信号 $t^n u(t)$

$$\mathcal{L}[t^n u(t)]=\int_0^{\infty}t^n\mathrm{e}^{-st}\mathrm{d}t$$

用分部积分法，得

$$\int_0^{\infty}t^n\mathrm{e}^{-st}\mathrm{d}t=-\frac{t^n}{s}\mathrm{e}^{-st}+\frac{n}{s}\int_0^{\infty}t^{n-1}\mathrm{e}^{-st}\mathrm{d}t$$

$$=\frac{n}{s}\int_0^{\infty}t^{n-1}\mathrm{e}^{-st}\mathrm{d}t=\frac{n}{s}\mathcal{L}[t^{n-1}u(t)] \tag{3.1.12}$$

由此类推，可得

$$\mathcal{L}[t^n u(t)]=\frac{n}{s}\mathcal{L}[t^{n-1}u(t)]=\frac{n(n-1)}{s^2}\mathcal{L}[t^{n-2}u(t)]$$

$$=\frac{n(n-1)(n-2)\cdots 2\cdot 1}{s^n}\mathcal{L}[t^0u(t)]=\frac{n!}{s^{n+1}} \tag{3.1.13}$$

从上面推导中可以看到，斜变信号 $tu(t)$ 的拉普拉斯变换为

$$\mathcal{L}[tu(t)]=\frac{1}{s^2} \tag{3.1.14}$$

一些常用信号的拉普拉斯变换对列于表 3-1，以供查阅。

表 3-1　常用信号的拉普拉斯变换对

编号	信号 $f(t)$	$\mathcal{L}[f(t)]$	收敛域 ROC
1	$\delta(t)$	1	$\mathrm{Re}[s]>-\infty$
2	$\delta'(t)$	s	$\mathrm{Re}[s]>-\infty$
3	$u(t)$	$\frac{1}{s}$	$\mathrm{Re}[s]>0$
4	$-u(-t)$	$\frac{1}{s}$	$\mathrm{Re}[s]<0$
5	$\frac{t^{n-1}}{(n-1)!}u(t)$	$\frac{1}{s^n}$	$\mathrm{Re}[s]>0$
6	$\mathrm{e}^{-at}u(t)$	$\frac{1}{s+a}$	$\mathrm{Re}[s]>-a$

（续）

编号	信号 $f(t)$	$\mathcal{L}[f(t)]$	收敛域 ROC
7	$-e^{-at}u(-t)$	$\frac{1}{s+a}$	$Re[s]<-a$
8	$\frac{t^{n-1}}{(n-1)!}e^{-at}u(t)$	$\frac{1}{(s+a)^n}$	$Re[s]>-a$
9	$\cos(\omega_0 t)u(t)$	$\frac{s}{s^2+\omega_0^2}$	$Re[s]>0$
10	$\sin(\omega_0 t)u(t)$	$\frac{\omega_0}{s^2+\omega_0^2}$	$Re[s]>0$
11	$e^{-at}\cos(\omega_0 t)u(t)$	$\frac{s+a}{(s+a)^2+\omega_0^2}$	$Re[s]>-a$
12	$e^{-at}\sin(\omega_0 t)u(t)$	$\frac{\omega_0}{(s+a)^2+\omega_0^2}$	$Re[s]>-a$

3.2 单边拉普拉斯变换的基本性质

拉普拉斯变换建立了连续信号在时域和复频域之间的对应关系，从单边拉普拉斯变换定义式（3.1.6）可以求得一些常用信号的拉普拉斯变换，但在实际应用时，和傅里叶变换一样，借助于单边拉普拉斯变换的基本性质，可以更方便地求出很多信号的单边拉普拉斯变换和逆变换。

单边拉普拉斯变换的许多性质和傅里叶变换相似，证明方法也类同，因此，在下面的讨论中，一般不给出性质的证明过程。

1. 线性性质

若有 $f_1(t)$ 和 $f_2(t)$ 的拉普拉斯变换分别为 $F_1(s)$ 和 $F_2(s)$，且系数 a_1 和 a_2 为任意常数，则有

$$\mathcal{L}[a_1f_1(t)+a_2f_2(t)] = a_1F_1(s)+a_2F_2(s) \tag{3.2.1}$$

线性性质描述了变换式的比例性和可加性。

【例 3-2】 求信号 $f(t)=(1-e^{-at})u(t)$ 的拉普拉斯变换 $F(s)$。

【解】 已知 $f(t)=(1-e^{-at})u(t)=u(t)-e^{-at}u(t)$，由常用信号的拉普拉斯变换对有

$$u(t)\stackrel{L}{\longleftrightarrow}\frac{1}{s},\quad e^{at}u(t)\stackrel{L}{\longleftrightarrow}\frac{1}{s+a}$$

由线性性质得

$$F(s)=\frac{1}{s}-\frac{1}{s+a}=\frac{a}{s(s+a)}$$

2. 时移（延时）性质

若因果信号 $f(t)$ 的拉普拉斯变换为 $F(s)$，则时移性质可表达为

$$\mathcal{L}[f(t-t_0)u(t-t_0)] = e^{-st_0}F(s) \tag{3.2.2}$$

【例 3-3】 求信号 $u(t-1)$ 的拉普拉斯变换 $F(s)$。

【解】 已知 $u(t)\stackrel{L}{\longleftrightarrow}\frac{1}{s}$，由时移性质得

$$F(s) = \mathcal{L}[u(t-1)] = \frac{1}{s}\mathrm{e}^{-s}$$

3. s 域频移性质

s 域频移和时移是相互对称的一个性质，即若有 $f(t)$ 的拉普拉斯变换为 $F(s)$，在时域里的一个信号乘上一个指数函数，则在 s 域中的变换式将产生一个频移，这个性质的数学形式为

$$\mathcal{L}[f(t)\mathrm{e}^{-at}] = F(s+a) \tag{3.2.3}$$

式中，a 为复常数。

【例 3-4】 求信号 $f(t) = \mathrm{e}^{-at}\sin(\omega_0 t)u(t)$ 的拉普拉斯变换 $F(s)$。

【解】 由于

$$\mathcal{L}[\sin(\omega_0 t)u(t)] = \frac{\omega_0}{s^2 + \omega_0^{\ 2}}$$

利用频移性质，可得

$$\mathcal{L}[\mathrm{e}^{-at}\sin(\omega_0 t)u(t)] = \frac{\omega_0}{(s+a)^2 + \omega_0^{\ 2}}$$

4. 尺度变换性质

若信号 $f(t)$ 的拉普拉斯变换为 $F(s)$，a 为正实常数，则

$$\mathcal{L}[f(at)] = \frac{1}{a}F\left(\frac{s}{a}\right) \tag{3.2.4}$$

【例 3-5】 求信号 $f(t) = \delta(at-b)$ 的拉普拉斯变换 $F(s)$，其中 a 和 b 都为正实数。

【解】 因为 $\mathcal{L}[\delta(t)] = 1$，根据尺度变换性质式（3.2.4）有 $\mathcal{L}[\delta(at)] = \frac{1}{a}$，再根据时移性质可得

$$\mathcal{L}[\delta(at-b)] = \frac{1}{a}\mathrm{e}^{-\frac{bs}{a}}$$

5. 时域微分性质

若信号 $f(t)$ 的拉普拉斯变换为 F（s），则有

$$\mathcal{L}\left[\frac{\mathrm{d}f(t)}{\mathrm{d}t}\right] = sF(s) - f(0^-) \tag{3.2.5}$$

式中，$f(0^-)$ 为 $f(t)$ 在 $t = 0^-$ 点的值。

由此可以推出

$$\mathcal{L}\left[\frac{\mathrm{d}^n f(t)}{\mathrm{d}t^n}\right] = s^n F(s) - s^{n-1}f(0^-) - s^{n-2}f'(0^-) - \cdots - f^{(n-1)}(0^-) \tag{3.2.6}$$

如果 $f(t)$ 是一个因果信号，则有 $f(0^-)$、$f'(0^-)$、$\cdots$、$f^{(n-1)}(0^-)$ 均为零，则式（3.2.5）和式（3.2.6）可简化为

$$\mathcal{L}\left[\frac{\mathrm{d}f(t)}{\mathrm{d}t}\right] = sF(s)$$

$$\mathcal{L}\left[\frac{\mathrm{d}^n f(t)}{\mathrm{d}t^n}\right] = s^n F(s) \tag{3.2.7}$$

时域微分性质中包含了信号的初始条件，因此在系统微分方程求解中有重要作用，不仅

能求解零状态响应，而且能求解零输入响应。

【例 3-6】 已知 $f(t) = e^{-at}u(t)$，试求其导数的拉普拉斯变换 $F(s)$。

【解】 因为 $\mathcal{L}[e^{-at}u(t)] = \dfrac{1}{s+a}, f(0^-) = 0$，所以有

$$\mathcal{L}\left[\frac{d}{dt}(e^{-at}u(t))\right] = sF(s) - f(0^-) = \frac{s}{s+a}$$

6. s 域微分性质

s 域的微分是和时域微分相对应的一条性质，只要将拉普拉斯变换定义式两边对 s 进行微分就可求得该性质。若信号 $f(t)$ 的拉普拉斯变换为 $F(s)$，且 $\mathrm{Re}[s] > \sigma_0$，则有

$$\mathcal{L}[tf(t)] = -\frac{dF(s)}{ds} \tag{3.2.8}$$

而高阶的 s 域微分性质为

$$\mathcal{L}[t^n f(t)] = (-1)^n \frac{d^n F(s)}{ds^n} \tag{3.2.9}$$

【例 3-7】 求信号 $f(t) = t^n u(t)$ 的拉普拉斯变换 $F(s)$。

【解】 此题在上一节已经用定义的方法，如式（3.1.13）推出，而用 s 域微分性质更简单。

因为单位阶跃信号的拉普拉斯变换等于$\dfrac{1}{s}$，所以可直接利用式（3.2.9）求得

$$\mathcal{L}[t^n u(t)] = (-1)^n \frac{d^n}{ds^n}\frac{1}{s} = \frac{n!}{s^{n+1}} \tag{3.2.10}$$

为了方便记忆，此式可改写为

$$\mathcal{L}\left[\frac{t^n}{n!}f(t)\right] = \frac{1}{s^{n+1}} \tag{3.2.11}$$

利用这个结果和频移性质，不难求得

$$\mathcal{L}\left[\frac{t^n}{n!}e^{-at}f(t)\right] = \frac{1}{(s+a)^{n+1}} \tag{3.2.12}$$

在用部分分式展开法求逆变换时，对于重极点的情况常用到式（3.2.12）。

7. 时域积分性质

时域积分是时域微分的逆运算，其变换式也和微分性质互逆。即若信号 $f(t)$ 的拉普拉斯变换为 $F(s)$，则有

$$\mathcal{L}\left[\int_{-\infty}^{\infty} f(\tau)d\tau\right] = \frac{F(s)}{s} + \frac{1}{s}f^{(-1)}(0^-) \tag{3.2.13}$$

式中，$f^{(-1)}(0^-) = \int_{-\infty}^{0} f(\tau)d\tau$，为 $f(t)$ 的积分函数在 $t=0$ 点的起始值。

如果 $f(t)$ 是因果信号，则有

$$\mathcal{L}\left[\int_{0^-}^{\infty} f(\tau)d\tau\right] = \frac{F(s)}{s}$$

【例 3-8】 求图 3-5 中三角形脉冲 $f(t)$ 的拉普拉斯变换 $F(s)$。

【解】 对 $f(t)$ 求两次导数，可得

$$\frac{\mathrm{d}^2 f(t)}{\mathrm{d}^2 t} = \delta(t) - 2\delta(t-1) + \delta(t-2)$$

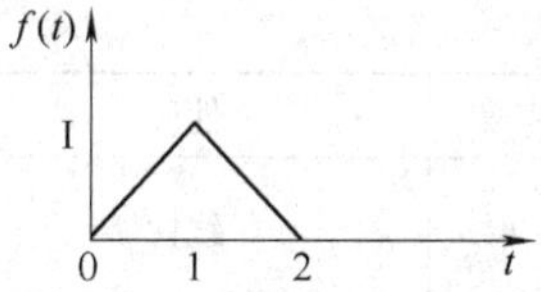

图3-5 例3-8的三角形脉冲波形

对此式等号两边求拉普拉斯变换并利用时域微分性质，可得

$$s^2 F(s) = 1 - 2\mathrm{e}^{-s} + \mathrm{e}^{-2s} = (1 - \mathrm{e}^{-s})^2$$

所以，有 $F(s) = \frac{1}{s^2}(1-\mathrm{e}^{-s})^2$。

图3-6给出了相应三角波的一次和二次微分信号的波形。

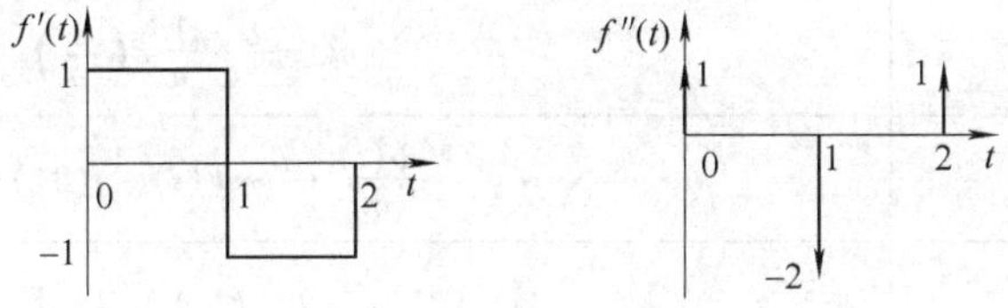

图3-6 例3-8的三角形脉冲对应的求导波形

8. s域积分性质

s域积分是s域微分的逆运算，其变换式也和微分性质互逆。即若信号$f(t)$的拉普拉斯变换为$F(s)$，则有

$$\mathcal{L}\left[\frac{f(t)}{t}\right] = \int_s^{\infty} F(s)\,\mathrm{d}s \tag{3.2.14}$$

9. 初值定理

若信号$f(t)$的拉普拉斯变换为$F(s)$，且$f(t)$在$t=0$点不含有冲激信号$\delta(t)$及其各阶导数，则

$$\lim_{s\to\infty} sF(s) = f(0^+) \tag{3.2.15}$$

初值定理表明，$sF(s)$当$s\to\infty$时的极限值等于信号$f(t)$在$t=0^+$点的初值。

10. 终值定理

终值定理的形式类似于初值定理，它是通过变换式在$s\to 0$时的极限值来求得信号的终值，即

$$\lim_{s\to 0} sF(s) = \lim_{t\to\infty} f(t) \tag{3.2.16}$$

终值定理表明，信号$f(t)$在时域中的终值，可以通过在s域中s乘以$F(s)$后，再取s趋向于零的极限而得到。但在使用终值定理时，必须保证$\lim_{t\to\infty} f(t)$存在，这个条件就意味着$F(s)$的极点必定是在s平面的左半平面。

11. 时域卷积性质

若有$f_1(t)$和$f_2(t)$的拉普拉斯变换分别为$F_1(s)$和$F_2(s)$，当这两个信号的卷积存在时，则有

$$\mathcal{L}[f_1(t) * f_2(t)] = F_1(s)F_2(s) \tag{3.2.17}$$

与傅里叶变换相比，拉普拉斯变换的卷积性质在求解线性时不变系统的响应中起着非常重要的作用，使求解更为方便。其具体应用将在后续章节讨论。

至此，已经讨论了单边拉普拉斯变换的主要性质，并求得了一些常见信号的拉普拉斯变换式。表3-2列出了拉普拉斯变换的主要性质，以供查阅。

表 3-2　拉普拉斯变换的主要性质

序号	性质	变换关系式
1	线性	$a_1f_1(t)+a_2f_2(t)\xleftrightarrow{L}a_2F_1(s)+a_2F_2(s)$
2	时移	$f(t-t_0)u(t-t_0)\xleftrightarrow{L}\mathrm{e}^{-st_0}F(s)$
3	s 域频移	$f(t)\mathrm{e}^{-at}\xleftrightarrow{L}F(s+a)$
4	尺度变换	$f(at)\xleftrightarrow{L}\frac{1}{a}F\left(\frac{s}{a}\right)$
5	时域微分	$\frac{\mathrm{d}f(t)}{\mathrm{d}t}\xleftrightarrow{L}sF(s)-f(0^-)$
6	时域积分	$\int_{-\infty}^{\infty}f(\tau)\mathrm{d}\tau\xleftrightarrow{L}\frac{F(s)}{s}+\frac{1}{s}f^{(-1)}(0^-)$ $\left(\int_{0^-}^{\infty}\right)^n f(\tau)\mathrm{d}\tau\xleftrightarrow{L}\frac{F(s)}{s^n}$
7	s 域微分	$tf(t)\xleftrightarrow{L}-\frac{\mathrm{d}F(s)}{s}$
8	s 域积分	$\frac{f(t)}{t}\xleftrightarrow{L}\int_s^{\infty}F(s_1)\mathrm{d}s_1$
9	初值定理	$\lim\limits_{s\to\infty}sF(s)=f(0^+)$
10	终值定理	$\lim\limits_{s\to 0}sF(s)=\lim\limits_{t\to\infty}f(t)$
11	时域卷积	$f_1(t)*f_2(t)\xleftrightarrow{L}F_1(s)F_2(s)$
12	复频域卷积	$f_1(t)f_2(t)\xleftrightarrow{L}\frac{1}{2\pi\mathrm{j}}F_1(s)*F_2(s)$

3.3　单边拉普拉斯逆变换

在线性连续系统的复频域分析方法中，是先求出系统响应的单边拉普拉斯变换，然后再求出其逆变换而得到系统时域响应。因此，求单边拉普拉斯逆变换的讨论就显得尤为重要。尽管利用拉普拉斯逆变换的定义式（3.1.4）可以求得逆变换，但是，这种方法涉及 s 平面的围线积分，比较繁琐。实际应用中的大部分信号的变换式是有理式，而有理式的逆变换是可以不通过围线积分的方法求解的。单边拉普拉斯逆变换的求解方法主要有查表法、部分分式展开法和留数法三种，其中部分分式法是最常用的方法，是本节讨论的重点。

3.3.1　查表法

如果 $F(s)$ 是一些比较简单的函数，可以利用常用信号的拉普拉斯变换表 3-1，查出对应的原函数，或者借助拉普拉斯变换的若干性质，配合查表，求出原信号。

【例 3-9】　已知拉普拉斯变换 $F(s)=5+\frac{s+3}{(s+3)^2+2^2}$，求其原信号。

【解】　由表 3-1 可知

$$5 \stackrel{L}{\longleftrightarrow} 5\delta(t),\ \frac{s+3}{(s+3)^2+2^2} \stackrel{L}{\longleftrightarrow} \mathrm{e}^{-3t}\cos(2t)u(t)$$

所以

$$f(t) = \mathcal{L}^{-1}[F(s)] = 5\delta(t) + \mathrm{e}^{-3t}\cos(2t)u(t)$$

3.3.2　部分分式展开法

对线性系统而言，响应的象函数 $F(s)$ 常具有有理分式的形式，求解拉普拉斯逆变换最常用的方法就是部分分式展开法。这种方法的基本思路是将有理分式展开成许多简单的分式之和，然后再利用已知的拉普拉斯变换对，来求得逆变换。

一个有理分式可以表示为

$$F(s) = \frac{N(s)}{D(s)} = \frac{b_m s^m + b_{m-1}s^{m-1} + \cdots + b_1 s + b_0}{a_n s^n + a_{n-1}s^{n-1} + \cdots + a_1 s + a_0} \tag{3.3.1}$$

在式（3.3.1）中，a_n，a_{n-1}，…，a_1，a_0 和 b_m，b_{m-1}，…，b_1，b_0 均为实系数，n 和 m 为正整数，因此，$N(s)$ 和 $D(s)$ 都是有理多项式。分母多项式 $D(s)$ 称为系统的特征多项式，方程 $D(s)=0$ 称为特征方程，它的根称为特征根。

部分分式展开法建立在极点展开的基础之上，根据极点的不同，将 $F(s)$ 展开成不同的分式之和。

所谓极点，就是分母多项式 $D(s)$ 的根，它有三种类型，即单根极点、共轭复根极点和重根极点。

按照这三种极点类型，下面分别讨论取 $F(s)$ 的逆变换。

1. $D(s)=0$ 的所有根均为单实根

若 $D(s)=0$ 的单实根分别是 s_1，s_2，…，s_n，则 $F(s)$ 可以分解为以下形式：

$$F(s) = \frac{N(s)}{D(s)} = \frac{K_1}{s-s_1} + \frac{K_2}{s-s_2} + \cdots + \frac{K_n}{s-s_n} \tag{3.3.2}$$

式中，K_1，K_2，…，K_n 为待定系数，这些系数可以按照下述方法确定：

将式（3.3.2）两边乘以 $(s-s_i)$，再令 $s=s_i$ $(i=1,2,\cdots,n)$，于是可求得第 i 项的待定系数 K_i，即

$$K_i = (s-s_i)\frac{N(s)}{D(s)}\bigg|_{s=s_i} \qquad i=1,2,\cdots,n \tag{3.3.3}$$

将 K_i 代入式（3.3.2），查表可求其逆变换（时域信号）为

$$f(t) = \sum_{i=1}^{n} K_i \mathrm{e}^{s_i t}u(t) \tag{3.3.4}$$

【例 3-10】　求 $F(s) = \dfrac{s^4+2s^3-2}{s^3+2s^2-s-2}$ 的原信号 $f(t)$。

【解】

$$F(s) = \frac{s^4+2s^3-2}{s^3+2s^2-s-2} = s + \frac{s^2+2s-2}{s^3+2s^2-s-2}$$

$$= s + \frac{s^2+2s-2}{(s+1)(s+2)(s-1)}$$

$$= s + \frac{K_1}{s+1} + \frac{K_2}{s+2} + \frac{K_3}{s-1}$$

由式（3.3.3）可求得系数为

$$K_1 = (s+1)\frac{N(s)}{D(s)}\bigg|_{s=-1} = \frac{s^2+2s-2}{(s+2)(s-1)}\bigg|_{s=-1} = \frac{3}{2}$$

$$K_2 = (s+2)\frac{N(s)}{D(s)}\bigg|_{s=-2} = \frac{s^2+2s-2}{(s+1)(s-1)}\bigg|_{s=-2} = \frac{2}{3}$$

$$K_3 = (s-1)\frac{N(s)}{D(s)}\bigg|_{s=1} = \frac{s^2+2s-2}{(s+2)(s+1)}\bigg|_{s=1} = \frac{1}{6}$$

代入原式，得

$$F(s) = s + \frac{3}{2}\frac{1}{s+1} + \frac{2}{3}\frac{1}{s+2} + \frac{1}{6}\frac{1}{s-1}$$

所以

$$f(t) = \delta'(t) + \frac{3}{2}\mathrm{e}^{-t} + \frac{2}{3}\mathrm{e}^{-2t} + \frac{1}{6}\mathrm{e}^{t} \qquad t \geqslant 0$$

2. $D(s)=0$ 具有共轭复根且无重复根

若 $D(s) = a_n(s-s_1)(s-s_2)\cdots(s-s_{n-2})(s^2+bs+c) = D_1(s)(s^2+bs+c)$，式中 $D_1(s) = a_n(s-s_1)(s-s_2)\cdots(s-s_{n-2})$，其中 $s_1, s_2, \cdots, s_{n-2}$ 为 $D_1(s)=0$ 的互不相等的实根。二次多项式（s^2+bs+c）中，若 $b^2<4c$，则构成一对共轭复根。

因为 $F(s)$ 可写成

$$F(s) = \frac{N(s)}{D(s)} = \frac{As+B}{s^2+bs+c} + \frac{N_1(s)}{D_1(s)} \tag{3.3.5}$$

式（3.3.5）的等号右边，$\frac{N_1(s)}{D_1(s)}$展开为部分分式的方法如前所述；对于$\frac{As+B}{s^2+bs+c}$，一旦$\frac{N_1(s)}{D_1(s)}$求得后就可应用对应系数相等的方法求得系数 A 和 B，而$\frac{As+B}{s^2+bs+c}$的逆变换则可用配方法或用部分分式展开法。假设其共轭复根为：$s_1 = a+\mathrm{j}\omega$，$s_2 = a-\mathrm{j}\omega$，则其展开式将含有如下两项：

$$\frac{K_1}{s+a-\mathrm{j}\omega} + \frac{K_2}{s+a+\mathrm{j}\omega} \tag{3.3.6}$$

由式（3.3.3）知

$$\begin{cases} K_1 = (s+a-\mathrm{j}\omega)F(s)\Big|_{s=a+\mathrm{j}\omega} = \dfrac{N(-a+\mathrm{j}\omega)}{2\mathrm{j}\omega} \\ K_2 = (s+a+\mathrm{j}\omega)F(s)\Big|_{s=a+\mathrm{j}\omega} = \dfrac{N(-a-\mathrm{j}\omega)}{-2\mathrm{j}\omega} \end{cases} \tag{3.3.7}$$

不难看出，K_1 和 K_2 呈共轭关系，假定

$$K_1 = A + \mathrm{j}B$$

则

$$K_2 = A - \mathrm{j}B = K_1^{\ *}$$

所以，共轭极点对应的信号部分为

$$f_c(t) = e^{at}(K_1 e^{-j\omega t} + K_1^* e^{-j\omega t}) = 2e^{at}(A\cos\omega t - B\sin\omega t) \tag{3.3.8}$$

【例 3-11】 求 $F(s) = \dfrac{s+3}{s^3+3s^2+7s+5}$ 的原信号 $f(t)$。

【解】 将 $F(s)$ 展开成部分分式

$$F(s) = \frac{s+3}{s^3+3s^2+7s+5} = \frac{s+3}{(s+1)(s^2+2s+5)}$$

$$= \frac{s+3}{(s+1)[(s+1)^2+4]} = \frac{K_1}{s+1} + \frac{K_2 s + K_3}{(s+1)^2+4}$$

由式（3.3.3）得 $K_1 = \dfrac{1}{2}$，将此值代入上式，整理得

$$F(s) = \frac{\left(K_2 + \frac{1}{2}\right)s^2 + (K_2 + K_3 + 1)s + K_3 + \frac{2}{5}}{(s+1)(s^2+2s+5)}$$

用比较系数法可以确定 $K_2 = -\dfrac{1}{2}$，$K_3 = \dfrac{1}{2}$，因此

$$F(s) = \frac{\frac{1}{2}}{s+1} + \frac{-\frac{1}{2}s + \frac{1}{2}}{(s+1)^2+4}$$

$$= \frac{\frac{1}{2}}{s+1} - \frac{1}{2}\frac{s+1}{(s+1)^2+4} + \frac{1}{2}\frac{2}{(s+1)^2+4}$$

逐项进行逆变换，得

$$f(t) = \left(\frac{1}{2}e^{-t} - \frac{e^{-t}}{2}\cos 2t + \frac{e^{-t}}{2}\sin 2t\right)u(t)$$

显然，从上式可以看出，单根极点分式对应的逆变换是一个指数信号，共轭复根极点分式对应的逆变换是一个正弦衰减信号。

3. $D(s)=0$ 仅含有重根

$$F(s) = \frac{N(s)}{D(s)} = \frac{N(s)}{(s-p_1)^k D_1(s)} \tag{3.3.9}$$

式中，在 $s=p_1$ 处，$D(s)$ 有 k 重根，即 p_1 为 $F(s)$ 的 k 阶极点。

将 $F(s)$ 写成展开式

$$F(s) = \frac{K_{11}}{(s-p_1)^k} + \frac{K_{12}}{(s-p_1)^{k-1}} + \cdots + \frac{K_{1k}}{(s-p_1)} + \frac{B(s)}{D(s)} \tag{3.3.10}$$

这里$\dfrac{B(s)}{D(s)}$表示展开式中与极点 p_1 无关的其余部分，其部分分式展开式采用前述所用方法。为求出 k_{11}，可将式（3.3.9）两边同乘以 $(s-p_1)^k$，再以 $s=p_1$ 值代入，可得

$$K_{11} = F(s)(s-p_1)^k \Big|_{s=p_1} \tag{3.3.11}$$

然而，要求出其他 k_{12}，k_{13}，…，k_{1k}等系数，就不能采用以上的方法，因为这样会导致分母中出现零值。为此引入函数

$$F_1(s) = (s-p_1)^k F(s) \tag{3.3.12}$$

于是

$$F_1(s) = K_{11} + K_{12}(s - p_1) + \cdots + K_{1k}(s - p_1)^{k-1} + \frac{F(s)}{D(s)}(s - p_1)^k \qquad (3.3.13)$$

对于式（3.3.13）微分，得

$$\frac{\mathrm{d}F_1(s)}{\mathrm{d}t} = K_{11} + 2K_{13}(s - p_1) + \cdots + (k-1)K_{1k}(s - p_1)^{k-2} + \cdots \qquad (3.3.14)$$

于是，可以得出

$$K_{12} = \left.\frac{\mathrm{d}F_1(s)}{\mathrm{d}s}\right|_{s=p_1} \qquad (3.3.15)$$

$$K_{13} = \frac{1}{2}\left.\frac{\mathrm{d}^2F_1(s)}{\mathrm{d}s^2}\right|_{s=p_1} \qquad (3.3.16)$$

$$\cdots\cdots$$

$$K_{1i} = \frac{1}{(i-1)!}\left.\frac{\mathrm{d}^{(i-1)}F_1(s)}{\mathrm{d}s^{(i-1)}}\right|_{s=p_1} \quad i = 1,2,\cdots,k \qquad (3.3.17)$$

【例 3-12】 求 $F(s) = \frac{s+2}{s(s+3)(s+1)^2}$ 的原信号 $f(t)$。

【解】 将 $F(s)$ 展开成部分分式

$$F(s) = \frac{K_1}{(s+1)^2} + \frac{K_2}{(s+1)} + \frac{K_3}{(s+3)} + \frac{K_4}{s}$$

$$K_1 = [(s+1)^2F(s)]\Big|_{s=-1} = \left[\frac{s+2}{(s+3)s}\right]\Bigg|_{s=-1} = -\frac{1}{2}$$

$$K_2 = \left\{\frac{\mathrm{d}}{\mathrm{d}s}[(s+1)^2F(s)]\right\}\Bigg|_{s=-1} = \left\{\frac{\mathrm{d}}{\mathrm{d}s}\left[\frac{s+2}{(s+3)s}\right]\right\}\Bigg|_{s=-1} = -\frac{3}{4}$$

$$K_3 = [(s+3)F(s)]\Big|_{s=-3} = \left[\frac{s+2}{(s+1)^2s}\right]\Bigg|_{s=-3} = \frac{1}{12}$$

$$K_4 = [sF(s)]\Big|_{s=0} = \left[\frac{s+2}{(s+1)^2(s+3)}\right]\Bigg|_{s=0} = \frac{2}{3}$$

所以

$$F(s) = -\frac{1}{2}\frac{1}{(s+1)^2} - \frac{3}{4}\frac{1}{(s+1)} + \frac{1}{12}\frac{1}{(s+3)} + \frac{2}{3}\frac{1}{s}$$

因此其原信号为

$$f(t) = \left(-\frac{1}{2}t\mathrm{e}^{-t} - \frac{3}{4}\mathrm{e}^{-t} + \frac{1}{12}\mathrm{e}^{-3t} + \frac{2}{3}\right)u(t)$$

综上所述，由拉普拉斯变换式 $F(s)$ 及其收敛域求其逆变换 $f(t)$ 的步骤如下：

1）用部分分式法将 $F(s)$ 展开成低阶项，其具体方法是将 $F(s)$ 的分母多项式 $D(s)$ 为零的根（极点）分为实根、重根和共轭复根。

2）确定各低阶变换式的收敛域，主要依据是，该式的极点在收敛域的边界上，且该收敛域必定包含 $F(s)$ 的收敛域。

3）根据各低阶项及其收敛域，确定它的逆变换，一般收敛域左边极点的对应项为右边信号，右边极点对应项则都为左边信号。将各项逆变换式相叠加，即得到 $F(s)$ 的逆变换

$f(t)$。

3.4　连续时间系统的 s 域（复频域）分析

拉普拉斯变换法是连续时间系统分析的一个重要工具，与傅里叶变换法相比较，可涉及的信号和系统更广泛，尤其在分析非零起始状态的系统时，可自动计入非零起始状态，从而一次可解得零输入响应、零状态响应和全响应。由于拉普拉斯变换建立了时间变量 $f(t)$ 与 s 域（复频域）变量 $F(s)$ 之间的对应关系，因此把用拉普拉斯变换法对系统的分析称为系统的 s 域（复频域）分析。

3.4.1　系统函数 $H(s)$ 及微分方程的变换解

线性时不变（LTI）系统的输入信号 $x(t)$ 与输出信号 $y(t)$ 之间的关系，可由 n 阶常系数线性微分方程来描述，即

$$\begin{aligned}&a_n y^{(n)}(t)+a_{n-1}y^{(n-1)}(t)+\cdots+a_1 y^{(1)}(t)+a_0 y(t)\\&=b_m x^{(m)}(t)+b_{m-1}x^{(m-1)}(t)+\cdots+b_1 x^{(1)}(t)+b_0 x(t)\end{aligned}\tag{3.4.1}$$

设输入 $x(t)$ 为在 $t=0$ 时刻加入的因果信号，且系统为零状态，即

$$x(0^-)=x^{(1)}(0^-)=\cdots=x^{(m)}(0^-)=0$$

和

$$y(0^-)=y^{(1)}(0^-)=\cdots=y^{(n-1)}(0^-)=0$$

对式（3.4.1）两边进行拉普拉斯变换，根据微分性质，可得系统的零状态响应 $y_{zs}(t)$ 的象函数为

$$Y_{ZS}(s)=\frac{N(s)}{D(s)}X(s)\tag{3.4.2}$$

式中，$X(s)$ 是输入信号 $x(t)$ 的象函数；$\frac{N(s)}{D(s)}$ 为来自微分方程的有理多项式

$$\frac{N(s)}{D(s)}=\frac{b_m s^m+b_{m-1}s^{m-1}+\cdots+b_1 s+b_0}{a_n s^n+a_{n-1}s^{n-1}+\cdots+a_1 s+a_0}=\frac{\sum\limits_{j=1}^{m}b_j s^j}{\sum\limits_{i=0}^{n}a_i s^i}\tag{3.4.3}$$

定义系统函数 $H(s)$ 为系统的零状态响应的象函数 $Y_{ZS}(s)$ 与输入信号的象函数 $X(s)$ 之比，即

$$H(s)=\frac{Y_{ZS}(s)}{X(s)}=\frac{N(s)}{D(s)}\tag{3.4.4}$$

可见，系统函数 $H(s)$ 与系统的输入和响应无关，只取决于系统本身，它决定了系统特性，一旦系统的拓扑结构已定，$H(s)$ 也就确定了。线性时不变系统的零状态响应为

$$y_{zs}(t)=h(t)*x(t)$$

借助卷积定理可得

$$Y_{ZS}(s)=H(s)X(s)$$

而系统函数 $H(s)$ 与单位冲激响应 $h(t)$ 构成一对单边拉普拉斯变换对,即

$$\mathcal{L}[h(t)]=H(s)\tag{3.4.5}$$

$h(t)$ 和 $H(s)$ 分别从时域和 s 域表征了系统的特性。

由式（3.4.3）、式（3.4.4）可知，系统函数的分母由微分方程中各个响应项的系数 a_i 所确定，而分子则由微分方程中各个激励项的系数 b_j 所确定。由于这种对应关系，在系统函数和系统微分方程之间就可以相互转换，也就是说，如果知道了系统函数则可求得系统的微分方程；反之，如果知道了系统的微分方程，也同样可以求得系统函数。显然，由于多项式的代数属性，在求解系统响应时，利用系统函数表征要比微分方程方便得多。

需要强调的是，式（3.4.4）的成立是有条件的。它要求系统的起始状态为零，同时也要求系统的激励信号是因果信号。这说明，系统函数表述的是系统零状态响应和因果激励信号之间的关系。如果系统的起始状态不为零，则不能用系统函数，而只能用系统微分方程来求解系统的响应。之所以将系统函数定义在零状态下，原因之一是，只有在零状态下，一个微分方程所描述的系统才具有线性、时不变性和因果性；原因之二是，只有在零状态下，系统响应和激励之间的关系才能完全由系统本身的物理参数所决定。而正是这两条零状态下的系统特性，才使得系统的分析过程得以简化。

下面，以具体例子来说明用拉普拉斯变换解微分方程的过程。

【例 3-13】 描述某线性时不变系统的微分方程为 $y''(t)+3y'(t)+2y(t)=x(t)$，已知输入 $x(t)=e^{-3t}$，$y(0^-)=1$，$y'(0^-)=1$，求系统的全响应。

【解】 对原微分方程两边逐项取拉普拉斯变换，得

$$s^2Y(s)-sy(0^-)-y'(0^-)+3sY(s)-3y(0^-)+2Y(s)=X(s)$$

将 $y(0^-)=1, y'(0^-)=1, X(s)=\mathcal{L}[e^{-3t}]=\dfrac{1}{s+3}$ 代入上式，则得

$$(s^2+3s+2)Y(s)=\frac{1}{s+3}+s+4$$

即
$$Y(s)=\frac{s^2+7s+13}{(s+3)(s^2+3s+2)}=\frac{K_1}{s+1}+\frac{K_2}{s+2}+\frac{K_3}{s+3}$$

解得 $K_1=\dfrac{7}{2}$，$K_2=-3$，$K_3=\dfrac{1}{2}$。

所以

$$Y(s)=\frac{7}{2}\,\frac{1}{s+1}-3\times\frac{1}{s+2}+\frac{1}{2}\,\frac{1}{s+3}$$

再取拉普拉斯逆变换，得

$$y(t)=\left(\frac{7}{2}e^{-t}-3e^{-2t}+\frac{1}{2}e^{-3t}\right)u(t)$$

3.4.2 线性系统的稳定性

当一个系统受到某种干扰信号作用时，其所引起的系统响应在干扰消失后会最终消失，即系统仍能回到干扰作用前的原状态，则系统是稳定的。稳定性是系统本身的特性，与输入信号无关。但任何系统要能正常工作，都必须以系统稳定为先决条件，所以，设法判定系统是否稳定是非常重要的。

由于冲激信号 $\delta(t)$ 是在瞬时作用又立即消失的信号，若把它视为“干扰”，则冲激响应 $h(t)$ 的变化模式完全可以说明系统的稳定性。这是因为冲激响应 $h(t)$ 及其对应的系统

函数 $H(s)$ 都反映系统本身的属性，见式（3.4.5）。对于一般系统，稳定的充要条件是冲激响应 $h(t)$ 绝对可积，即满足

$$\int_{-\infty}^{\infty}\left|h(t)\right|\mathrm{d}t<\infty \tag{3.4.6}$$

可由 $H(s)$ 的零点和极点分布来确定系统的冲激响应的模式，为了说明这一点，将式（3.4.4）的分子分母多项式作因式分解，写为

$$H(s)=\frac{N(s)}{D(s)}=\frac{\sum_{j=0}^{m}b_js^j}{\sum_{i=0}^{n}a_is^i}=\frac{K\prod_{j=1}^{m}(s-z_j)}{\prod_{i=1}^{n}(s-p_i)} \tag{3.4.7}$$

式中，z_j 是零点；p_i 是极点；K 是一个常数，对系统函数没有本质的影响，可以用一个附加条件来确定。

为了简单起见，这里假设了零、极点都是多项式的单根。

下面就极点的不同形式分析其与原函数波形的对应关系，及其对系统稳定性的影响。

1. 单阶极点

1）若 $H(s)$ 的极点位于 s 平面的原点处，此时 $p_i=0$，则 $H(s)$ 的形式为$\frac{1}{s}$，其对应的 $h(t)=u(t)$，即冲激响应的模式为阶跃信号。

2）若 $H(s)$ 的极点位于 s 平面的实轴上，此时 $p_i=a$（a 为实数），则 $H(s)$ 的形式为 $\frac{1}{s+a}$，其对应的 $h(t)=\mathrm{e}^{-at}u(t)$。当 $a<0$ 时，极点位于 s 平面的正实轴上，冲激响应的模式为发散指数信号；当 $a>0$ 时，极点位于 s 平面的负实轴上，冲激响应的模式为衰减指数信号。

3）若 $H(s)$ 的极点位于 s 平面的虚轴（极点必以共轭形式出现）上，如 $H(s)=\frac{\omega_0}{s^2+\omega_0^2}$，它的两个极点位于 $+\mathrm{j}\omega_0$ 和 $-\mathrm{j}\omega_0$，则 $h(t)=\sin(\omega_0t)u(t)$，冲激响应的模式为等幅振荡信号。

4）若 $H(s)$ 的极点位于 s 平面的共轭复数处，且 $H(s)$ 共轭极点位于 s 右半平面，如 $H(s)=\frac{\omega_0}{(s-a)^2+\omega_0^2}$，$a>0$，则 $h(t)=\mathrm{e}^{at}\sin(\omega_0t)u(t)$，冲激响应的模式为发散振荡信号。

5）若 $H(s)$ 的极点位于 s 平面的共轭复数处，且 $H(s)$ 共轭极点位于 s 左半平面，如 $H(s)=\frac{\omega_0}{(s+a)^2+\omega_0^2}$，$a>0$，则 $h(t)=\mathrm{e}^{-at}\sin(\omega_0t)u(t)$，冲激响应的模式为衰减振荡信号。

以上分析结果如图 3-7 所示，都是单极点的情况。

2. 多重极点

若 $H(s)$ 具有多重极点，那么部分分式展开式各项所对应的时间函数可能具有 t，t^2，t^3，…与指数函数相乘的形式，t 的幂次由极点阶次决定。几种典型情况如下：

1）若极点位于坐标原点处，当极点是二重极点时，则 $h(t)=tu(t)$；当极点是三重极点时，则

$$h(t)=t^2u(t)$$

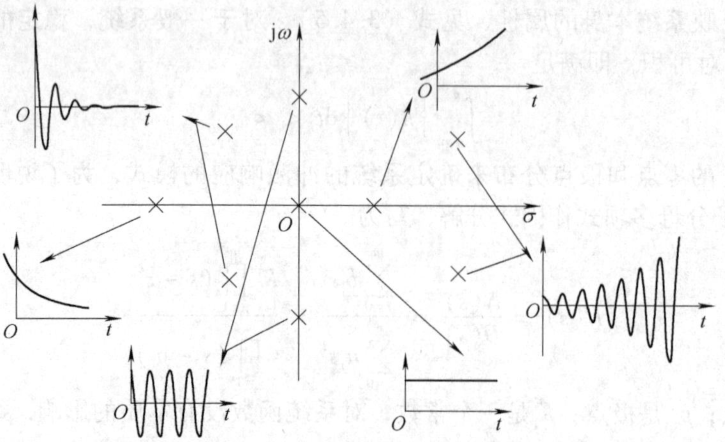

图 3-7　单极点在 s 平面分布与时域信号关系

2）位于实轴上的二重极点，则 $h(t)$ 是 t 与指数信号的乘积，如 $H(s)=\dfrac{1}{(s+a)^2}$，则

$$h(t)=t\mathrm{e}^{-at}u(t)$$

$a>0$ 时，响应最终趋于按指数衰减。

3）位于虚轴上的二重共轭极点给出了幅度线性发散的振荡，如 $H(s)=\dfrac{1}{(s^2+\omega_0{}^2)^2}$，则

$$h(t)=t\sin(\omega_0 t)u(t)$$

这是幅度按线性增长的正弦振荡。

综上所述，由 $H(s)$ 的极点分布可以给出系统稳定性的如下结论：

若 $H(s)$ 的全部极点位于 s 域的左半平面，则系统是稳定的；若 $H(s)$ 在虚轴上有 $p=0$ 的单极点或一对共轭单极点，其余极点全在 s 域的左半平面，则系统是临界稳定的；$H(s)$ 只要有一个极点位于 s 域的右半平面，或在虚轴上有二阶或二阶以上的重极点，则系统是不稳定的。

【例 3-14】　已知系统，$h(t)=\mathrm{e}^{-t}u(t)+\mathrm{e}^{-2t}u(t)$，ROC：$\mathrm{Re}[s]>-1$，试判断该系统是否为稳定系统。

【解】　由拉普拉斯变换得

$$H(s)=\frac{1}{(s+1)}+\frac{1}{(s+2)}=\frac{2s+3}{(s+1)(s+2)}\qquad \mathrm{ROC}:\mathrm{Re}[s]>-1$$

显然，极点都在 s 平面的左半边，且 ROC 在最右边极点的右边，故该系统是稳定系统。

上面判断系统稳定性的条件，需要求出系统函数的全部极点，然后才能判断系统稳定与否。这对于二阶以下系统是可行的，但对于三阶以上的高阶系统，人工求解极点一般是较困难的。于是人们试图寻找一种不需要求解高阶代数方程就能判断系统稳定与否的间接方法。劳斯-赫尔维茨提供了一种简便的代数判别法，读者可参考有关文献。

3.4.3　拉普拉斯变换与傅里叶变换的关系

若 $f(t)$ 是因果信号，则 $f(t)$ 的傅里叶变换和单边拉普拉斯变换分别为

$$F(\mathrm{j}\omega)=\int_0^{\infty}f(t)\mathrm{e}^{-\mathrm{j}\omega t}\mathrm{d}t$$

$$F(s) = \int_{0^-}^{\infty} f(t)\mathrm{e}^{-st}\mathrm{d}t$$

由于 $s=\sigma+\mathrm{j}\omega$，因此，如能使 $\sigma=\mathrm{Re}[s]=0$，则 $F(s)=F(\mathrm{j}\omega)$。但是，能否使 $\sigma=0$ 要取决于 $F(s)$ 的收敛域是否包含了 $\mathrm{j}\omega$ 轴。

在前面的讨论中引出拉普拉斯变换时，是针对信号 $f(t)$ 不满足绝对可积条件，对其乘以衰减因子 $\mathrm{e}^{-\sigma t}$ 而将傅里叶变换演变为拉普拉斯变换

$$\mathcal{L}[f(t)] = \int_{-\infty}^{\infty}[f(t)\mathrm{e}^{-\sigma t}]\mathrm{e}^{-\mathrm{j}\omega t}\mathrm{d}t = F(s)\Big|_{s=\sigma+\mathrm{j}\omega} \tag{3.4.8}$$

如果要从已知的单边拉普拉斯变换求傅里叶变换，首先应判明 $f(t)$ 为因果信号，然后根据收敛区间不同（收敛边界 σ_0 不同），按以下情况分别对待：

1）当 $\sigma_0>0$ 时，收敛边界落于 s 右半平面（收敛域不包含 $\mathrm{j}\omega$ 轴），例如

$$f(t) = \mathrm{e}^{at}u(t) \qquad a>0$$

$f(t)$ 是发散函数，其拉普拉斯变换为

$$F(s) = \frac{1}{s-a}$$

$F(\mathrm{j}\omega)$ 不存在。

2）当 $\sigma_0<0$ 时，收敛边界落于 s 左半平面（收敛域包含 $\mathrm{j}\omega$ 轴），例如

$$f(t) = \mathrm{e}^{-at}u(t) \qquad a>0$$

$f(t)$ 是衰减函数，其拉普拉斯变换为

$$F(s) = \frac{1}{s+a}$$

$F(\mathrm{j}\omega)$ 存在,为

$$F(\mathrm{j}\omega) = \frac{1}{a+\mathrm{j}\omega}$$

所以

$$F(\mathrm{j}\omega) = F(s)\Big|_{s=\mathrm{j}\omega}$$

3）当 $\sigma_0=0$ 时，$F(s)$ 的收敛域为 $\mathrm{Re}[s]>0$，$F(s)$ 的收敛域不包含 $\mathrm{j}\omega$ 轴，故 $F(s)$ 在 $\mathrm{j}\omega$ 轴上不收敛。若令 $s=\mathrm{j}\omega$，则 $F(s)$ 不等于 $F(\mathrm{j}\omega)$。这时，由 $F(s)$ 求傅里叶变换，结果将包含两部分，一部分是将 $F(s)$ 中的 s 以 $\mathrm{j}\omega$ 代入；另一部分为一系列冲激函数之和。例如，对于单位阶跃函数有

$$f(t) = u(t), F(s) = \frac{1}{s}, F(\mathrm{j}\omega) = \pi\delta(\omega) + \frac{1}{\mathrm{j}\omega}$$

3.5　本章内容 MATLAB 仿真

3.5.1　用 MATLAB 求解信号的拉普拉斯变换

语法格式：Xs = laplace（xt，t，s）

其中，xt 为被求拉普拉斯变换的信号函数 x（t）的符号表达式；t 为积分变量；s 为复频率；Xs 为 x(t) 的拉普拉斯变换 X(s)。如果 xt 中 t 为 MATLAB 规定的积分变量，而且用 s 表示

复频率，上面的指令也可简写为

```
Xs = laplace(xt)
```

【例 3-15】 求 $x_1(t) = \sin(2t)u(t)$ 和 $x_2(t) = e^{-at}u(t)$ 的拉普拉斯变换。

【解】 m 文件如下：

```
syms t a;                          % 指定 t 和 a 为符号变量
x1t = cos(2 * t);
x2t = exp( - a * t);
X1s = laplace(x1t)
X2s = laplace(x2t)
```

输出结果：

```
X1s = s/(s^2 +4)
X2s = 1/(s + a)
```

3.5.2 用 MATLAB 求解信号的拉普拉斯逆变换

语法格式：xt = ilaplace（Xs，s，t）

其中，Xs 为拉普拉斯变换式的符号表达式；xt 为 Xs 对应的拉普拉斯逆变换。如果 s 是 Xs 的隐含自变量，t 是时间变量，则 s、t 可省略，上面的指令也可简写为

```
xt = ilaplace (Xs)
```

【例 3-16】 求下列复频域函数的拉普拉斯逆变换。

（1）$X_1(s) = \arctan\left(\frac{1}{s}\right)$；

（2）$X_2(s) = \frac{s^2}{s^2 + 3s + 2}$。

【解】 m 文件如下：

```
syms s;
X1s = atan(1/s);                   % atan 为反正切函数
X2s = s^2/(s^2 +3 * s +2);
x1t = ilaplace(X1s)
x2t = ilaplace(X2s)
```

程序执行结果：

```
x1t = 1/t * sin(t)
x2t = Dirac(t) -4 * exp( -2 * t) + exp( - t)
```

即
$$x_1(t) = \frac{\sin t}{t}u(t)$$
$$x_2(t) = \delta(t) + (-4e^{-2t} + e^{-t})u(t)$$

3.6 小结

拉普拉斯变换解决了傅里叶变换在实际应用中面临的一些问题，它的引入是从一些发散

信号因不满足傅里叶变换存在的条件而不能进行傅里叶变换分析开始的。拉普拉斯变换是傅里叶变换的推广，在线性时不变系统分析中特别有用，它可以将微分方程变为代数方程，这对分析系统互联、系统结构、用系统函数表征系统、分析系统特性等都具有重要意义。

系统函数 $H(s)$ 是系统零状态响应的象函数 $Y(s)$ 和因果输入的象函数 $X(s)$ 之比。系统函数的分母由系统微分方程中各个响应项的系数确定，分子由各个激励项的系数确定，一旦系统的拓扑结构已定，$H(s)$ 也就确定了。系统函数 $H(s)$ 与单位冲激响应 $h(t)$ 构成一对单边拉普拉斯变换对，分别从 s 域和时域表征了系统的特性。系统函数表述的是系统零状态响应和因果激励信号之间的关系。如果系统的起始状态不为零，则不能用系统函数，而只能用系统微分方程来求解系统的响应。

在线性连续系统的 s 域分析方法中，是先求出系统响应的单边拉普拉斯变换，然后再求出其逆变换而得到系统时域响应。因此，求单边拉普拉斯逆变换的讨论就显得尤为重要。单边拉普拉斯逆变换的求解方法主要有查表法、部分分式展开法及留数法等三种，其中部分分式法是最常用的方法。

作为拉普拉斯变换的几何表示，零极点图对分析系统的频率特性有重要意义。从本质上讲，系统特性完全是由系统函数的零极点分布决定的。若 $H(s)$ 的全部极点位于 s 域的左半平面，则系统是稳定的；若 $H(s)$ 在虚轴上有单极点或一对共轭单极点，其余极点全在 s 域的左半平面，则系统是临界稳定的；$H(s)$ 只要有一个极点位于 s 域的右半平面，或在虚轴上有二阶或二阶以上的重极点，则系统是不稳定的。

习　题　3

3-1　信号 $f(t)$ 的傅里叶变换为 $F(\mathrm{j}\omega)$，拉氏变换为 $F(s)$，请问 $f(t)$ 满足什么条件时 $F(\mathrm{j}\omega)=F(s)\big|_{s=\mathrm{j}\omega}$？

3-2　求下列信号的拉普拉斯变换。

(1) $f(t)=(1-\mathrm{e}^{-at})u(t)$

(2) $f(t)=\mathrm{e}^{-t}[u(t)-u(t-1)]$

(3) $f(t)=\sin(\alpha t+\varphi)u(t)$

(4) $f(t)=u(t)-\delta(t)$

(5) $f(t)=t^2u(t-2)$

(6) $f(t)=(t-1)u(t-1)$

(7) $f(t)=\mathrm{e}^{-t}\sin(3t)$

(8) $f(t)=6\mathrm{e}^{-2t}-3\delta(t)$

3-3　求下列信号的拉普拉斯变换。

(1) $f(t)=2t\mathrm{e}^{-2t}u(2t-1)$

(2) $f(t)=\dfrac{\mathrm{d}^2}{\mathrm{d}t^2}[\mathrm{e}^{-t}\cos t u(t)]$

(3) $f(t)=\int_{-\infty}^{t}[u(\tau+2)-u(\tau-2)]\mathrm{d}\tau$

(4) $f(t)=\delta(2t-1)$

(5) $f(t)=[u(t)-u(t-1)]\sin(\pi t)$

(6) $f(t)=u(t)\sin\left(2t-\dfrac{\pi}{4}\right)$

3-4　利用拉普拉斯变换的性质求下列信号的拉普拉斯变换。

(1) $f(t)=u\left(\frac{t}{2}-1\right)$

(2) $f(t)=\sin(2t)u(t-1)$

(3) $f(t)=[1-\cos(\alpha t)]e^{-\beta t}$

(4) $f(t)=\frac{\sin(\alpha t)}{t}$

(5) $f(t)=(1-2t)e^{-t}$

(6) $f(t)=\sqrt{2}\cos\left(t-\frac{\pi}{2}\right)u(t)$

3-5　求下列信号的拉普拉斯变换(注意它们之间的差别)。

(1) $f(t)=u(2t-3)$

(2) $f(t)=e^{-t}u(2t-3)$

(3) $f(t)=e^{(-2t-3)}u(t)$

(4) $f(t)=e^{-(-2t-3)}u(2t-3)$

3-6　已知$f(t)\overset{L}{\longleftrightarrow}F(s)=\frac{1}{s^2+2s+5}$，求下列信号的拉普拉斯变换。

(1) $\int_0^t f(\tau)d\tau$

(2) $f(t)\cos\omega_0 t$

(3) $f(2t-4)$

(4) $\frac{1}{t}f(t)$

(5) $tf'(t)$

3-7　信号$f(t)$如图3-8所示。

(1) 求$f(t)$的拉普拉斯变换；

(2) 求$f\left(\frac{t}{2}-1\right)$和$f(2t-1)$的拉普拉斯变换。

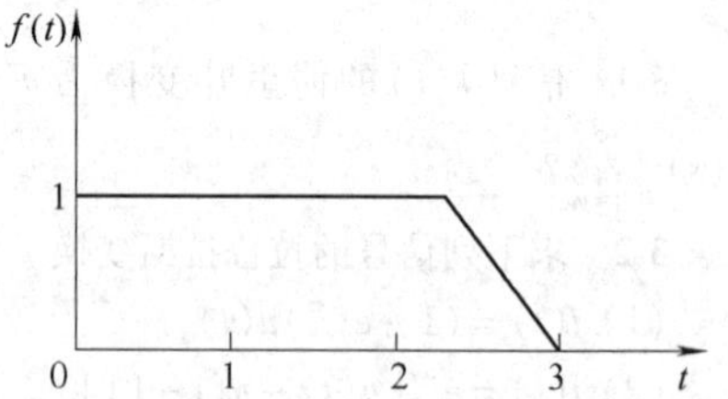

图3-8　习题3-7图

3-8　分别求下列函数的拉普拉斯逆变换的初值和终值。

(1) $F(s)=\frac{s+1}{(s+2)(s+3)}$

(2) $F(s)=\frac{s(s+1)e^{-2s}}{(s+2)(s+3)}$

(3) $F(s)=\frac{s}{(s-1)(s+3)}$

(4) $F(s)=\frac{s^3+s+1}{s(s+3)}$

(5) $F(s)=\frac{s+1}{s^2(s+3)}$

(6) $F(s)=\frac{s+2}{(s^2+1)(s+3)}$

3-9　已知信号的拉普拉斯变换如下，求其逆变换。

(1) $F(s)=\frac{1}{s+1}$

(2) $F(s)=\frac{1}{s^2+4}$

(3) $F(s)=\dfrac{6}{s(2s+3)}$

(4) $F(s)=\dfrac{s+3}{s^2+2s+2}$

(5) $F(s)=\dfrac{s^2}{s^3+3s^2+7s+5}$

(6) $F(s)=\dfrac{1}{(s+1)(s^2+2s+5)}$

(7) $F(s)=\dfrac{(s^2+s+1)\mathrm{e}^{-2s}}{s^2+4}$

(8) $F(s)=\dfrac{4\mathrm{e}^{-s}}{s(s^2+4)}$

3-10　求下列各函数的拉普拉斯逆变换。

(1) $F(s)=\dfrac{1-\mathrm{e}^{-sT}}{s+1}$

(2) $F(s)=\dfrac{1}{\mathrm{e}^{-s}+1}$

(3) $F(s)=\dfrac{1}{s(1-\mathrm{e}^{-s})}$

3-11　试用拉普拉斯变换分析法求解下列微分方程。

(1) $y''(t)+3y'(t)+2y(t)=f(t)$, $y(0^-)=y'(0^-)=0$, $f(t)=u(t)$

(2) $y''(t)+4y'(t)+4y(t)=f'(t)+f(t)$, $y(0^-)=2$, $y'(0^-)=1$, $f(t)=\mathrm{e}^{-t}u(t)$

(3) $y''(t)+5y'(t)+6y(t)=2f'(t)+8f(t)$, $y(0^-)=3$, $y'(0^-)=2$, $f(t)=\mathrm{e}^{-t}u(t)$

3-12　已知系统的微分方程为

$$\frac{\mathrm{d}y(t)}{\mathrm{d}t}+2y(t)=\frac{\mathrm{d}f(t)}{\mathrm{d}t}-2f(t)$$

(1) 当激励 $f(t)$ 为 $u(t)$ 时，系统全响应 $y(t)=(5\mathrm{e}^{-2t}-1)u(t)$，求该系统的起始状态 $y(0^-)$；

(2) 求系统函数 $H(s)$。

第4章 离散信号与系统

在信号的数学表示式中，独立变量可以是连续的，也可以是离散的。连续时间信号是定义在一个连续时间域上，因此可以用一个连续独立变量来表示。离散时间信号是定义在离散时刻点上，独立时间变量具有离散性，即离散时间信号可以表示成数值的序列。例如，语音信号和图像信号既可以用连续变量表示，也可以用离散变量表示，当某些条件成立时，这两种表示是完全等效的。

信号处理系统也可以分为连续系统和离散系统，用于传输和处理离散时间信号的系统称为离散系统，数字计算机就是典型的离散系统。与连续时间系统相比，离散系统具有许多优越的特点。离散系统可以很灵活地利用电荷转移器件、声表面波器件、通用数字计算机或高速微处理器等各种技术手段加以实现。另外，在信号传输的可靠性、信号的计算精度及系统的可集成化程度等方面，离散系统都具有较大优势，因此，在通信工程和自动化控制等领域，离散系统正逐渐取代连续系统，占据主导地位。

本章将讨论一种重要的离散信号的变换域方法——z 变换。另外，也将讨论离散系统的分析方法，包括时域分析法和变换域分析法。在本章最后，还将给出离散序列的傅里叶变换，也称离散时间傅里叶变换——DTFT。

4.1 z 变换

z 变换是一种对离散信号和系统进行分析的重要数学工具。前面两章介绍的傅里叶变换和拉普拉斯变换可以将连续系统时域的微分方程变换到频域的代数方程，大大简化了分析计算过程。与之相似，z 变换可以将离散系统的差分方程变换为 z 域上的代数方程，使其求解过程得以简化。

4.1.1 z 变换的定义及其收敛域

1. z 变换的定义

z 变换的定义可以通过对抽样信号进行拉普拉斯变换得到。考虑对连续信号 $x(t)$ 进行理想抽样，抽样间隔为 T_s，则抽样信号 $x_s(t)$ 的表示式为

$$x_s(t) = x(t)\delta_{T_s}(t) = \sum_{n=-\infty}^{\infty} x(nT_s)\delta(t - nT_s) \tag{4.1.1}$$

对式(4.1.1)取双边拉普拉斯变换，得到

$$X_s(s) = \int_{-\infty}^{\infty}\left[\sum_{n=-\infty}^{\infty} x(nT_s)\delta(t - nT_s)\right]e^{-st}dt = \sum_{n=-\infty}^{\infty} x(nT_s)e^{-snT_s} \tag{4.1.2}$$

这里引入一个新的复变量 z，令 $z = e^{sT_s}$，再令抽样间隔 $T_s = 1$，则式(4.1.2)变为

$$X(z) = \sum_{n=-\infty}^{\infty} x(n)z^{-n} \tag{4.1.3}$$

$X(z)$即为离散序列$x(n)$的双边z变换($n=0$，±1，±2，…，$\pm\infty$)，记为$\mathscr{Z}[x(n)]$。考虑实际中的离散信号均有起始时刻，通常把信号的起始时刻记为$n=0$。对于因果信号而言，$n<0$时，信号无定义，此时$X(z)$，称为序列$x(n)$的单边z变换($n=0$，1，2，…，∞)定义如下：

$$X(z) = \sum_{n=0}^{\infty} x(n) z^{-n} \tag{4.1.4}$$

2. z变换的收敛域

根据离散序列$x(n)$的z变换的定义式(4.1.3)可知，只有当式中的无限求和级数收敛时，序列$x(n)$的z变换才存在。而级数收敛的充分必要条件如下：

$$\sum_{n=-\infty}^{\infty} |x(n) z^{-n}| = M < \infty \tag{4.1.5}$$

满足上述收敛条件的复变量z的取值范围称为离散序列$x(n)$的z变换的收敛域(ROC)。

z变换的收敛域实际上是讨论变量z的取值范围，由于z为一复变量，因此其取值范围为复平面上的某一平面区域。在收敛域内，z变换及其导数是z的连续函数，即z变换函数在其收敛域内处处解析。

式(4.1.5)的等号左边为一正项级数，通常可采取两种方法来判定此正项级数的收敛性——比值判定法和根值判定法。所谓比值判定法，是指通过对正项级数$\sum\limits_{n=-\infty}^{\infty}|a_n|$中的后项与前项之比值的极限$\rho$是否小于1来判定级数的收敛性，即

$$\rho = \lim_{n\to\infty} \left|\frac{a_{n+1}}{a_n}\right| \tag{4.1.6}$$

$\rho<1$则级数收敛，$\rho>1$则级数发散，$\rho=1$则无法判断级数的收敛性。所谓根值判定法，是指通过对正项级数中一般项$|a_n|$的n次根的极限η是否小于1来判定级数的收敛性，即

$$\eta = \lim_{n\to\infty} \sqrt[n]{|a_n|} \tag{4.1.7}$$

$\eta<1$则级数收敛，$\eta>1$则级数发散，$\eta=1$则无法判断级数的收敛性。

根据离散序列$x(n)$的形式不同，其z变换的收敛域形式也有所不同，下面通过上述判定级数收敛性的方法对几种序列的z变换收敛域分别进行讨论。

(1) 有限长序列

有限长序列$x(n)$只在有限区间($n_1\leqslant n\leqslant n_2$)内具有非零的有限值，在此区间之外$x(n)$的取值均为零，其$z$变换为

$$X(z) = \sum_{n=n_1}^{n_2} x(n) z^{-n} \tag{4.1.8}$$

显而易见，此时$X(z)$为有限项之和的形式，只要每一项的取值有界，其累加和必然有界。又因为$x(n)$($n_1\leqslant n\leqslant n_2$)的值为有限值，因此只要变量$z$满足$0<|z|<\infty$，就可以保证$X(z)$收敛，即有限长序列的$z$变换收敛域为整个$z$平面。但这里还必须注意$|z|$是否可以等于0或$\infty$，考虑下列两种情况：

当$n_1<0$时，由于式(4.1.8)的累加和中包含一项$x(n_1)z^{-n_1}$，如果$|z|=\infty$，则此项为无穷大，$\sum\limits_{n=-\infty}^{\infty}|x(n)z^{-n}|=\infty$，即$X(z)$不存在，因此$|z|\neq\infty$。

当 $n_2>0$，由于式(4.1.8)的累加和中包含一项 $x(n_2)z^{-n_2}$，如果 $|z|=0$，则此项为无穷大，$\sum_{n=-\infty}^{\infty}|x(n)z^{-n}|=\infty$，即 $X(z)$ 不存在，因此 $|z|\neq0$。

图 4-1 给出了一个有限长序列(见图 4-1a)及其 z 变换收敛域(见图 4-1b)的示意图。

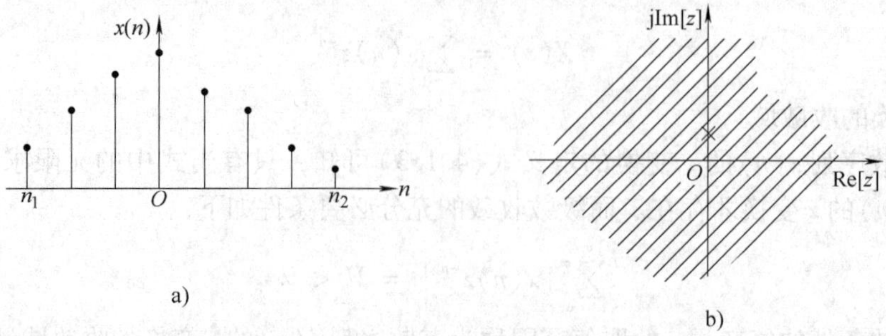

图 4-1　有限长序列及其 z 变换收敛域

（2）右边序列

若 $x(n)$ 只在 $n\geqslant n_1$ 时有值，$n<n_1$ 时，$x(n)$ 为零，这种序列称为右边序列，即 $x(n)$ 只在时域上某点 n_1 的右边离散点处定义，其 z 变换为

$$X(z)=\sum_{n=n_1}^{\infty}x(n)z^{-n}=\sum_{n=n_1}^{\infty}\frac{x(n)}{z^n}\tag{4.1.9}$$

若要令累加和 $\sum_{n=n_1}^{\infty}\left|\frac{x(n)}{z^n}\right|$ 收敛，则要求

$$\lim_{n\to\infty}\sqrt[n]{\left|\frac{x(n)}{z^n}\right|}<1\tag{4.1.10}$$

即右边序列的 z 变换的收敛域为

$$|z|>\lim_{n\to\infty}\sqrt[n]{|x(n)|}=R_{x1}\tag{4.1.11}$$

显然，右边序列的 z 变换收敛域是在 z 平面上，以原点为圆心，R_{x1} 为半径的圆周之外，R_{x1} 的大小由序列函数 $x(n)$ 决定。

另外还需注意的是，如前面所分析过的，当 $n_1<0$ 时，$|z|\neq\infty$，此时 z 变换收敛域为 $R_{x1}<|z|<\infty$；若 $n_1\geqslant0$，由于 $|z|$ 可以为无穷大，此时 z 变换收敛域为 $R_{x1}<|z|\leqslant\infty$。

图 4-2 给出了一个右边序列(见图 4-2a)及其 z 变换收敛域(见图 4-2b)的示意图。

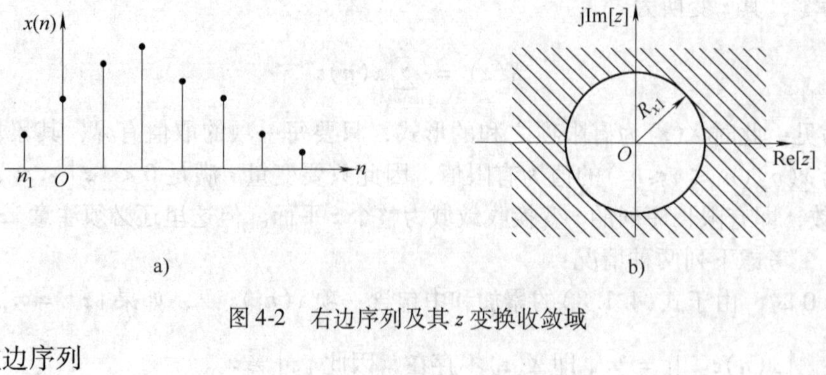

图 4-2　右边序列及其 z 变换收敛域

（3）左边序列

若 $x(n)$ 只在 $n \leqslant n_2$ 时有值，$n > n_2$ 时，$x(n)$ 为零，这种序列称为左边序列，即 $x(n)$ 只在时域上某点 n_2 的左边离散点处定义，其 z 变换为

$$X(z) = \sum_{n=-\infty}^{n_2} x(n) z^{-n} \tag{4.1.12}$$

令 $m = -n$，式(4.1.12)可写成如下形式：

$$X(z) = \sum_{m=-n_2}^{\infty} x(-m) z^{m} \tag{4.1.13}$$

若要令式(4.1.13)收敛，需要 $\lim\limits_{m\to\infty} \sqrt[m]{|x(-m)z^m|} < 1$，即左边序列 z 变换的收敛域为

$$|z| < \frac{1}{\lim\limits_{n\to\infty} \sqrt[n]{|x(-n)|}} = R_{x2}$$

显然，左边序列的 z 变换收敛域是在 z 平面上，以原点为圆心，R_{x2} 为半径的圆周之内，R_{x2} 的大小由序列函数 $x(n)$ 决定。

另外还需注意的是，当 $n_2 > 0$ 时 $|z| \neq 0$，此时 z 变换收敛域为 $0 < |z| < R_{x2}$。若 $n_2 \leqslant 0$，z 变换收敛域为 $0 \leqslant |z| < R_{x2}$。

图 4-3 给出了一个左边序列(见图 4-3a)及其 z 变换收敛域(见图 4-3b)的示意图。

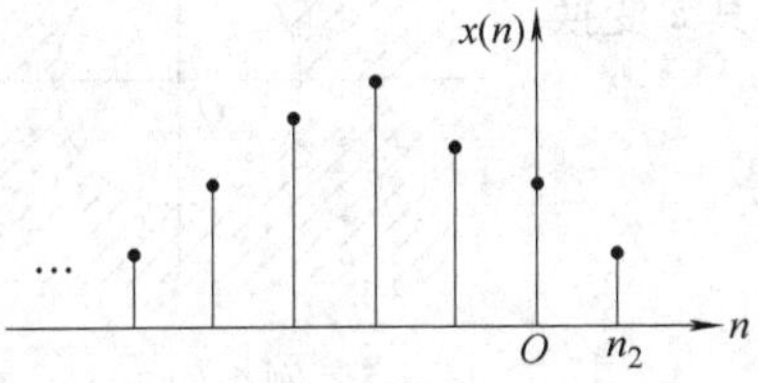

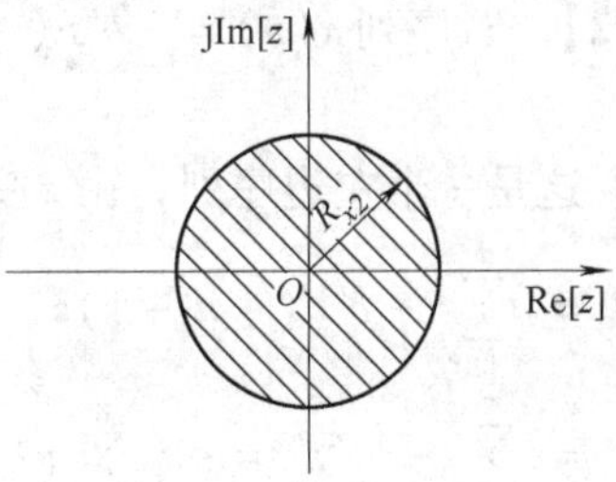

图 4-3 左边序列及其 z 变换收敛域

(4) 双边序列

双边序列 $x(n)$ 在 $-\infty < n < +\infty$ 的范围内均有定义。可以把它看做一个右边序列和一个左边序列之和的形式，其 z 变换如下：

$$X(z) = \sum_{n=-\infty}^{\infty} x(n) z^{-n} = \sum_{n=-\infty}^{-1} x(n) z^{-n} + \sum_{n=0}^{\infty} x(n) z^{-n} \tag{4.1.14}$$

式(4.1.14)表示，双边序列的 z 变换可以分解为一个右边序列的 z 变换和一个左边序列的 z 变换之和的形式，因此双边序列 z 变换的收敛域为左右两个序列的 z 变换收敛域的交集部分，即 $R_{x1} < |z| < R_{x2}$。

若左右两个序列的 z 变换收敛域不存在交集，即 $R_{x2} < R_{x1}$，则双边序列的 z 变换收敛域不存在。

图 4-4 给出了一个双边序列(见图 4-4a)及其 z 变换收敛域(见图 4-4b)的示意图。

【例 4-1】 若序列 $x(n) = a^n u(n)$，求其 z 变换和收敛域。

【解】 这是一个右边序列，由 z 变换定义可得

$$X(z) = \sum_{n=0}^{\infty} x(n) z^{-n} = \sum_{n=0}^{\infty} a^n z^{-n} = \sum_{n=0}^{\infty} (az^{-1})^n$$

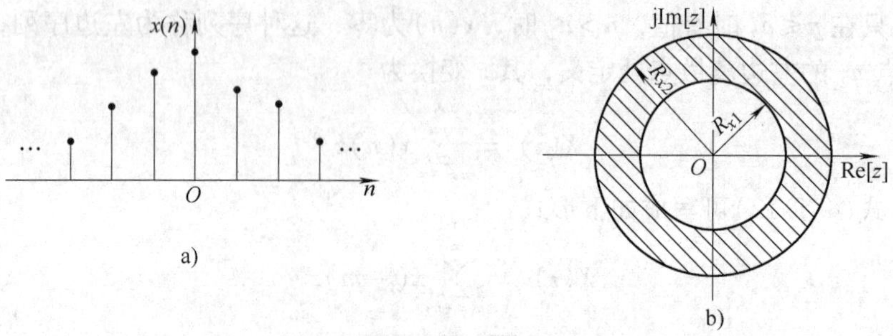

图 4-4　双边序列及其 z 变换收敛域

这是一个无穷项的等比数列求和，只有在 $|az^{-1}|<1$ 处级数收敛，即 z 变换的收敛域为 $|z|>|a|$，此时无穷项的等比数列累加和可以得到闭合形式的表达式

$$X(z)=\sum_{n=0}^{\infty}(az^{-1})^{n}=\frac{1}{1-az^{-1}}\qquad |z|>|a|$$

由上式可以看出，$X(z)$的零点在 $z=0$ 处，极点在 $z=a$ 处，在图中分别用圆圈“○”和叉“×”标识出来，收敛域及零极点如图 4-5 所示。

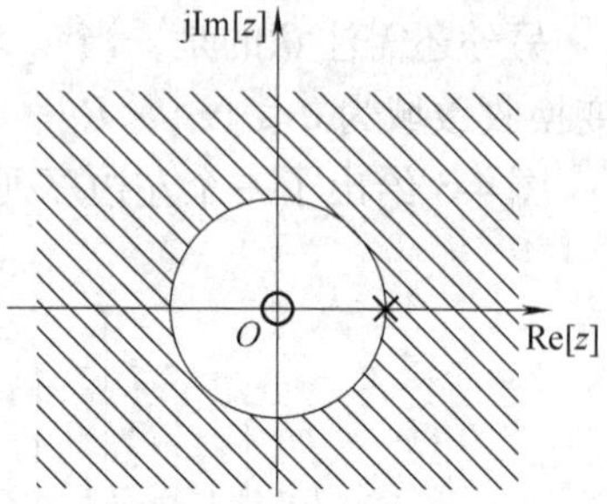

图 4-5　例 4-1 中 $x(n)=a^{n}u(n)$ 的收敛域及零极点

【例 4-2】　若序列 $x(n)=-b^{n}u(-n-1)$，求其 z 变换和收敛域。

【解】　这是一个左边序列，由 z 变换定义可得

$$X(z)=\sum_{n=-\infty}^{\infty}-b^{n}u(-n-1)z^{-n}=\sum_{n=-\infty}^{-1}-b^{n}z^{-n}$$

$$=\sum_{n=1}^{\infty}-b^{-n}z^{n}=-\left[\sum_{n=0}^{\infty}(b^{-1}z)^{n}-1\right]$$

此无穷项的等比数列累加和的收敛条件为 $|b^{-1}z|<1$，即 z 变换的收敛域为 $|z|<|b|$，此时等比数列累加和可以得到如下闭合形式的表达式

$$X(z)=\frac{-b^{-1}z}{1-b^{-1}z}=\frac{z}{z-b}=\frac{1}{1-bz^{-1}}\qquad |z|<|b|$$

收敛域及零极点如图 4-6 所示。

由例 4-1 和例 4-2 可以看出，两个不同序列的 z 变换形式完全相同，而其收敛域不同。因此当需要利用 $X(z)$通过 z 逆变换求取序列 $x(n)$时，仅考虑 $X(z)$的表达式形式是不够的，还必须通过其收敛域，来判断 $x(n)$的序列形式。

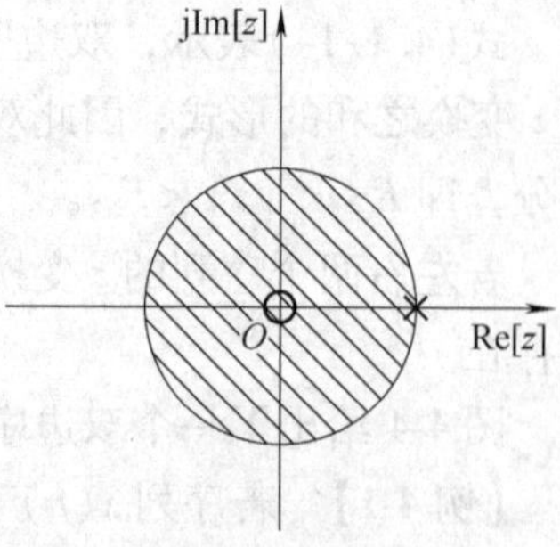

图 4-6　例 4-2 中 $x(n)=-b^{n}u(-n-1)$的收敛域及零极点

【例 4-3】　若序列 $x(n)=a^{n}u(n)-b^{n}u(-n-1)$，其中 $0<a<b$，求其 z 变换和收敛域。

【解】　这是一个双边序列，其 z 变换可以看成两个单边序列的 z 变换之和的形式

$$X(z)=\sum_{n=-\infty}^{\infty}[a^{n}u(n)-b^{n}u(-n-1)]z^{-n}$$

$$=\sum_{n=0}^{\infty}a^{n}z^{-n}+\sum_{n=-\infty}^{-1}-b^{n}z^{-n}$$

$$= \sum_{n=0}^{\infty} a^n z^{-n} + \left(1 - \sum_{n=0}^{\infty} b^{-n} z^n\right)$$

当 $a < |z| < b$ 时，上式中两个等比数列的级数均收敛，得到

$$X(z) = \frac{z}{z-a} + \frac{z}{z-b} = \frac{z[2z-(a+b)]}{(z-a)(z-b)} \quad a < |z| < b$$

$X(z)$ 有两个极点（$z=a$，$z=b$）和两个零点 $\left(z=0，z=\dfrac{a+b}{2}\right)$，其收敛域及零极点如图 4-7 所示。

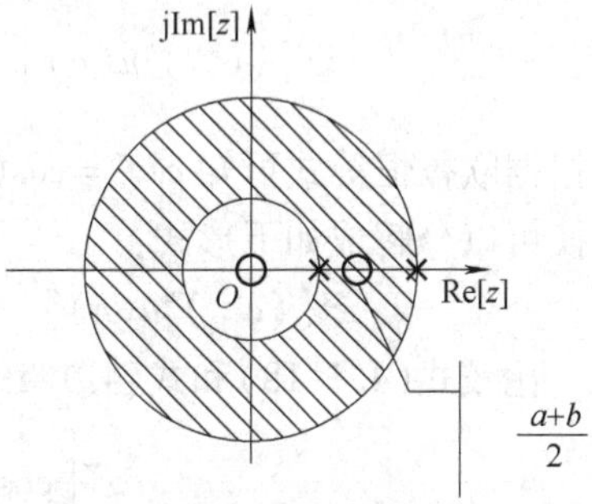

图 4-7　例 4-3 中 $x(n) = a^n u(n) - b^n u(-n-1)$ 的收敛域及零极点

4.1.2　典型序列的 z 变换

下面给出一些典型序列的 z 变换，这些典型序列的 z 变换形式可以在求解其他问题时作为已知量使用。

1. 单位脉冲序列

根据 z 变换定义，有

$$\mathscr{Z}[\delta(n)] = \sum_{n=0}^{\infty} \delta(n) z^{-n} = 1 \tag{4.1.15}$$

类似于冲激函数 $\delta(t)$ 的拉氏变换，单位脉冲序列 $\delta(n)$ 的 z 变换等于 1。

2. 单位阶跃序列

根据 z 变换定义，有

$$\mathscr{Z}[u(n)] = \sum_{n=-\infty}^{\infty} u(n) z^{-n} = \sum_{n=0}^{\infty} z^{-n}$$

当 $|z| > 1$ 时，该级数收敛，得到 $u(n)$ 的 z 变换及其收敛域为

$$\mathscr{Z}[u(n)] = \frac{1}{1-z^{-1}} = \frac{z}{z-1} \qquad |z| > 1 \tag{4.1.16}$$

存在一个零点 $z=0$ 和一个极点 $z=1$。

3. 单边指数序列

单边指数序列定义为 $x(n) = a^n u(n)$，由例 4-1 知

$$X(z) = \frac{1}{1-az^{-1}} \qquad |z| > |a| \tag{4.1.17}$$

4. 单边正弦与余弦序列

单边余弦序列 $\cos(\omega_0 n)u(n)$ 如图 4-8 所示。

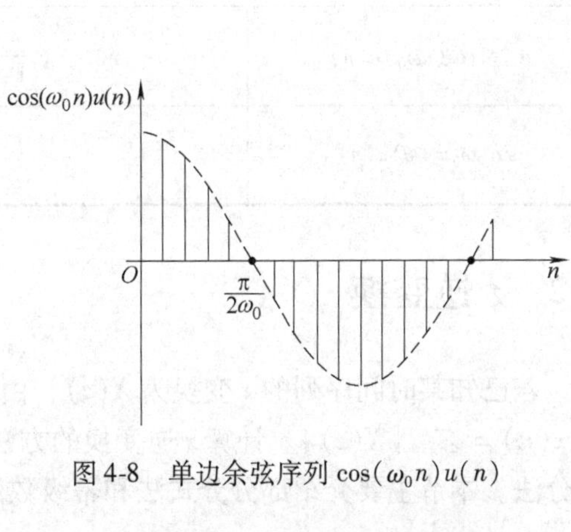

图 4-8　单边余弦序列 $\cos(\omega_0 n)u(n)$

首先求单边指数序列 $(e^{j\omega_0})^n u(n)$ 的 z 变换，根据刚才已经求得的单边指数序列的 z 变换形式，将 $a = e^{j\omega_0}$ 代入，得到

$$\mathscr{Z}[(e^{j\omega_0})^n u(n)] = \frac{z}{z-e^{j\omega_0}}$$

$$|z| > |e^{j\omega_0}| = 1$$

将上式分解成实部和虚部相加的形式，即

$$\mathscr{Z}[(e^{j\omega_0})^n u(n)] = \frac{z}{z-\cos\omega_0 - j\sin\omega_0} = \frac{z(z-\cos\omega_0)+jz\sin\omega_0}{z^2-2z\cos\omega_0+1} \tag{4.1.18}$$

又根据欧拉恒等式可知 $e^{j\omega_0 n}=\cos(n\omega_0)+j\sin(n\omega_0)$，由 z 变换的线性性质，$(e^{j\omega_0})^n u(n)$ 的 z 变换可以分解成如下形式：

$$\mathscr{Z}[(e^{j\omega_0})^n u(n)] = \mathscr{Z}[\cos(n\omega_0)u(n)] + j\,\mathscr{Z}[\sin(n\omega_0)u(n)] \tag{4.1.19}$$

比较式(4.1.18)和式(4.1.19)，可知

$$\mathscr{Z}[\cos(n\omega_0)u(n)] = \frac{z(z-\cos\omega_0)}{z^2-2z\cos\omega_0+1} \tag{4.1.20}$$

$$\mathscr{Z}[\sin(n\omega_0)u(n)] = \frac{z\sin\omega_0}{z^2-2z\cos\omega_0+1} \tag{4.1.21}$$

表 4-1 列出了一些典型序列的 z 变换及其收敛域。

表 4-1　一些典型序列的 z 变换及其收敛域

序列	z 变换	收敛域
$\delta(n)$	1	全部 z
$a^n u(n)$	$\frac{z}{z-a}=\frac{1}{1-az^{-1}}$	$\lvert z\rvert > \lvert a\rvert$
$-a^n u(-n-1)$	$\frac{1}{1-az^{-1}}$	$\lvert z\rvert < \lvert a\rvert$
$R_N(n)$	$\frac{z^N-1}{z^{N-1}(z-1)}=\frac{1-z^{-N}}{1-z^{-1}}$	$\lvert z\rvert >0$
$nu(n)$	$\frac{z}{(z-1)^2}=\frac{z^{-1}}{(1-z^{-1})^2}$	$\lvert z\rvert >1$
$\sin(n\omega_0)u(n)$	$\frac{z\sin\omega_0}{z^2-2z\cos\omega_0+1}=\frac{z^{-1}\sin\omega_0}{1-2z^{-1}\cos\omega_0+z^{-2}}$	$\lvert z\rvert >1$
$\cos(n\omega_0)u(n)$	$\frac{z^2-z\cos\omega_0}{z^2-2z\cos\omega_0+1}=\frac{1-z^{-1}\cos\omega_0}{1-2z^{-1}\cos\omega_0+z^{-2}}$	$\lvert z\rvert >1$
$e^{-an}\sin(n\omega_0)u(n)$	$\frac{z^{-1}e^{-a}\sin\omega_0}{1-2z^{-1}e^{-a}\cos\omega_0+z^{-2}e^{-2a}}$	$\lvert z\rvert >e^{-a}$
$e^{-am}\cos(n\omega_0)u(n)$	$\frac{1-z^{-1}e^{-a}\cos\omega_0}{1-2z^{-1}e^{-a}\cos\omega_0+z^{-2}e^{-2a}}$	$\lvert z\rvert >e^{-a}$
$\sin(\omega_0 n+\theta)u(n)$	$\frac{\sin\theta+z^{-1}\sin(\omega_0-\theta)}{1-2z^{-1}\cos\omega_0+z^{-2}}$	$\lvert z\rvert >1$

4.2　z 逆变换

若已知某时间序列的 z 变换为 $X(z)$，由 $X(z)$ 还原出序列 $x(n)$ 的过程称为 z 逆变换，记为 $x(n)=\mathscr{Z}^{-1}[X(z)]$。计算 z 逆变换的方法有三种，分别是部分分式法、幂级数法和围线积分法。本节主要介绍部分分式法和幂级数法，其中部分分式法更为常用。

4.2.1　部分分式法

在实际应用中，一般 $X(z)$ 均可写成 z 或 z^{-1} 的有理分式的形式，在求解 z 逆变换时，更习惯使用 z^{-1} 作为变量。$X(z)$ 的有理分式形式如下：

$$X(z) = \frac{B(z)}{A(z)} = \frac{b_0 + b_1 z^{-1} + b_2 z^{-2} + \cdots + b_m z^{-m}}{a_0 + a_1 z^{-1} + a_2 z^{-2} + \cdots + a_n z^{-n}} \tag{4.2.1}$$

式(4.2.1)中，分子的最高阶为 m，分母的最高阶为 n，首先考虑 $m<n$ 的情况。

1）若 $X(z)$ 的所有极点均为一阶的，则 $X(z)$ 可做如下分解：

$$X(z) = \frac{A_1}{1 - p_1 z^{-1}} + \frac{A_2}{1 - p_2 z^{-1}} + \cdots + \frac{A_n}{1 - p_n z^{-1}} \tag{4.2.2}$$

式中，p_i 是 $X(z)$ 的极点；A_i 是部分分式的系数，可通过下式计算：

$$A_i = (z - p_i)\frac{X(z)}{z}\bigg|_{z=p_i} \tag{4.2.3}$$

2）若 $X(z)$ 有一 r 重极点，不失一般性，可设极点 p_1 为 r 阶重极点，其余 $(n-r)$ 个极点均为一阶，此时 $X(z)$ 展开为

$$X(z) = \sum_{j=1}^{r} \frac{B_j}{(1 - p_1 z^{-1})^j} + \sum_{i=1}^{n-r} \frac{A_i}{1 - p_i z^{-1}} \tag{4.2.4}$$

式(4.2.4)等号右边的第一项累加式为与 r 阶重极点 p_1 相关的部分分式，系数 B_j 可通过下式计算：

$$B_j = \frac{1}{(r-j)!}\left\{\frac{\mathrm{d}^{r-j}}{\mathrm{d}z^{r-j}}\left[(z - p_1)^r \frac{X(z)}{z}\right]\right\}\bigg|_{z=p_1} \tag{4.2.5}$$

式(4.2.4)等号右边的第二项累加和是与其他 $(n-r)$ 个一阶极点相关的部分分式，其系数 A_i 通过式(4.2.3)进行计算。

若式(4.2.1)中的分子阶高于分母阶，即 $m \geqslant n$，则需要先将分子与分母进行长除，将 $X(z)$ 分解成一个多项式和一个真分式相加的形式，即

$$X(z) = \sum_{i=1}^{m-n} k_i z^{-i} + \frac{\widetilde{B}(z)}{A(z)} \tag{4.2.6}$$

此时，$\widetilde{B}(z)$ 的阶低于 $A(z)$，对真分式 $\frac{\widetilde{B}(z)}{A(z)}$ 按上述方法进行部分分式展开。

在式(4.2.2)和式(4.2.4)这两种展开式中，部分分式的基本形式是 $\frac{1}{(1-p_1 z^{-1})^j}$ 和 $\frac{1}{1-p_i z^{-1}}$。再结合 z 变换的收敛域，它们的逆变换形式可通过查表4-1得到。然后再利用 z 变换的线性特性，根据式(4.2.2)或式(4.2.4)将这些分式的逆变换形式进行线性组合，即可得到 $X(z)$ 的逆变换形式。

需要注意的是，在确定逆变换形式时，必须考虑 $X(z)$ 的收敛域，因为即使 $X(z)$ 的形式相同，若收敛域不同，也会得到不同的逆变换形式。

【例4-4】　设 $X(z) = \frac{5z^{-1}}{1 + z^{-1} - 6z^{-2}}$，$2 < |z| < 3$，试求 $X(z)$ 的逆变换 $x(n)$。

【解】 $X(z)=\dfrac{5z^{-1}}{1+z^{-1}-6z^{-2}}=\dfrac{5z}{z^2+z-6}$

$$\frac{X(z)}{z}=\frac{5}{z^2+z-6}=\frac{5}{(z-2)(z+3)}=\frac{A_1}{z-2}+\frac{A_2}{z+3}$$

根据式(4.2.3)求得各系数如下：

$$A_1=\frac{5}{(z-2)(z+3)}(z-2)\bigg|_{z=2}=1$$

$$A_2=\frac{5}{(z-2)(z+3)}(z+3)\bigg|_{z=-3}=-1$$

因而得出

$$\frac{X(z)}{z}=\frac{1}{z-2}-\frac{1}{z+3}$$

$$X(z)=\frac{1}{1-2z^{-1}}-\frac{1}{1+3z^{-1}}$$

由于 $X(z)$ 的收敛域为 $2<|z|<3$，因此上式中第 1 项的收敛域为 $|z|>2$，第 2 项的收敛域为 $|z|<3$，因而查表可得

$$x(n)=2^n u(n)+(-3)^n u(-n-1)$$

4.2.2 幂级数法

幂级数法又称长除法。由式(4.1.4)定义的 z 变换可以展开成如下形式：

$$X(z)=\sum_{n=0}^{\infty}x(n)z^{-n}=x(0)z^0+x(1)z^{-1}+x(2)z^{-2}+\cdots \tag{4.2.7}$$

可以看出，序列 $x(n)$ 的 z 变换 $X(z)$ 实际上可以看作 (z^{-1}) 的幂级数，系数就是序列 $x(n)$ 的值 $(n=0,1,2,\cdots)$。因此对于给定的 $X(z)$，如果能把它展开成式(4.2.7)的形式，则幂级数的系数即为 $x(n)$ 的值。如前所述，一般情况下 $X(z)$ 为一有理分式形式，分子分母均为 z 的多项式形式，因此可直接使用分子多项式除以分母多项式，得到一个幂级数展开式，从而得到 $x(n)$ 的形式。

另外还需注意，使用幂级数法计算 z 逆变换时，在做长除运算之前，首先需要根据 $X(z)$ 的收敛域来确定序列 $x(n)$ 是左边序列还是右边序列。如果 $X(z)$ 的收敛域为 $|z|>R_{x1}$，则说明 $x(n)$ 为右边序列，此时 $X(z)$ 的分子和分母要按 z 的降幂（或 (z^{-1}) 的升幂）顺序进行排列；如果 $X(z)$ 的收敛域为 $|z|<R_{x2}$，则说明 $x(n)$ 为左边序列，此时 $X(z)$ 的分子和分母要按 z 的升幂（或 (z^{-1}) 的降幂）顺序进行排列。

【例 4-5】 已知 $X(z)=\dfrac{z}{(z-1)^2}$，$|Z|>1$，试求 z 逆变换 $x(n)$。

【解】 根据 $X(z)$ 的收敛域，可以看出 $X(z)$ 所对应的时间序列 $x(n)$ 应为一右边序列，此时 $X(z)$ 的分子和分母要按 z 的降幂顺序进行排列，得到如下形式：

$$X(z)=\frac{z}{z^2-2z+1}$$

进行长除运算

$$
\begin{array}{r}
z^{-1}+2z^{-2}+3z^{-3}+\cdots \\
z^2-2z+1 \overline{\big)\; z \qquad\qquad\qquad} \\
\underline{z-2+z^{-1}} \\
2-z^{-1} \\
\underline{2-4z^{-1}+2z^{-2}} \\
3z^{-1}-2z^{-2} \\
\underline{3z^{-1}-6z^{-2}} \\
4z^{-1}-3z^{-3} \\
\cdots\cdots
\end{array}
$$

得到 $X(z)=z^{-1}+2z^{-2}+3z^{-3}+\cdots$，由此可以推论序列 $x(n)=nu(n)$。

幂级数法计算比较简单，但缺点是只能计算出序列 $x(n)$ 的前 N(N 为有限值)个数值，在大多数情况下无法像例 4-5 中那样得到 $x(n)$ 的闭合形式。

4.3　z 变换的性质与定理

1. 线性

z 变换的线性性质表现为比例性和可加性，若

$$\mathscr{Z}[x(n)]=X(z)\quad R_{x1}<|z|<R_{x2}$$
$$\mathscr{Z}[y(n)]=Y(z)\quad R_{y1}<|z|<R_{y2}$$

则

$$\mathscr{Z}[ax(n)+by(n)]=aX(z)+bY(z)\quad R_1<|z|<R_2 \tag{4.3.1}$$

式中，a、b 为任意常数。

序列线性相加后的 z 变换收敛域一般为两个收敛域的重叠部分，即 $R_1=\max(R_{x1},R_{y1})$，$R_2=\min(R_{x2},R_{y2})$。但应注意的是，经过线性相加后，原序列 z 变换的零点和极点有可能相互抵消，此时收敛域可能会扩大。

【例 4-6】　求序列 $x(n)=u(n)-u(n-3)$ 的 z 变换。

【解】　通过查表可知

$$\mathscr{Z}[u(n)]=\frac{z}{z-1}\qquad |z|>1$$

又

$$\mathscr{Z}[u(n-3)]=\sum_{n=-\infty}^{\infty}u(n-3)z^{-n}=\sum_{n=3}^{\infty}z^{-n}=\frac{1}{z^3-z^2}\qquad |z|>1$$

所以

$$X(z)=\mathscr{Z}[x(n)]=\mathscr{Z}[u(n)]-\mathscr{Z}[u(n-3)]=\frac{z}{z-1}-\frac{1}{z^3-z^2}=\frac{z^2+z+1}{z^2}\qquad |z|>0$$

可见，序列经过线性叠加后，其 z 变换的收敛域有可能扩大，在此例中由于零极点对消，使收敛域由原来的 $|z|>1$ 扩大为 $|z|>0$。

2. 位移性

位移性表示序列 $x(n)$ 位移之后的 z 变换与原序列的 z 变换之间的关系。在处理双边 z 变换和单边 z 变换时，位移性质略有不同，下面对这两种情况分别进行讨论。

（1）双边 z 变换

在计算双边 z 变换时，n 的取值为 $-\infty \sim \infty$，序列 $x(n)$ 位移后，序列的长度不会改变，而只会改变序列在 n 轴上的位置，位移情况如图 4-9 所示。

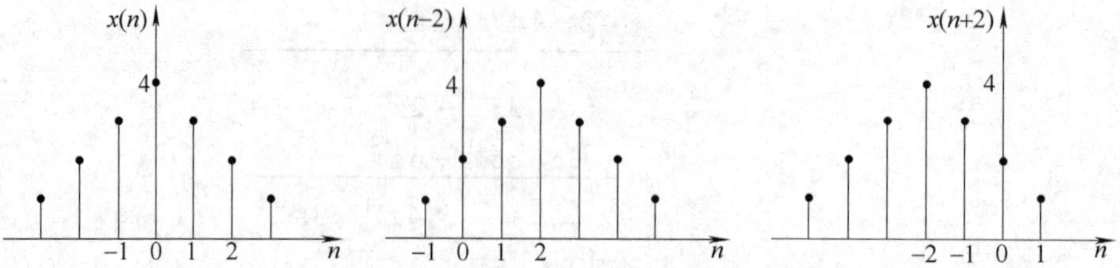

图 4-9　双边序列位移

若序列 $x(n)$ 的双边 z 变换为

$$\mathscr{Z}[x(n)] = X(z)$$

则序列右移后的双边 z 变换为

$$\mathscr{Z}[x(n-m)] = z^{-m}X(z) \tag{4.3.2}$$

【证明】

根据双边 z 变换定义，可得

$$\mathscr{Z}[x(n-m)] = \sum_{n=-\infty}^{\infty} x(n-m)z^{-n} = z^{-m}\sum_{k=-\infty}^{\infty} x(k)z^{-k} = z^{-m}X(z)$$

同理可得，左移序列的双边 z 变换为

$$\mathscr{Z}[x(n+m)] = z^{m}X(z)$$

可以看出，经位移后序列的双边 z 变换需要乘上一个 z^{m}（或 z^{-m}），这样会改变 $z=0$ 或 $z=\infty$ 处的零极点情况，在处理问题时需注意到这点。

（2）单边 z 变换

计算单边 z 变换时，相当于计算 $\mathscr{Z}[x(n)u(n)]$。若 $x(n)$ 是非因果的双边序列，如图 4-10 所示，由于对 $x(n)$ 位移之后 $n \geqslant 0$ 部分的序列会发生变化，因而导致位移后的单边 z 变换与双边 z 变换有所不同，即

$$\mathscr{Z}[x(n+m)u(n)] = z^{m}\left[X(z) - \sum_{k=0}^{m-1} x(k)z^{-k}\right] \tag{4.3.3}$$

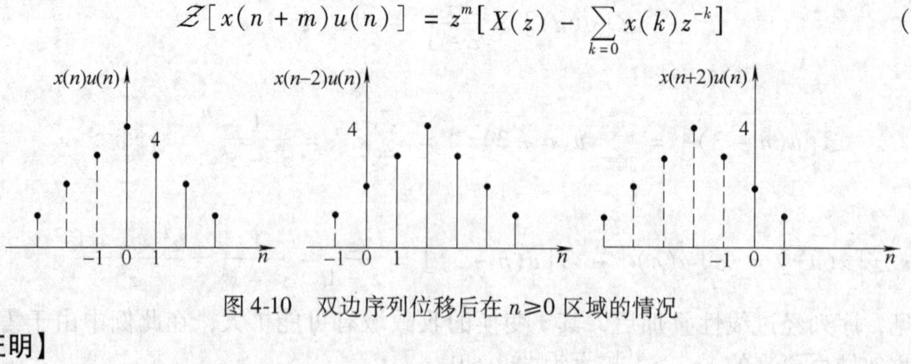

图 4-10　双边序列位移后在 $n \geqslant 0$ 区域的情况

【证明】

根据单边 z 变换定义可得

$$\begin{aligned}\mathscr{Z}[x(n+m)u(n)] &= \sum_{n=0}^{\infty} x(n+m)z^{-n} = z^m \sum_{n=0}^{\infty} x(n+m)z^{-(n+m)} \\ &= z^m \sum_{k=m}^{\infty} x(k)z^{-(k)} = z^m\left[\sum_{k=0}^{\infty} x(k)z^{-k} - \sum_{k=0}^{m-1} x(k)z^{-k}\right] \\ &= z^m\left[X(z) - \sum_{k=0}^{m-1} x(k)z^{-k}\right]\end{aligned}$$

同理可得，右移序列的单边 z 变换为

$$\mathscr{Z}[x(n-m)u(n)] = z^{-m}\left[X(z) + \sum_{k=-m}^{-1} x(k)z^{-k}\right] \tag{4.3.4}$$

如果 $x(n)$ 是因果序列（即 $x(n)$ 只在 $n\geqslant 0$ 处有定义），则式(4.3.4)中 $\sum_{k=-m}^{-1} x(k)z^{-k}$ 为零，即

$$\mathscr{Z}[x(n-m)u(n)] = z^{-m}X(z) \tag{4.3.5}$$

3. z 域尺度变换

若已知

$$\mathscr{Z}[x(n)] = X(z) \qquad R_{x1} < |z| < R_{x2}$$

则

$$\mathscr{Z}[a^n x(n)] = X\left(\frac{z}{a}\right) \qquad R_{x1} < \left|\frac{z}{a}\right| < R_{x2} \tag{4.3.6}$$

式中，a 为非零常数。

【证明】　因为

$$\mathscr{Z}[a^n x(n)] = \sum_{n=0}^{\infty} a^n x(n)z^{-n} = \sum_{n=0}^{\infty} x(n)\left(\frac{z}{a}\right)^{-n}$$

所以

$$\mathscr{Z}[a^n x(n)] = X\left(\frac{z}{a}\right) \qquad R_{x1} < \left|\frac{z}{a}\right| < R_{x2}$$

可见对序列 $x(n)$ 乘上一个指数序列 a^n，相当于对其 z 变换 $X(z)$ 在 z 平面上进行尺度展缩。

4. z 域微分

若已知

$$\mathscr{Z}[x(n)] = X(z)$$

则

$$\mathscr{Z}[nx(n)] = -z\frac{\mathrm{d}}{\mathrm{d}z}X(z) \tag{4.3.7}$$

【证明】

因为

$$X(z) = \sum_{n=-\infty}^{\infty} x(n)z^{-n}$$

将上式两边对 z 求导，得到

$$\frac{\mathrm{d}}{\mathrm{d}z}X(z) = \frac{\mathrm{d}}{\mathrm{d}z}\sum_{n=-\infty}^{\infty} x(n)z^{-n}$$

交换求导与求和的次序，上式变成

$$\frac{\mathrm{d}}{\mathrm{d}z}X(z)=\sum_{n=-\infty}^{\infty}x(n)\frac{\mathrm{d}}{\mathrm{d}z}z^{-n}=-z^{-1}\sum_{n=-\infty}^{\infty}nx(n)z^{-n}=-z^{-1}\mathscr{Z}[nx(n)]$$

所以

$$\mathscr{Z}[nx(n)]=-z\frac{\mathrm{d}}{\mathrm{d}z}X(z)$$

可见对序列 $x(n)$ 乘一个线性序列 n，相当于对其 z 变换取导数后再乘以 $-z$。

5. 初值定理

若 $x(n)$ 为因果序列，并已知

$$X(z)=\mathscr{Z}[x(n)]=\sum_{n=0}^{\infty}x(n)z^{-n}$$

则

$$x(0)=\lim_{z\to\infty}X(z)\tag{4.3.8}$$

【证明】

由

$$X(z)=\sum_{n=0}^{\infty}x(n)z^{-n}=x(0)+x(1)z^{-1}+x(2)z^{-2}+\cdots$$

当 $z\to\infty$ 时，上式中除第一项 $x(0)$ 外，其余各项均趋向于零，所以可以得到

$$\lim_{z\to\infty}X(z)=\lim_{z\to\infty}\sum_{n=0}^{\infty}x(n)z^{-n}=x(0)$$

初值定理揭示了序列的初值与其 z 变换的终值之间的关系。

6. 终值定理

若 $x(n)$ 为因果序列，并已知

$$X(z)=\mathscr{Z}[x(n)]=\sum_{n=0}^{\infty}x(n)z^{-n}$$

则

$$x(\infty)=\lim_{n\to\infty}x(n)=\lim_{z\to 1}[(z-1)X(z)]\tag{4.3.9}$$

【证明】

因为

$$\mathscr{Z}[x(n+1)-x(n)]=zX(z)-zx(0)-X(z)=(z-1)X(z)-zx(0)$$

两边取极限得到

$$\begin{aligned}\lim_{z\to 1}(z-1)X(z)&=x(0)+\lim_{z\to 1}\sum_{n=0}^{\infty}[x(n+1)-x(n)]z^{-n}\\&=x(0)+[x(1)-x(0)]+[x(2)-x(1)]+[x(3)-x(2)]+\cdots\\&=x(\infty)\end{aligned}$$

所以

$$\lim_{n\to\infty}x(n)=\lim_{z\to 1}[(z-1)X(z)]$$

只有当 $n\to\infty$ 时 $x(n)$ 收敛，终值定理才可应用，也就是要求 $X(z)$ 的极点必须处在单位圆内（在单位圆上，只能位于 $z=\pm 1$ 处，且为一阶极点）。

7. 时域卷积定理

已知两序列 $x(n)$ 和 $h(n)$ 的 z 变换分别为

$$X(z) = \mathscr{Z}[x(n)] \quad R_{x1} < |z| < R_{x2}$$
$$H(z) = \mathscr{Z}[h(n)] \quad R_{h1} < |z| < R_{h2}$$

则

$$\mathscr{Z}[x(n) * h(n)] = X(z)H(z) \tag{4.3.10}$$

时域两个序列进行“卷积和”运算，对应于各自 z 变换的乘积运算。一般情况下，收敛域取两个序列 z 变换收敛域的重叠部分。如果收敛域边界上一个 z 变换的零点与另一个 z 变换的极点相互抵消的话，则收敛域可能扩大。

【证明】

$$\begin{aligned}\mathscr{Z}[x(n) * h(n)] &= \sum_{n=-\infty}^{\infty}[x(n) * h(n)]z^{-n} \\ &= \sum_{n=-\infty}^{\infty}\sum_{m=-\infty}^{\infty}x(m)h(n-m)z^{-n} \\ &= \sum_{m=-\infty}^{\infty}x(m)\sum_{n=-\infty}^{\infty}h(n-m)z^{-(n-m)}z^{-m} \\ &= \sum_{m=-\infty}^{\infty}x(m)z^{-m}H(z) = X(z)H(z)\end{aligned}$$

所以

$$\mathscr{Z}[x(n) * h(n)] = X(z)H(z)$$

在第1章的1.2.3小节中曾经讨论到，对于线性时不变的离散系统，如果系统输入为 $x(n)$，系统的单位脉冲响应为 $h(n)$，则输出 $y(n)$ 是 $x(n)$ 与 $h(n)$ 的“卷积和”。现在，利用 z 变换的卷积定理，可以通过求 $X(z)H(z)$，然后再求其 z 逆变换而求出 $y(n)$，这在很多情况下可以大大简化运算，因而这个定理对于离散系统的分析十分重要。

8. z 域复卷积定理

已知两序列 $x(n)$ 和 $h(n)$ 的 z 变换分别为

$$X(z) = \mathscr{Z}[x(n)] \quad R_{x1} < |z| < R_{x2}$$
$$H(z) = \mathscr{Z}[h(n)] \quad R_{h1} < |z| < R_{h2}$$

则

$$\mathscr{Z}[x(n)h(n)] = \frac{1}{2\pi j}\oint_{c_1}X\left(\frac{z}{v}\right)H(v)v^{-1}dv \tag{4.3.11}$$

或

$$\mathscr{Z}[x(n)h(n)] = \frac{1}{2\pi j}\oint_{c_2}X(v)H\left(\frac{z}{v}\right)v^{-1}dv \tag{4.3.12}$$

式中，C_1 和 C_2 分别为 $X\left(\frac{z}{v}\right)$ 与 $H(v)$ 或 $X(v)$ 与 $H\left(\frac{z}{v}\right)$ 收敛域重叠部分内逆时针旋转的围线，而 $\mathscr{Z}[x(n)h(n)]$ 的收敛域一般为 $X\left(\frac{z}{v}\right)$ 与 $H(v)$ 或 $X(v)$ 与 $H\left(\frac{z}{v}\right)$ z 变换收敛域的重叠部分。

【证明】

$$
\begin{aligned}
\mathscr{Z}[x(n)h(n)] &= \sum_{n=-\infty}^{\infty}[x(n)h(n)]z^{-n} \\
&= \sum_{n=-\infty}^{\infty}\left[\frac{1}{2\pi \mathrm{j}}\oint_{c_2}X(v)v^{n-1}\mathrm{d}v\right]h(n)z^{-n} \\
&= \frac{1}{2\pi \mathrm{j}}\sum_{n=-\infty}^{\infty}\left[\oint_{c_2}X(v)v^{n}\frac{\mathrm{d}v}{v}\right]h(n)z^{-n} \\
&= \frac{1}{2\pi \mathrm{j}}\oint_{c_2}X(v)\left[\sum_{n=-\infty}^{\infty}h(n)\left(\frac{z}{v}\right)^{-n}\right]\frac{\mathrm{d}v}{v} \\
&= \frac{1}{2\pi \mathrm{j}}\oint_{c_2}X(v)H\left(\frac{z}{v}\right)v^{-1}\mathrm{d}v
\end{aligned}
$$

关于$\mathscr{Z}[x(n)h(n)]$的收敛域可做如下证明：

根据此定理的假设条件和前面的证明过程可知

$$R_{x1} < |v| < R_{x2}$$

$$R_{h1} < \left|\frac{z}{v}\right| < R_{h2}$$

相乘这两个不等式，可以得到$\mathscr{Z}[x(n)h(n)]$的收敛域

$$R_{x1}R_{h1} < |z| < R_{x2}R_{h2}$$

4.4 z 变换与拉普拉斯变换、傅里叶变换的关系

至此，本书已经讨论了三种变换域方法：傅里叶变换、拉普拉斯变换和 z 变换。这三个变换相互之间有着密切的联系，在一定条件下可以相互转换。在本节中，将讨论 z 变换与拉普拉斯变换、z 变换与傅里叶变换的关系。

1. z 平面与 s 平面的映射关系

由 4.1 节已知，若对连续时间信号进行周期抽样，抽样周期为 T_s，对得到的离散序列进行 z 变换，则变量 z 与对连续信号进行拉普拉斯变换的变量 s 之间有如下关系：

$$z = \mathrm{e}^{sT_s}, \text{或 } s = \frac{1}{T_s}\ln z \tag{4.4.1}$$

在第 3 章中，复变量 s 定义如下：

$$s = \sigma + \mathrm{j}\omega \tag{4.4.2}$$

因此，变量 z 可以表示成如下形式：

$$z = \mathrm{e}^{(\sigma+\mathrm{j}\omega)T_s} = \mathrm{e}^{\sigma T_s}\mathrm{e}^{\mathrm{j}\omega T_s} \tag{4.4.3}$$

复变量 z 的模为

$$|z| = \mathrm{e}^{\sigma T_s} \tag{4.4.4}$$

复变量 z 的相位为

$$\Omega = \omega T_s \tag{4.4.5}$$

可见，复变量 z 的模只与 s 的实部 σ 有关，z 的相位只与 s 的虚部 ω 有关，可以得到如下 s 平面与 z 平面的映射关系：

(1) $|z|$ 与 s 变量的实部 σ 的关系

s 平面的虚轴($\sigma=0$)映射于 z 平面的单位圆上($|z|=1$);

s 平面的左半平面($\sigma<0$)映射于 z 平面的单位圆内($|z|<1$);

s 平面的右半平面($\sigma>0$)映射于 z 平面的单位圆外($|z|>1$)。

(2) Ω 与 s 变量的虚部 ω 的关系

s 平面的实轴($\omega=0$)映射于 z 平面实轴的正半部分($\Omega=0$);

s 平面平行于实轴的直线($\omega=\omega_0$)映射于 z 平面始于原点、辐角为 $\omega_0 T_s$ 的直线($\Omega=\omega_0 T_s$);

s 平面的原点($\sigma=0$, $\omega=0$)映射于 z 平面的点 $z=1$，即单位圆与正实轴的交点。

另外需要注意的是，s 平面与 z 平面的映射关系不是单值映射。s 变量的虚部 ω 的变化，相对于 z 变量的相位 Ω 发生变化。也就是说，在 s 平面上沿虚轴运动，映射于 z 平面就是沿着单位圆周旋转。在 s 平面上，沿着虚轴向上每平移 $2\pi/T_s$ 的距离，对应于 z 平面上沿单位圆旋转一周。图 4-11 给出了 s 平面与 z 平面的映射关系。

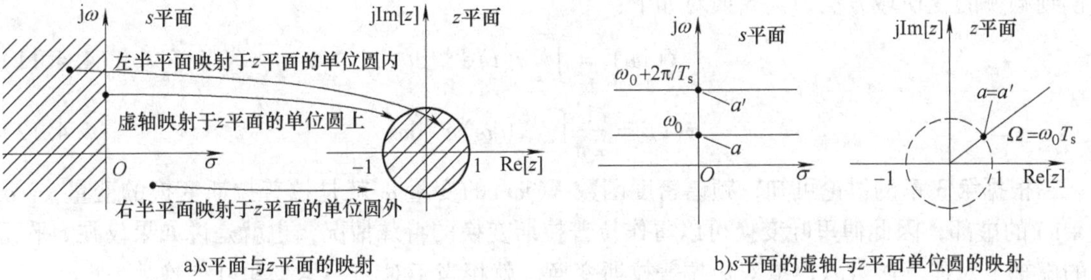

图 4-11　s 平面与 z 平面的映射关系

2. z 变换与拉普拉斯变换的关系

由拉普拉斯逆变换，通过象函数 $X(s)$ 求原函数 $x(t)$，即

$$x(t)=\frac{1}{2\pi j}\int_{\sigma-j\infty}^{\sigma+j\infty}X(s)e^{st}ds \tag{4.4.6}$$

若对时间函数 $x(t)$ 进行抽样，抽样间隔为 T_s，这时 $x(t)$ 由原来的一个连续函数变成了一个只有在 $t=nT_s$ 时才有定义的离散序列 $x(n)$，根据式(4.4.6)，$x(n)$ 可表示如下：

$$x(n)=\frac{1}{2\pi j}\int_{\sigma-j\infty}^{\sigma+j\infty}X(s)e^{snT_s}ds \qquad n=0,1,2,\cdots \tag{4.4.7}$$

对 $x(n)$ 进行 z 变换，可以得到

$$\begin{aligned}X(z)=\mathscr{Z}[x(n)]&=\sum_{n=0}^{\infty}\left[\frac{1}{2\pi j}\int_{\sigma-j\infty}^{\sigma+j\infty}X(s)e^{snT_s}ds\right]z^{-n}\\&=\frac{1}{2\pi j}\int_{\sigma-j\infty}^{\sigma+j\infty}X(s)\left[\sum_{n=0}^{\infty}(e^{sT_s}z^{-1})^n\right]ds\end{aligned}$$

当 $|e^{sT_s}z^{-1}|<1$，即 $|z|>|e^{sT_s}|$ 时上式收敛，此时

$$\begin{aligned}X(z)&=\frac{1}{2\pi j}\int_{\sigma-j\infty}^{\sigma+j\infty}X(s)\left[\sum_{n=0}^{\infty}(e^{sT_s}z^{-1})^n\right]ds\\&=\frac{1}{2\pi j}\int_{\sigma-j\infty}^{\sigma+j\infty}\frac{X(s)}{1-e^{sT_s}z^{-1}}ds\\&=\frac{1}{2\pi j}\int_{\sigma-j\infty}^{\sigma+j\infty}\frac{zX(s)}{z-e^{sT_s}}ds\end{aligned} \tag{4.4.8}$$

式(4.4.8)建立了连续函数 $x(t)$ 的拉普拉斯变换 $X(s)$ 与对它进行抽样后得到的离散序列 $x(n)$ 的 z 变换 $X(z)$ 之间的关系。此积分式可用留数定理计算，即

$$X(z) = \sum_i \mathrm{Res}\left[\frac{zX(s)}{z-\mathrm{e}^{sT_\mathrm{S}}}, s_i\right] \tag{4.4.9}$$

式中，s_i 是 $X(s)$ 的极点。

当 $X(s)$ 有 N 个单阶极点时

$$X(z) = \sum_{i=1}^{N} \frac{K_i z}{z-\mathrm{e}^{s_i T_\mathrm{S}}} = \sum_{i=1}^{N} \frac{K_i z}{z-z_i} \tag{4.4.10}$$

式中，K_i 为 $X(s)$ 在极点 s_i 处的留数，$K_i=(s-s_i)X(s)\big|_{s=s_i}$，$z_i$ 为 s 平面中的极点 s_i 所对应的 z 平面中 $X(z)$ 的极点。

3. z 变换与傅里叶变换的关系

在第 2 章中已经详细讨论了傅里叶变换方法。傅里叶变换是将连续信号 $x(t)$ 从时域转换到频域的变换域方法，其变换对如下：

$$X(\mathrm{j}\omega) = \int_{-\infty}^{\infty} x(t)\mathrm{e}^{-\mathrm{j}\omega t}\mathrm{d}t \tag{4.4.11}$$

$$x(t) = \frac{1}{2\pi}\int_{-\infty}^{\infty} X(\mathrm{j}\omega)\mathrm{e}^{\mathrm{j}\omega t}\mathrm{d}\omega \tag{4.4.12}$$

根据第 3 章的讨论可知，频谱密度函数 $X(\mathrm{j}\omega)$ 的变量 ω 就是拉普拉斯变换的变量 $s=\sigma+\mathrm{j}\omega$ 的虚部，因此傅里叶变换可以看作拉普拉斯变换的特殊情况，也就是说如果仅在 s 平面的虚轴上对连续函数 $f(t)$ 取双边拉普拉斯变换，就相当于对 $x(t)$ 取傅里叶变换。

而根据前面的讨论还知道，s 平面的虚轴映射于 z 平面的单位圆上，即 s 平面上点 $s=\mathrm{j}\omega$，映射到 z 平面上为点 $z=\mathrm{e}^{\mathrm{j}\omega T_\mathrm{S}}$。因此频谱密度函数 $X(\mathrm{j}\omega)$ 的变量 ω 映射于 z 平面的单位圆之上，ω 每平移 $2\pi/T_\mathrm{S}$ 的距离，对应于 z 平面上沿单位圆旋转一周。注意，在 z 平面上，ωT_S 是单位圆上的某点 z 的向量与实轴之间的角度。

式(4.4.8)中已推导得到的抽样序列 $x(n)$ 的 z 变换与连续信号 $x(t)$ 的拉普拉斯变换之间的关系，由于傅里叶变换是拉普拉斯变换的特殊情况，因此，只要令式(4.4.8)中变量 $s=\mathrm{j}\omega$，$\sigma=0$，就可以得到抽样序列 $x(n)$ 的 z 变换 $X(z)$ 与连续信号的傅里叶变换 $X(\mathrm{j}\omega)$ 之间的关系如下：

$$X(z) = \frac{1}{2\pi}\int_{-\infty}^{\infty} \frac{zX(\mathrm{j}\omega)}{z-\mathrm{e}^{\mathrm{j}\omega T_\mathrm{S}}}\mathrm{d}\omega \qquad |z|>1 \tag{4.4.13}$$

4.5 离散系统的时域分析与系统函数

4.5.1 常系数线性差分方程

对于离散系统而言，其激励信号 $x(n)$ 和响应信号 $y(n)$ 均为离散时间序列。若系统为线性时不变离散系统，则系统满足叠加原理(比例性和可加性)，且响应信号的形式与激励信号施加于系统的起始时刻无关。

连续线性时不变系统使用微分方程来描述激励与响应之间的关系，与之类似，离散线性时不变系统使用差分方程来描述激励与响应之间的关系。差分方程形式如下：

$$\sum_{i=0}^{N} a_i y(n-i) = \sum_{j=0}^{M} b_j x(n-j) \tag{4.5.1}$$

由于这里讨论的是时不变系统，系数 a_i（$i=1$，2，…，N）和 b_j（$j=1$，2，…，M）为常数。差分方程的阶为响应序列 $y(n)$ 的变量序号的最高值与最低值之差。例如，式 $y(n)-2y(n-1)+3y(n-2)=x(n)$ 的阶为 2。

采用系统结构图对于离散系统的时域描述时，通常以符号“$1/E$”（也可用符号“T”或“D”）表示对序列进行单位延时；以符号“$\sum$”表示两个序列相加；以符号“×”表示序列与系数相乘，有时为简便起见，可直接将乘系数注明于信号传输线旁或圆圈之内。其基本运算符号如图 4-12 所示。

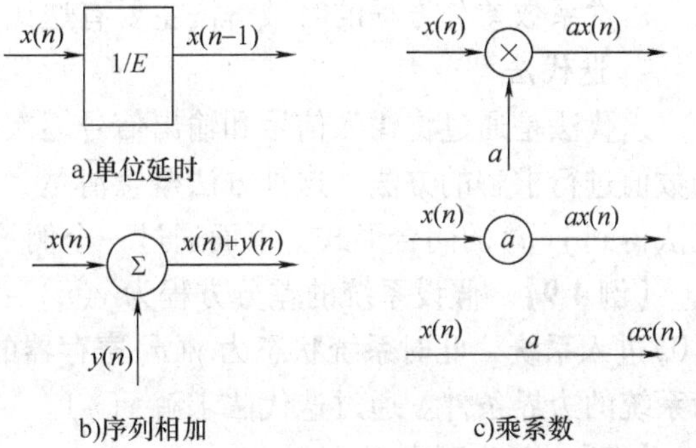

图 4-12　离散时间系统的基本运算符号

【例 4-7】　离散系统结构图如图 4-13 所示，激励信号为 $x(n)$，响应信号为 $y(n)$，试写出描述系统工作的差分方程。

【解】　由图 4-13 可以看出，输入信号 $x(n)$ 乘以系数 b 与输出信号 $y(n)$ 单位延时后乘以系数 a 累加后得到输出信号 $y(n)$，列写差分方程如下：

$$bx(n) + ay(n-1) = y(n)$$

经整理后得到

$$y(n) - ay(n-1) = bx(n)$$

此方程为一阶差分方程，系统需设置寄存器存储上一次的输出值 $y(n-1)$，再根据当前的输入值 $x(n)$ 就可得到当前输出信号 $y(n)$ 的值。

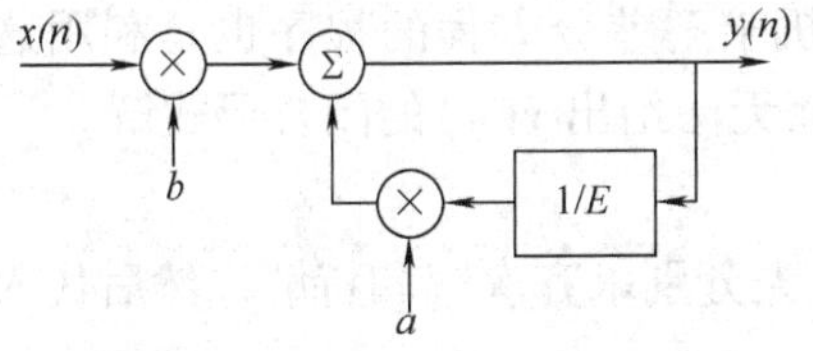

图 4-13　例 4-7 的离散系统结构图

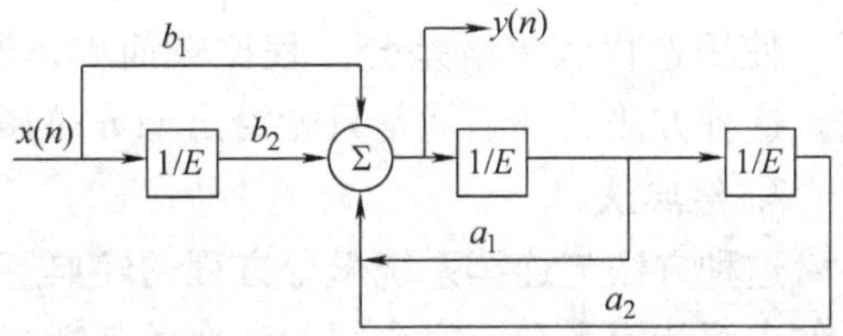

图 4-14　例 4-8 的离散系统结构图

【例 4-8】　离散系统结构图如图 4-14 所示，激励信号为 $x(n)$，响应信号为 $y(n)$，试写出描述系统工作的差分方程。

【解】　根据图 4-14 所示的系统结构图，可列写差分方程形式如下：

$$b_1x(n) + b_2x(n-1) + a_1y(n-1) + a_2y(n-2) = y(n)$$

经整理可得

$$y(n) - a_1y(n-1) - a_2y(n-2) = b_1x(n) + b_2x(n-1)$$

此方程为二阶差分方程，系统需存储前两次输出信号和前一次输入信号的值，即 $y(n-1)$、$y(n-2)$ 和 $x(n-1)$，再根据当前的输入值 $x(n)$ 就可得到当前输出信号 $y(n)$ 的值。

4.5.2 迭代法与经典法

对常系数差分方程的时域解法主要有迭代法和经典法两种。

1. 迭代法

迭代法是通过将输入信号和输出信号逐次代入到差分方程中，对当前的输出信号 $y(n)$ 的数值进行求解的方法。这种方法概念清楚，解法简便，但只能对 $y(n)$ 给出数值解，通常无法得到 $y(n)$ 的闭合形式。下面通过一个例子给出迭代法的求解方法。

【例 4-9】 假设系统的差分方程为 $y(n)-ay(n-1)=bx(n)$。在 $n=0$ 时刻，输入信号 $x(0)$ 进入系统，此时系统状态为 $y(n)$ 寄存器的值，因此系统的初始状态为 $y(-1)$，这也称为系统的边界条件。通过迭代法求解 $y(n)$。

【解】 首先可求得 $y(0)$

$$y(0)=bx(0)+ay(-1)$$

求得 $y(0)$ 之后，可将 $y(0)$ 作为下一次迭代的初始值求得 $y(1)$，$y(2)$，$y(3)$，…

$$y(1)=bx(1)+ay(0)$$
$$y(2)=bx(2)+ay(1)$$
$$y(3)=bx(3)+ay(2)$$
$$\cdots$$

若 $y(-1)=0$，$x(n)=u(n)$，则可得到

$$y(0)=bx(0)+ay(-1)=b$$
$$y(1)=bx(1)+ay(0)=b+ab$$
$$y(2)=bx(2)+ay(1)=b+ab+a^2b$$
$$y(3)=bx(3)+ay(2)=b+ab+a^2b+a^3b$$
$$\cdots$$
$$y(n)=bx(n)+ay(n-1)=b+ab+a^2b+\cdots+a^nb$$

使用迭代法求解差分方程比较简单，通常计算机求解差分方程的程序也是利用这种方法。这种方法的缺陷就是只能给出 $y(n)$ 的数值解，而无法给出 $y(n)$ 的闭合形式解。

2. 经典法

这种方法与连续系统微分方程的经典解法类似，先分别求齐次解和特解，然后代入边界条件求解待定系数。完全解为齐次解与特解相加。

对于如式(4.5.1)的差分方程

$$\sum_{i=0}^{N}a_iy(n-i)=\sum_{j=0}^{M}b_jx(n-j)$$

令等式右边激励信号部分为零，对应的齐次方程形式为

$$\sum_{i=0}^{N}a_iy(n-i)=0 \tag{4.5.2}$$

假设响应信号有如下形式：

$$y(k)=A\alpha^k$$

式中，A 为待定系数。

将上式代入齐次方程式(4.5.2)，得到

$$a_0 A\alpha^n + a_1 A\alpha^{n-1} + \cdots + a_{N-1} A\alpha^{n-N+1} + a_N A\alpha^{n-N} = 0 \tag{4.5.3}$$

消去常数 A 和公因子 α^n，两边再同乘幂次项 α^N，得到

$$a_0\alpha^N + a_1\alpha^{N-1} + \cdots + a_{N-1}\alpha + a_N = 0 \tag{4.5.4}$$

式(4.5.4)称为差分方程的特征方程。式(4.5.4)一般有 N 个不为零的根 α_1，α_2，…，α_N，称为差分方程的特征根。

在特征根没有重根的情况下，差分方程的齐次解有如下形式：

$$y_c(n) = A_1\alpha_1^n + A_2\alpha_2^n + \cdots + A_N\alpha_N^n \tag{4.5.5}$$

在特征根有重根的情况下，重根所对应的齐次解形式有所不同，例如，若 α_1 为 K 重根，其余 $(N-K)$ 个根均为单根，则在齐次解中有 K 项对应于 α_1，其余 $(N-K)$ 项分别对应于 $(N-K)$ 个单根，其形式如下：

$$y_c(n) = (A_1 + A_2 n + \cdots + A_K n^{K-1})\alpha_1^n + A_{K+1}\alpha_{K+1}^n + \cdots + A_N\alpha_N^n \tag{4.5.6}$$

下面通过例子来说明差分方程齐次解的求解过程。

【例 4-10】　求差分方程 $y(n)+7y(n-1)+16y(n-2)+12y(n-3)=x(n)$ 的齐次解。

【解】　特征方程为

$$\alpha^3 + 7\alpha^2 + 16\alpha + 12 = 0$$

即

$$(\alpha+2)^2(\alpha+3) = 0$$

特征根为 $\alpha_1=-2$(二重)，$\alpha_2=-3$(单重)，因此得到齐次解的形式为

$$y_c(n) = (A_1 + A_2 n)(-2)^n + A_3(-3)^n$$

【例 4-11】　求差分方程 $y(n)+2y(n-1)+2y(n-2)=x(n)$ 的齐次解形式。

【解】　特征方程为

$$\alpha^2 + 2\alpha + 2 = 0$$

解特征方程可得到一对共轭复根

$$\alpha_1 = -1 + \mathrm{j},\ \alpha_2 = -1 - \mathrm{j}$$

齐次解形式为

$$\begin{aligned} y_c(n) &= A_1(-1+\mathrm{j})^n + A_2(-1-\mathrm{j})^n \\ &= A_1(\sqrt{2}\mathrm{e}^{\frac{3\pi}{4}\mathrm{j}})^n + A_2(\sqrt{2}\mathrm{e}^{-\frac{3\pi}{4}\mathrm{j}})^n \\ &= (\sqrt{2})^n\left[A_1\left(\cos\frac{3\pi n}{4} + \mathrm{j}\sin\frac{3\pi n}{4}\right) + A_2\left(\cos\frac{3\pi n}{4} - \mathrm{j}\sin\frac{3\pi n}{4}\right)\right] \\ &= (\sqrt{2})^n\left(\hat{A}_1\cos\frac{3\pi n}{4} + \mathrm{j}\hat{A}_2\sin\frac{3\pi n}{4}\right) \end{aligned}$$

式中，$\hat{A}_1 = A_1 + A_2$，$\hat{A}_2 = A_1 - A_2$。

由例 4-11 可知，当特征根中存在共轭复根时，共轭复根所对应的齐次解形式为等幅、增幅或衰减形式的正弦(余弦)序列。

下面讨论差分方程特解的求解方法。与微分方程特解的求解方法类似，先将激励函数 $x(n)$ 代入差分方程式(4.5.1)的等号右边，其计算结果称为“自由项”；然后根据自由项的函数形式通过查表 4-2 确定含有待定系数的特解函数形式 $B(n)$；最后将特解代入差分方程式(4.5.1)的等号左边，根据方程左右两边同类项系数平衡的原则确定特解中的待定系数。

将齐次解与特解相加得到差分方程完全解的形式为

$$y(n) = y_c(n) + B(n) \tag{4.5.7}$$

此时，再利用题目中给定的边界条件确定齐次解 $y_c(n)$ 中的待定系数。

表 4-2 自由项对应的特解函数表

自由项	特解函数
a^n	Ba^n
n^K	$B_1n^K + B_2n^{K-1} + \cdots + B_Kn + B_{K+1}$
n^Ka^n	$a^n(B_1n^K + B_2n^{K-1} + \cdots + B_Kn + B_{K+1})$
$\sin an$（或 $\cos an$）	$B_1\sin an + B_2\cos an$
$a^n\sin an$（或 $a^n\cos an$）	$a^n(B_1\sin an + B_2\cos an)$

【例 4-12】 求解差分方程 $y(n) + 3y(n-1) + 2y(n-2) = x(n) - x(n-1)$，其中激励函数 $x(n) = n^2$，且已知 $y(-1) = -1$，$y(0) = 1$。

【解】

（1）齐次解。由特征方程 $\alpha^2 + 3\alpha + 2 = 0$，得到特征根 $\alpha_1 = -1$，$\alpha_2 = -2$，因此

$$y_c(n) = A_1(-1)^n + A_2(-2)^n$$

（2）特解。将 $x(n) = n^2$ 代入差分方程的等号右边，得到自由项

$$n^2 - (n-1)^2 = 2n - 1$$

根据自由项形式，在表 4-2 中选取特解形式

$$B(n) = B_1n + B_2$$

将特解形式代入差分方程的等号左边，激励信号 $x(n) = n^2$ 代入差分方程的等号右边，得到

$$6B_1n + (6B_2 - 7B_1) = 2n - 1$$

若令等式两边同类项系数平衡，可得 $B_1 = \frac{1}{3}$，$B_2 = \frac{2}{9}$，因此，特解形式为

$$B(n) = \frac{1}{3}n + \frac{2}{9}$$

（3）完全解。根据前面得到的齐次解和特解，可以写出完全解形式

$$y(n) = A_1(-1)^n + A_2(-2)^n + \frac{1}{3}n + \frac{2}{9}$$

再利用边界条件 $y(-1) = -1$，$y(0) = 1$，可以得到

$$\begin{cases} y(-1) = -A_1 - \dfrac{A_2}{2} - \dfrac{1}{9} = -1 \\ y(0) = A_1 + A_2 + \dfrac{2}{9} = 1 \end{cases}$$

解方程组，得到 $A_1 = 1$，$A_2 = -\frac{2}{9}$，因此差分方程的完全解为

$$y(n) = (-1)^n - \frac{2}{9}(-2)^n + \frac{1}{3}n + \frac{2}{9}$$

4.5.3 z 变换法

在连续系统分析中，系统响应可分解为零输入响应和零状态响应。与之类似，离散系统的响应也可分解为零输入响应和零状态响应

$$y(n) = y_{zi}(n) + y_{zs}(n) \tag{4.5.8}$$

对应的，系统响应的边界条件也要分解为零输入响应的边界值和零状态响应的边界值

$$y(k) = y_{zi}(k) + y_{zs}(k) \tag{4.5.9}$$

在时域分析中，可以利用求齐次解的方法得到系统的零输入响应 $y_{zi}(n)$，但与齐次解不同的是，在确定系数时要使用零输入响应的边界值 $y_{zi}(k)$。若考虑系统的初始状态为零，输入信号为单位脉冲序列 $\delta(n)$，此时，系统的响应称为单位脉冲响应 $h(n)$。由第 1 章的 1.2.3 小节可知，零状态响应 $y(n)$ 可由激励信号 $x(n)$ 与单位脉冲响应 $h(n)$ 的卷积和获得。

时域计算离散系统的零输入响应和零状态响应与连续系统类似，计算过程较为繁复，不适合手工计算，下面详细讨论通过 z 变换法求解零输入响应和零状态响应的方法。这种方法的主要思想与利用拉普拉斯变换求解微分方程类似，是利用 z 变换的线性和位移性，将差分方程转换为代数方程，简化了求解过程，得到 z 域的系统响应，然后再通过 z 逆变换得到系统响应信号 $y(n)$。

线性时不变系统的差分方程一般写成后向差分的形式

$$\sum_{i=0}^{N} a_i y(n-i) = \sum_{j=0}^{M} b_j x(n-j) \tag{4.5.10}$$

由于位移数 i 和 j 均大于零，因此 $y(n-i)$ 和 $x(n-j)$ 均为右移序列，对式(4.5.10)两边取单边 z 变换，得到

$$\sum_{i=0}^{N} a_i \mathscr{Z}[y(n-i)] = \sum_{j=0}^{M} b_j \mathscr{Z}[x(n-j)] \tag{4.5.11}$$

再利用单边 z 变换的位移性，可得到

$$\sum_{i=0}^{N} a_i z^{-i}\left[Y(z) + \sum_{l=-i}^{-1} y(l) z^{-l}\right] = \sum_{j=0}^{M} b_j z^{-j}\left[X(z) + \sum_{m=-j}^{-1} x(m) z^{-m}\right] \tag{4.5.12}$$

若输入信号 $x(n)=0$，式(4.5.12)的等号右边为零

$$\sum_{i=0}^{N} a_i z^{-i}\left[Y(z) + \sum_{l=-i}^{-1} y(l) z^{-l}\right] = 0 \tag{4.5.13}$$

此时，系统响应为零输入响应 $y_{zi}(n)$，式(4.5.13)中的 $Y(z)$ 实际上是零输入响应 $y_{zi}(n)$ 的 z 变换，即 $Y(z)=Y_{zi}(z)$，其形式与输入信号无关，仅依赖于系统的初始状态 $y(l)$，$-N \leqslant l \leqslant -1$。通过式(4.5.13)，可以得到

$$Y_{zi}(z) = \frac{-\sum_{i=0}^{N}\left[a_i z^{-i} \sum_{l=-i}^{-1} y(l) z^{-l}\right]}{\sum_{i=0}^{N} a_i z^{-i}} \tag{4.5.14}$$

再对 $Y_{zi}(z)$ 取 z 逆变换，即可得到零输入响应为

$$y_{zi}(n) = \mathscr{Z}^{-1}[Y_{zi}(z)] \tag{4.5.15}$$

下面再讨论系统的零状态响应，即系统的初始状态 $y(l)=0$，$-N \leqslant l \leqslant -1$。此时，式(4.5.12)变为

$$\sum_{i=0}^{N} a_i z^{-1} Y(z) = \sum_{j=0}^{M} b_j z^{-j}\left[X(z) + \sum_{m=-j}^{-1} x(m) z^{-m}\right] \tag{4.5.16}$$

因为在实际中通常认为输入序列 $x(n)$ 为因果信号，即 $n<0$ 时 $x(n)=0$，因此式(4.5.16)可以进一步写成如下形式

$$\sum_{i=0}^{N} a_i z^{-i} Y(z) = \sum_{j=0}^{M} b_j z^{-j} X(z) \tag{4.5.17}$$

式(4.5.17)中的 $Y(z)$ 实际上是零状态响应 $y_{zs}(n)$ 的 z 变换，即 $Y(z)=Y_{zs}(z)$，其形式与系统的初始状态无关，仅依赖于系统的输入信号 $x(n)$。通过式(4.5.17)可以得到

$$Y_{zs}(z) = \frac{\sum_{j=0}^{M} b_j z^{-j}}{\sum_{i=0}^{N} a_i z^{-i}} X(z) \tag{4.5.18}$$

【例 4-13】 一离散系统的差分方程为 $y(n)+6y(n-1)+8y(n-2)=x(n)$，已知初始值 $y(-1)=0$，$y(-2)=1$，激励 $x(n)=2^n u(n)$，求响应 $y(n)$。

【解】 对差分方程两边取单边 z 变换，得到

$$Y(z)+6[z^{-1}Y(z)+y(-1)]+8[z^{-2}Y(z)+z^{-1}y(-1)+y(-2)]=X(z)$$

将初始条件 $y(-1)=0$，$y(-2)=1$ 代入上式，整理后由式(4.5.14)、式(4.5.18)得到

$$Y(z) = -8\frac{z^2}{z^2+6z+8} + \frac{z^2}{z^2+6z+8}X(z) = Y_{zi}(z)+Y_{zs}(z)$$

(1)求零输入响应

响应的 z 变换为

$$Y_{zi}(z) = -8\frac{z^2}{z^2+6z+8}$$

部分分式为

$$\frac{Y_{zi}(z)}{z} = -\frac{8z}{z^2+6z+8} = \frac{8}{z+2} - \frac{16}{z+4}$$

$$Y_{zi}(z) = 8\frac{z}{z+2} - 16\frac{z}{z+4}$$

得到零输入响应为

$$y_{zi}(n) = 8(-2)^n - 16(-4)^n \qquad n \geqslant 0$$

(2)求零状态响应

激励的 z 变换为

$$X(z) = \mathscr{Z}[2^n u(n)] = \frac{z}{z-2}$$

得响应的 z 变换为

$$Y_{zs}(z) = \frac{z^2}{z^2+6z+8}\,\frac{z}{z-2}$$

部分分式为

$$\frac{Y_{zs}(z)}{z} = -\frac{1}{2}\frac{1}{z+2} + \frac{4}{3}\frac{1}{z+4} + \frac{1}{6}\frac{1}{z-2}$$

$$Y_{zs}(z) = -\frac{1}{2}\frac{z}{z+2} + \frac{4}{3}\frac{z}{z+4} + \frac{1}{6}\frac{z}{z-2}$$

得到零状态响应为

$$y_{zs}(n) = -\frac{1}{2}(-2)^n + \frac{4}{3}(-4)^n + \frac{1}{6}(2)^n \qquad n \geqslant 0$$

(3)求全响应

$$\begin{aligned}y(n) &= y_{zi}(n) + y_{zs}(n)\\&= 8(-2)^n - 16(-4)^n - \frac{1}{2}(-2)^n + \frac{4}{3}(-4)^n + \frac{1}{6}(2)^n\\&= \frac{15}{2}(-2)^n - \frac{44}{3}(-4)^n + \frac{1}{6}(2)^n \qquad n \geqslant 0\end{aligned}$$

4.5.4　系统函数 $H(z)$

重列系统的差分方程式(4.5.10)如下:

$$\sum_{i=0}^{N} a_i y(n-i) = \sum_{j=0}^{M} b_j x(n-j)$$

当输入序列 $x(n)$ 为因果信号时，差分方程的 z 变换式(4.5.17)为

$$\sum_{i=0}^{N} a_i z^{-i} Y(z) = \sum_{j=0}^{M} b_j z^{-j} X(z)$$

定义离散系统的系统函数

$$H(z) = \frac{Y_{zs}(z)}{X(z)} = \frac{\sum_{j=0}^{M} b_j z^{-j}}{\sum_{i=0}^{N} a_i z^{-i}} \tag{4.5.19}$$

由式(4.5.19)可以看出，系统函数 $H(z)$ 是由系统结构所决定的，它实际上是系统单位脉冲响应的 z 变换，即 $H(z)=\mathcal{Z}[h(n)]$。零状态响应的 z 变换 $Y_{zs}(z)$ 即为输入信号的 z 变换与系统函数的乘积

$$Y_{zs}(z) = X(z)H(z) \tag{4.5.20}$$

系统函数 $H(z)$ 由系统结构决定，描述了系统的输入与输出之间的关系。由式(4.5.19)可以看出，对于线性时不变系统，其系统函数的分子和分母均为 z^{-1} 的多项式，为有理分式形式。分子中 z^{-j} 的系数就是差分方程式(4.5.10)中 $x(n-j)$ 的系数；分母中 z^{-i} 的系数就是差分方程中 $y(n-i)$ 的系数。这种系统函数与差分方程之间的对应关系，使得系统函数与差分方程可以直接进行转换。

【例 4-14】　若系统处于零状态，且输入信号 $x(n)$ 为因果信号，求差分方程

$$y(n) - ay(n-1) + by(n-2) = cx(n)$$

所描述的离散系统的系统函数，当 $a=3$，$b=2$，$c=-1$ 时的单位脉冲响应。

【解】　将差分方程两边取单边 z 变换，并利用位移特性，得到

$$Y(z) - az^{-1}[Y(z) + y(-1)z] + bz^{-2}[Y(z) + y(-2)z^2 + y(-1)z] = cX(z)$$

由于系统处于零状态，即 $y(-1)=0$，$y(-2)=0$，因此

$$Y(z) - az^{-1}Y(z) + bz^{-2}Y(z) = cX(z)$$

由此可得系统函数为

$$H(z) = \frac{Y(z)}{X(z)} = \frac{c}{1 - az^{-1} + bz^{-2}}$$

通过上式可以看到，系统函数 $H(z)$ 分母中的系数对应于差分方程中响应信号的系数，而分子的系数对应于差分方程中激励信号的系数。因此对于零状态的线性时不变系统、且输

入为因果信号，可直接根据差分方程列出其系统函数的形式。

当 $a=3$，$b=2$，$c=-1$ 时，系统函数有如下形式：

$$H(z)=-\frac{1}{1-3z^{-1}+2z^{-2}}$$

对 $H(z)$ 进行部分分式分解，可以得到

$$H(z)=\frac{1}{1-z^{-1}}-\frac{2}{1-2z^{-1}}$$

由于系统函数 $H(z)$ 为系统的单位脉冲响应 $h(n)$ 的 z 变换，因此，对 $H(z)$ 进行 z 逆变换，即可得到系统的单位脉冲响应

$$h(n)=[1+2(2)^n]u(n)$$

【例 4-15】 求例 4-13 所给系统的单位脉冲响应。

【解】 单位脉冲响应是当输入为单位脉冲序列时的零状态响应，则由例 4-13 得

$$H(z)=\frac{z^2}{z^2+6z+8}\mathscr{Z}[\delta(n)]=\frac{z^2}{z^2+6z+8}$$

$$H(z)=\frac{-z}{z+2}+2\frac{z}{z+4}$$

$$h(n)=-(-2)^n+2(-4)^n \qquad n\geqslant 0$$

【例 4-16】 根据系统的输入和输出来求系统描述的问题称为系统识别。已知当一个离散线性时不变系统的输入为 $x(n)=\left(-\frac{1}{3}\right)^n u(n)$ 时，其输出为 $y(n)=3(-1)^n u(n)+\left(\frac{1}{3}\right)^n u(n)$，求该系统的系统函数 $H(z)$ 和单位脉冲响应 $h(n)$。

【解】 输入和输出信号的 z 变换分别是

$$X(z)=\frac{1}{1+\frac{1}{3}z^{-1}} \qquad |z|>\frac{1}{3}$$

和

$$Y(z)=\frac{3}{1+z^{-1}}+\frac{1}{1-\frac{1}{3}z^{-1}}=\frac{4}{(1+z^{-1})\left(1-\frac{1}{3}z^{-1}\right)} \qquad |z|>1$$

根据式(4.5.19)，可得系统函数为

$$H(z)=\frac{4\left(1+\frac{1}{3}z^{-1}\right)}{(1+z^{-1})\left(1-\frac{1}{3}z^{-1}\right)} \qquad |z|>1$$

求 $H(z)$ 的 z 逆变换，可得系统的单位脉冲响应 $h(n)$。对 $H(z)$ 应用部分分式展开法，可得

$$H(z)=\frac{2}{1+z^{-1}}+\frac{2}{1-\frac{1}{3}z^{-1}} \qquad |z|>1$$

从而，单位脉冲响应为

$$h(n)=2(-1)^n u(n)+2\left(\frac{1}{3}\right)^n u(n)$$

4.5.5　离散系统稳定性

系统稳定性的定义：当输入信号有界时，输出信号也必定是有界的，满足此条件的系统称为稳定系统。系统输出等于系统输入与单位脉冲响应的卷积和，由卷积和定义可得

$$y(n) = h(n) * x(n) = \sum_{k=-\infty}^{\infty} h(k)x(n-k) \tag{4.5.21}$$

若输入信号 $x(n)$ 有界，即 $|x(n)| < M < \infty$（对所有 n 值），则有

$$|y(n)| = \sum_{k=-\infty}^{\infty} |h(k)||x(n-k)| < M\sum_{k=-\infty}^{\infty} |h(k)| \tag{4.5.22}$$

根据式(4.5.22)可知，若要保证系统的稳定性，即令 $|y(n)|$ 有界，则要求单位脉冲响应序列是绝对可和的，即

$$\sum_{k=-\infty}^{\infty} |h(k)| < \infty \tag{4.5.23}$$

式(4.5.23)是满足离散系统稳定性的充分必要条件。下面来分析一下系统函数与系统的稳定性之间有什么样的关系。

对于线性时不变离散系统，其系统函数有如下有理分式形式：

$$H(z) = \frac{\sum_{j=0}^{M} b_j z^{-j}}{\sum_{i=0}^{N} a_i z^{-i}}$$

分子是 z^{-1} 的 M 阶多项式，分母是 z^{-1} 的 N 阶多项式，对分子和分母进行因式分解，可以得到

$$H(z) = G\frac{\prod_{j=0}^{M}(1 - Z_j z^{-1})}{\prod_{i=0}^{N}(1 - P_i z^{-1})} \tag{4.5.24}$$

式中，Z_j 是 $H(z)$ 的零点，即令分子为零所求得的多项式的根；P_i 是 $H(z)$ 的极点，即令分母为零所求得的多项式的根；$G = \dfrac{b_0}{a_0}$ 是增益因子。

进一步，对 $H(z)$ 做部分分式展开，又因为 $P_0 = 0$，可以得到

$$H(z) = \sum_{i=0}^{N} \frac{A_i z}{z - P_i} = A_0 + \sum_{i=1}^{N} \frac{A_i z}{z - P_i} \tag{4.5.25}$$

因为系统函数 $H(z)$ 是单位脉冲响应 $h(n)$ 的 z 变换，所以

$$\begin{aligned} h(n) &= \mathscr{Z}^{-1}[H(z)] = \mathscr{Z}^{-1}\left[A_0 + \sum_{i=1}^{N} \frac{A_i z}{z - P_i}\right] \\ &= A_0\delta(n) + \sum_{i=1}^{N} A_i (P_i)^n u(n) \end{aligned} \tag{4.5.26}$$

由式(4.5.26)可以看出，$h(n)$ 的形式由 $H(z)$ 的极点 P_i 决定，P_i 可能是实数，也可能是成对出现的共轭复数。系统函数的极点位置与单位脉冲响应之间的关系如图 4-15 所示。若某个极点 P_i 在 z 平面的单位圆内（见图 4-15a），即 $|P_i| < 1$，则 $h(n)$ 的累加和中与该极

点的对应项为指数衰减序列；若某个极点 P_i 在 z 平面的单位圆外(见图 4-15b)，即 $|P_i|>1$，则 $h(n)$ 的累加和中与该极点的对应项为指数递增序列；若某个极点 P_i 在 z 平面的单位圆上(见图 4-15c)，即 $|P_i|=1$，则 $h(n)$ 的累加和中与该极点的对应项为复正弦序列。这些关系如图 4-15 所示。

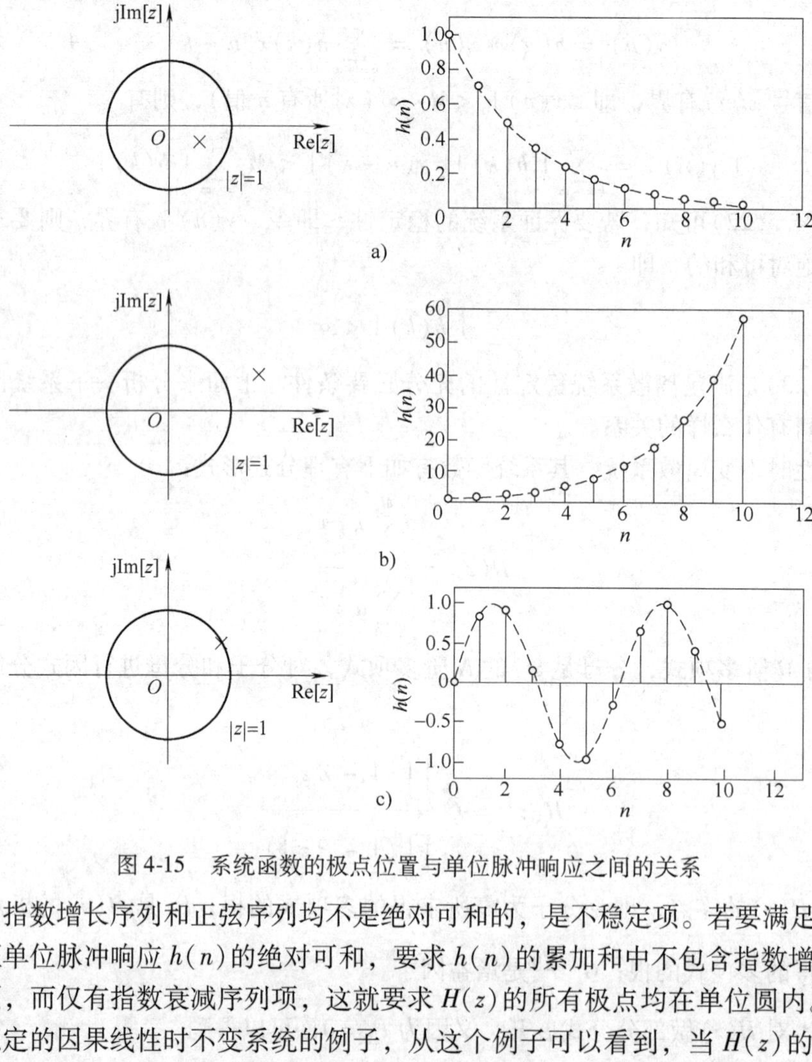

图 4-15　系统函数的极点位置与单位脉冲响应之间的关系

显然，指数增长序列和正弦序列均不是绝对可和的，是不稳定项。若要满足系统的稳定性，即保证单位脉冲响应 $h(n)$ 的绝对可和，要求 $h(n)$ 的累加和中不包含指数增长序列项和正弦序列项，而仅有指数衰减序列项，这就要求 $H(z)$ 的所有极点均在单位圆内。图 4-16 给出了一个稳定的因果线性时不变系统的例子，从这个例子可以看到，当 $H(z)$ 的所有极点均在单位圆内时，$h(n)$ 为一衰减序列，满足绝对可和的条件，此时系统具有稳定性。

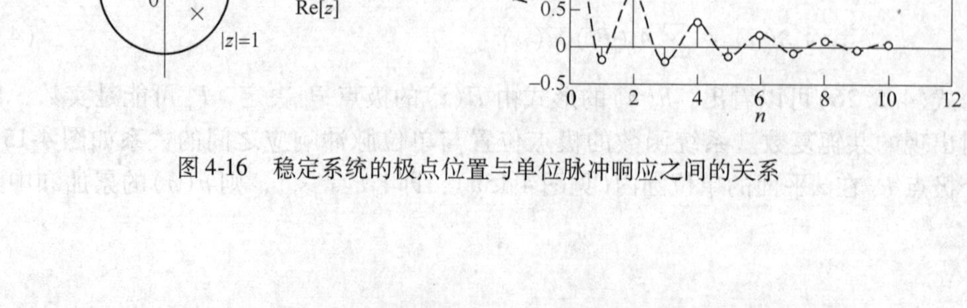

图 4-16　稳定系统的极点位置与单位脉冲响应之间的关系

【例 4-17】 已知一线性时不变系统的系统函数

$$H(z)=\frac{2}{1-0.9e^{j\frac{\pi}{4}}z^{-1}}+\frac{2}{1-0.9e^{-j\frac{\pi}{4}}z^{-1}}+\frac{3}{1+2z^{-1}}$$

求系统的单位脉冲响应 $h(n)$，并判断系统的稳定性。

【解】 根据系统函数 $H(z)$ 可以得到系统的极点为 $P_1=0.9e^{j\frac{\pi}{4}}$，$P_2=0.9e^{-j\frac{\pi}{4}}$，$P_3=-2$，极点位置如图 4-17 所示。其中极点 $P_3=-2$ 落在单位圆之外，因此系统是不稳定的。其单位脉冲响应为

$$\begin{aligned}h(n)&=2(0.9e^{j\frac{\pi}{4}})^n u(n)+2(0.9e^{-j\frac{\pi}{4}})^n u(n)+3(-2)^n u(n)\\&=4(0.9)^n\cos\left(\frac{\pi n}{4}\right)u(n)+3(-2)^n u(n)\end{aligned}$$

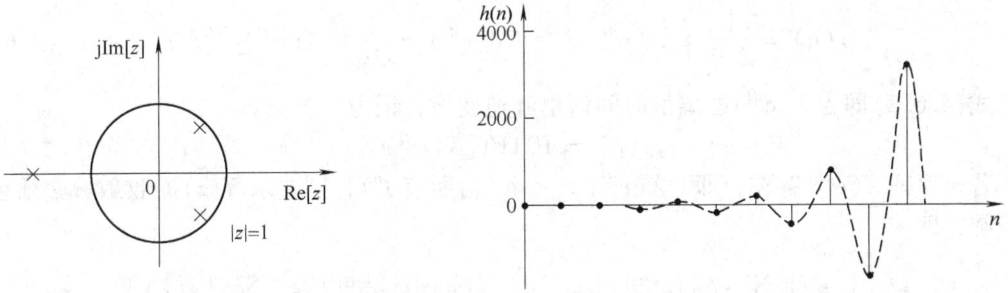

图 4-17　例 4-16 中的系统极点位置与单位脉冲响应函数

4.6　离散信号与系统的频域分析

前面在连续信号与系统的分析中，用拉普拉斯变换来求解描述系统输入和输出关系的常系数线性微分方程，得到连续系统的系统函数 $H(s)$；用傅里叶变换来分析信号的谐波成分以及系统的频率响应等。由前节可见，在离散信号与系统的分析中，也有类似的分析方法，其中 z 变换与拉普拉斯变换对应，用于求解离散系统的常系数线性差分方程，得到离散系统的系统函数 $H(z)$。下面介绍与傅里叶变换相对应的离散时间傅里叶变换(Discrete Time Fourior Transform，DTFT)，并在此基础上，分析离散信号与系统的频率特性。

4.6.1　序列的离散时间傅里叶变换(DTFT)

在第 2 章中，曾详细讨论过连续时间信号的傅里叶变换，而离散序列的傅里叶变换，也称为离散时间傅里叶变换，是一种将序列信号 $x(n)$ 从时域变换到频域的数学工具，通过这种变换可以得到离散信号的数字域频谱。这里，需要注意离散时间傅里叶变换(DTFT)与离散傅里叶变换(DFT)的区别。通常所说的离散傅里叶变换是为了适用于数字计算机的分析计算而引入的一种变换方式，对它将在下一章给予详细介绍。

1. DTFT 的定义

在第 3 章中曾经讨论过傅里叶变换实际上是拉普拉斯变换的一种特殊情况，即令拉氏变换的自变量 $s=j\omega$，也就是说自变量 s 沿虚轴变化。由式(4.4.1)可知，序列 z 变换的自变量

z 与拉普拉斯变换的自变量 s 之间的关系为 $z=\mathrm{e}^{sT_s}$。若 $s=\mathrm{j}\omega$，则 $z=\mathrm{e}^{\mathrm{j}\Omega}$（$\Omega=\omega T_s$，$|z|=1$）即变量 z 在 z 平面上沿着单位圆变化，此时，序列 $x(n)$ 的 z 变换 $X(z)$ 可写成如下形式：

$$X(z)\big|_{z=\mathrm{e}^{\mathrm{j}\Omega}} = X(\mathrm{e}^{\mathrm{j}\Omega}) = \sum_{n=-\infty}^{\infty} x(n)\mathrm{e}^{-\mathrm{j}\Omega n} \tag{4.6.1}$$

式(4.6.1)称作序列 $x(n)$ 的离散时间傅里叶变换，也即 $x(n)$ 在单位圆上的 z 变换，记为

$$X(\mathrm{e}^{\mathrm{j}\Omega}) = \mathrm{DTFT}[x(n)]$$

再由 z 变换的逆变换公式

$$x(n) = \frac{1}{2\pi\mathrm{j}}\oint_c X(z)z^{n-1}\mathrm{d}z$$

将 $z=\mathrm{e}^{\mathrm{j}\Omega}$ 代入上式，得到

$$x(n) = \frac{1}{2\pi\mathrm{j}}\oint_{|z|=1} X(\mathrm{e}^{\mathrm{j}\Omega})\mathrm{e}^{\mathrm{j}n\Omega}\mathrm{e}^{-\mathrm{j}\Omega}\mathrm{d}(\mathrm{e}^{\mathrm{j}\Omega}) = \frac{1}{2\pi}\int_{-\pi}^{\pi} X(\mathrm{e}^{\mathrm{j}\Omega})\mathrm{e}^{\mathrm{j}n\Omega}\mathrm{d}\Omega \tag{4.6.2}$$

式(4.6.2)即为 $X(\mathrm{e}^{\mathrm{j}\Omega})$ 的离散时间傅里叶逆变换，记为

$$x(n) = \mathrm{IDTFT}[X(\mathrm{e}^{\mathrm{j}\Omega})]$$

若要保证 $X(\mathrm{e}^{\mathrm{j}\Omega})$ 存在，即 $|X(\mathrm{e}^{\mathrm{j}\Omega})|<\infty$（对所有 Ω），则要求 $X(z)$ 的收敛域必须包含单位圆，即

$$|X(\mathrm{e}^{\mathrm{j}\Omega})| = \left|\sum_{n=-\infty}^{\infty} x(n)\mathrm{e}^{-\mathrm{j}\Omega n}\right| \leqslant \sum_{n=-\infty}^{\infty} |x(n)|\,|\mathrm{e}^{-\mathrm{j}\Omega n}| \leqslant \sum_{n=-\infty}^{\infty} |x(n)| < \infty \tag{4.6.3}$$

式(4.6.3)表明，若序列 $x(n)$ 是绝对可和的，则 $x(n)$ 的离散时间傅里叶变换一定存在，此时级数 $\sum_{n=-\infty}^{\infty} x(n)\mathrm{e}^{-\mathrm{j}\Omega n}$ 一致收敛于一个 Ω 的连续函数 $X(\mathrm{e}^{\mathrm{j}\Omega})$。

2. DTFT 的特性

离散时间傅里叶变换 $X(\mathrm{e}^{\mathrm{j}\Omega})$ 是频率 Ω 的复函数，在数字频谱的分析中可以表示为

$$X(\mathrm{e}^{\mathrm{j}\Omega}) = |X(\mathrm{e}^{\mathrm{j}\Omega})|\mathrm{e}^{\mathrm{j}\varphi(\Omega)}$$

$|X(\mathrm{e}^{\mathrm{j}\Omega})|$ 为幅度谱，$\varphi(\Omega)$ 为相位谱，二者都是 Ω 的连续函数。当 $x(n)$ 为实数序列时

$$X(\mathrm{e}^{-\mathrm{j}\Omega}) = \sum_{n=-\infty}^{\infty} x(n)\mathrm{e}^{\mathrm{j}\Omega n} = \sum_{n=-\infty}^{\infty} x(n)[\mathrm{e}^{-\mathrm{j}\Omega n}]^* = X^*(\mathrm{e}^{\mathrm{j}\Omega})$$

即

$$\begin{aligned} |X(\mathrm{e}^{-\mathrm{j}\Omega})| &= |X(\mathrm{e}^{\mathrm{j}\Omega})| \\ \varphi(\Omega) &= -\varphi(-\Omega) \end{aligned} \tag{4.6.4}$$

由于 $\mathrm{e}^{\mathrm{j}\Omega}$ 是变量 Ω 以 2π 为周期的周期性函数，因此 $X(\mathrm{e}^{\mathrm{j}\Omega})$ 也是以 2π 为周期的周期函数。实数序列的离散时间傅里叶变换在 $(0, 2\pi)$ 范围内，其幅频特性关于 π 偶对称，相频特性关于 π 奇对称。因此，计算实数序列的频谱 $X(\mathrm{e}^{\mathrm{j}\Omega})$ 可以通过计算其 $0\leqslant\Omega\leqslant\pi$ 内的结果来完全确定。

【例 4-18】 求指数序列 $x(n)=a^n u(n)$ 的离散时间傅里叶变换。

【解】

$$X(\mathrm{e}^{\mathrm{j}\Omega}) = \sum_{n=-\infty}^{\infty} a^n u(n)\mathrm{e}^{-\mathrm{j}\Omega n} = \sum_{n=0}^{\infty} a^n \mathrm{e}^{-\mathrm{j}\Omega n}$$

对于 $|a| \geqslant 1$，此级数发散，当 $|a| < 1$ 时，得到收敛的几何级数

$$X(e^{j\Omega}) = \sum_{n=0}^{\infty} a^n e^{-j\Omega n} = \frac{1}{1 - ae^{-j\Omega}} \qquad |a| < 1$$

利用欧拉公式将上式展开，得到

$$X(e^{j\Omega}) = \frac{1}{1 - a\cos\Omega + ja\sin\Omega}$$

由此得到幅度谱和相位谱分别为

$$|X(e^{j\Omega})| = \frac{1}{\sqrt{(1 - a\cos\Omega)^2 + a^2\sin^2\Omega}} = \frac{1}{\sqrt{a^2 + 1 - 2a\cos\Omega}}$$

$$\varphi(\Omega) = -\arctan\left(\frac{a\sin\Omega}{1 - a\cos\Omega}\right)$$

图 4-18 给出了 $a = 0.3$ 时的幅度谱和相位谱。

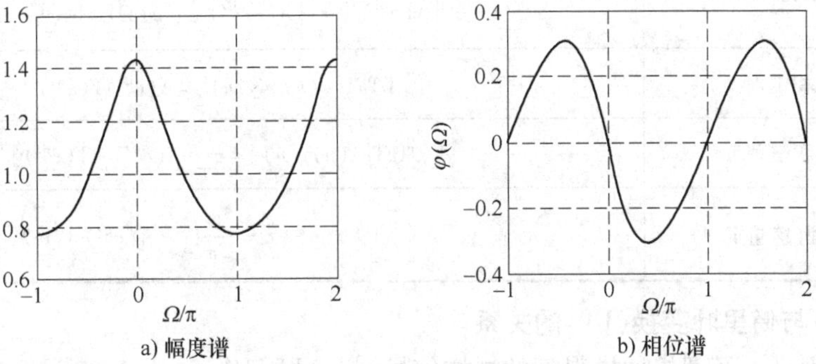

图 4-18　例 4-17 的离散时间傅里叶变换

从图 4-18 中可以看出，幅度谱是 Ω 的偶函数，相位谱是 Ω 的奇函数。

表 4-3 给出了一些常用序列的离散时间傅里叶变换。

表 4-3　常用序列的离散时间傅里叶变换

序　　列	离散时间傅里叶变换(DTFT)
$\delta(n)$	1
$a^n u(n)\ \ \|a\| < 1$	$(1 - ae^{-j\Omega})^{-1}$
$R_N(n)$	$e^{-j\frac{N-1}{2}\Omega}\dfrac{\sin\left(\frac{N\Omega}{2}\right)}{\sin\left(\frac{\Omega}{2}\right)}$
1	$\sum_{k=-\infty}^{\infty} 2\pi\delta(\Omega + 2k\pi)$
$u(n)$	$(1 - e^{-j\Omega})^{-1} + \sum_{k=-\infty}^{\infty} \pi\delta(\Omega + 2k\pi)$
$e^{j\Omega_0 n}$	$\sum_{k=-\infty}^{\infty} 2\pi\delta(\Omega - \Omega_0 + 2k\pi)$
$\cos(\Omega_0 n)$	$\sum_{k=-\infty}^{\infty} \pi[\delta(\Omega - \Omega_0 + 2k\pi) + \delta(\Omega + \Omega_0 + 2k\pi)]$

由于序列的离散时间傅里叶变换实际上就是其 z 变换在单位圆上的取值，因此其基本性质与 z 变换的性质比较近似，表 4-4 给出了离散时间傅里叶变换的基本性质，不再证明。

表 4-4　离散时间傅里叶变换的性质

性　质	$\mathrm{DTFT}[x(n)]=X(e^{j\Omega})$，$\mathrm{DTFT}[y(n)]=Y(e^{j\Omega})$
线性	$\mathrm{DTFT}[ax(n)+by(n)]=aX(e^{j\Omega})+bY(e^{j\Omega})$
序列的位移	$\mathrm{DTFT}[x(n-n_0)]=e^{-j\Omega n_0}X(e^{j\Omega})$
频域的位移	$\mathrm{DTFT}[e^{j\Omega_0 n}x(n)]=X[e^{j(\Omega-\Omega_0)}]$
序列的线性加权	$\mathrm{DTFT}[nx(n)]=j\left[\frac{d}{d\Omega}X(e^{j\Omega})\right]$
序列的反褶	$\mathrm{DTFT}[x(-n)]=X(e^{-j\Omega})$
奇偶虚实性	$\mathrm{Re}[X(e^{j\Omega})]=\mathrm{Re}[X(e^{-j\Omega})]$，$\mathrm{Im}[X(e^{j\Omega})]=-\mathrm{Im}[X(e^{-j\Omega})]$ $\lvert X(e^{j\Omega})\rvert=\lvert X(e^{-j\Omega})\rvert$，$\varphi(\Omega)=-\varphi(-\Omega)$
时域卷积定理	$\mathrm{DTFT}[x(n)*y(n)]=X(e^{j\Omega})Y(e^{j\Omega})$
频域卷积定理	$\mathrm{DTFT}[x(n)y(n)]=\frac{1}{2\pi}[X(e^{j\Omega})*Y(e^{j\Omega})]$
帕斯瓦尔定理(能量定理)	$\sum_{n=-\infty}^{\infty}\lvert x(n)\rvert^2=\frac{1}{2\pi}\int_{-\pi}^{\pi}\lvert X(e^{j\Omega})\rvert^2 d\Omega$

3. DTFT 与傅里叶变换(FT)的关系

连续信号 $x(t)$ 经理想抽样得到的抽样信号 $x_s(t)$ 可记作

$$x_s(t)=x(t)\delta_T(t)=\sum_{n=-\infty}^{\infty}x(nT_s)\delta(t-nT_s)$$

利用冲激函数的傅里叶变换、傅里叶变换的时移特性和线性特性，以及模拟角频率与数字角频率的对应关系，对上式作傅里叶变换，得理想抽样信号的频谱为

$$\begin{aligned}X_s(j\omega)&=\mathcal{F}[x_s(t)]=\mathcal{F}\left[\sum_{n=-\infty}^{\infty}x(nT_s)\delta(t-nT_s)\right]\\&=\sum_{n=-\infty}^{\infty}x(nT_s)\mathcal{F}[\delta(t-nT_s)]=\sum_{n=-\infty}^{\infty}x(nT_s)e^{-j\omega nT_s}\\&=\sum_{n=-\infty}^{\infty}x(n)e^{-j\omega nT_s}=\sum_{n=-\infty}^{\infty}x(n)e^{-jn\Omega}\\&=X(e^{j\Omega})\end{aligned}$$

所以，序列 $x(n)$ 的离散时间傅里叶变换 $X(e^{j\Omega})$ 就是其对应的连续信号 $x(t)$ 理想抽样后的傅里叶变换。

4.6.2　离散系统的频率响应

1. 频率响应的重要意义

由第 1 章的 1.2.3 节可知，对于一个线性时不变的离散因果系统，假设对于输入序列 $x(n)$,系统的单位脉冲响应为 $h(n)$，系统的输出序列为 $y(n)$，则 $y(n)$ 与 $x(n)$ 之间有如下

关系：

$$y(n) = x(n) * h(n)$$

对上式等号两边进行离散时间傅里叶变换，根据时域卷积性质，可以得到

$$Y(e^{j\Omega}) = X(e^{j\Omega})H(e^{j\Omega}) \tag{4.6.5}$$

式中，$X(e^{j\Omega})$、$Y(e^{j\Omega})$及$H(e^{j\Omega})$分别是$x(n)$、$y(n)$及$h(n)$的离散时间傅里叶变换。

于是有

$$H(e^{j\Omega}) = \frac{Y(e^{j\Omega})}{X(e^{j\Omega})}$$

$H(e^{j\Omega})$称为系统的频率响应，描述了在频域上，离散系统输出与输入之间的关系。线性时不变系统的频率响应$H(e^{j\Omega})$是以2π为周期的连续周期函数，是复函数。它可以写成模和相位的形式

$$H(e^{j\Omega}) = |H(e^{j\Omega})| e^{j\varphi(\Omega)} \tag{4.6.6}$$

式中，模$|H(e^{j\Omega})|$称作幅频响应或幅度特性；相位$\varphi(\Omega)$称作相频响应或相位特性。

对于稳定系统，如果输入序列是一个频率为Ω的复正弦序列

$$x(n) = e^{j\Omega n} \qquad -\infty < n < \infty$$

则系统输出为

$$\begin{aligned} y(n) &= x(n) * h(n) = \sum_{m=-\infty}^{\infty} h(m)x(n-m) \\ &= \sum_{m=-\infty}^{\infty} h(m)e^{j\Omega(n-m)} = e^{j\Omega n}\sum_{m=-\infty}^{\infty} h(m)e^{-j\Omega m} \\ &= e^{j\Omega n}H(e^{j\Omega}) \end{aligned} \tag{4.6.7}$$

式中，$\sum\limits_{m=-\infty}^{\infty} h(m)e^{-j\Omega m} = H(e^{j\Omega})$。

式(4.6.7)表明，当线性时不变系统的输入信号是频率为Ω的复正弦序列时，输出为同频复正弦序列乘以加权函数$H(e^{j\Omega})$。显然，$H(e^{j\Omega})$决定了复正弦序列通过线性时不变系统时幅度和相位随频率Ω的变化情况。换句话说，系统对复正弦序列的响应完全由频率响应$H(e^{j\Omega})$决定。用极坐标形式表示频率响应，由式(4.6.5)，系统的输出和输入的傅里叶变换的幅度和相位间的关系可表示为

$$|Y(e^{j\Omega})| = |H(e^{j\Omega})|\ |X(e^{j\Omega})| \tag{4.6.8}$$

$$\arg[Y(e^{j\Omega})] = \arg[H(e^{j\Omega})] + \arg[X(e^{j\Omega})] \tag{4.6.9}$$

2. 频率响应的几何确定

通过序列的傅里叶变换与z变换的关系可知，$H(e^{j\Omega})$是系统函数$H(z)$在z平面的单位圆上的取值，即令$z=e^{j\Omega}$，有

$$H(e^{j\Omega}) = H(z)\big|_{z=e^{j\Omega}}$$

对于线性时不变的离散系统，其系统函数$H(z)$有如下形式：

$$H(z) = \frac{\sum\limits_{j=0}^{M} b_j z^{-j}}{\sum\limits_{i=0}^{N} a_i z^{-i}}$$

若 $H(z)$ 的零点和极点均为单阶，则对上式的分子和分母进行多项式分解，$H(z)$ 可写成如下形式：

$$H(z)=G_0\frac{\prod_{j=0}^{M}(z-Z_j)}{\prod_{i=0}^{N}(z-P_i)} \tag{4.6.10}$$

将 $z=e^{j\Omega}$ 代入式(4.6.10)，得到系统的频率响应为

$$H(e^{j\Omega})=G_0\frac{\prod_{j=0}^{M}(e^{j\Omega}-Z_j)}{\prod_{i=0}^{N}(e^{j\Omega}-P_i)}=|H(e^{j\Omega})|e^{j\varphi(\Omega)} \tag{4.6.11}$$

式中，Z_j 为系统的零点；P_i 为系统的极点。

令式(4.6.11)的分子项 $(e^{j\Omega}-Z_j)=B_j(\Omega)e^{j\beta_j(\Omega)}$，$B_j(\Omega)$ 和 $\beta_j(\Omega)$ 分别表示零点 Z_j 与单位圆上某点 $z_d(|z_d|=1)$ 相连的矢量 $(e^{j\Omega}-Z_j)$ 的长度和相位。令式(4.6.11)的分母项 $(e^{j\Omega}-P_i)=A_i(\Omega)e^{j\alpha_i(\Omega)}$，$A_i(\Omega)$ 和 $\alpha_i(\Omega)$ 分别表示极点 P_i 与单位圆上某点 $z_d(|z_d|=1)$ 相连的矢量的长度和相位。则 $|H(e^{j\Omega})|$ 和 $\varphi(\Omega)$ 有如下形式：

$$|H(e^{j\Omega})|=G_0\frac{\prod_{j=1}^{M}B_j(\Omega)}{\prod_{i=1}^{N}A_i(\Omega)} \tag{4.6.12}$$

$$\varphi(\Omega)=\sum_{j=1}^{M}\beta_j(\Omega)-\sum_{i=1}^{N}\alpha_i(\Omega) \tag{4.6.13}$$

从式(4.6.12)和式(4.6.13)可以看出，随着点 z_d 在单位圆上的移动，频率响应特性也随之发生变化，当 z_d 移到与某个极点 P_i 最接近的位置时，由于 $A_i(\Omega)$ 变小，$|H(e^{j\Omega})|$ 会出现一个峰值；当 z_d 移到与某个零点 Z_j 最接近的位置时，由于 $B_j(\Omega)$ 变小，$|H(e^{j\Omega})|$ 会出现一个谷值。

下面通过一个例子来探讨系统的零极点对系统频率响应的影响。

【例 4-19】 某离散系统的系统函数为 $H(z)=\dfrac{1+0.8z^{-1}}{(1-0.7e^{j\frac{\pi}{3}}z^{-1})(1-0.7e^{-j\frac{\pi}{3}}z^{-1})}$，画出该系统的幅度响应 $|H(e^{j\Omega})|$ 的图形。

【解】 由系统函数可知，系统在 $z=-0.8$ 处有一个零点，在 $P_1=0.7e^{j\frac{\pi}{3}}$ 和 $P_2=0.7e^{-j\frac{\pi}{3}}$ 处各有一个极点，零点和极点的分布如图 4-19 所示。

因此，幅度响应在 $\Omega=\pi$ 处为最小值，在 $\Omega=\pm\dfrac{\pi}{3}$ 处取得最大值，由系统零极点位置定性确定的系统的频率响应如图 4-20 所示。

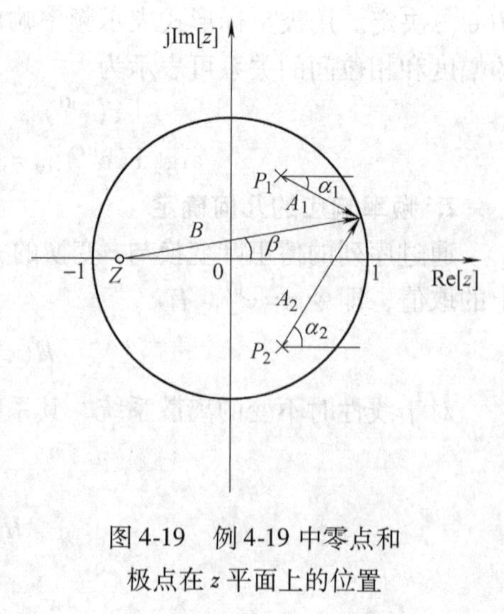

图 4-19　例 4-19 中零点和极点在 z 平面上的位置

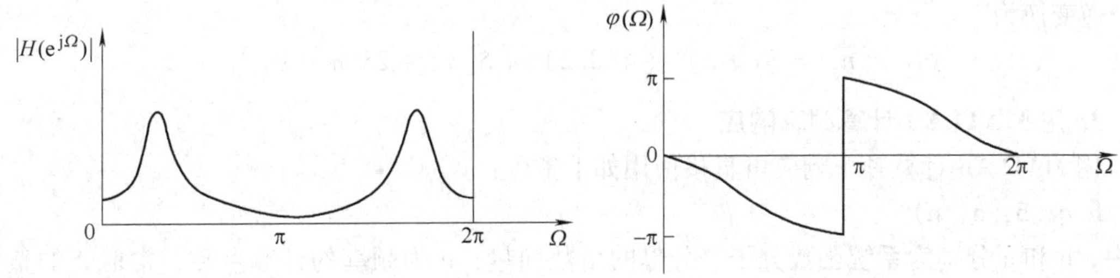

图 4-20　例 4-19 中由零极点位置定性确定的系统频率响应

4.7　本章内容 MATLAB 仿真

1. 部分分式展开法

在 MATLAB 中用部分分式求 z 的逆变换的指令是 residuez。它可求得 $X(z)$ 部分分式的各个系数。格式如下：

[r, p, k] = residuez(b, a)

其中，b = [b_0, b_1, …, b_M]和 a = [a_0, a_1, …, a_N]是式(4.2.1)中分子和分母多项式的系数。如果 $X(z)$的部分分式展开为

$$X(z) = \frac{r_1}{1-p_1z^{-1}} + \frac{r_2}{1-p_2z^{-1}} + \frac{r_3}{1-p_3z^{-1}} + k_1 + k_2z^{-1} \tag{4.7.1}$$

则 residuez 的返回参数 r，P，k 分别为 r = [r_1　r_2　r_3]′，p = [p_1　p_2　p_3]′和 k = [k_1　k_2]。

【例 4-20】　用部分分式展开法求 $X(z) = \dfrac{80-53z^{-1}+15z^{-2}-2z^{-3}}{10-7z^{-1}+z^{-2}}$ 的逆变换。

【解】　m 文件如下：

```
b=[80, -53, 15, -2];
a=[10, -7, 1];
[r, p, k]=residuez(b, a)
```

程序执行的结果如下：

```
r =
    3.0000
    4.0000
p =
    0.5000
    0.2000
k =
    1    -2
```

根据仿真结果得 $X(z)$的部分分式展开式为

$$X(z) = \frac{3}{1-0.5z^{-1}} + \frac{4}{1-0.2z^{-1}} + 1 - 2z^{-1}$$

则 z 逆变换为

$$x[n] = 3(0.5)^n + 4(0.2)^n + \delta[n] - 2\delta[n-1]$$

2. 用 MATLAB 计算频率响应

用 MATLAB 计算频率响应可直接使用如下指令：

freqz(b, a, n)

其中，b 和 a 分别为系统函数分子、分母的系数向量；n 为频率的计算点数，常取 2 的整数次幂，以便使用快速傅里叶变换进行快速运算(见第 6 章)，n 的默认值为 512；绘制的频率特性的横坐标 Ω 的范围为 0 ~ π。

【例 4-21】 系统函数为 $H(z) = \dfrac{z}{z-0.8} = \dfrac{1}{1-0.8z^{-1}}$，用 MATLAB 绘制频率特性曲线。

【解】 MATLAB 命令如下：

```
b=[1  0];
a=[1  -0.8];
freqz(b, a)
```

频率特性仿真如图 4-21 所示。

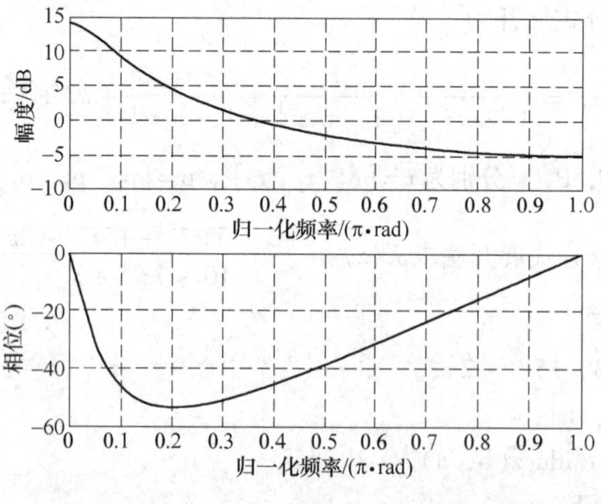

图 4-21 例 4-21 的频率特性仿真

3. 求 DTFT 的频率特性

【例 4-22】 设 $x(n)$ 是 3 点矩形序列，$x(n) = R_3(n)$，求它的离散时间傅里叶变换 $X(e^{j\Omega})$。

【解】 由 4.6.1 小节的表 4-3 可直接写出 $x(n)$ 的离散时间傅里叶变换

$$X(e^{j\Omega}) = \text{DTFT}[R_3(n)] = \sum_{n=0}^{2} e^{-j\Omega n} = e^{-j\Omega}\frac{\sin\left(\dfrac{3\Omega}{2}\right)}{\sin\left(\dfrac{\Omega}{2}\right)}$$

于是有幅频特性

$$|X(e^{j\Omega})| = \left|\frac{\sin\left(\frac{3\Omega}{2}\right)}{\sin\left(\frac{\Omega}{2}\right)}\right|$$

相频特性

$$\varphi(\Omega) = -\Omega + \arg\left[\frac{\sin\left(\frac{3\Omega}{2}\right)}{\sin\left(\frac{\Omega}{2}\right)}\right]$$

由 MATLAB 的求模指令 abs( ) 和求相位角指令 angle( ) 可分别求得幅频特性和相频特性，见如下程序：

```
clear all; close all;
N=3;                        %取 3 点矩形序列
n=-pi:0.01*pi:pi;
y1=sin((N./2)*n).*exp(-1*j*n*(N-1)./2);
y2=sin(0.5*n);
i=find(y2);                 %因 y2 在分母上，返回序列 y2 中不为零的值对应的索引值
y(i)=(y1(i)./y2(i));
j=find(y2==0); y(j)=N;
subplot(1,2,1); plot(n/pi, abs(y)); grid on;
subplot(1,2,2); plot(n/pi, angle(y)); grid on;
```

$x(n)=R_3(n)$ 的 DTFT 的幅频特性和相频特性分别如图 4-21a、b 所示。

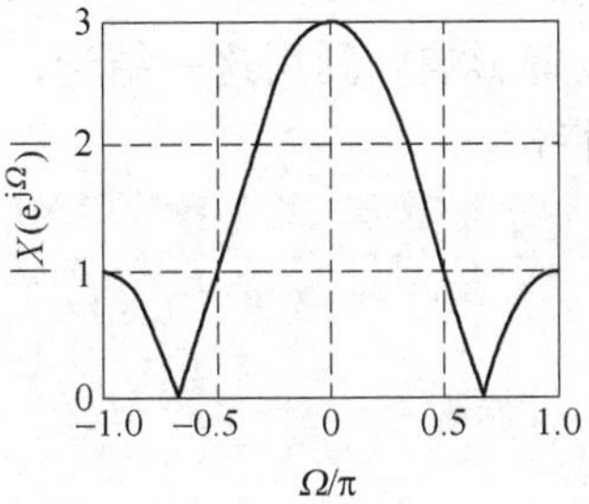

a) 幅频特性

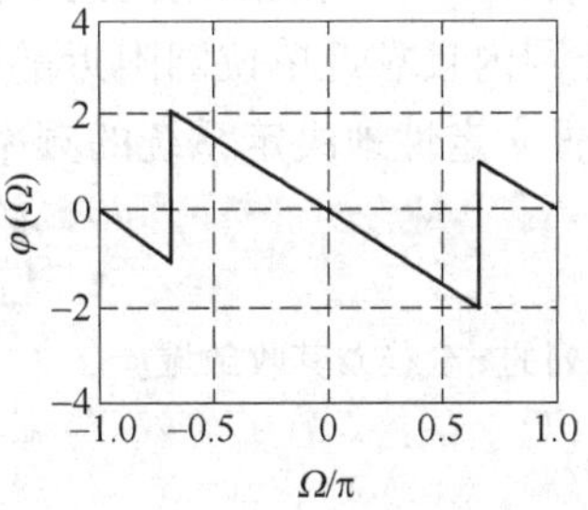

b) 相频特性

图 4-22　例 4-22 的频率特性

4.8　小结

z 变换是线性离散系统分析和设计的重要变换之一，它实际上是对理想抽样信号的拉氏变换。z 变换的收敛域是指 z 平面上某一不包括极点的圆外或圆内区域，当变量 z 在此区域内取值时，z 变换收敛。应当注意的是，相同的 z 变换形式，当其收敛域不同时，所对应的时间序列也是不同的。对于线性时不变系统，z 变换的形式都是关于 z^{-1} 的有理分式，可以

通过长除法确定其所对应序列的有限个点，另外，还可以利用部分分式法得到其所对应序列的闭合解形式。正如利用傅里叶变换和拉氏变换的性质分析连续信号与连续系统一样，z 变换的许多性质是分析离散信号与离散系统的很有价值的工具，往往可利用一些常用序列的 z 变换，再结合 z 变换的性质求得一些其他序列的 z 变换。

线性时不变离散系统可以用常系数差分方程和系统结构图进行描述。分析方法包括时域分析法和变换域分析法，时域分析方法与连续系统的时域分析方法类似，只不过连续系统需要求解系统的微分方程，而离散系统是对差分方程进行求解。常系数差分方程的时域解法有迭代法和经典法(通解特解法)，迭代法简明易行，思路清楚，但不容易得到闭合解；采用经典法可以求取系统的完全解。利用 z 变换方法可以将系统的差分方程转换为代数方程进行求解，这样可以大大简化求解过程。系统函数 $H(z)$ 定义为离散系统的响应信号的 z 变换与激励信号的 z 变换的比值，同时也是系统单位脉冲响应 $h(n)$ 的 z 变换形式。系统函数的极点位置对系统稳定性产生影响，对于因果系统而言，只有当系统函数的极点都在 z 平面的单位圆之内时，系统才是稳定的。

序列的离散时间傅里叶变换(DTFT)又称序列的傅里叶变换，是离散序列在 z 平面的单位圆上取其 z 变换，也称之为序列的数字频谱，其地位等同于连续信号的傅里叶变换。序列的频谱是周期的、连续的，幅度谱是 Ω 的偶函数，相位谱是 Ω 的奇函数(请注意模拟角频率 ω 和数字角频率 Ω 的对应关系)。序列 $x(n)$ 的离散时间傅里叶变换 $X(e^{j\Omega})$ 就是其对应的连续信号 $x(t)$ 理想抽样后的傅里叶变换。利用离散时间傅里叶变换对系统输出的频率响应进行分析，系统函数用 $e^{j\Omega}$ 代替 z 即可得到系统的频率响应。当线性时不变系统的输入信号是频率为 Ω 的复正弦序列时，输出则为同频复正弦序列乘以加权函数 $H(e^{j\Omega})$，$H(e^{j\Omega})$ 决定了复正弦序列通过线性时不变系统时幅度和相位随频率 Ω 的变化情况。系统频率响应的谷值位置受到系统函数 $H(z)$ 在单位圆附近的零点位置影响，系统频率响应的峰值位置受到系统函数 $H(z)$ 在单位圆内且靠近单位圆附近的极点位置影响。利用这一结论，可以通过对系统函数零极点的配置来定性地决定系统的频率响应特性。

习 题 4

4-1 求下列序列的 z 变换及其收敛域。

(1) $\left(\frac{1}{2}\right)^n u(n)$

(2) $\left(-\frac{1}{2}\right)^n u(-n-1)$

(3) $\left(\frac{1}{2}\right)^n u(-n)$

(4) $u(n)-u(n-2)$

(5) $\delta(n+1)$

(6) $\left(\frac{1}{2}\right)^n [u(n)-u(n-10)]$

(7) $\frac{1}{2}nu(n)$

(8) $ne^{an}u(n)$

4-2　求下列序列的 z 变换，并绘出极零点图。

(1) $x(n)=\alpha^{|n|}\quad 0<|\alpha|<1$

(2) $x(n)=\begin{cases}1 & 0\leqslant n\leqslant N-1\\ 0 & \text{其他 } n\end{cases}$

(3) $x(n)=\begin{cases}n & 0\leqslant n\leqslant N\\ 2N-n & N+1\leqslant n\leqslant 2N\\ 0 & \text{其他 } n\end{cases}$

4-3　分别用部分分式法和长除法，求下列函数的 z 反变换。

(1) $X(z)=\dfrac{1}{1+\frac{1}{2}z^{-1}}\quad |z|>\dfrac{1}{2}$

(2) $X(z)=\dfrac{1}{1+\frac{1}{2}z^{-1}}\quad |z|<\dfrac{1}{2}$

(3) $X(z)=\dfrac{1-\frac{1}{2}z^{-1}}{1+\frac{3}{4}z^{-1}+\frac{1}{8}z^{-2}}\quad |z|>\dfrac{1}{2}$

(4) $X(z)=\dfrac{1-\frac{1}{2}z^{-1}}{1-\frac{1}{4}z^{-2}}\quad |z|>\dfrac{1}{2}$

(5) $X(z)=\dfrac{1-az^{-1}}{z^{-1}-a}\quad |z|>\left|\dfrac{1}{a}\right|$

(6) $X(z)=\dfrac{z^2+z+1}{z^2+3z+2}\quad |z|>2$

(7) $X(z)=\dfrac{z}{(z-1)(z^2-1)}\quad |z|>1$

4-4　利用 z 变换的性质求下列序列的 z 变换。

(1) $(-1)^n nu(n)$

(2) $(n-1)^2u(n-1)$

(3) $\dfrac{a^n}{n+1}u(n)$

(4) $\sum\limits_{i=0}^{n}(-1)^i$

4-5　已知序列 $x(n)=a^nu(n)$，当 $h(n)$ 为如下序列时，利用卷积定理求 $y(n)=x(n)*h(n)$。

(1) $h(n)=b^nu(-n)$

(2) $h(n)=\delta(n-2)$

(3) $h(n)=u(n-1)$

4-6　列出图 4-23 所示系统的差分方程，已知边界条件 $y(-1)=0$。当输入信号分别为以下序列时，求输出信号 $y(n)$，并绘出其图形。（使用迭代法）

(1) $x(n)=\delta(n)$

(2) $x(n)=u(n)$

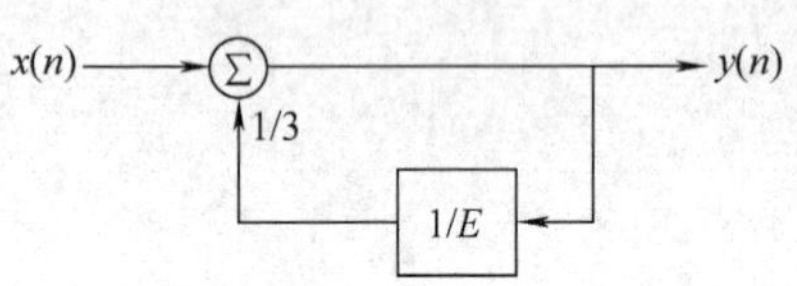

图 4-23　习题 4-6 图

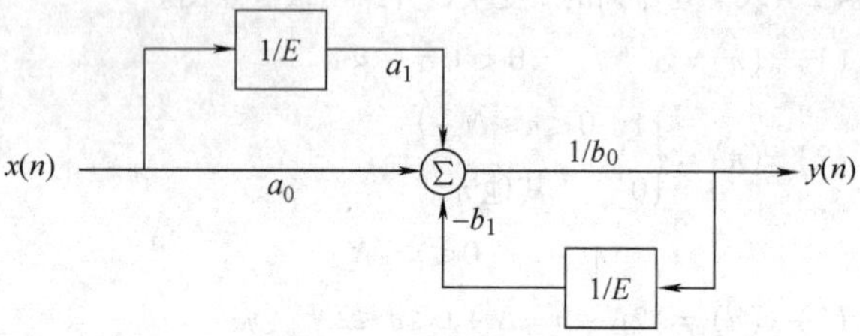

图 4-24　习题 4-7 图

4-7　列出如图 4-24 所示系统的差分方程，并指出其阶次。

4-8　求下列离散时间系统的齐次解和特解形式。

（1）$y(n+2)-5y(n+1)+6y(n)=u(n)$

（2）$y(n)-y(n-2)=(\sin n)u(n)$

（3）$y(n)-y(n-1)=nu(n)$

（4）$y(n)+6y(n-1)+12y(n-2)+8y(n-3)=(n^2+2n)(-2)^n$

4-9　图 4-25 所示的系统包括两个级联的线性时不变系统，它们的单位脉冲响应分别为 $h_1(n)$ 和 $h_2(n)$。已知 $h_1(n)=\delta(n)-\delta(n-3)$，$h_2(n)=(0.8)^n u(n)$。令 $x(n)=u(n)$，求系统的输出 $y(n)$。

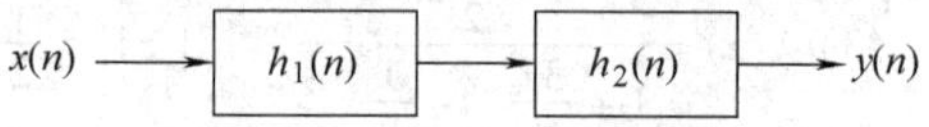

图 4-25　习题 4-9 图

4-10　用单边 z 变换法求解下列差分方程。

（1）$y(n+2)+y(n+1)+y(n)=u(n)$，$y(0)=1$，$y(1)=2$

（2）$y(n)-0.9y(n-1)=0.05u(n)$，$y(-1)=0$

（3）$y(n)-0.9y(n-1)=0.05u(n)$，$y(-1)=1$

（4）$y(n)+2y(n-1)=(n-2)u(n)$，$y(0)=1$

4-11　根据下列差分方程，求系统的零状态响应。

（1）$y(n+1)+2y(n)=x(n+1)$，$x(n)=\mathrm{e}^{-n}u(n)$

（2）$y(n+2)+3y(n+1)+2y(n)=3^n u(n)$

（3）$y(n+2)-0.6y(n+1)-0.16y(n)=\delta(n)$

（4）$y(n+1)-2y(n)+y(n-1)=nu(n)$

4-12　已知某离散线性时不变系统的差分方程为 $y(n)-3y(n-1)+2y(n-2)=x(n)-2x(n-2)$，若输入信号 $x(n)=2^n u(n)$，零输入响应的边界条件 $y_{zi}(0)=0$，$y_{zi}(1)=1$，求系统的完全响应 $y(n)$。

4-13　一离散线性时不变系统的差分方程为 $y(n+2)-3y(n+1)+2y(n)=x(n+1)-2x(n)$，若输入信号为 $x(n)=u(n)$，系统的边界条件为 $y(0)=1$，$y(-1)=1$。

（1）求系统的零输入响应 $y_{zi}(n)$、零状态响应 $y_{zs}(n)$ 和全响应 $y(n)$；

（2）绘出该系统的结构图。

4-14　当离散线性时不变系统的输入为 $x(n)=5u(n)$ 时，其输出为 $y(n)=\left[2\left(\frac{1}{2}\right)^n+3\left(-\frac{3}{4}\right)^n\right]u(n)$。

（1）求系统函数 $H(z)$，画出 $H(z)$ 的零极点图，并标出收敛域；

（2）求系统的单位脉冲响应；

（3）写出描述该系统的差分方程。

4-15　确定 K 的取值范围，使下列差分方程所描述的因果线性时不变系统是稳定的。

（1）$y(n)-Ky(n-1)+K^2y(n-2)=x(n)$

（2）$y(n)-4Ky(n-1)+4K^2y(n-2)=x(n)$

（3）$y(n)-K^2y(n-2)=x(n-3)$

4-16　对于差分方程 $y(n)+y(n-1)=x(n)$ 所表示的离散系统：

(1)求系统函数 $H(z)$ 及单位脉冲响应 $h(n)$，并说明系统的稳定性；

(2)若系统的起始状态为零，如果 $x(n)=10u(n)$，求系统的响应 $y(n)$。

4-17　离散系统如图4-26所示，求当系数 a 为何值时，系统稳定。

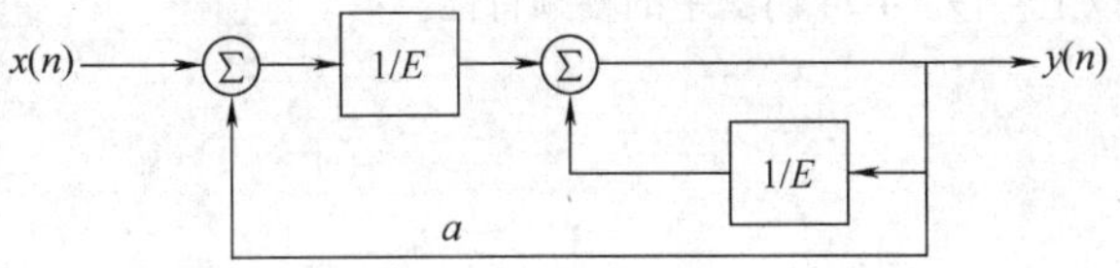

图4-26　习题4-17图

4-18　矩形序列 $R_N(n)=\begin{cases}1 & 0\leqslant n\leqslant N-1\\ 0 & \text{其他值}\end{cases}$。

（1）求该序列的傅里叶变换 $R(e^{j\Omega})$；

（2）序列 $x(n)=\begin{cases}\frac{1}{2}\left(1-\cos\frac{2\pi n}{N-1}\right) & 0\leqslant n\leqslant N-1\\ 0 & \text{其他值}\end{cases}$，画出 $x(n)$ 的图形，并利用 $R(e^{j\Omega})$ 来表示 $x(n)$ 的傅里叶变换 $X(e^{j\Omega})$；

（3）画出当 $N=5$ 时，$R(e^{j\Omega})$ 和 $X(e^{j\Omega})$ 的幅度特性。

4-19　已知某离散线性时不变系统的系统函数 $H(z)=\frac{z}{z-K}$，其中 K 为常数。

（1）写出系统的差分方程；

（2）求系统的频率响应，并用Matlab仿真画出 $K=0$、0.5、1 三种情况下系统的幅度响应和相位响应。

4-20　试求图4-27所示的离散系统的频率响应特性，并粗略画出其幅频特性和相频特性。

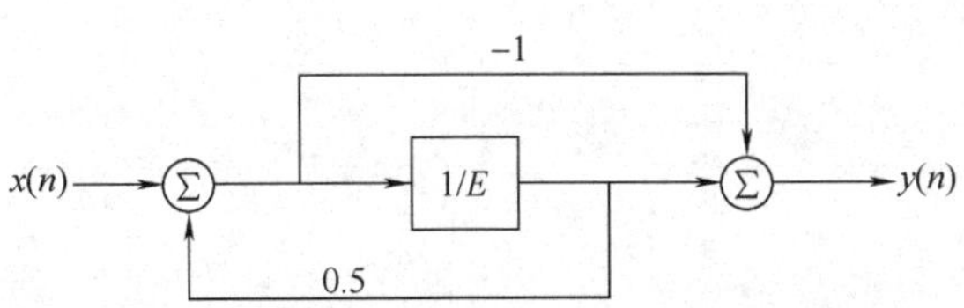

图4-27　习题4-20图

4-21　线性时不变系统的频率响应为 $H(e^{j\Omega})=|H(e^{j\Omega})|e^{j\varphi(\Omega)}$，如果单位脉冲响应 $h(n)$ 为实数序列，试证明输入 $x(n)=A\cos(\Omega_0 n+\theta)$ 的稳态响应为 $y(n)=A\left|H(e^{j\Omega})\right|\cos[\Omega_0 n+\theta+\varphi(\Omega)]$。

4-22　设系统的单位脉冲响应 $h(n)=a^n u(n)$，$0<a<1$，输入序列 $x(n)=\delta(n)+2\delta(n-2)$，完成下面各题。

（1）求出系统的输出序列 $y(n)$；

（2）分别求出 $x(n)$、$h(n)$ 和 $y(n)$ 的离散时间傅里叶变换。

4-23　设线性时不变系统的系统函数 $H(z)$ 为 $H(z)=\frac{1-a^{-1}z^{-1}}{1-az^{-1}}$，$a$ 为实数。完成下面各题。

（1）在 z 平面上用几何法证明该系统是全通网络，即 $\left|H(e^{j\Omega})\right| =$ 常数；

（2）参数 a 如何取值，才能使系统因果稳定？画出零极点分布及收敛域。

4-24　已知线性因果系统用下面的差分方程描述：$y(n)=0.9y(n-1)+x(n)+0.9x(n-1)$，试完成下面各题。

（1）求系统函数 $H(z)$；

（2）写出系统频率响应 $H(e^{j\Omega})$ 的表达式，并定性地画出其幅频特性曲线；

（3）设输入 $x(n)=e^{j\Omega_0 n}$，求输出 $y(n)$。

4-25　求矩形序列 $R_5(n)$ 的 DTFT，并用 Matlab 仿真其频率特性。

4-26　用 Matlab 仿真以上 4-19、4-24 两题中的幅频特性。

第 5 章　离散傅里叶变换

在第 4 章中已经讨论了利用 z 变换和离散时间傅里叶变换来表示离散序列的变换域形式，而对于有限长离散序列，可以得出另外一种傅里叶表示形式，称为离散傅里叶变换(DFT)。离散傅里叶变换是对离散时间傅里叶变换(DTFT)在 $0\sim2\pi$ 的频域上进行等间隔抽样。离散傅里叶变换作为有限序列的傅里叶表示，在理论上十分重要，在实现各种数字信号处理算法中起着核心作用，它使得在计算机上实现信号处理成为可能。在这一章，将讨论离散傅里叶变换的定义、性质以及它和其他变换方法之间的关系。在下一章，将讨论离散傅里叶变换的高效算法——快速傅里叶变换。

5.1　有限长序列的离散傅里叶变换(DFT)

在通信与控制系统的理论研究和实际应用之中，采用频域的分析方法较之时域方法有很多突出的优点，傅里叶变换作为一种变换域方法已成为信号分析与系统设计不可缺少的重要工具。在本书第 2 章和第 4 章中，已经分别讨论了连续时间信号的傅里叶变换和离散时间信号的傅里叶变换，但这两种傅里叶变换都无法直接在数字计算机上运行。若要在计算机上实现对信号的频谱分析及其他方面的处理工作，对信号的要求是：信号在时域和频域都为有限长的离散序列。离散傅里叶变换就是基于这种目的引导出的。

5.1.1　旋转因子及其性质

点 $z=e^{j\Omega}$ 沿着复平面上的单位圆移动，Ω 表示 z 与原点连线和正实轴构成的角度，Ω 的周期为 2π。若对 Ω 从 $0\sim2\pi$ 进行等间隔抽样，抽样点数为 N，则抽样间隔为 $\frac{2\pi}{N}$，若沿单位圆顺时针旋转，则第 n 个取样点为

$$W_N^n = e^{-j\frac{2\pi}{N}n} \qquad n = 0,1,\cdots,N-1 \tag{5.1.1}$$

式中，W_N 称为旋转因子，当 n 从 0 取到 $N-1$ 时，W_N^n 沿着单位圆顺时针旋转一周。

由旋转因子定义可知，W_N^n 具有下面几个性质。

1. 共轭对称性

$$W_N^n = (W_N^{-n})^* \tag{5.1.2}$$

此性质说明，对单位圆上顺时针旋转 n 点得到点 W_N^n，与逆时针旋转 n 点得到的点 W_N^{-n}，这两点相对于 z 平面的实轴对称。

2. 周期性

$$W_N^n = W_N^{n+kN} \qquad k\text{ 为整数} \tag{5.1.3}$$

此性质说明，单位圆上某点沿单位圆顺时针旋转 k 周或逆时针旋转 k 周后，仍与原来的点重合。

3. 可约性

$$W_N^{nk} = W_{N/k}^n,\ W_{Nk}^{nk} = W_N^n \tag{5.1.4}$$

此性质说明，在 N 等分的单位圆上旋转 nk 次，相当于将单位圆上的等分点数减少为原来的 $1/k$，然后旋转 n 次。例如，若单位圆上有 8 个等分点，则从第 0 个点逆时针旋转 4 次，到达第 4 个等分点，其位置与将单位圆进行 4 等分，从第 0 个点逆时针旋转两次所在的位置是相同的。

4. 正交性

$$\frac{1}{N}\sum_{k=0}^{N-1} W_N^{nk}(W_N^{mk})^* = \frac{1}{N}\sum_{k=0}^{N-1} W_N^{(n-m)k} = \begin{cases}1 & (n-m) = lN \\ 0 & (n-m) \neq lN\end{cases},\text{其中 } l \text{ 为整数} \tag{5.1.5}$$

5.1.2　离散傅里叶变换的定义

由于计算机只能进行离散运算，而前面所讨论的傅里叶变换(FT)和离散时间傅里叶变换(DTFT)，其中 FT 在时域和频域上都是连续的，DTFT 虽然在时域上是离散的，但是在频域上也是连续的。因此，为了实现利用计算机对信号频谱进行分析计算，需要引入一种在时域和频域上均为离散形式且长度有限的傅里叶变换，即离散傅里叶变换(DFT)。

设 $x(n)$ 为有限长序列，它有 N 个样值，在 $0 \leqslant n \leqslant N-1$ 范围之外，$x(n)=0$。把 $x(n)$ 看成是周期为 N 的周期序列 $\tilde{x}(n)$ 的一个周期，即

$$x(n) = \begin{cases}\tilde{x}(n) & 0 \leqslant n \leqslant N-1 \\ 0 & n \text{ 为其他值}\end{cases}$$

图形如图 5-1 所示。则 $x(n)$ 离散傅里叶变换(DFT)和逆变换(IDFT)定义如下：

$$X(k) = \mathrm{DFT}[x(n)] = \sum_{n=0}^{N-1} x(n) W_N^{kn} \qquad 0 \leqslant k \leqslant N-1 \tag{5.1.6}$$

$$x(n) = \mathrm{IDFT}[X(k)] = \frac{1}{N}\sum_{k=0}^{N-1} X(k) W_N^{-kn} \qquad 0 \leqslant n \leqslant N-1 \tag{5.1.7}$$

式中，W_N 为旋转因子；$W_N = \mathrm{e}^{-\mathrm{j}\frac{2\pi}{N}}$。

注意，式(5.1.6)中 k 为离散变量的取值，且取值范围为 $0 \leqslant k \leqslant N-1$。可见，对于 N 点有限长序列 $x(n)$ 的离散傅里叶变换 $X(k)$，在频域上也是一个 N 点有限长序列，这一特性使离散傅里叶变换和逆变换可以利用数字计算机进行计算。若在所讨论的问题中不涉及 N 的变动，则符号 W_N 可简化为 W，式(5.1.6)和式(5.1.7)也可以写成以下矩阵形式：

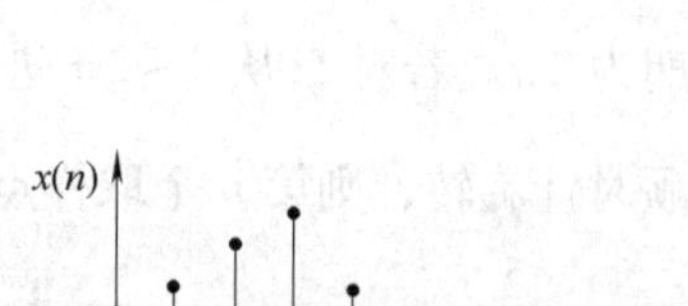

图 5-1　有限长序列 $x(n)$

$$\begin{pmatrix} X(0) \\ X(1) \\ \vdots \\ X(N-1) \end{pmatrix} = \begin{pmatrix} W^0 & W^0 & W^0 & \cdots & W^0 \\ W^0 & W^{1\times1} & W^{2\times1} & \cdots & W^{(N-1)\times1} \\ \vdots & \vdots & \vdots & & \vdots \\ W^0 & W^{1\times(N-1)} & W^{2\times(N-1)} & \cdots & W^{(N-1)(N-1)} \end{pmatrix} \begin{pmatrix} x(0) \\ x(1) \\ \vdots \\ x(N-1) \end{pmatrix} \tag{5.1.8}$$

和

$$\begin{pmatrix} x(0) \\ x(1) \\ \vdots \\ x(N-1) \end{pmatrix} = \frac{1}{N} \begin{pmatrix} W^0 & W^0 & W^0 & \cdots & W^0 \\ W^0 & W^{-1\times1} & W^{-1\times2} & \cdots & W^{-1\times(N-1)} \\ \vdots & \vdots & \vdots & & \vdots \\ W^0 & W^{-(N-1)\times1} & W^{-(N-1)\times2} & \cdots & W^{-(N-1)(N-1)} \end{pmatrix} \begin{pmatrix} X(0) \\ X(1) \\ \vdots \\ X(N-1) \end{pmatrix} \tag{5.1.9}$$

【例 5-1】 求矩形脉冲序列 $x(n)=R_N(n)$ 的离散傅里叶变换(DFT)。

【解】 由定义写出

$$\begin{aligned} X(k) &= \sum_{n=0}^{N-1} R_N(n) W^{nk} \\ &= \sum_{n=0}^{N-1} W^{nk} = \sum_{n=0}^{N-1} (\mathrm{e}^{-\mathrm{j}\frac{2\pi k}{N}})^n \\ &= \begin{cases} \dfrac{1-(\mathrm{e}^{-\mathrm{j}\frac{2\pi k}{N}})^N}{1-(\mathrm{e}^{-\mathrm{j}\frac{2\pi k}{N}})} & \text{当 } \mathrm{e}^{-\mathrm{j}\frac{2\pi k}{N}} \neq 1 \\ N & \text{当 } \mathrm{e}^{-\mathrm{j}\frac{2\pi k}{N}} = 1 \end{cases} \end{aligned}$$

当 $k=0$ 时，$\mathrm{e}^{-\mathrm{j}\frac{2\pi k}{N}}=1$，因此有 $X(0)=N$。当 $k=1, 2, 3, \cdots, N-1$ 时，则有 $\mathrm{e}^{-\mathrm{j}\frac{2\pi k}{N}}\neq 1$，而 $(\mathrm{e}^{-\mathrm{j}\frac{2\pi k}{N}})^N=\mathrm{e}^{-\mathrm{j}2\pi k}=1$，所以 $X(k)=0(k=1, 2, 3, \cdots, N-1)$。

此结果表明，矩形序列的离散傅里叶变换仅在 $k=0$ 时有值为 N，在其余 $(N-1)$ 个样点上，均为零，可以记为

$$\mathrm{DFT}[R_N(n)] = N\delta(k)$$

可见，矩形序列的离散频谱是一个单位脉冲序列。

【例 5-2】 利用矩阵表示式求矩形序列 $R_4(n)=\{1, 1, 1, 1\}$ 的离散傅里叶变换，再对所得的 $X(k)$ 求其逆变换，验证结果的正确性。

【解】 由 $N=4$ 可得 $W_4=\mathrm{e}^{-\mathrm{j}\frac{2\pi}{4}}=-\mathrm{j}$

$$\begin{pmatrix} X(0) \\ X(1) \\ X(2) \\ X(3) \end{pmatrix} = \begin{pmatrix} W^0 & W^0 & W^0 & W^0 \\ W^0 & W^1 & W^2 & W^3 \\ W^0 & W^2 & W^4 & W^6 \\ W^0 & W^3 & W^6 & W^9 \end{pmatrix} \begin{pmatrix} x(0) \\ x(1) \\ x(2) \\ x(3) \end{pmatrix} = \begin{pmatrix} 1 & 1 & 1 & 1 \\ 1 & -\mathrm{j} & -1 & \mathrm{j} \\ 1 & -1 & 1 & -1 \\ 1 & \mathrm{j} & -1 & -\mathrm{j} \end{pmatrix} \begin{pmatrix} 1 \\ 1 \\ 1 \\ 1 \end{pmatrix} = \begin{pmatrix} 4 \\ 0 \\ 0 \\ 0 \end{pmatrix}$$

显然，得到的结果与例 5-1 中得到的一般性结论是一致的，图形如图 5-2 所示。

再求逆变换

$$\begin{pmatrix} x(0) \\ x(1) \\ x(2) \\ x(3) \end{pmatrix} = \frac{1}{4} \begin{pmatrix} W^0 & W^0 & W^0 & W^0 \\ W^0 & W^{-1} & W^{-2} & W^{-3} \\ W^0 & W^{-2} & W^{-4} & W^{-6} \\ W^0 & W^{-3} & W^{-6} & W^{-9} \end{pmatrix} \begin{pmatrix} X(0) \\ X(1) \\ X(2) \\ X(3) \end{pmatrix}$$

$$= \frac{1}{4} \begin{pmatrix} 1 & 1 & 1 & 1 \\ 1 & \mathrm{j} & -1 & -\mathrm{j} \\ 1 & -1 & 1 & -1 \\ 1 & -\mathrm{j} & -1 & \mathrm{j} \end{pmatrix} \begin{pmatrix} 4 \\ 0 \\ 0 \\ 0 \end{pmatrix} = \begin{pmatrix} 1 \\ 1 \\ 1 \\ 1 \end{pmatrix}$$

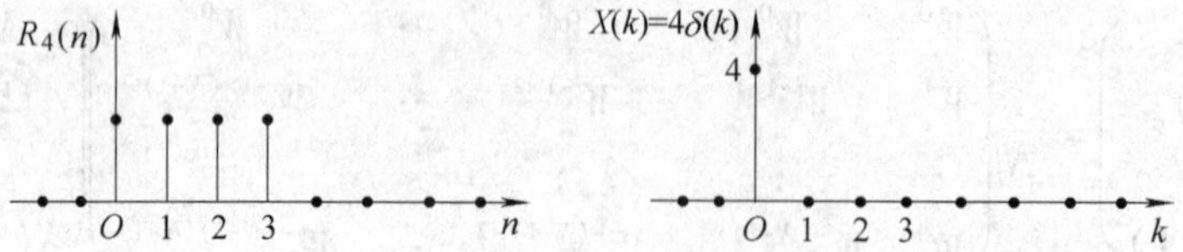

图 5-2　例 5-2 的图形表示

由于离散傅里叶变换的时域信号和频域信号均为有限序列，因此可以方便地利用计算机来实现其计算过程。第 5.5 节给出了离散傅里叶变换和其逆变换的 Matlab 函数，分别为 DFT 函数和 IDFT 函数，读者可直接利用这两个函数在 Matlab 环境下进行计算。

5.1.3　DFT 与 DTFT、z 变换的关系

设 $x(n)$ 是包含 N 个样值的有限长序列，对此序列进行 z 变换，得到

$$X(z) = \sum_{n=0}^{N-1} x(n) z^{-n} \tag{5.1.10}$$

假设 $X(z)$ 的收敛域包含单位圆，令变量 z 在单位圆上取值，即 $z = \mathrm{e}^{\mathrm{j}\Omega}$，此时即可得到序列 $x(n)$ 的离散时间傅里叶变换（DTFT）

$$X(\mathrm{e}^{\mathrm{j}\Omega}) = \sum_{n=0}^{N-1} x(n) \mathrm{e}^{-\mathrm{j}\Omega n} \tag{5.1.11}$$

若进一步，令式（5.1.11）中的变量 Ω 在单位圆上等角距抽样，抽样间隔为 $\frac{2\pi}{N}$，实际上是对频域上的连续变量 Ω 进行离散化。此时 $\Omega = \frac{2\pi}{N}k$，k 为整数，即

$$X(k) = X(\mathrm{e}^{\mathrm{j}\Omega}) \Big|_{\Omega = \frac{2\pi}{N}k} = \sum_{n=0}^{N-1} x(n) \mathrm{e}^{-\mathrm{j}\frac{2\pi}{N}kn} \tag{5.1.12}$$

引入旋转因子 $W_N = \mathrm{e}^{-\mathrm{j}\frac{2\pi}{N}}$ 形式，则式（5.1.12）变为

$$X(k) = X(z) \Big|_{z = \mathrm{e}^{\mathrm{j}\frac{2\pi}{N}k}} = \sum_{n=0}^{N-1} x(n) W^{kn} \tag{5.1.13}$$

可见，式（5.1.13）中的 $X(k)$ 即为有限长序列 $x(n)$ 的离散傅里叶变换（DFT）。实际上，对有限长序列在单位圆上的 N 个等分点上计算其 z 变换，即令 $z = \mathrm{e}^{\mathrm{j}\frac{2\pi}{N}k}$，就是有限长序列离散傅里叶变换（DFT）。

从以上推导过程可以看到：有限长序列 $x(n)$ 的离散时间傅里叶变换，即 $X(\mathrm{e}^{\mathrm{j}\Omega})$，是其 z 变换 $X(z)$ 在单位圆上的取值；有限长序列 $x(n)$ 的离散傅里叶变换，即 $X(k)$，是其傅里叶变换 $X(\mathrm{e}^{\mathrm{j}\Omega})$ 在单位圆上以 $\frac{2\pi}{N}$ 为角间距的等角距抽样值，它们之间的关系如图 5-3 所示

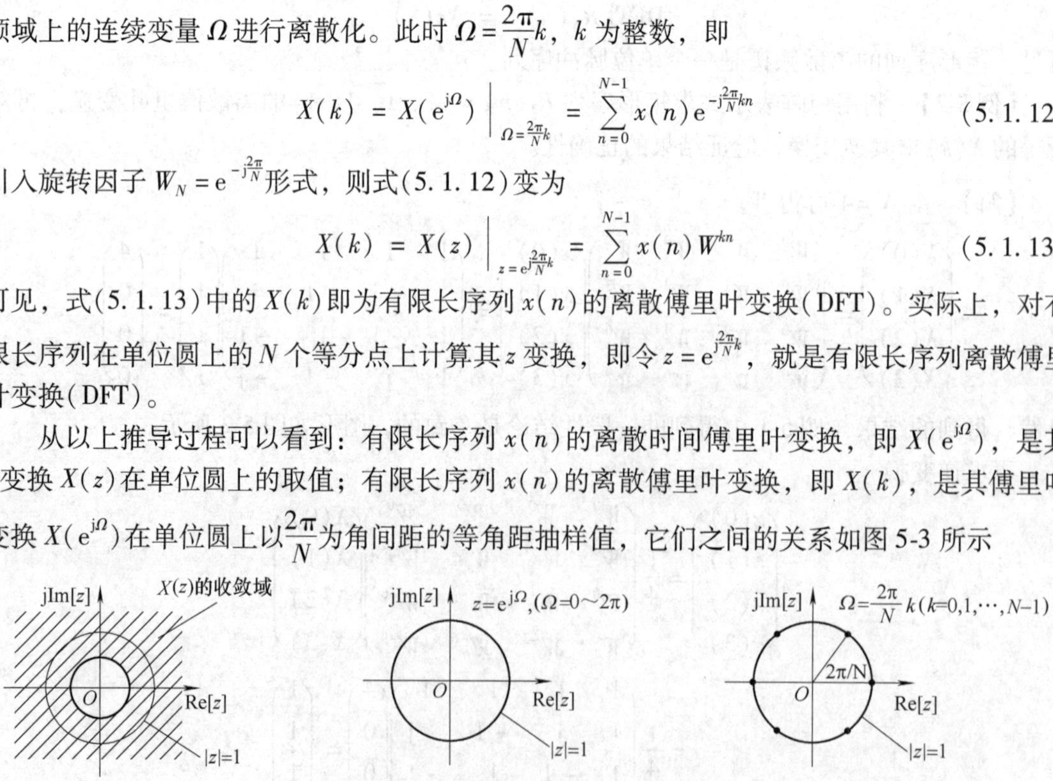

图 5-3　DFT、DTFT 和 z 变换的关系

$$X(z) \xrightarrow{z = e^{j\Omega}} X(e^{j\Omega}) \xrightarrow{\Omega = \frac{2\pi}{N}k} X(k)$$

5.2　离散傅里叶变换的性质

5.2.1　线性性质

如果有两个有限长序列 $x_1(n)$和 $x_2(n)$，令 $x_3(n)$为两个有限长序列的线性组合

$$x_3(n) = ax_1(n) + bx_2(n)$$

式中，a、b 为任意常数。

容易证明 $x_3(n)$的离散傅里叶变换为

$$X_3(k) = aX_1(k) + bX_2(k) \tag{5.2.1}$$

若 $x_1(n)$的长度为 N_1，$x_2(n)$的长度为 N_2，则 $x_3(n)$的最大长度 $N_3 = \max(N_1, N_2)$。因此要使式(5.2.1)有意义，序列 $x_1(n)$和 $x_2(n)$的离散傅里叶变换必须按同一长度 $N \geqslant \max(N_1, N_2)$来计算。例如，若 $N_1 < N_2$，则需要对 $x_1(n)$增加$(N_2 - N_1)$个零点，构成长度为 N_2 的序列后，再对其计算离散傅里叶变换。

5.2.2　圆周移位特性

为了对有限长序列的移位特性进行研究，首先需要建立有限长序列的“圆周移位”概念。

对于有限长序列 $x(n)$，$0 \leqslant n \leqslant N-1$，向右时移 M 位，得到的序列 $x(n-M)$仍然是包含 N 个样值的有限长序列，但其所在区间为 $M \leqslant n \leqslant N-1+M$，如图 5-4 所示。

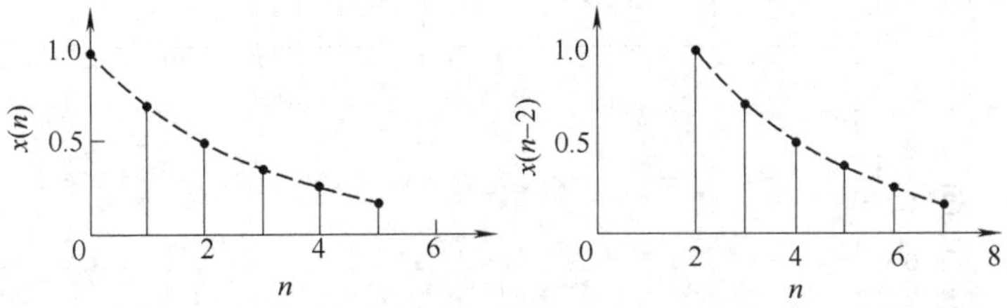

图 5-4　有限长序列的移位

由于移位前后序列位置发生了改变，因此其 DFT 级数的取和范围也发生了改变，由原来的 $0 \leqslant n \leqslant N-1$ 变成了 $M \leqslant n \leqslant N-1+M$，这给位移序列的研究带来了不便。因此，针对有限长序列，引入新的位移概念——“圆周移位”。先将有限长序列 $x(n)$以它的长度 N 作为周期，将其延拓为周期序列$\tilde{x}(n)$，即表示成

$$\tilde{x}(n) = \sum_{r=-\infty}^{\infty} x(n + rN) \tag{5.2.2}$$

通常把周期序列$\tilde{x}(n)$写成

$$\tilde{x}(n) = x((n))_N \tag{5.2.3}$$

这里符号$((n))_N$ 是求余数表达式，称做“n 对 N 求余数”，它表示将 n 被 N 除后得到最大整数商后的余数值。例如，设 $n = n_1 + rN$(N 为周期，r 为整数，$0 \leqslant n_1 \leqslant N-1$)，则$((n))_N = n_1$。

将$\tilde{x}(n)$平移M位后得到$\tilde{x}(n-M)$，最后取$\tilde{x}(n-M)$的主值序列$(0\leqslant n\leqslant N-1)$，即

$$\tilde{x}(n-M)R_N(n) \tag{5.2.4}$$

用求余数的表达方式，式(5.2.4)还可以写成

$$x((n-M))_N R_N(n) \tag{5.2.5}$$

式(5.2.5)中，$x((n-M))_N$ 表示对序列 $x(n)$ 平移 M 个单位并进行以 N 为周期的周期延拓，乘 $R_N(n)$是以 N 为长度取主值区间。

例如，图 5-5 给出了 $N=5$ 的有限长序列 $x(n)$ 经圆周移位 2，得到 $x((n-2))_5R_5(n)$ 的过程。首先将有限长序列 $x(n)$（见图 5-5a）以 5 为周期进行延拓得到周期序列$\tilde{x}(n)$，如图 5-5b 所示；然后对周期序列$\tilde{x}(n)$向右移位 2，得到$\tilde{x}(n-2)$，如图 5-5c 所示；最后提取$\tilde{x}(n-2)$的主值序列，即 $0\leqslant n\leqslant 4$ 的部分，得到 $x(n)$的圆周移位 2 的结果，如图 5-5d 所示。

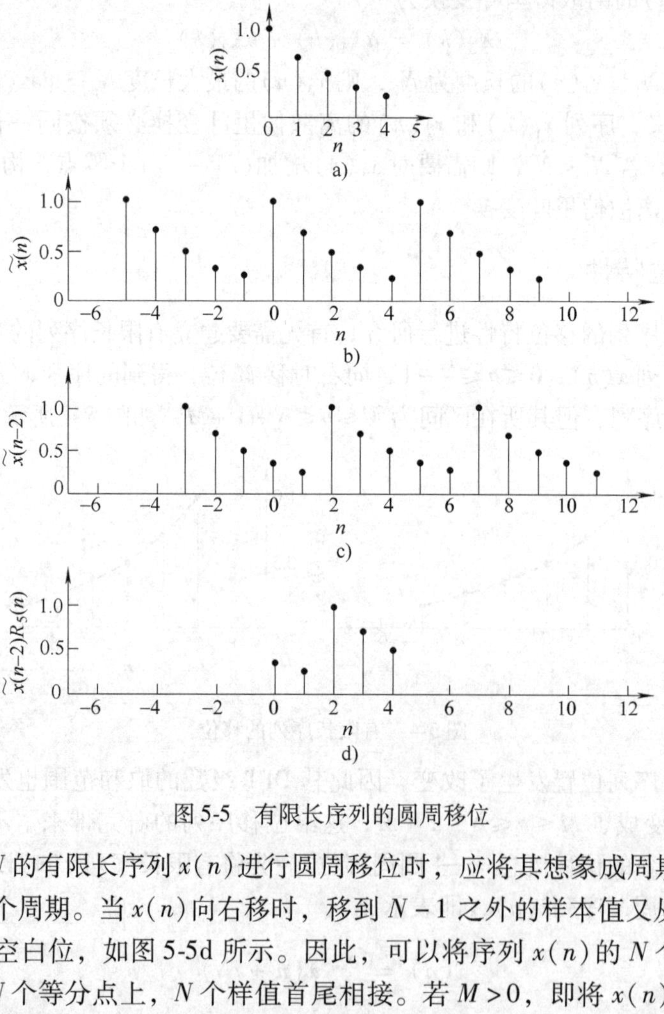

图 5-5　有限长序列的圆周移位

在对长度为 N 的有限长序列 $x(n)$进行圆周移位时，应将其想象成周期序列$\tilde{x}(n)$的从 $0\sim N-1$ 之间的一个周期。当 $x(n)$向右移时，移到 $N-1$ 之外的样本值又从序列的左边依次填入 $x(n)$移出的空白位，如图 5-5d 所示。因此，可以将序列 $x(n)$的 N 个样值按逆时针顺序排列在圆周的 N 个等分点上，N 个样值首尾相接。若 $M>0$，即将 $x(n)$向右移 M 位，相当于将圆周逆时针旋转 M 个等分位；若 $M<0$，即将 $x(n)$向左移 M 位，相当于将圆周顺时针旋转 M 个等分位。图 5-6 表示将序列 $x(n)$向左和向右圆周移位 2。

圆周移位也可以称为循环移位，或简称圆移位。当有限长序列进行任意位数的圆周移位时，它们的离散傅里叶变换级数取和范围仍保持 $0\sim N-1$ 不变。

下面我们给出离散傅里叶变换的时域圆周移位特性，若

$$\mathrm{DFT}[x(n)] = X(k)$$

对 $x(n)$ 时域圆周移位 M，得到序列 $y(n)$，即

$$y(n) = x((n-M))_N R_N(n)$$

则

$$\mathrm{DFT}[y(n)] = \mathrm{DFT}[x((n-M))_N R_N(n)] = W_N^{Mk} X(k) \qquad (5.2.6)$$

式(5.2.6)表明对序列 $x(n)$ 向右圆移 M 位，其离散傅里叶变换需要乘以相移因子 W_N^{Mk}。

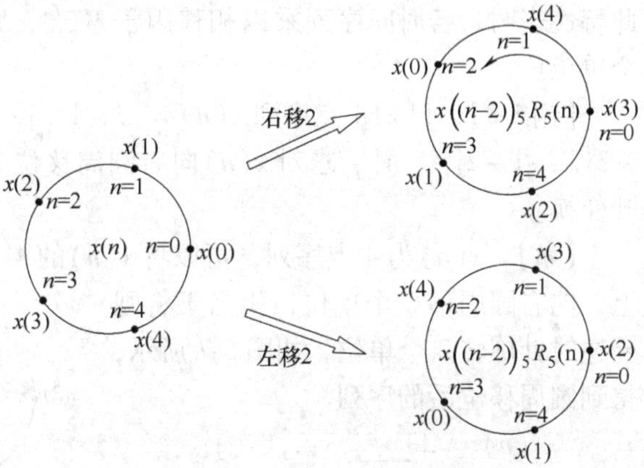

图 5-6　序列的圆周移位

【证明】

$$\begin{aligned}\mathrm{DFT}[y(n)] &= \mathrm{DFT}[x((n-M))_N R_N(n)] \\ &= \mathrm{DFT}[\tilde{x}(n-M) R_N(n)] \\ &= \sum_{n=0}^{N-1} \tilde{x}(n-M) W_N^{nk}\end{aligned}$$

设 $i = n - M$，经换元得到

$$\begin{aligned}\mathrm{DFT}[y(n)] &= \sum_{i=-M}^{N-1-M} \tilde{x}(i) W_N^{(i+M)k} \\ &= W_N^{Mk}\Big[\sum_{i=-M}^{N-1-M} \tilde{x}(i) W_N^{ik}\Big]\end{aligned}$$

由于 $\tilde{x}(i)$ 和 W_N^{ik} 均是以 N 为周期的周期性序列，因此 $\tilde{x}(i) W_N^{ik}$ 也是周期为 N 的周期性序列。而上式中方括号内的累加和范围为一个周期，因此可将累加和范围改为 $i = 0 \sim N-1$，即

$$\begin{aligned}W_N^{Mk}\Big[\sum_{i=-M}^{N-1-M} \tilde{x}(i) W_N^{ik}\Big] &= W_N^{Mk}\Big[\sum_{i=0}^{N-1} \tilde{x}(i) W_N^{ik}\Big] \\ &= W_N^{Mk}\Big[\sum_{i=0}^{N-1} x(i) W_N^{ik}\Big] = W_N^{Mk} X(k)\end{aligned}$$

因此

$$\mathrm{DFT}[y(n)] = W_N^{Mk} X(k)$$

与时域圆周移位特性类似，同样的方法可证明频域圆周移位特性，下面直接给出：

若

$$\mathrm{DFT}[x(n)] = X(k)$$

对 $X(k)$ 进行圆周移位 L 个单位，得到序列 $Y(k)$，即

$$Y(k) = X((k-L))_N R_N(k)$$

则

$$\mathrm{IDFT}[Y(k)] = \mathrm{IDFT}[X((k-L))_N R_N(k)] = W_N^{-Ln} x(n) \qquad (5.2.7)$$

此特性表明，若时间序列乘以相移因子 W_N^{-Ln}，则所对应的离散傅里叶变换向右圆周移位 L 个单位。

【例 5-3】 已知 4 点序列 $x(n)=\{2,\ 1+\mathrm{j},\ 1-\mathrm{j},\ 3\}$ 的离散傅里叶变换为 $X(k)=\{\underline{7},\ 2+3\mathrm{j},\ -1-2\mathrm{j},\ -\mathrm{j}\}$，求对 $x(n)$ 向右圆周移位 2 个单位的序列，并计算移位后的离散傅里叶变换。

【解】 $x(n)$ 为 4 点序列，可以将 $x(n)$ 的 4 个点按逆时针顺序排列在圆周的 4 个等分点上，向右圆周移 2 个单位，相当于将圆周逆时针旋转 2 个单位，如图 5-7 所示，得到圆周移位后的序列

$$x_1(n)=\{\underline{1-\mathrm{j}},3,2,1+\mathrm{j}\}$$

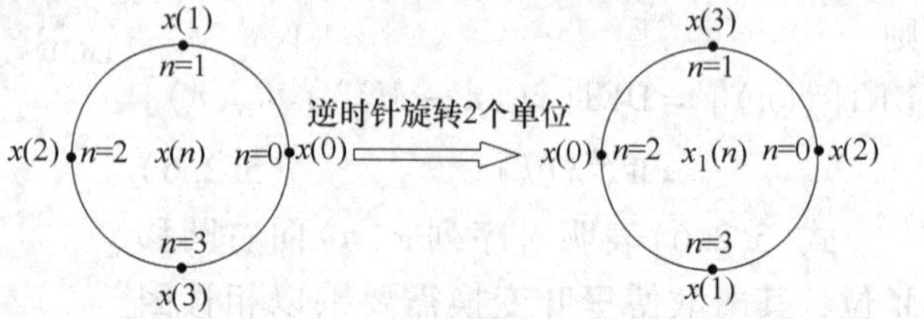

图 5-7　例 5-3 中的圆周移位

根据时域圆周移位特性

$$X_1(k)=\mathrm{DFT}[x_1(n)]=W_4^{2k}X(k)$$

可得

$$X_1(0)=W_4^0X(0)=X(0)=7$$
$$X_1(1)=W_4^2X(1)=-X(1)=-2-3\mathrm{j}$$
$$X_1(2)=W_4^4X(2)=X(2)=-1-2\mathrm{j}$$
$$X_1(3)=W_4^6X(3)=-X(3)=\mathrm{j}$$

即

$$X_1(k)=\{\underline{7},\ -2-3\mathrm{j},\ -1-2\mathrm{j},\mathrm{j}\}$$

5.2.3　圆周卷积定理

假设 $x_1(n)$ 和 $x_2(n)$ 经过补零到两个长度一致的有限长序列，长度为 N，且有

$$\mathrm{DFT}[x_1(n)]=X_1(k)$$
$$\mathrm{DFT}[x_2(n)]=X_2(k)$$

则

$$\mathrm{DFT}[x_1(n)\,Ⓝ\,x_2(n)]=X_1(k)X_2(k) \tag{5.2.8}$$

式中，$[X_1(n)\,Ⓝ\,X_2(n)]$ 表示序列 $x_1(n)$ 和 $x_2(n)$ 的时域圆周卷积，也称为循环卷积，简称圆卷积。其定义式如下：

$$x_1(n)\,Ⓝ\,x_2(n)=\sum_{m=0}^{N-1}x_1(m)x_2((n-m))_NR_N(n) \tag{5.2.9}$$

式(5.2.8)称为时域圆周卷积定理。

【证明】

$$\mathrm{DFT}[x_1(n)\,Ⓝ\,x_2(n)]=\mathrm{DFT}\Big[\sum_{m=0}^{N-1}x_1(m)x_2((n-m))_NR_N(n)\Big]$$
$$=\sum_{n=0}^{N-1}\Big[\sum_{m=0}^{N-1}x_1(m)x_2((n-m))_NR_N(n)\Big]W_N^{nk}$$
$$=\sum_{m=0}^{N-1}x_1(m)\Big[\sum_{n=0}^{N-1}x_2((n-m))_NR_N(n)W_N^{nk}\Big]$$

由离散傅里叶变换的圆周移位特性，上式可得到如下形式：

$$\sum_{m=0}^{N-1} x_1(m)\left[\sum_{n=0}^{N-1} x_2((n-m))_N R_N(n) W_N^{nk}\right] = \sum_{m=0}^{N-1} x_1(m) W_N^{mk} X_2(k)$$

$$= X_2(k)\sum_{m=0}^{N-1} x_1(m) W_N^{mk}$$

$$= X_1(k)X_2(k)$$

由此证得式(5.2.8)。

注意圆卷积与前面介绍的卷积和的区别，卷积和计算公式如下：

$$x_1(n) * x_2(n) = \sum_{m=-\infty}^{\infty} x_1(m)x_2(n-m) \tag{5.2.10}$$

比较式(5.2.10)和式(5.2.9)可以看出，卷积和是将一个序列的反褶序列做平移后与另一个序列的乘积，在整个时间轴上求级数。而圆周卷积是对一个序列的反褶序列做圆移后与另一个序列的乘积，在$0 \leqslant m \leqslant N-1$范围内求累加和。因此，与“圆卷积”对应，卷积和也称为“线性卷积”，简称为“线卷积”。

与线卷积的图解步骤类似，圆卷积的图解分析也是按照周期反褶、圆周移位、相乘、求和的步骤进行。请注意圆卷积步骤中的周期反褶：先补画前一个周期的样值，再以纵轴为对称轴左右反褶，然后取主值序列得到。下面通过一个例子来说明圆卷积的求解过程。

【例5-4】　对于两个有限长序列$x_1(n)=\{\underline{1}, 0, 1, 0\}$，$x_2(n)=\{\underline{4}, 3, 2, 1\}$，求4点圆卷积$y(n)=x_1(n)④x_2(n)$。

【解】　(1) 先对$x_2(n)$取周期反褶：

补画前一周期，得

$$\tilde{x}_2(m) = \{\cdots 4,3,2,1,\underline{4},3,2,1,\cdots\}$$

带周期反褶，得

$$\tilde{x}_2(-m) = \{\cdots 1,2,3,\underline{4},1,2,3,\cdots\}$$

取主值序列，得

$$x_2(-m) = \tilde{x}_2(-m)R_4(m) = \{\underline{4},1,2,3\}$$

(2) 依次进行圆周移位，移位大小分别为0，1，2，3，得到

$$x_2((0-m))_4 R_4(m) = \{\underline{4},1,2,3\}$$

$$x_2((1-m))_4 R_4(m) = \{\underline{3},4,1,2\}$$

$$x_2((2-m))_4 R_4(m) = \{\underline{2},3,4,1\}$$

$$x_2((3-m))_4 R_4(m) = \{\underline{1},2,3,4\}$$

这4个序列的图形如图5-8所示。

(3) 根据圆卷积公式，依次将以上4个序列分别与$x_1(m)$的样值点点相乘再相加，得到

$$y(0) = (1\times 4)+(0\times 1)+(1\times 2)+(0\times 3) = 6$$

$$y(1) = (1\times 3)+(0\times 4)+(1\times 1)+(0\times 2) = 4$$

$$y(2) = (1\times 2)+(0\times 3)+(1\times 4)+(0\times 1) = 6$$

$$y(3) = (1\times 1)+(0\times 2)+(1\times 3)+(0\times 4) = 4$$

因此，$y(n)=\{\underline{6}, 4, 6, 4\}$。

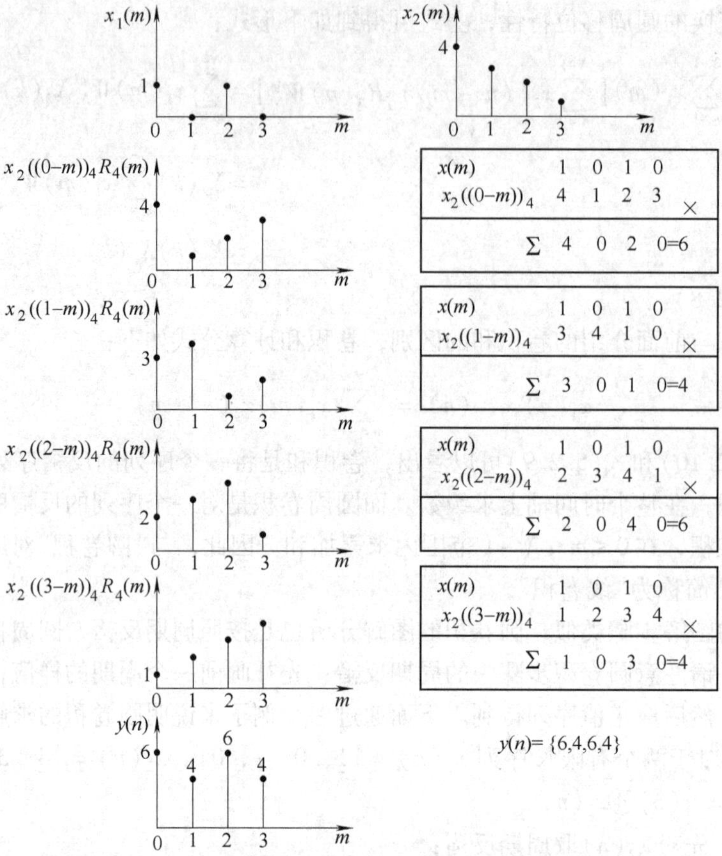

图 5-8　例 5-4 图解法求有限长序列圆卷积

【例 5-5】　求图 5-9a 所示 4 点矩形脉冲 $R_4(n)$ 与其自身的线卷积与圆卷积。在 $R_4(n)$ 后面添加 3 个零点，将它扩展成长度为 7 的序列后再计算它与其自身的圆卷积。

【解】　由式(5.2.10)线卷积公式可得

$$y_1(n) = R_4(n) * R_4(n) = \sum_{m=-\infty}^{\infty} R_4(m)R_4(n-m)$$

$$= \{\underline{1},2,3,4,3,2,1\}$$

如图 5-9b 所示。在例 5-2 中，已经计算了 $R_4(n)$ 的离散傅里叶变换，即

$$\mathrm{DFT}[R_4(n)] = 4\delta(k) = R(k) \qquad 0 \leqslant k \leqslant 3$$

令

$$y_c(n) = R_4(n) \textcircled{4} R_4(n)$$

则根据时域圆卷积性质，有

$$y_c(n) = \mathrm{IDFT}[R(k)R(k)] = \mathrm{IDFT}[16\delta(k)] \qquad 0 \leqslant k \leqslant 3$$

由此可得，$y_c(n) = 4R_4(n)$，结果如图 5-9c 所示。

在 $R_4(n)$ 后面添加 3 个零点，将其扩展为长度为 7 的序列，如图 5-9d 所示，设扩展后的序列为 $x(n)$。利用 5.5 节给出的 MATLAB 环境下的 DFT 函数，可以得到 $x(n)$ 的离散傅里叶变换为

$$X(k) = \{4, 0.5-2.1906i, 0.5+0.2408i, 0.5-0.627i,$$

$$0.5+0.627i, 0.5-0.2408i, 0.5+2.1906i\}$$

此时 $y(n)=x(n)Ⓝx(n)=\mathrm{IDFT}[X(k)X(k)]$。

再利用5.5节给出的IDFT函数，可以得到 $y(n)=\{\underline{1}, 2, 3, 4, 3, 2, 1\}$，如图5-9e所示。

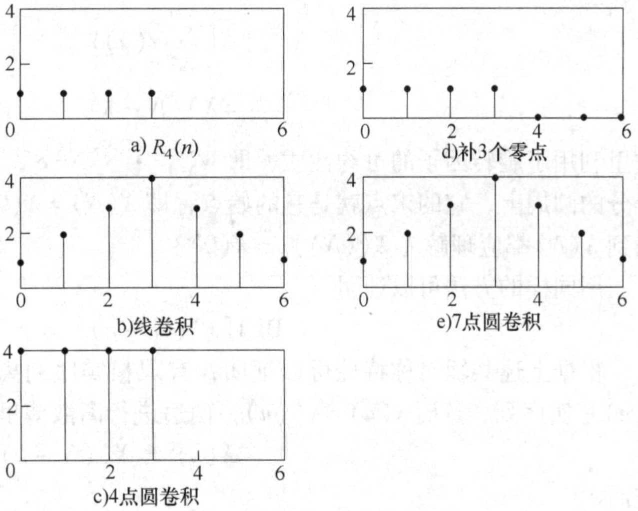

图5-9　例5-5圆周卷积示意图

根据例5-5的结果可以看到，当在 $R_4(n)$ 后面增加3个零，将其扩展成长度为7的序列，再对其自身求取圆卷积，圆卷积的结果与其自身的线卷积结果是一样的。实际上，对于任意两个长度分别为 N_1 和 N_2 的两个序列 $x_1(n)$ 和 $x_2(n)$，若通过补零的方式将这两个序列扩展为长度 L，且满足 $L\geqslant N_1+N_2-1$，则扩展后两个序列的圆卷积与它们的线卷积相等。根据圆周卷积定理，在计算两个序列的圆卷积时，可以先分别计算两个序列的DFT，然后将两个序列的DFT相乘，最后再对乘积进行IDFT得到圆卷积。这个过程的所有计算所涉及的有限长序列的离散傅里叶变换及其逆变换，均可在计算机上实现，而且利用下一章中将要介绍的快速傅里叶变换(FFT)，可以实现较快的技术速度。因此，在实际应用中，若要计算两个序列的线卷积，可以通过上述方法将线卷积计算转化为圆卷积计算，以便利用计算机完成求解计算过程。

下面给出离散傅里叶变换的频域圆周卷积定理。假设 $x_1(n)$ 和 $x_2(n)$ 为两个等长有限序列，长度为 N，且有

$$\mathrm{DFT}[x_1(n)]=X_1(k)$$
$$\mathrm{DFT}[x_2(n)]=X_2(k)$$

则

$$\mathrm{DFT}[x_1(n)x_2(n)]=\frac{1}{N}[X_1(k)ⓃX_2(k)] \tag{5.2.11}$$

与时域圆周卷积的定义类似，式中 $X_1(k)ⓃX_2(k)$ 表示频域上两个长度为 N 的等长序列的圆卷积，定义为

$$X_1(k)ⓃX_2(k)=\sum_{l=0}^{N-1}X_1(l)X_2((k-l))_N R_N(k) \tag{5.2.12}$$

证明方法与时域卷积定理类似，请读者自行证明。

5.2.4　共轭对称性

设 $x^*(n)$ 为 $x(n)$ 的共轭复数序列，则

$$\mathrm{DFT}[x^*(n)]=X^*(N-k)\qquad 0\leqslant k\leqslant N-1$$

$$X(N)=X(0) \tag{5.2.13}$$

【证明】

$$\begin{aligned}\mathrm{DFT}[x^*(n)] &= \sum_{n=0}^{N-1} x^*(n) W_N^{nk} = \left[\sum_{n=0}^{N-1} x(n) W_N^{-nk}\right]^* \\ &= \left[\sum_{n=0}^{N-1} x(n) W_N^{(N-k)n}\right]^* \\ &= X^*(N-k)\end{aligned}$$

这里利用了旋转因子的可约性质，即 $W_N^{nN}=\mathrm{e}^{-\mathrm{j}\frac{2\pi}{N}nN}=\mathrm{e}^{-\mathrm{j}2\pi n}=1$。另外，认为 $X(k)$ 是分布在 N 等分的圆周上，它的末点就是它的始点，即 $X(N)=X(0)$。以下在所有对称特性讨论中，凡遇到 $X(N)$ 都应理解为 $X((N))_N=X(0)$。

用同样的方法可以证明

$$\mathrm{DFT}[x^*(N-n)]=X^*(k) \tag{5.2.14}$$

根据上述共轭对称特性可以证明，有限长实序列离散傅里叶变换的共轭对称特性。若 $x(n)$ 是实序列，这时 $x(n)=x^*(n)$，两边进行离散傅里叶变换并利用式(5.2.13)，有

$$X(k)=X^*(N-k) \tag{5.2.15}$$

进而

$$|X(k)|=|X^*(N-k)| \tag{5.2.16}$$

$$\arg[X(k)]=\arg[X^*(N-k)]=-\arg[X(N-k)] \tag{5.2.17}$$

式(5.2.16)和式(5.2.17)的进一步证明可参考有关文献进行。它们表明，实数序列 $x(n)$ 的离散傅里叶变换 $X(k)$ 在 $0\sim N$ 的范围内，对于 $\frac{N}{2}$ 点，$|X(k)|$ 呈半周偶对称分布，$\arg[X(k)]$ 呈半周奇对称分布。

表 5-1 列出了一些常用的离散傅里叶变换性质，有些文中没有提到的，读者可自行证明。

表 5-1　离散傅里叶变换常用性质表

序号	序　列	离散傅里叶变换(DFT)	性　质
1	$ax_1(n)+bx_2(n)$	$aX_1(k)+bX_2(k)$	线性
2	$x((n+m))_N R_N(n)$	$W_N^{-mk}X(k)$	时移
3	$W_N^{nl}x(n)$	$X((k+l))_N R_N(k)$	频移
4	$\sum_{m=0}^{N-1} x_1(n)x_2((n-m))_N R_N(n)$	$X_1(k)X_2(k)$	时域圆卷积
5	$x_1(n)x_2(n)$	$\frac{1}{N}\sum_{l=0}^{N-1} X_1(l)X_2((k-l))_N R_N(k)$	频域圆卷积
6	$x^*(n)$	$X^*(N-k)$	复共轭对称
7	$x^*(N-n)$	$X^*(k)$	

（续）

序号	序　　列	离散傅里叶变换(DFT)	性　　质
8	$x(n)$ 是任意实序列	$X(k) = X^*(N-k)$	实序列共轭对称
9	$\sum_{n=0}^{N-1} x(n)y^*(n) = \frac{1}{N}\sum_{k=0}^{N-1} X(k)Y^*(k)$		离散傅里叶变换形式下的帕斯瓦尔定理
10	$\sum_{n=0}^{N-1} \mid x(n) \mid^2 = \frac{1}{N}\sum_{n=0}^{N-1} \mid X(k) \mid^2$		

5.3　从连续性与周期性看离散傅里叶变换

前面已经给出了离散傅里叶变换的定义，它是对有限长序列 $x(n)$ 的一种时频变换，其最大优势是计算过程可以在计算机上实现，使信号的机助处理成为可能。

已知 $x(n)$ 是连续信号 $x(t)$ 的等间隔抽样，是其周期延拓序列 $\tilde{x}(n)$ 的主值序列。在这一节中，将讨论连续信号的傅里叶变换（FT）和离散傅里叶变换（DFT）之间的内在联系；讨论周期延拓序列 $\tilde{x}(n)$ 的离散傅里叶级数（DFS）展开和离散傅里叶变换的关系。

5.3.1　从傅里叶变换到离散傅里叶变换

下面，讨论怎样由连续信号的傅里叶变换推导出有限长序列的离散傅里叶变换。针对实际问题，这里只讨论有限长信号。对于有限长的连续时间信号，经周期抽样后即可得到有限长序列。

在第 2 章中，已经详细讨论了连续函数的傅里叶变换，对于非周期的连续时间函数，其傅里叶变换在频域上也是连续的。连续时间函数 $x(t)$ 和它的傅里叶变换 $X(\mathrm{j}\omega)$ 的关系可表示如下：

$$X(\mathrm{j}\omega) = \int_{-\infty}^{\infty} x(t)\mathrm{e}^{-\mathrm{j}\omega t}\mathrm{d}t \tag{5.3.1}$$

$$x(t) = \frac{1}{2\pi}\int_{-\infty}^{\infty} X(\mathrm{j}\omega)\mathrm{e}^{\mathrm{j}\omega t}\mathrm{d}(\omega) \tag{5.3.2}$$

时间函数和变换函数的形式如图 5-10a 所示。若连续信号 $x(t)$ 为有限长信号，根据信号时宽与频宽的关系可知，$X(\mathrm{j}\omega)$ 的频率范围为 $-\infty \sim \infty$。但已知，信号的主要能量集中于一定的带宽之内，若信号频谱为无限宽，通常可以选取占信号总能量 98% 左右的频带宽度 f_{h} 作为信号的最高频率。

若对连续信号 $x(t)$ 在时域上以 T_{S} 为周期进行抽样 M 点，则得到离散序列 $x(n)$。第 4 章中，已经给出了离散序列的傅里叶变换的定义。此时，序列 $x(n)$ 与它的傅里叶变换 $X(\mathrm{e}^{\mathrm{j}\Omega})$ 之间的关系定义如下：

$$X(\mathrm{e}^{\mathrm{j}\Omega}) = \sum_{n=0}^{M-1} x(n)\mathrm{e}^{-\mathrm{j}\Omega n} \tag{5.3.3}$$

$$x(n) = \frac{1}{2\pi}\int_{-\pi}^{\pi} X(\mathrm{e}^{\mathrm{j}\Omega})\mathrm{e}^{\mathrm{j}\Omega n}\mathrm{d}\Omega \tag{5.3.4}$$

时间函数和变换函数的形式如图 5-10b 所示。与图 5-10a 连续信号的频谱图进行比较，可以看出离散序列的傅里叶变换 $X(e^{j\Omega})$ 是连续信号的傅里叶变换 $X(j\omega)$ 在频域上的周期性延拓，这是由于序列 $x(n)$ 是对连续信号 $x(t)$ 在时间上的离散化，时域的离散性导致了频谱的周期性。图 5-10b 中，时域抽样间隔是 T_s，频谱间隔为抽样角频率 $\omega_s=\dfrac{2\pi}{T_s}$，数字域抽样角频率 $\Omega_s=\omega_s T_s$。

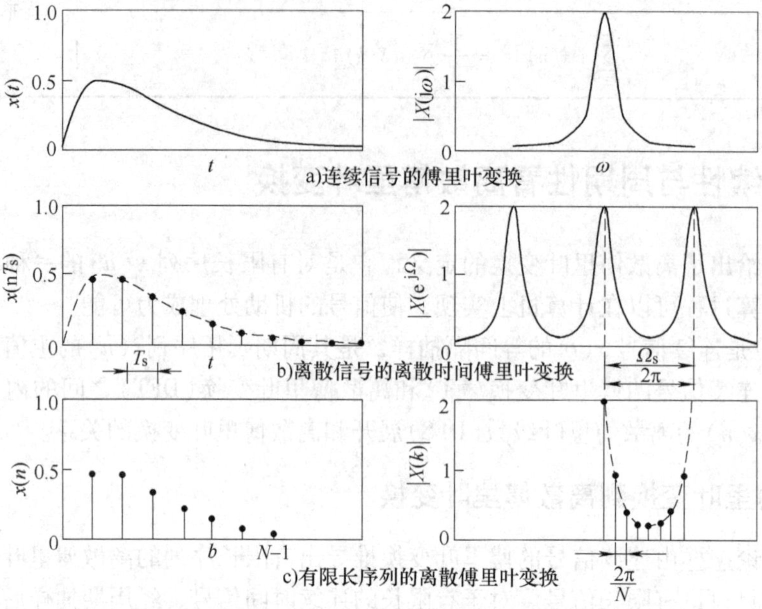

图 5-10　从连续信号的傅里叶变换到有限长序列的离散傅里叶变换

若把 $x(n)$ 的离散时间傅里叶变换 $X(e^{j\Omega})$ 在 z 平面单位圆上的 N 个等分点对 Ω 进行抽样，也就是在一个周期内对 $X(e^{j\Omega})$ 进行 N 次抽样，则式(5.3.3)可写成如下形式：

$$X(e^{j\Omega})\Big|_{\Omega=\frac{2\pi}{N}k}=\sum_{n=0}^{M-1}x(n)e^{-j\frac{2\pi}{N}kn} \tag{5.3.5}$$

由此，周期性的连续谱 $X(e^{j\Omega})$ 就变成了周期性的离散谱，变量由连续量 Ω 变成了离散量 k，如图 5-10c 所示。如果再对此周期性的离散谱取其主值序列，即令 k 的范围为 $0\sim N-1$，则式(5.3.5)有如下形式：

$$X(k)=\sum_{n=0}^{M-1}x(n)e^{-j\frac{2\pi}{N}kn}=\sum_{n=0}^{N-1}x(n)W_N^{kn}\quad 0\leqslant k\leqslant N-1 \tag{5.3.6}$$

由此可见，如果对 $X(e^{j\Omega})$ 在单位圆上的抽样点数 N 等于序列 $x(n)$ 长度 M，$X(k)$ 即为有限长序列 $x(n)$ 的离散傅里叶变换。

通过上面的分析可以看到，从连续时间信号 $x(t)$ 到有限长序列的离散傅里叶变换 $X(k)$ 的过程中经历了两次抽样，一次时域抽样和一次频域抽样。在经历了两次抽样之后得到的 $X(k)$ 还能否无失真地还原出原来的连续信号 $x(t)$ 呢？

对于第一次抽样，即对 $x(t)$ 在时域上抽样得到 $x(n)$。根据第 2 章介绍的时域抽样理论可知，只要抽样频率大于 2 倍信号带宽，即 $\omega_s>2\omega_h$，即可保证 $x(n)$ 能对原信号进行无失真的还原。

对于第二次抽样，即对 $X(e^{j\Omega})$ 在频域上的抽样得到 $X(k)$。这里先引用一下 5.4 节将要讨论的频域抽样理论：只要在单位圆上的抽样点数 N 大于序列 $x(n)$ 的长度，即 $N \geqslant M$，就可通过 $X(k)$ 无失真地还原出有限长序列 $x(n)$。

因此，从理论上来讲，只要同时满足时域抽样理论和频域抽样理论的条件，就可以利用离散傅里叶变换来计算连续时间信号的傅里叶变换，使误差减小到可接受的程度。

5.3.2 离散傅里叶级数(DFS)与离散傅里叶变换(DFT)

信号的时间特性和频率特性都会呈现出周期与非周期、连续与非连续的特点。表 5-2 列出了四种不同特点的信号的时间函数和频率函数的波形对应关系，以及时域和频域的变换形式。

表 5-2　四种不同形式的傅里叶变换

	时间函数特点	频率函数特点	时域和频域变换形式
1	非周期连续信号 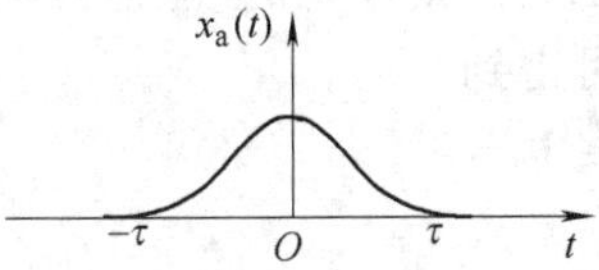	连续的非周期频谱 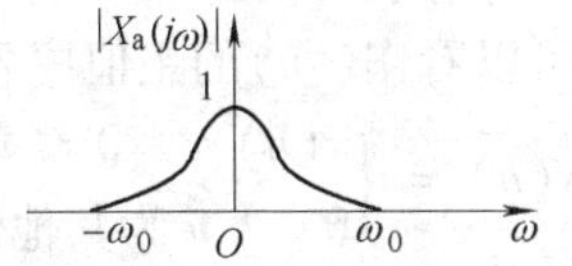	傅里叶变换(FT) $X_a(j\omega)=\int_{-\infty}^{\infty}x_a(t)e^{-j\omega t}dt$ $x_a(t)=\frac{1}{2\pi}\int_{-\infty}^{\infty}X_a(j\omega)e^{j\omega t}d\omega$
2	周期连续信号 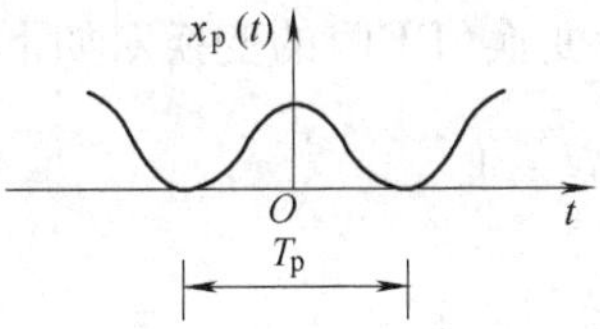	离散的非周期频谱 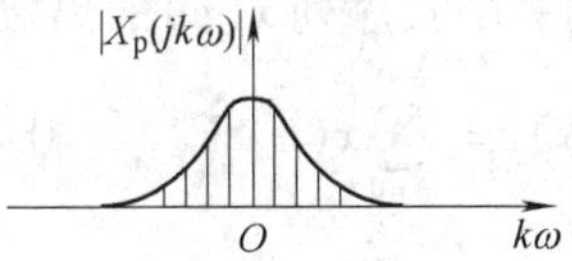	傅里叶级数(FS)变换 $X_p(jk\omega_1)=\frac{1}{T_p}\int_{T_p}x_p(t)e^{-jk\omega_1 t}dt$ $x_p(t)=\sum_{k=-\infty}^{\infty}X(jk\omega_1)e^{jk\omega_1 t}$
3	非周期离散序列 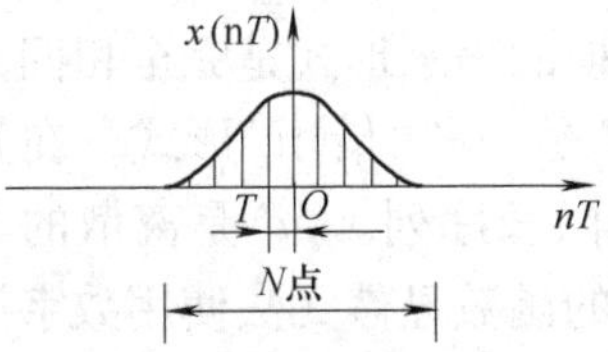	连续的周期频谱 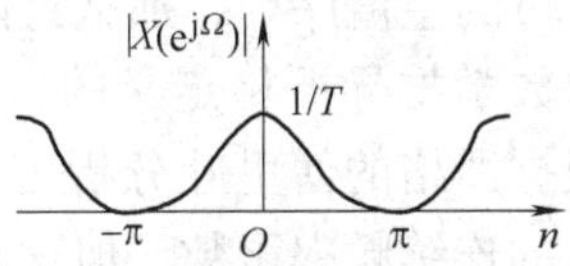	序列的傅里叶变换(DTFT) $X(e^{j\Omega})=\sum_{n=-\infty}^{\infty}x(n)e^{-j\Omega n}$ $x(n)=\frac{1}{2\pi}\int_{-\pi}^{\pi}X(e^{j\Omega})e^{jn\Omega}d\Omega$
4	周期的离散信号 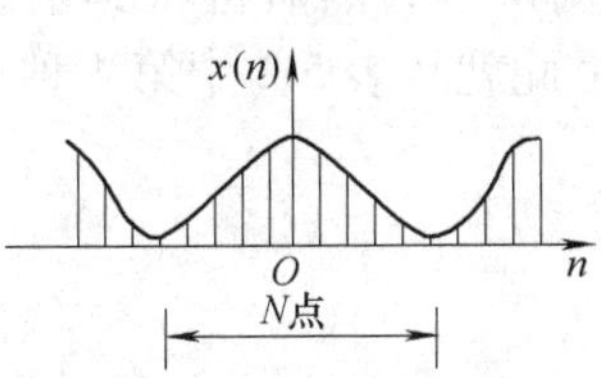	离散的周期频谱 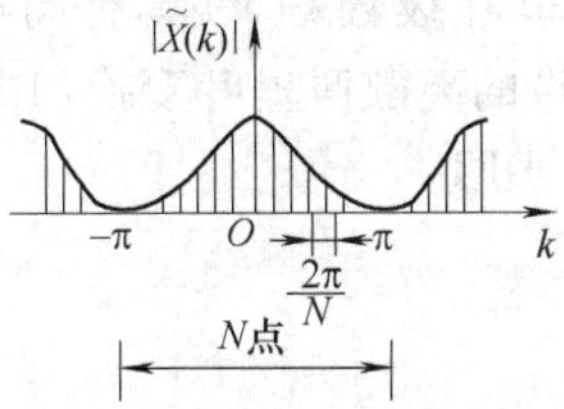	离散傅里叶级数(DFS)变换 $\tilde{X}(k)=\sum_{n=0}^{N-1}\tilde{x}(n)e^{-j\frac{2\pi}{N}nk}$ $\tilde{x}(n)=\frac{1}{N}\sum_{k=0}^{N-1}\tilde{X}(k)e^{j\frac{2\pi}{N}nk}$

从表 5-2 中可以发现以下规律：时域的周期性对应着频域的离散性；时域的离散性对应着频域的周期性。按照这个规律来看表中的第 4 种形式：由于时域是周期的而导致了频域的离散；由于时域是离散的而导致了频域的周期。因此时域上的周期离散序列在频域应同时呈现离散和周期的特征。

正如连续时间周期信号可以用傅里叶级数（FS）表示一样，周期序列也可以用离散傅里叶级数（DFS）来表示，该级数相当于成谐波关系的复指数序列（正弦型序列）之和。也就是说，复指数序列的频率是周期序列$\tilde{x}(n)$的基频$\left(\frac{2\pi}{N}\right)$的整数倍，形式为$e^{j\frac{2\pi}{N}kn}$，$k$为整数。可见，复指数序列对$k$呈现周期性，周期也为$N$。也就是说，离散傅里叶级数的谐波成分只有$N$个独立量，这是和连续傅里叶级数的不同之处（后者有无穷多个谐波成分），因而对离散傅里叶级数，只能取$k=0\sim N-1$的N个独立谐波分量，不然就会产生二义性。这样，从时域的$\tilde{x}(n)$到频域的$\tilde{X}(k)$，有如下的离散傅里叶级数的变换对：

$$\tilde{X}(k) = \mathrm{DFS}[\tilde{x}(n)] = \sum_{n=0}^{N-1}\tilde{x}(n)e^{-j\frac{2\pi}{N}nk} = \sum_{n=0}^{N-1}\tilde{x}(n)W_N^{kn} \tag{5.3.7}$$

$$\tilde{x}(n) = \mathrm{IDFS}[\tilde{X}(k)] = \frac{1}{N}\sum_{k=0}^{N-1}\tilde{X}(k)e^{j\frac{2\pi}{N}nk} = \frac{1}{N}\sum_{k=0}^{N-1}\tilde{X}(k)W_N^{-nk} \tag{5.3.8}$$

定义周期序列$\tilde{x}(n)$的第一个周期，即在$0\leqslant n\leqslant N-1$范围为周期序列的“主值区间”，则长度为$N$的有限长序列$x(n)$可以看作$\tilde{x}(n)$的主值序列，即可得到

$$x(n) = \begin{cases}\tilde{x}(n) & 0\leqslant n\leqslant N-1\\ 0 & n\text{为其他值}\end{cases} \tag{5.3.9}$$

考察式（5.3.7）和式（5.3.8）容易看出，这两个公式的求和都只限于主值区间，因此可以用$x(n)$来代替式（5.3.7）和式（5.3.8）中的$\tilde{x}(n)$，并限定离散变量k的范围$0\leqslant k\leqslant N-1$，即可得到前面在5.1节中所定义的有限长序列$x(n)$的离散傅里叶变换（DFT）的变换对如下：

$$X(k) = \sum_{n=0}^{N-1}x(n)W_N^{nk} \qquad 0\leqslant k\leqslant N-1$$

$$x(n) = \frac{1}{N}\sum_{k=0}^{N-1}X(k)W_N^{-nk} \qquad 0\leqslant n\leqslant N-1$$

比较离散傅里叶变换（DFT）与离散傅里叶级数（DFS）的变换对可以看出，只要把$x(n)$和$X(k)$分别理解成$\tilde{x}(n)$和$\tilde{X}(k)$的主值序列，那么这两种变换的表示形式是完全相同的。实际上，DFS是按傅里叶变换的数学推导严格定义的，而DFT是一种“借用”形式，在其有限长的外表下隐含着周期性。根据严格的傅里叶分析可知，有限长序列$x(n)$是离散的非周期的，因此其频谱应当是周期性的连续频率函数，但这种形式的函数显然无法使用数字计算机对其进行分析计算。因此，把$x(n)$进行周期延拓，扩展成周期序列$\tilde{x}(n)$，此时$x(n)$为$\tilde{x}(n)$的主值序列，$\tilde{x}(n)$的傅里叶级数$\tilde{X}(k)$具有周期性和离散性，然后再将其主值序列$X(k)$定义为有限长序列的$x(n)$的离散傅里叶变换（DFT），由此就从表5-2中第4种形式的时频变换形式DFS“过渡”到了DFT。

5.4 频域抽样理论

对于长度为M的有限长离散序列$x(n)$，若其所有样值均为有限值，即序列$x(n)$绝对可和，则其z变换表示为

$$X(z) = \sum_{n=-\infty}^{\infty}x(n)z^{-n} \tag{5.4.1}$$

令 $X(z)$ 的变量 z 只在 z 平面的单位圆上取值，即 $z=\mathrm{e}^{\mathrm{j}\Omega}$，代入式(5.4.1)，即可得到有限长序列 $x(n)$ 的离散时间傅里叶变换如下：

$$X(\mathrm{e}^{\mathrm{j}\Omega}) = \sum_{n=-\infty}^{\infty} x(n)\mathrm{e}^{-\mathrm{j}\Omega n} \tag{5.4.2}$$

$X(\mathrm{e}^{\mathrm{j}\Omega})$ 在频域上是一个以 Ω 为变量的周期性连续谱。

根据第2章中讨论的时域抽样理论可知，当对连续信号的抽样频率 f_s 大于2倍信号带宽 f_m 时，抽样后得到的离散信号可以无失真地还原为原来的连续信号。现在，要讨论如果对离散序列 $x(n)$ 的频谱 $X(\mathrm{e}^{\mathrm{j}\Omega})$ 在频域上进行抽样，则抽样间隔满足什么条件时，可以保证抽样后的频谱序列经逆变换能够无失真地还原出原来的序列 $x(n)$。

如果在 z 平面的单位圆上取 N 个均分频率点上，对 $X(\mathrm{e}^{\mathrm{j}\Omega})$ 进行抽样，实际上就是在频域上以间隔 $\Omega_s=\frac{2\pi}{N}$ 对 $X(\mathrm{e}^{\mathrm{j}\Omega})$ 进行抽样，此时连续变量 Ω 变成了离散变量 $\frac{2\pi}{N}k$，代入式(5.4.2)，则可得到如下周期为 N 的周期序列：

$$\tilde{X}(k) = \sum_{n=-\infty}^{\infty} x(n)\mathrm{e}^{-\mathrm{j}\frac{2\pi}{N}kn}$$

用旋转因子 W_N 表示，可以得到

$$\tilde{X}(k) = \sum_{n=-\infty}^{\infty} x(n)W_N^{nk} \tag{5.4.3}$$

经频域抽样后，原来频域上的周期性连续谱 $X(\mathrm{e}^{\mathrm{j}\Omega})$ 变成了周期离散序列 $\tilde{X}(k)$。取 $X(k)$ 为周期序列 $\tilde{X}(k)$ 的主值序列，即

$$X(k) = \tilde{X}(k)R_N(k) = \sum_{n=0}^{N-1} x(n)W_N^{nk}$$

可见如果频域抽样点数 N 与序列 $x(n)$ 的长度 M 相等，$X(k)$ 即为有限序列 $x(n)$ 的离散傅里叶变换。现在的问题是，对序列的周期频谱 $X(\mathrm{e}^{\mathrm{j}\Omega})$ 在频域上进行抽样之后，还能否还原出原来的序列 $x(n)$。为此，由式(5.3.8)对 $\tilde{X}(k)$ 进行离散傅里叶级数逆变换，得到序列 $\tilde{x}(n)$，即

$$\tilde{x}(n) = \mathrm{IDFS}[\tilde{X}(k)] = \frac{1}{N}\sum_{k=0}^{N-1}\tilde{X}(k)W_N^{-kn} \tag{5.4.4}$$

以检验能否由 $\tilde{x}(n)$ 还原出原始序列 $x(n)$。

从式(5.4.4)可以看出，$\tilde{x}(n)$ 为一周期为 N 的周期性离散序列。前面曾经讨论过，对时域信号进行抽样会导致其频谱的周期性，从上述结果可以看出，对频谱进行抽样同样会导致其所对应的时域信号呈现周期性。将式(5.4.3)代入式(5.4.4)，得到

$$\begin{aligned}\tilde{x}(n) &= \frac{1}{N}\sum_{k=0}^{N-1}\Big[\sum_{m=-\infty}^{\infty} x(m)W_N^{mk}\Big]W_N^{-kn}\\ &= \sum_{m=-\infty}^{\infty} x(m)\Big[\frac{1}{N}\sum_{k=0}^{N-1} W_N^{(m-n)k}\Big]\end{aligned}$$

再由旋转因子 W_N 的正交性可知，只有当 $m-n=lN$（l 为任意整数）时，上式才不为零，因此令 $m=n+lN$，则上式变为

$$\tilde{x}(n) = \sum_{l=-\infty}^{\infty} x(n+lN) \tag{5.4.5}$$

由式(5.4.5)可知，对抽样后的频谱$\widetilde{X}(k)$进行 IDFS 变换后得到的序列$\tilde{x}(n)$是原来的有限长序列$x(n)$以N为周期的周期性延拓，而N正是序列$x(n)$的频谱$X(e^{j\Omega})$在频域上一个周期内的抽样点数。

当原序列$x(n)$的长度为M时，如果$N<M$，则在对$x(n)$进行周期为N的周期性延拓以得到$\tilde{x}(n)$时，相邻的两个周期内的序列必然会相互混叠，导致无法从$\tilde{x}(n)$还原出原始序列$x(n)$。而如果$N\geqslant M$，即$\tilde{x}(n)$一个周期的长度大于等于原始信号$x(n)$的长度，则可以保证相邻的两个周期内的信号不会相互混叠，此时原序列$x(n)$即为周期序列$\tilde{x}(n)$的主值序列

$$x(n) = \tilde{x}(n)R_N(n)$$

实现了经过对序列的傅里叶变换在频域上抽样后，仍可对其还原出原始序列的目的。以上分析中使用了对离散傅里叶级数反变换。由上节可知，只要把$x(n)$和$X(k)$分别理解成$\tilde{x}(n)$和$\widetilde{X}(k)$的主值序列，那么离散傅里叶变换和离散傅里叶级数这两种变换的表示形式是完全相同的。

此结论即为频域抽样定理：设有限长序列$x(n)$的长度为M，其傅里叶变换$X(e^{j\Omega})$在频域上一个周期内的抽样点数为N，经抽样后得到离散频谱$X(k)$，则当$N\geqslant M$时，可以通过IDFT$[X(k)]$无失真地还原出原始序列$x(n)$，此时$x(n)$为周期序列$\tilde{x}(n)$的主值序列，即$x(n)=\tilde{x}(n)R_N(n)$。

在定义离散傅里叶变换时，其求和项的长度N即为有限长序列$x(n)$的长度，因此根据频域抽样定理，离散傅里叶变换可以保证对原序列的无失真还原。

下面推导用频域抽样$X(k)$表示$X(z)$的内插公式和内插函数。设序列$x(n)$的长度为M，在频域$0\sim2\pi$之间等间隔抽样N点，$N\geqslant M$，则有

$$X(z) = \sum_{n=0}^{N-1} x(n)z^{-n} \tag{5.4.6}$$

$$X(k) = X(z)\big|_{z=e^{j\frac{2\pi}{N}k}} \qquad k=0,1,2,\cdots,N-1$$

式中

$$x(n) = \text{IDFT}[X(k)] = \frac{1}{N}\sum_{k=0}^{N-1} X(k)W_N^{-kn}$$

将上式代入式(5.4.6)中，得

$$\begin{aligned} X(z) &= \sum_{n=0}^{N-1}\left[\frac{1}{N}\sum_{k=0}^{N-1} X(k)W_N^{-kn}\right]z^{-n} \\ &= \frac{1}{N}\sum_{k=0}^{N-1} X(k)\left[\sum_{n=0}^{N-1} W_N^{-kn}z^{-n}\right] \\ &= \frac{1}{N}\sum_{k=0}^{N-1} X(k)\,\frac{1-W_N^{-kN}z^{-N}}{1-W_N^{-k}z^{-1}} \\ &= \sum_{k=0}^{N-1}\left\{X(k)\,\frac{1}{N}\,\frac{1-z^{-N}}{1-W_N^{-k}z^{-1}}\right\} \end{aligned}$$

这里得到的是用N个频域抽样$X(k)$来恢复$X(z)$的插值公式。它可以表示为

$$X(z)=\sum_{k=0}^{N-1}\left[X(k)\Phi_k(z)\right] \tag{5.4.7}$$

式中

$$\Phi_k(z)=\frac{1}{N}\frac{1-z^{-N}}{1-W_N^{-k}z^{-1}} \tag{5.4.8}$$

称为插值函数。当 z 在单位圆上取值时，由式(5.4.7)即得到由 $X(k)$ 插值得到的 $x(n)$ 的频谱

$$X(\mathrm{e}^{\mathrm{j}\Omega})=\sum_{k=0}^{N-1}\left[X(k)\Phi_k(\mathrm{e}^{\mathrm{j}\Omega})\right] \tag{5.4.9}$$

而

$$\begin{aligned}\Phi_k(\mathrm{e}^{\mathrm{j}\Omega})&=\frac{1}{N}\frac{1-\mathrm{e}^{-\mathrm{j}\Omega N}}{1-\mathrm{e}^{-\mathrm{j}\left(\Omega-\frac{2\pi}{N}k\right)}}=\frac{1}{N}\frac{\sin\left(\dfrac{\Omega N}{2}\right)}{\sin\left[\left(\Omega-\dfrac{2\pi}{N}k\right)\Big/2\right]}\frac{\mathrm{e}^{-\mathrm{j}\frac{\Omega N}{2}}}{\mathrm{e}^{-\mathrm{j}\frac{1}{2}\left(\Omega-\frac{2\pi}{N}k\right)}}\\&=\frac{1}{N}\frac{\sin\left[N\left(\dfrac{\Omega}{2}-\dfrac{\pi}{N}k\right)\right]}{\sin\left(\dfrac{\Omega}{2}-\dfrac{\pi}{N}k\right)}\mathrm{e}^{-\mathrm{j}\frac{N-1}{2}\left(\Omega-\frac{2\pi}{N}k\right)}\end{aligned} \tag{5.4.10}$$

定义频域插值函数

$$\Phi(\Omega)=\frac{1}{N}\frac{\sin\left(\dfrac{\Omega N}{2}\right)}{\sin\left(\dfrac{\Omega}{2}\right)}\mathrm{e}^{-\mathrm{j}\frac{N-1}{2}\Omega} \tag{5.4.11}$$

$\Phi(\Omega)$ 的模是 sinc 函数。于是式(5.4.9)为

$$\begin{aligned}X(\mathrm{e}^{\mathrm{j}\Omega})&=\sum_{k=0}^{N-1}\left[X(k)\Phi_k(\mathrm{e}^{\mathrm{j}\Omega})\right]\\&=\sum_{k=0}^{N-1}\left[X(k)\Phi\left(\Omega-\frac{2\pi}{N}k\right)\right]\end{aligned} \tag{5.4.12}$$

式(5.4.12)就是由 z 平面单位圆上的抽样点 $X(k)$ 确定 $X(\mathrm{e}^{\mathrm{j}\Omega})$ 的内插表示式，即 N 点有限长序列 $x(n)$ 的频谱 $X(\mathrm{e}^{\mathrm{j}\Omega})$ 是由 N 个频域插值函数 $\Phi\left(\Omega-\frac{2\pi}{N}k\right)$ 由 $X(k)$ 加权并求和得到的。根据 sinc 函数的性质，第 k 个插值函数 $\Phi_k(\mathrm{e}^{\mathrm{j}\Omega})$ 在其 m 个过零点上，有

$$\Phi_k(\mathrm{e}^{\mathrm{j}\Omega})\Big|_{\Omega=\frac{2\pi}{N}m}=\begin{cases}1 & m=k\\0 & m\neq k\end{cases},m=0,1,2,\cdots,N-1,\cdots$$

所以 $X(\mathrm{e}^{\mathrm{j}\Omega})$ 在 $\Omega=\frac{2\pi}{N}k(k=0,\ 1,\ \cdots,\ N-1)$ 抽样点上对应的值就等于该点 $X(k)$ 值。即

$$X(\mathrm{e}^{\mathrm{j}\Omega})\Big|_{\Omega=\frac{2\pi}{N}k}=X(k)\qquad k=0,1,\cdots,N-1 \tag{5.4.13}$$

各抽样点之间的 $X(\mathrm{e}^{\mathrm{j}\Omega})$ 值由各抽样点的加权插值函数 $\left[X(k)\Phi\left(\Omega-\frac{2\pi}{N}k\right)\right]$ 在所求 Ω 点上的值延伸叠加而成。

5.5 本章内容 MATLAB 仿真

在 MATLAB 中，为了方便调用离散傅里叶变换(DFT)和逆变换(IDFT)运算，以及圆周移位和圆周卷积运算，可将这些运算写成函数形式。

1. 离散傅里叶变换 dft 函数

```
function Xk = dft(xn, N)          % 实现离散傅里叶变换(DFT)的计算
n = [0: N-1];
k = n;
Wn = exp(-j*2*pi/N);
nk = n'*k;
Wnnk = Wn.^nk;
Xk = xn*Wnnk;
```

程序中：Wn 为旋转因子；xn 代表离散时间序列 x(n)；N 为离散时间序列 x(n)的长度；Xk 为离散序列 x(n)的离散傅里叶变换。

2. 离散傅里叶逆变换 idft 函数

```
function xn = idft(Xk, N)      % 实现离散傅里叶逆变换(IDFT)的计算
n = [0: N-1];
k = [0: N-1];
Wn = exp(-j*2*pi/N);
nk = n'*k;
Wnnk = Wn.^(-nk);
xn = (Xk*Wnnk)/N;
```

【例 5-6】 用 dft 函数和 idft 函数仿真例 5-5：求 4 点矩形脉冲 $R_4(n)$ 与其自身的线卷积与圆卷积。在 $R_4(n)$ 后面添加 3 个零点，将它扩展成长度为 7 的序列后再计算它与其自身的圆卷积。

【解】

```
clear all;
xn = [1  1  1  1];
y1 = conv(xn, xn)                  % 矩形序列与其自身的线卷积
N = length(xn);
XK = dft(xn, N)                    % 圆卷积定理
YK = XK.*XK
yc = idft(YK, N)                   % 用圆卷积定理实现的 4 点圆卷积
xn1 = [1  1  1  1  0  0  0];
N1 = length(xn1);
XK1 = dft(xn1, N1)
YK1 = XK1.*XK1
yc1 = idft(YK1, N1)                % 用圆卷积定理实现的 7 点圆卷积
```

3. 圆周移位 cirshiftd 函数

在 MATLAB 中，只有线卷积函数 conv(见 1.7 节)，而不具备圆周移位函数和圆卷积函数，下面构造这两个函数：

```
function y = cirshiftd(x, m, N)  %直接实现序列 x 的圆周移位
if length(x) > N
    error('the length of x must be less than N');
end
x = [x, zeros(1, N - length(x))];
n = [0: 1: N-1];
y = x(mod(n-m, N) +1);
```

程序中：x 是长度小于 N 的序列；m 是移动的位数；N 是圆周长度；y 是移位后的输出序列。

4. 圆周卷积 circonv 函数

```
function yc = circonv(x1, x2, N)
if length(x1) > N        %以下两个 if 语句判断两个序列的长度是否小于 N
    error('N must not be less than length of x1');
end
if length(x2) > N
    error('N must not be less than length of x2');
end
x1 = [x1, zeros(1, N - length(x1))]; %填充序列 x1(n)使其长度为 N1 + N2 - 1
                                     %(序列 x1(n)的长度为 N1，序列 x2(n)的长度为 N2)
x2 = [x2, zeros(1, N - length(x2))]; %填充序列 x2(n)使其长度为 N1 + N2 - 1
n = [0: 1: N-1];
x2 = x2(mod(-n, N) +1);              %生成序列 x2((-n))_N
H = zeros(N, N);
for n = 1: 1: N
    H(n,:) = cirshiftd(x2, n-1, N);%该矩阵的 k 行为 x2((k-1-n))_N
end
yc = x1 * H';                        %计算圆卷积
```

函数中，x1，x2 为需要计算圆卷积的序列；N 为圆卷积的点数。yc 为圆卷积结果。

【例 5-7】 已知两序列

$$x(n) = \begin{cases} n & 0 \leqslant n \leqslant 11 \\ 0 & \text{其他} \end{cases}$$

$$h(n) = \begin{cases} 1 & 0 \leqslant n \leqslant 5 \\ 0 & \text{其他} \end{cases}$$

求它们的线卷积 $y_l(n) = h(n) * x(n)$ 和 N 点的圆卷积 $y(n) = h(n) Ⓝ N x(n)$，并研究两者之间的关系。

【解】 $x(n)$的长度为 $N_1 = 12$ 点，$h(n)$的长度为 $N_2 = 6$ 点，用如下程序求出 $h(n)$和 $x(n)$的线卷积、N_1 点的圆卷积、$N_1 + N_2 - 1$ 点圆卷积：

```
clear all
n = [0: 1: 11];
m = [0: 1: 5];
N1 = length(n);
N2 = length(m);
xn = n;                              %生成 x(n)
hn = ones(1, N2);                    %生成 h(n)
yln = conv(xn, hn);                  %直接用函数 conv 计算线卷积
ycN1 = circonv(xn, hn, N1);          %用函数 circonv 计算 N1 点圆卷积
ycn = circonv(xn, hn, N1 + N2 - 1);  %用函数 circonv 计算 N1 + N2 - 1 点圆卷积
nyl = [0: 1: length(yln) - 1];
ny1 = [0: 1: length(ycN1) - 1];
ny2 = [0: 1: length(ycn) - 1];
subplot(3, 1, 1);                    %画图
stem(nyl, yln, '.');
ylabel('线卷积');
axis([0, 18, 0, 60]);
subplot(3, 1, 2);
stem(ny1, ycN1, '.');
ylabel('圆卷积 N1')
axis([0, 18, 0, 60]);
subplot(3, 1, 3);
stem(ny2, ycn, '.');
ylabel('圆卷积 N1 + N2 - 1')
axis([0, 18, 0, 60]);
```

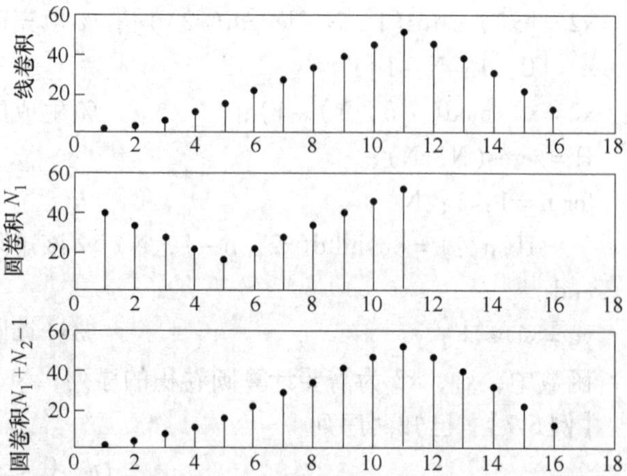

图 5-11　例 5-7 的仿真结果

仿真结果如图 5-11 所示。由第 1 章的例 1-3 可知，线卷积的长度为被卷积的两序列的长度之和减一，即此例中的 N_1+N_2-1。从图中的仿真结果可看出，只有当圆卷积的长度大于等于线卷积的长度时，圆卷积的结果才与线卷积的结果一致。

还需要说明的是，本例程序中调用了圆卷积函数 circonv，而在圆卷积函数 circonv 中调用了圆周移位函数 cirshiftd。所以要把这两个函数放在本例程序所在的同一路径中，否则程序将无法运行。

5.6　小结

为了利用计算机对信号频谱进行分析计算，引入了一种在时域和频域上均为离散形式且

长度有限的傅里叶变换，即离散傅里叶变换(DFT)。$X(k)=\mathrm{DFT}[x(n)]$是对有限长序列$x(n)$的离散时间傅里叶变换$X(e^{j\Omega})$在$0\sim2\pi$单位圆上对Ω进行等角距抽样得到的。离散傅里叶变换隐含着连续性，只要同时满足时域抽样理论和频域抽样理论的条件，就可以利用离散傅里叶变换来分析连续信号的傅里叶变换。离散傅里叶变换还隐含着周期性，它是周期序列$\tilde{x}(n)$的离散傅里叶级数(DFS)展开的"借用"形式，只要把$x(n)$和$X(k)$分别理解成$\tilde{x}(n)$和$\tilde{X}(k)$的主值序列，那么离散傅里叶变换和离散傅里叶级数这两种变换的表示形式是完全相同的。

圆周卷积定理是离散傅里叶变换的重要性质，反映了两序列在时域(或频域)中的圆卷积对应于频域(或时域)中两者变换(或逆变换)的乘积关系。计算两序列的圆卷积是按照周期反褶、圆周移位、相乘、求和的步骤进行的。当圆卷积的长度L大于等于两序列的长度N_1+N_2-1时，其圆卷积结果与线卷积相同。离散傅里叶变换的共轭对称性质证明实数序列$x(n)$的离散傅里叶变换$X(k)$在$0\sim N$的范围内，对于$\frac{N}{2}$点，$|X(k)|$呈半周偶对称分布，$\arg[X(k)]$呈半周奇对称分布，这在计算离散傅里叶变换时可以节约运算，提高效率。

频域抽样理论证明，如果有限长序列$x(n)$长度为M，离散傅里叶变换在离散时间傅里叶变换频谱一个周期内的抽样点数为N，则要求$N\geq M$，才可以保证从$X(k)$无失真地还原到离散时间傅里叶变换频谱$X(e^{j\Omega})$。数字频谱$X(e^{j\Omega})$的还原，是由N个具有sinc函数性质的频域插值函数经$X(k)$加权并求和得到的，$X(e^{j\Omega})$抽样点上的值就等于该点的$X(k)$值，各抽样点之间的值由各抽样点的加权插值函数在所求频率点上的值延伸叠加形成。

习　题　5

5-1　用闭合式形式表示以下有限长序列的离散傅里叶变换。

(1) $x(n)=\delta(n-N_0)$

(2) $x(n)=a^n$

(3) $x(n)=e^{j\frac{2\pi}{N}mn}\qquad 0<m<N$

(4) $x(n)=\cos\left(\frac{2\pi}{N}mn\right)\qquad 0<m<N$

5-2　若已知有限长序列$x(n)=\{1,\ 2,\ -1,\ 3\}$，求序列的离散傅里叶变换$X(k)$，再对所得结果求其逆变换(IDFT)。

5-3　已知有限长序列$x(n)$的离散傅里叶变换$\mathrm{DFT}[x(n)]=X(k)$，试利用频移定理求以下结果。

(1) $\mathrm{DFT}\left[x(n)\cos\left(\frac{2\pi rn}{N}\right)\right]$

(2) $\mathrm{DFT}\left[x(n)\sin\left(\frac{2\pi rn}{N}\right)\right]$

5-4　试证N点序列$x(n)$的离散傅里叶变换$X(k)$满足Parseval恒等式，即帕斯瓦尔定理

$$\sum_{n=0}^{N-1}|x(n)|^2=\frac{1}{N}\sum_{k=0}^{N-1}|X(k)|^2$$

5-5　两个有限长序列$x(n)=\{5,\ 2,\ 4,\ -1,\ 2\}$，$h(n)=\{-3,\ 4,\ -1\}$。

(1) 计算$x(n)$与$h(n)$的线卷积$y_L(n)=x(n)*h(n)$；

(2) 计算$x(n)$与$h(n)$的6点圆卷积$y_{C1}(n)=x(n)⑥h(n)$；

(3) 计算$x(n)$与$h(n)$的7点圆卷积$y_{C2}(n)=x(n)⑦h(n)$；

(4) 计算 $x(n)$ 与 $h(n)$ 的 8 点圆卷积 $y_{C3}(n)=x(n)⑧h(n)$。

比较以上结果，可以得到什么结论？

5-6　已知有限长序列 $x(n)$ 与 $h(n)$ 如图 5-12 所示。

(1) 画出 $x(n)$ 与 $h(n)$ 的线卷积；

(2) 画出 $x(n)$ 与 $h(n)$ 的圆卷积；

(3) 画出 $x(n)$ 与 $h(n)$ 的 8 点圆卷积。

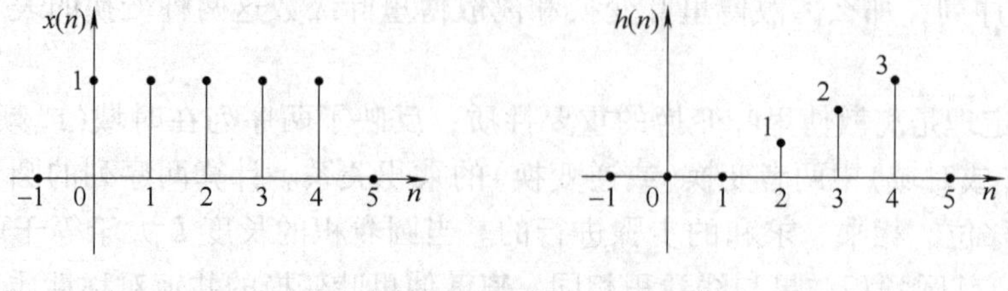

图 5-12　习题 5-6 图

5-7　两个有限长序列 $x(n)$ 和 $h(n)$ 如图 5-13a 所示，$h(n)$ 在 $n=3$ 处的值未知，用 a 表示。图 5-13b 给出了两个序列的 4 点圆卷积 $y(n)$。根据图示的 $y(n)$，能否唯一地确定 a 的值？如果可以，a 是多少？如果不可以，给出可产生序列 $y(n)$ 的两个可能的 a 值。

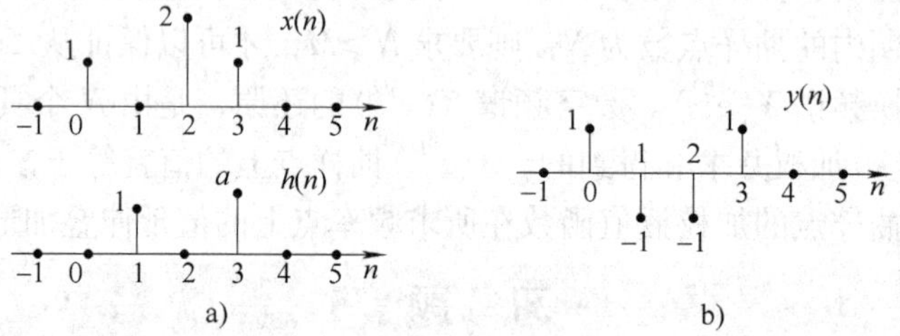

图 5-13　习题 5-7 图

5-8　已知周期序列 $\tilde{x}(n)$ 的一个周期内 $\tilde{x}(n)=\begin{cases}1 & 2\leqslant n\leqslant 6\\ 0 & n=0,\ 1,\ 7,\ 8,\ 9\end{cases}$，周期 $N=10$，试求 $\tilde{x}(n)$ 的离散傅里叶级数 $\widetilde{X}(k)=\mathrm{DFS}[\tilde{x}(n)]$，并画出 $\widetilde{X}(k)$ 一个周期内的幅度和相位特性。

5-9　已知周期序列 $\tilde{x}(n)$ 如图 5-14 所示。

(1) 试求 $\widetilde{X}(k)=\mathrm{DFS}[\tilde{x}(n)]$；

(2) 取 $\tilde{x}(n)$ 的主值序列，即令 $x(n)=\tilde{x}(n)R_N(n)$，求 $x(n)$ 的离散傅里叶变换 $X(k)$，并比较 $X(k)$ 与 $\widetilde{X}(k)$。

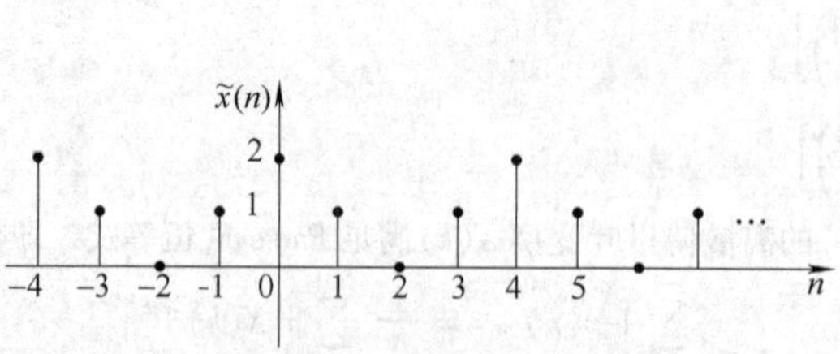

图 5-14　习题 5-9 图

5-10　设 $x(n)$ 为一有限长序列，$0\leqslant n\leqslant N-1$，且 N 为偶数。已知 $X(k)=\mathrm{DFT}[x(n)]$，试利用 $X(k)$ 表示以下各序列的离散傅里叶变换。

(1) $x_1(n)=x(N-1-n)$

(2) $x_2(n)=(-1)^n x(n)$

(3) $x_3(n)=\begin{cases} x(n) & 0\leqslant n\leqslant N-1 \\ x(n-N) & N\leqslant n\leqslant 2N-1 \\ 0 & n\text{ 为其他值} \end{cases}$

(4) $x_4(n)=\begin{cases} x(n)+x\left(n+\dfrac{N}{2}\right) & 0\leqslant n\leqslant \dfrac{N}{2}-1 \\ 0 & n\text{ 为其他值} \end{cases}$

(5) $x_5(n)=\begin{cases} x(n) & 0\leqslant n\leqslant N-1 \\ 0 & N\leqslant n\leqslant 2N-1 \\ 0 & n\text{ 为其他值} \end{cases}$，离散傅里叶变换的有限长度取 $2N$

(6) $x_6(n)=\begin{cases} x\left(\dfrac{n}{2}\right) & n\text{ 为偶数} \\ 0 & n\text{ 为奇数} \end{cases}$

(7) $x_7(n)=x(2n)$　　离散傅里叶变换的有限长度取 $\dfrac{N}{2}$

5-11　已知序列 $x(n)=\left(\dfrac{1}{2}\right)^n u(n)$ 的离散时间傅里叶变换为 $X(\mathrm{e}^{\mathrm{j}\Omega})$，又知一有限长序列 $y(n)$ 在 $0\leqslant n\leqslant 9$ 的范围内有定义，其余点均为零，$y(n)$ 的 10 点离散傅里叶变换 $Y(k)$ 等于 $X(\mathrm{e}^{\mathrm{j}\Omega})$ 在其主周期内等间隔的 10 点抽样，求有限长序列 $y(n)$。

5-12　已知两个有限长序列：$x(n)=\{\underline{1}\ \ 2\ \ 3\ \ 4\ \ 5\}$；$h(n)=\{\underline{1}\ \ 2\ \ 1\ \ 2\}$。

(1) 编制一个计算两个序列线卷积的程序，计算 $x(n)*h(n)$。

(2) 编制一个计算圆卷积的程序，计算下述四种情况下 $x(n)$ 与 $h(n)$ 的圆卷积。

① 5 点圆卷积；

② 6 点圆卷积；

③ 9 点圆卷积；

④ 10 点圆卷积。

要求 subplot( ) 有 7 个子图。

(3) 思考并回答：圆卷积的长度 L 取何值时，圆卷积才能代表线卷积？用圆卷积代表线卷积的意义是什么？

5-13　已知序列 $x(n)=2\sin(0.48\pi n)+\cos(0.52\pi n)$，$0\leqslant n\leqslant 100$，试编程绘制 $x(n)$ 及它的离散傅里叶变换 $|X(k)|$ 图。

5-14　设 $x(n)$ 为存在离散傅里叶变换的任意序列，其 z 变换为 $X(z)$，$X(k)$ 是对 $X(z)$ 在单位圆上的 N 点等间隔抽样，即

$$X(k)=X(z)\big|_{z=\mathrm{e}^{\mathrm{j}\frac{2\pi}{N}k}}\qquad k=0,1,\cdots,N-1$$

求 $X(k)$ 的 N 点离散傅里叶逆变换（记为 $x_N(n)$）与 $x(n)$ 的关系。

5-15　长度为 N 的一个有限长序列 $x(n)$ 的 N 点离散傅里叶变换为 $X(k)$。另一个长度为 $2N$ 的序列 $y(n)$ 定义为

$$y(n)=\begin{cases} x\left(\dfrac{n}{2}\right) & n\text{ 为偶数} \\ 0 & n\text{ 为奇数} \end{cases}$$

试用 $X(k)$ 表示 $y(n)$ 的 $2N$ 点离散傅里叶变换 $Y(k)$。

5-16　已知 $x(n)$ 的长度为 N，$X(z)=\mathscr{Z}[x(n)]$。要求计算 $X(z)$ 在单位圆上的 M 个等间隔抽样。假定 $M<N$，试求出一种计算 M 个抽样值的方法，它只需要计算一次 M 点的离散傅里叶变换。

5-17　证明离散傅里叶变换的对称定理，即假设 $X(k)=\mathrm{DFT}[x(n)]$，证明 $\mathrm{DFT}[X(n)]=Nx(N-k)$。

第 6 章　快速傅里叶变换

离散傅里叶变换(DFT)为人们利用计算机来实现信号时域与频域之间的转换提供了可能，因此在离散时间信号处理和系统分析、设计和实现中，离散傅里叶变换都起着非常重要的作用。但由于离散傅里叶变换计算的复杂性导致计算速度慢、所需存储空间较大等缺陷，使得离散傅里叶变换的应用受到了限制。特别，随着样本点数 N 的增加，这一问题将十分突出。直至 1965 年，库利与图基(J. W. Cooley 和 J. W. Tukey)在《计算数学》(Mathematics of Computation)杂志上提出了一种快速、通用地进行离散傅里叶变换的计算方法，并编出了使用这种方法的第一个程序。随后，其他学者又从不同的角度相继提出了一些计算离散傅里叶变换的高效算法，这些实现离散傅里叶变换计算的高效算法，统称为快速傅里叶变换(FFT)。

快速傅里叶变换并不是一种新的变换，它是仅对离散傅里叶变换做一些形式上的变化，使得计算速率大幅提高的一种程序算法。然而，它的出现使得离散傅里叶变换的广泛应用成为可能，尤其是在一些对信号处理的实时性要求比较高的场合。快速傅里叶变换将离散傅里叶变换的计算速度提高了大约$\frac{2N}{\log_2 N}$倍，随着序列长度 N 的增加，其优越性更加明显。在这一章中将讨论几种广泛应用的快速傅里叶变换的算法思路和具体算法流程。

6.1　直接计算 DFT 的问题及改进的途径

根据上一章的内容可知，离散傅里叶变换(DFT)为利用数字计算机对傅里叶变换进行分析和计算提供了重要途径。但在实际应用中，随着序列长度 N 的增加，DFT 巨大的计算量使其在对信号分析的实时性要求较高的情况下，遇到了瓶颈。在这一节，首先对 DFT 所需要的计算量进行分析，然后给出减少计算量的基本思路。

1. DFT 的计算量分析

设 $x(n)$ 为 N 点有限长序列，其 DFT 变换对为

$$X(k) = \mathrm{DFT}[x(n)] = \sum_{n=0}^{N-1} x(n) W_N^{kn} \qquad 0 \leqslant k \leqslant N-1 \tag{6.1.1}$$

$$x(n) = \mathrm{IDFT}[X(k)] = \frac{1}{N}\sum_{k=0}^{N-1} X(k) W_N^{-kn} \qquad 0 \leqslant n \leqslant N-1 \tag{6.1.2}$$

比较式(6.1.1)和式(6.1.2)，可以看出离散傅里叶变换的逆变换公式与正变换的差别仅在于旋转因子 W_N 的指数符号取负，以及乘上一个常数因子$\frac{1}{N}$，因此 IDFT 的计算量与 DFT 完全相同。下面仅对 DFT 的计算量进行分析。

一般来说，序列 $x(n)$ 的值和 W_N^{nk} 均为复数，在计算离散傅里叶变换时，需要将 $x(n)$ 的每一个值与 W_N^{nk} 的每一个值相乘($0 \leqslant n \leqslant N-1$)，因此一共需要进行 N^2 次复数乘法运算。在

计算时，应将它们的实部和虚部分开，此时，式(6.1.1)有如下形式：

$$X(k) = \sum_{n=0}^{N-1} \{\mathrm{Re}[x(n)] + \mathrm{jIm}[x(n)]\}\{\mathrm{Re}[W_N^{kn}] + \mathrm{jIm}[W_N^{kn}]\} \tag{6.1.3}$$

将上式进一步展开，可以得到

$$X(k) = \sum_{n=0}^{N-1} \left\{ \begin{aligned} &(\mathrm{Re}[x(n)]\mathrm{Re}[W_N^{kn}] - \mathrm{Im}[x(n)]\mathrm{Im}[W_N^{kn}]) \\ &+ \mathrm{j}(\mathrm{Re}[x(n)]\mathrm{Im}[W_N^{kn}] + \mathrm{Im}[x(n)]\mathrm{Re}[W_N^{kn}]) \end{aligned} \right\} \tag{6.1.4}$$

从式(6.1.4)可以看出，计算累加式中的一项，需要四次实数乘法和两次实数加法，完成这些运算后得到累加式中的一项，为一个复数。在计算累加和时，每一次累加实际上是对两个复数进行加法运算。而一次复数加法，由于要对两个复加数的实部和虚部分别相加，因此相当于两次实数加法运算。而对于长度为 N 的离散傅里叶变换，这种复数加法需要进行 $N-1$ 次，因此综合上述分析，完成 $X(k)$ 的一个样值计算需要进行 $4N$ 次实数乘法和 $[2N+2(N-1)]=(4N-2)$ 次实数加法运算。而 $X(k)$ 一共有 N 个样值，所以完成 $X(k)$ 的全部计算需要完成 $4N^2$ 次实数乘法和 $N(4N-2)=(4N^2-2N)$ 次实数加法运算。可见离散傅里叶变换的计算量随着序列长度 N 的增加而迅速上升。例如，当 $N=10$ 时，离散傅里叶变换需要 400 次实数乘法和 380 次实数加法运算；当 $N=100$ 时，离散傅里叶变换需要 40000 次实数乘法和 39800 次实数加法运算。当 N 继续增大时，计算开销所带来的困难会越来越明显。因此需要对离散傅里叶变换的计算方法进行改进，减少运算次数，节省运算时间，以使离散傅里叶变换能够适应一些实时性要求较高的情况。

2. 减少计算量的思路

大多数改善离散傅里叶变换计算效率的方法均利用了旋转因子 W_N 的周期性、对称性和可约性。利用周期性和对称性可以得到

$$W_N^{k(N-n)} = W_N^{-kn} = (W_N^{kn})^* \tag{6.1.5}$$

根据这个性质，可以将式(6.1.4)的和式中含有 n 和 $(N-n)$ 的项组合在一起。即

$$\begin{aligned} &\mathrm{Re}[x(n)]\mathrm{Re}[W_N^{kn}] + \mathrm{Re}[x(N-n)]\mathrm{Re}[W_N^{k(N-n)}] \\ &= \{\mathrm{Re}[x(n)] + \mathrm{Re}[x(N-n)]\}\mathrm{Re}[W_N^{kn}] \end{aligned} \tag{6.1.6}$$

和

$$\begin{aligned} &-\mathrm{Im}[x(n)]\mathrm{Im}[W_N^{kn}] - \mathrm{Im}[x(N-n)]\mathrm{Im}[W_N^{k(N-n)}] \\ &= -\{\mathrm{Im}[x(n)] - \mathrm{Im}[x(N-n)]\}\mathrm{Im}[W_N^{kn}] \end{aligned} \tag{6.1.7}$$

经过这些组合之后,乘法的次数大约可以减少 1/2,但尽管如此,离散傅里叶变换(DFT)的计算量仍然与 N^2 成正比。

这时可以再利用旋转因子 W_N 的可约性

$$W_N^{nk} = W_{N/k}^{n} \tag{6.1.8}$$

结合旋转因子 W_N 的周期性,可以将长序列的 DFT 分解成若干个短序列的 DFT 运算,然后再将短序列的 DFT 运算结果重新组合,构成原序列的 DFT。根据前面的分析,DFT 的运算量与 N^2 成正比,因此减小 N 值,可以大大降低 DFT 的计算量。在这一章将要介绍的按时间抽取法(DIT)和按频率抽取法(DIF),都是基于这样的思路发展起来的。

6.2 按时间抽取(DIT)的基-2FFT 算法

根据上一节的分析可知,在计算序列的 DFT 时,若能将整个序列逐次分解成较短的序列进行 DFT 计算,将在很大的程度上提高计算效率。按时间抽取(DIT)的快速傅里叶变换(FFT)正是基于这种思路,将原序列分解成若干个短小序列,计算这些短小序列的 DFT,再将它们的结果组合得到原序列的离散傅里叶变换。在本节中,将介绍这种算法的原理并讨论它的工作效率。

通常假设序列 $x(n)$ 的长度为 2 的整数幂,即 $N=2^L$,若序列长度不满足此条件,可以通过补零使之满足这一条件。

将序列 $x(n)$ 按 n 的奇偶性分成下面两个长度为$\frac{N}{2}$的序列 $x_1(r)$ 和 $x_2(r)$

$$\begin{cases} x_1(r) = x(2r) \\ x_2(r) = x(2r+1) \end{cases} \quad r = 0,1,\cdots,\frac{N}{2}-1 \tag{6.2.1}$$

对序列进行分解之后,序列 $x(n)$ 的离散傅里叶变换可以写成如下形式:

$$\begin{aligned} X(k) &= \mathrm{DFT}[x(n)] = \sum_{n=0}^{N-1} x(n) W_N^{nk} \\ &= \sum_{n\text{为偶数}} x(n) W_N^{nk} + \sum_{n\text{为奇数}} x(n) W_N^{nk} \\ &= \sum_{r=0}^{\frac{N}{2}-1} x(2r) W_N^{2rk} + \sum_{r=0}^{\frac{N}{2}-1} x(2r+1) W_N^{(2r+1)k} \\ &= \sum_{r=0}^{\frac{N}{2}-1} x_1(r) (W_N^2)^{rk} + W_N^k \sum_{r=0}^{\frac{N}{2}-1} x_2(r) (W_N^2)^{rk} \end{aligned}$$

根据旋转因子 W_N 的可约性,$W_N^2 = W_{N/2}$,故上式可以表示成

$$X(k) = \sum_{r=0}^{\frac{N}{2}-1} x_1(r) W_{N/2}^{rk} + W_N^k \sum_{r=0}^{\frac{N}{2}-1} x_2(r) W_{N/2}^{rk} = X_1(k) + W_N^k X_2(k) \tag{6.2.2}$$

式中,$X_1(k)$ 和 $X_2(k)$ 分别表示序列 $x_1(r)$ 和 $x_2(r)$ 的$\frac{N}{2}$点的离散傅里叶变换,即

$$X_1(k) = \sum_{r=0}^{\frac{N}{2}-1} x_1(r) W_{N/2}^{rk} = \sum_{r=0}^{\frac{N}{2}-1} x(2r) W_{N/2}^{rk} \tag{6.2.3}$$

$$X_2(k) = \sum_{r=0}^{\frac{N}{2}-1} x_2(r) W_{N/2}^{rk} = \sum_{r=0}^{\frac{N}{2}-1} x(2r+1) W_{N/2}^{rk} \tag{6.2.4}$$

此时,将长度为 N 的序列 $x(n)$ 的离散傅里叶变换,分解成了两个长度为$\frac{N}{2}$的序列的离散傅里叶变换,可以利用式(6.2.3)和式(6.2.4)分别计算这两个短序列的离散傅里叶变换,然后再通过式(6.2.2)将它们组合成原序列 $x(n)$ 的离散傅里叶变换。但这里必须注意到,$X_1(k)$ 和 $X_2(k)$ 的长度为$\frac{N}{2}$,而 $X(k)$ 的长度为 N,因此利用式(6.2.2)只能得到 $X(k)$ 的前一半,即 $k=0$

到 $k=\left(\frac{N}{2}-1\right)$ 这 $\frac{N}{2}$ 个样值。而 $X(k)$ 的后一半，可通过下式得到：

$$X\left(k+\frac{N}{2}\right)=X_1\left(k+\frac{N}{2}\right)+W_N^{\left(k+\frac{N}{2}\right)}X_2\left(k+\frac{N}{2}\right),\ k=0,1\cdots,\frac{N}{2}-1 \qquad (6.2.5)$$

式中

$$X_1\left(k+\frac{N}{2}\right)=\sum_{r=0}^{\frac{N}{2}-1}x_1(r)W_{N/2}^{r\left(\frac{N}{2}+k\right)}=\sum_{r=0}^{\frac{N}{2}-1}x_1(r)W_{N/2}^{rk}=X_1(k) \qquad (6.2.6)$$

同理可得

$$X_2\left(k+\frac{N}{2}\right)=X_2(k) \qquad (6.2.7)$$

又因为

$$W_N^{\left(k+\frac{N}{2}\right)}=W_N^{\frac{N}{2}}W_N^k=-W_N^k \qquad (6.2.8)$$

将式(6.2.6)～式(6.2.8)代入式(6.2.5)，可以得到 $X(k)$ 的后半部分

$$X\left(k+\frac{N}{2}\right)=X_1(k)-W_N^kX_2(k) \qquad k=0,1,\cdots,\frac{N}{2}-1 \qquad (6.2.9)$$

这样，只要计算出长度为 $\frac{N}{2}$ 的 $X_1(k)$ 和 $X_2(k)$，再通过式(6.2.2)和式(6.2.9)即可得到长度为 N 的 $X(k)$。式(6.2.2)和式(6.2.9)的运算可以通过图 6-1 所示的蝶形运算流图来表示。

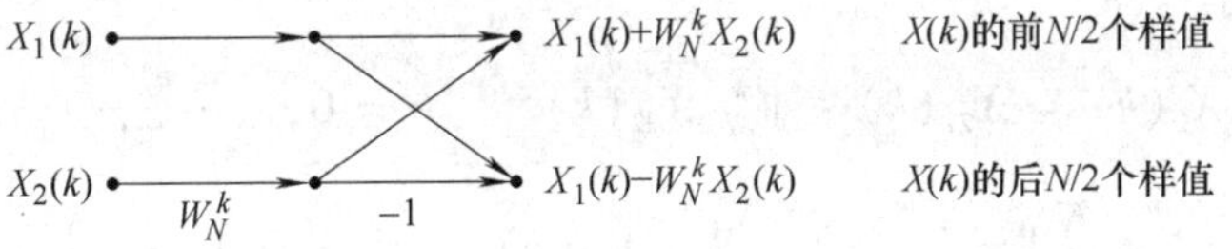

图 6-1　按时间抽取的蝶形运算流图

例如，对于一个 8 点序列 $x(n)$，先将它按序号 n 的奇偶性分解成两个序列：$x_1(r)=\{x(0),x(2),x(4),x(6)\}$ 和 $x_2(r)=\{x(1),x(3),x(5),x(7)\}$，然后分别计算两个 4 点序列的离散傅里叶变换，$X_1(k)$ 和 $X_2(k)$，再按上述方法将其组合成 8 点离散傅里叶变换的形式。其分解过程及组合方式如图 6-2 所示。

从图 6-2 可以看出，将一个长度为 N 的序列分解成两个长度为 $\frac{N}{2}$ 的序列后，先要分别计算两个 $\frac{N}{2}$ 点的离散傅里叶变换，这两个 $\frac{N}{2}$ 点的离散傅里叶变换总共所需的运算量与 $\left(\frac{N}{2}\right)^2$ 成正比。然后再进行 $\frac{N}{2}$ 次蝶形运算，而一次蝶形运算需要做一次复数乘法 $W_N^kX_2(k)$ 和两次复数

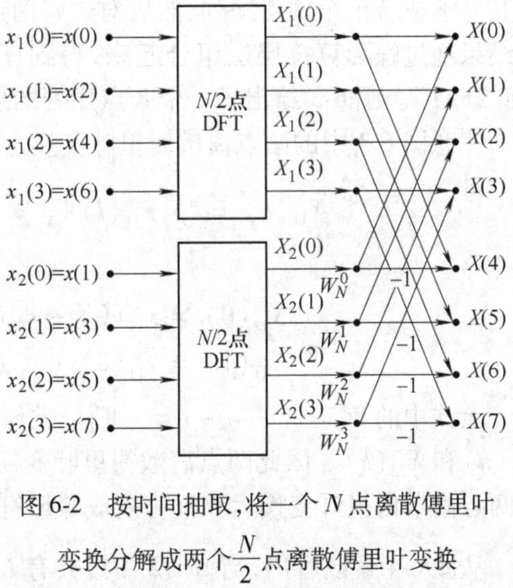

图 6-2　按时间抽取，将一个 N 点离散傅里叶变换分解成两个 $\frac{N}{2}$ 点离散傅里叶变换

加法，所以$\frac{N}{2}$次蝶形运算总共需要$\frac{N}{2}$次复数乘法和 N 次复数加法运算。因此当 N 较大时，可以看作分解后计算离散傅里叶变换的运算量由原来与 N^2 成正比变成了与$\left(\frac{N^2}{2}\right)$成正比，工作量降低了将近一半。

由于原序列 $x(n)$ 的长度为 2^L，因此分解之后两个序列的长度$\frac{N}{2}=2^{L-1}$仍为偶数，可以将$\frac{N}{2}$点的子序列 $x_1(r)$ 再按 r 的奇偶性，分解成两个$\frac{N}{4}$点的子序列

$$\begin{cases} x_{11}(l) = x_1(2l) \\ x_{12}(l) = x_1(2l+1) \end{cases} \quad l = 0,1,\cdots,\frac{N}{4}-1 \tag{6.2.10}$$

分别计算两个子序列的$\frac{N}{4}$点离散傅里叶变换 $X_{11}(k)$ 和 $X_{12}(k)$，然后仿照式(6.2.2)和式(6.2.9)再组合得到 $X_1(k)$

$$X_1(k) = X_{11}(k) + W_{N/2}^k X_{12}(k) \quad k = 0,1,\cdots,\frac{N}{4}-1 \tag{6.2.11}$$

$$X_1\left(k+\frac{N}{4}\right) = X_{11}(k) - W_{N/2}^k X_{12}(k) \quad k = 0,1,\cdots,\frac{N}{4}-1 \tag{6.2.12}$$

同样方法将序列 $x_2(r)$ 分成两个$\frac{N}{4}$点子序列后，分别计算它们的离散傅里叶变换 $X_{21}(k)$ 和 $X_{22}(k)$，再组合得到 $X_2(k)$

$$X_2(k) = X_{21}(k) + W_{N/2}^k X_{22}(k) \quad k = 0,1,\cdots,\frac{N}{4}-1 \tag{6.2.13}$$

$$X_2\left(k+\frac{N}{4}\right) = X_{21}(k) - W_{N/2}^k X_{22}(k) \quad k = 0,1,\cdots,\frac{N}{4}-1 \tag{6.2.14}$$

通过前面的分析可知，经过这次分解之后，离散傅里叶变换的运算量又减少了大约一半。当然，还可以继续分解下去，直至子序列的长度为 2。因此，对于任意长度序列 $x(n)$，都可以将其分解成若干个两点序列，然后对这些两点序列的离散傅里叶变换进行计算，最后再将它们的结果通过蝶形算符层层组合起来，得到序列 $x(n)$ 的离散傅里叶变换，因此这种方法称为“基-2FFT”。图 6-3 给出了一个 8 点序列的按时间抽取的基-2FFT 的运算流图。

注意图 6-3 中的两点离散傅里叶变换运算，例如

$$X_{11}(k) = \sum_{l=0}^{1} x_{11}(l) W_2^{lk} = x_{11}(0) + x_{11}(1) W_2^k \quad k = 0,1$$

即

$$\begin{aligned} X_{11}(0) &= x_{11}(0) + x_{11}(1) W_2^0 = x_{11}(0) + x_{11}(1) W_N^0 \\ X_{11}(1) &= x_{11}(0) + x_{11}(1) W_2^1 = x_{11}(0) - x_{11}(1) W_N^0 \end{aligned}$$

上式中的 $W_2^1 = e^{-j\frac{2\pi}{2}} = -1 = -W_2^0$。类似地，可以计算出其他两点离散傅里叶变换 $X_{12}(k)$、$X_{21}(k)$ 和 $X_{22}(k)$。因此两点离散傅里叶变换也可以利用一个蝶形运算符来表示。将图 6-3 中的两点离散傅里叶变换运算框替换成蝶形符，如图 6-4 所示。

从图 6-4 可以看出，当 $N=2^L$ 时，共有 L 级蝶形运算，每级蝶形运算的个数都为$\frac{N}{2}$个。每

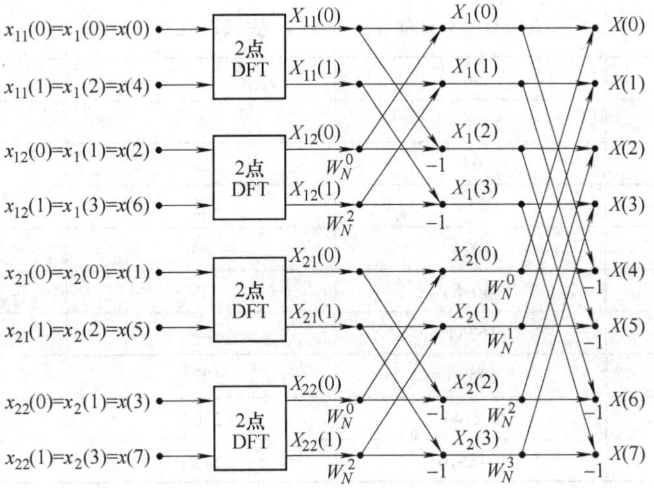

图 6-3　按时间抽取的基-2FFT 的运算流图($N=8$)

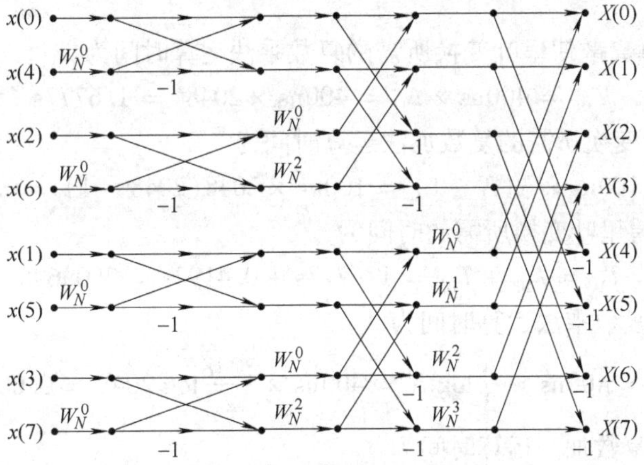

图 6-4　按时间抽取的基-2FFT 蝶形运算流图

个蝶形运算由一次复数乘法和两次复数加法组成。因此,整个运算过程包括$\left(\frac{NL}{2}\right)$次复数乘法和($NL$)次复数加法。由于计算机上的乘法运算时间远大于加法运算,当 N 较大时,可以忽略加法运算的开销。因此在这里,以乘法运算为例,可以得到离散傅里叶变换(DFT)与快速傅里叶变换(FFT)所需的计算量之比为

$$\frac{N^2}{NL/2}=\frac{N^2}{\frac{N}{2}\log_2 N}=\frac{2N}{\log_2 N} \tag{6.2.15}$$

根据式(6.2.15)可以看出,随着 N 的增大 FFT 对运算量的改善越发突出。表 6-1 给出了当 N 取不同值时,FFT 算法与 DFT 算法的计算量及它们之间的比值。当 $N=2$ 时,DFT 的运算量是 FFT 运算量的 4 倍,而当 $N=1024$ 时,DFT 的运算量是 FFT 运算量的 204 倍,FFT 对 DFT 运算效率的提高非常显著。

表 6-1 基-2FFT 算法和直接 DFT 算法复数乘运算量的比较

N	直接 DFT 运算量	基-2FFT 运算量	改善比值$\left(\frac{2N}{\log_2 N}\right)$
2	4	1	4
4	16	4	4
8	64	12	5.3
16	256	32	8
32	1024	80	12.8
64	4096	192	21.3
128	16384	448	36.6
256	65536	1024	64
512	262144	2304	113.8
1024	1048576	5120	204.8

【例 6-1】 若使用某 DSP 芯片来计算 2048 点离散傅里叶变换，已知一次复数乘法运算需要 400ns，一次复数加法运算需要 100ns，则直接计算离散傅里叶变换需要多少时间？采用基-2FFT 需要多少时间？

【解】 直接计算离散傅里叶变换所需的复数乘法运算时间为

$$T_{D1} = 400\text{ns} \times N^2 = 400\text{ns} \times 2048^2 = 1.6777\text{s}$$

直接计算离散傅里叶变换所需的复数加法运算时间为

$$T_{D2} = 100\text{ns} \times N(N-1) = 100\text{ns} \times 2048(2048-1) = 0.4192\text{s}$$

因此，直接计算离散傅里叶变换所需的时间为

$$T_D = T_{D1} + T_{D2} = 1.6777\text{s} + 0.4192\text{s} = 2.0969\text{s}$$

基-2FFT 运算所需的复数乘法运算时间为

$$T_{F1} = 400\text{ns} \times \frac{N}{2}\log_2 N = 400\text{ns} \times \frac{2048}{2}\log_2 2048 = 0.0045\text{s}$$

基-2FFT 运算所需的复数加法运算时间为

$$T_{F2} = 100\text{ns} \times N\log_2 N = 100\text{ns} \times 2048\log_2 2048 = 0.0023\text{s}$$

因此，基-2FFT 运算所需的时间为

$$T_F = T_{F1} + T_{F2} = 0.0045\text{s} + 0.0023\text{s} = 0.0068\text{s}$$

6.3 按频率抽取（DIF）的基-2FFT 算法

在上一节中，讨论了对有限长序列 $x(n)$ 在时域上根据 n 的奇偶性将它分成若干个长度为 2 的短序列，实现了对离散傅里叶变换运算量的大幅度改善。考虑到，N 点有限长序列 $x(n)$ 的离散傅里叶变换 $X(k)$ 在频域上也是一个长度为 N 的有限序列。因此，类似于时域的抽取方法，可以对序列 $X(k)$ 在频域上按序号 k 的奇偶性，将其分解成若干个长度为 2 的短序列。经过这样的分解后，所需的运算量与按时间抽取方式相同，这种方法我们称为按频率抽取（DIF）的基 2-FFT 算法。

假设序列的长度 $N=2^L$，L 为正整数。在把输出 $X(k)$ 按序号 k 的奇偶性分组之前，先将输

入序列 $x(n)$ 分成前后两半，即 $x(n)$ 和 $x\left(n+\frac{N}{2}\right)$，$0\leqslant n\leqslant\frac{N}{2}-1$，则离散傅里叶变换输出 $X(k)$ 可写成如下形式：

$$\begin{aligned}X(k)&=\sum_{n=0}^{N-1}x(n)W_N^{kn}\\&=\sum_{n=0}^{N/2-1}x(n)W_N^{nk}+\sum_{n=0}^{N/2-1}x\left(n+\frac{N}{2}\right)W_N^{\left(n+\frac{N}{2}\right)k}\\&=\sum_{n=0}^{N/2-1}\left[x(n)+x\left(n+\frac{N}{2}\right)W_N^{\frac{N}{2}k}\right]W_N^{nk}\qquad 0\leqslant k\leqslant N-1\end{aligned}$$

由于 $W_N^{\frac{N}{2}k}=(W_N^{\frac{N}{2}})^k=(-1)^k$，因此上式可写成

$$X(k)=\sum_{n=0}^{N/2-1}\left[x(n)+x\left(n+\frac{N}{2}\right)(-1)^k\right]W_N^{nk}\qquad 0\leqslant k\leqslant N-1 \tag{6.3.1}$$

当 k 为偶数时，$(-1)^k=1$；当 k 为奇数时，$(-1)^k=-1$。因此，按 k 的奇偶性将 $X(k)$ 分成两组

$$\begin{cases}k=2r\\k=2r+1\end{cases}\qquad r=0,1,\cdots,\frac{N}{2}-1$$

则

$$\begin{aligned}X(2r)&=\sum_{n=0}^{N/2-1}\left[x(n)+x\left(n+\frac{N}{2}\right)\right]W_N^{2nr}\\&=\sum_{n=0}^{N/2-1}\left[x(n)+x\left(n+\frac{N}{2}\right)\right]W_{N/2}^{nr}\qquad r=0,1,\cdots,\frac{N}{2}-1\end{aligned} \tag{6.3.2}$$

$$\begin{aligned}X(2r+1)&=\sum_{n=0}^{N/2-1}\left[x(n)-x\left(n+\frac{N}{2}\right)\right]W_N^{n(2r+1)}\\&=\sum_{n=0}^{N/2-1}\left\{\left[x(n)-x\left(n+\frac{N}{2}\right)\right]W_N^{n}\right\}W_{N/2}^{nr}\qquad r=0,1,\cdots,\frac{N}{2}-1\end{aligned} \tag{6.3.3}$$

式(6.3.2)为前一半输入和后一半输入之和的 $N/2$ 点离散傅里叶变换，式(6.3.3)为前一半输入和后一半输入之差与 W_N^n 乘积的 $N/2$ 点离散傅里叶变换。令

$$\begin{cases}x_1(n)=x(n)+x\left(n+\frac{N}{2}\right)\\x_2(n)=\left[x(n)-x\left(n+\frac{N}{2}\right)\right]W_N^n\end{cases}\qquad n=0,1,\cdots,\frac{N}{2}-1 \tag{6.3.4}$$

式(6.3.4)可以用蝶形运算流图表示，如图 6-5 所示。

注意按频率抽取的蝶形运算与按时间抽取的蝶形运算的区别：在按频率抽取的蝶形运算中，复数乘法出现在两个输入端的减法操作之后；而按时间抽取的蝶形运算中，是在对下面的输入端进行复数乘法运算之后，再与上面的输入端进行加法和减法运算。

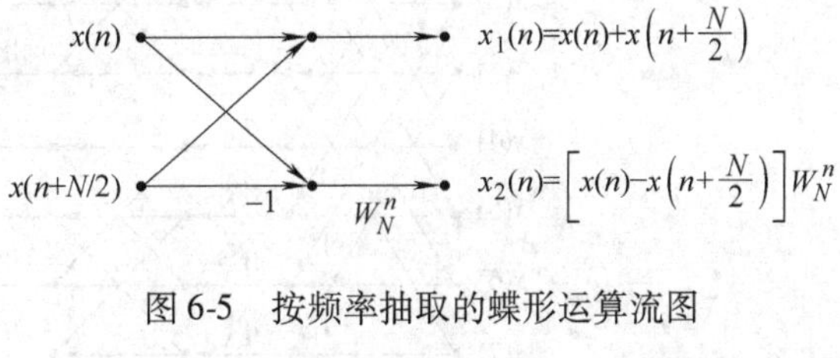

图 6-5　按频率抽取的蝶形运算流图

这样，把一个 N 点的离散傅里叶变换按频域离散变量 k 的奇偶性分解成了两个$\frac{N}{2}$点的离散傅里叶变换

$$\begin{cases} X(2r) = \sum_{n=0}^{\frac{N}{2}-1} x_1(n) W_{N/2}^{nr} \\ X(2r+1) = \sum_{n=0}^{\frac{N}{2}-1} x_2(n) W_{N/2}^{nr} \end{cases} \quad r = 0,1,\cdots,\frac{N}{2}-1 \tag{6.3.5}$$

此时，需要先对时间离散序列 $x(n)$ 进行蝶形运算，再将蝶形运算的输出端作为$\frac{N}{2}$点离散傅里叶变换的输入端。例如，当 $N=8$ 时，上述分解计算过程如图 6-6 所示。

类似于按时间抽取的思想，可以继续将$\frac{N}{2}$点的离散傅里叶变换输入再按照频率离散变量的奇偶性分解成两个$\frac{N}{4}$点的离散傅里叶变换。若序列 $x(n)$ 的长度 $N=2^L$，则这样的分解可以一直进行 L 次，第 L 次实际上就是做两点离散傅里叶变换运算了，图 6-7 给出了一个 8 点离散傅里叶变换的分解运算流图。根据上一节的分析，两点离散傅里叶变换运算也可以用蝶形运算符表示，因此，将图 6-7 中的两点 DFT 运算框用蝶形图替代，得到完整的按频率抽取的基-2FFT 运算流图，如图 6-8 所示。

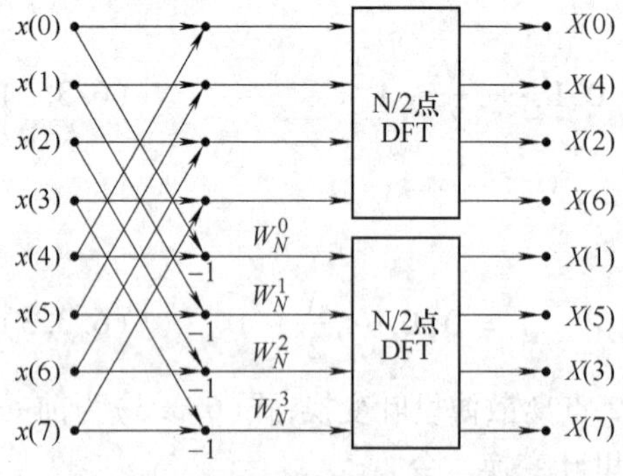

图 6-6　按频率抽取，将 N 点离散傅里叶变换分解成两个$\frac{N}{2}$点离散傅里叶变换

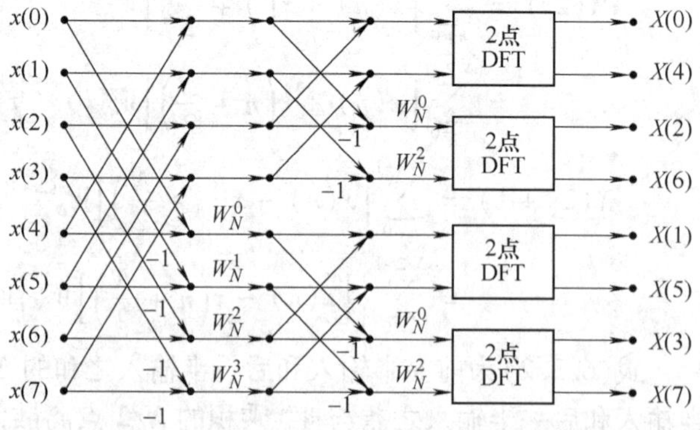

图 6-7　8 点离散傅里叶变换的分解运算流图

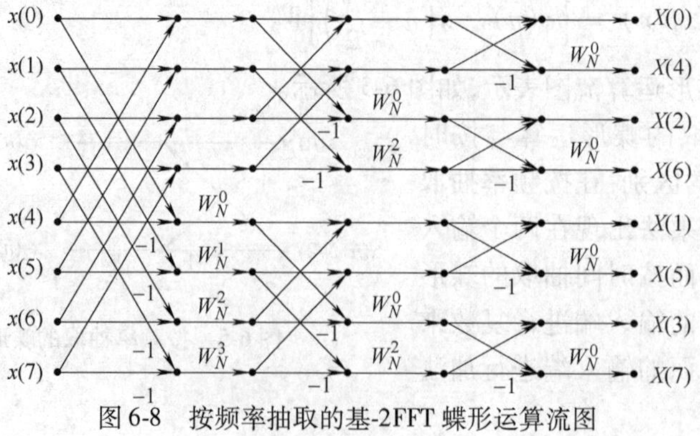

图 6-8　按频率抽取的基-2FFT 蝶形运算流图

6.4　FFT 编程思想及一个微处理器实现的实例

在前面两节中详细讨论了两种快速傅里叶变换算法的工作原理,这两种算法的结构比较接近,都是以蝶形运算作为基本运算单元,在这一节中,以按时间抽取的基-2FFT 算法为例,讨论 FFT 算法的编程思路,并介绍一个用微处理器实现的实序列 FFT 实时运算的工程实例。

6.4.1　编程思想

为方便起见,这里以 8 点序列为例,其按时间抽取的基-2FFT 算法流图如图 6-9 所示。下面针对图中的运算流,对快速傅里叶变换编程中的几个问题进行讨论。

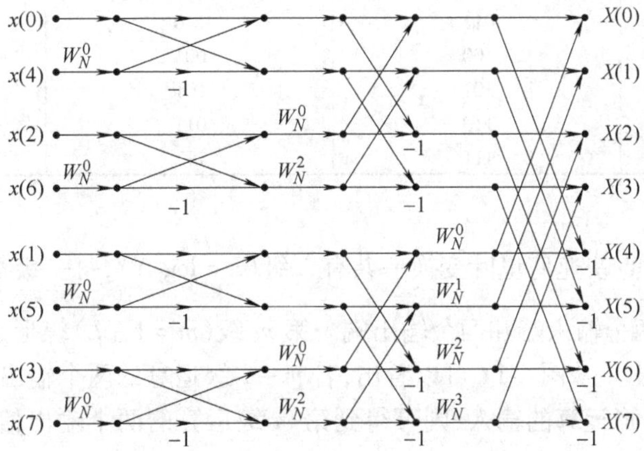

图 6-9　8 点序列的 FFT 算法流图

1. 倒位序

从图 6-9 可以看出,FFT 的输出序列 $X(k)$ 的序号是按由小到大的顺序正常排列的,而输入序列 $x(n)$ 的序号顺序是打乱的,这是由于对序列 $x(n)$ 按其序号 n 的奇偶性不断分组造成的,这种顺序具有其内在规律性,称之为"倒位序"。

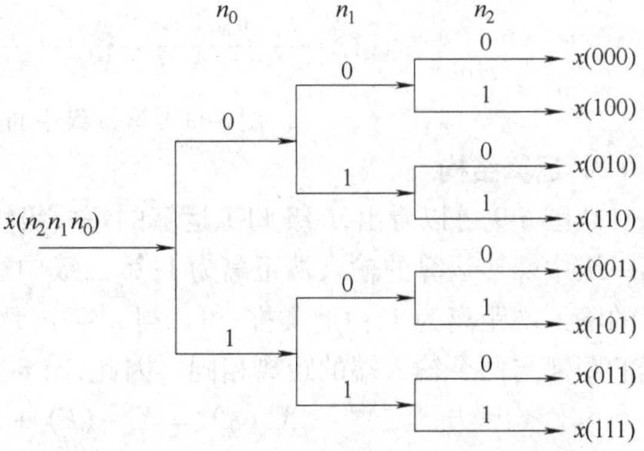

图 6-10　描述倒位序的树状图

以 8 点序列为例,若以二进制表示序列的位号,则需要 3 位二进制 $(n_2n_1n_0)_2$。在做第一次抽样时,需要将原序列的偶数位和奇数位分开,此时二进制的最低位 $n_0=0$ 表示偶数位,$n_0=1$ 表示奇数位;第二次抽样需要将第一次抽样得到的子序列的偶数位和奇数位分开,此时 n_1 为子序列序号二进制的最低位,$n_1=0$ 表示子序列的偶数位,$n_1=1$ 表示子序列的奇数位;依次类推,若 $N=2^L$,则需要做 L 次分组,直至最终将序列分成 2^{L-1} 个两点序列。这种不断按序号的奇偶性来划分序列的过程可由图 6-10 所示的二进制树状图来描述。

对于正位序来说，以二进制$(n_2n_1n_0)_2$来表示序列的位号，则此位号的十进制为

$$n = 2^2 n_2 + 2n_1 + n_0 \tag{6.4.1}$$

而在倒位序中位号的十进制应为

$$\hat{n} = 2^2 n_0 + 2n_1 + n_2 \tag{6.4.2}$$

也就是说，若以二进制$(n_2n_1n_0)_2$来表示正位序的位号，则可用二进制$(n_0n_1n_2)_2$来表示倒位序的位号。例如，$x(3)$在正位序中是第3位，其位号的二进制为$(011)_2$，倒位序的二进制则为$(110)_2$，即它应该是倒位序中的第6位。表6-2给出了$N=8$时，正位序与倒位序的序号对照。

表6-2　正位序与倒位序的序号对照

正位序序号(n)	二进制	倒位序二进制	倒位序序号($\hat{n}$)
0	000	000	0
1	001	100	4
2	010	010	2
3	011	110	6
4	100	001	1
5	101	101	5
6	110	011	3
7	111	111	7

2. 原位运算

前面曾讨论过N点快速傅里叶变换一共有L级($L=\log_2 N$)，每一级都由$\frac{N}{2}$个蝶形运算构成，每个蝶形运算有两个输入端和两个输出端。第m级($m=1\sim L$)蝶形运算的输入来自第$m-1$级蝶形运算的输出。从图6-11可以看出，若$m-1$级运算的两个输出$X_{m-1}(j)$和$X_{m-1}(k)$作为第m级中某个蝶形运算的输入，则可得到第m级运算的两个输出信号$X_m(j)$和$X_m(k)$，而与其他端点信号无任何关系。因此$X_m(j)$和$X_m(k)$可直接存储在$X_{m-1}(j)$和$X_{m-1}(k)$所在的寄存器中，而无需另外申请存储空间。这种将计算输出值直接替代寄存器中的计算输入值的方式称为原位运算（同址运算）。快速傅里叶变换的每一级运算的N个输出值可直接替代N个输入值存放于原来的存储区域中。这种原位运算方式可以节省存储单元，降低设备成本。

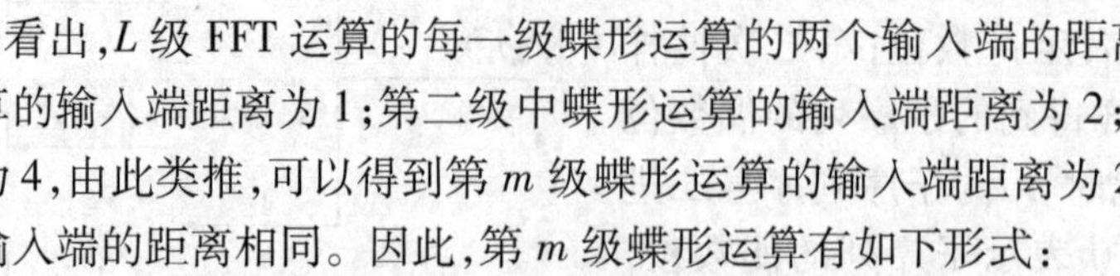

图6-11　第m级中的一个蝶形运算单元

3. 运算结构

从图6-9可以看出，L级FFT运算的每一级蝶形运算的两个输入端的距离均不相同，例如第一级中蝶形运算的输入端距离为1；第二级中蝶形运算的输入端距离为2；第三级中蝶形运算的输入端距离为4，由此类推，可以得到第m级蝶形运算的输入端距离为2^{m-1}，且两个输出端的距离与两个输入端的距离相同。因此，第m级蝶形运算有如下形式：

$$X_m(k) = X_{m-1}(k) + X_{m-1}(k+2^{m-1})W_N^r \tag{6.4.3}$$

$$X_m(k+2^{m-1}) = X_{m-1}(k) - X_{m-1}(k+2^{m-1})W_N^r \tag{6.4.4}$$

每个蝶形运算的第二个输入端（靠下的输入端）都需要与因子W_N^r相乘，指数r可以通过如下方式确定：

1）将蝶形运算第一个输出端的位号，即 k 值表示为 L 位二进制数。

2）将此二进制数向左移 $(L-m)$ 位，并在右边补零，此数即为 r 的二进制数。

6.4.2　微处理器实现的实序列 FFT 编程实例

在许多嵌入式系统中要用到 FFT 运算，如以 DSP、ARM 为核心的交流采样、频谱分析、相关分析等系统，这些系统所处理的数据，绝大多数都是由 A/D 转换器等间隔抽样得到的实数序列。在这一小节，讨论一个实序列的按时间抽取的基-2FFT 运算的编程实例。

设 A/D 转换器在信号的一个周期内等间隔抽样 Numb 点（Numb 为 2 的整数次幂），在微处理器内存开辟 2 × Numb 个 RAM 单元（每单元 4 字节），作为数据的实部存放区 DataR[Numb]和虚部存放区 DataI[Numb]，可用于原位运算。为适应不同点数的快速傅里叶变换，在每次开机时计算好旋转因子存于 RAM 中备用。按照 C 语言的规则，先对有关变量和数组进行说明：

```
#define Numb 0x0100       //每信号周期 A/D 转换点数，由转换速度和需要决定，如 256
fp32 DataR[Numb];         //定义数据实部数组（32 位浮点数组，Numb 个元素）
fp32 DataI[Numb];         //定义数据虚部数组（32 位浮点数组，Numb 个元素）
fp32 cos_tab[Numb/2];     //定义旋转因子实部数组（32 位浮点数组，Numb/2 个元素）
fp32 sin_tab[Numb/2];     //定义旋转因子虚部数组（32 位浮点数组，Numb/2 个元素）
```

1. 抽样数据实时倒序

随着电子技术的高速发展，现今的高档 32 位微处理器（DSP、ARM）中都有"位反转"的汇编指令，其功能是把"位 k 和位 $(31-k)$ 交换"，以便用于 FFT 运算中的码位倒序操作。而微处理器应用开发中普遍使用的 C 语言，也因其具有位操作能力，而使得"码位倒序"变得轻而易举。下面给出的程序 InvertPos( )中，入口参数 Adtim 是 A/D 抽样的实时序号，L 是存放 Numb 所需要的 bit 位数，即 $L=\log_2(\text{Numb})$；执行后，出口参数"倒序码"仍存于 Adtim 中；">>"是右移指令，"<<"是左移指令，"|"是按位"或"指令；程序中定义了 Cy 用于 bit 位暂存，Gy 用于中间结果和最后结果的存放。

```
uint16 InvertPos(uint16 Adtim,uint8 L)
{
     uint16 Cy,Gy; uint8 i;                //定义暂存单元
  for(i=0;i<L;i++)
    {
    Cy=(Adtim>>i)&0x0001;                  //倒序重排
    Gy=Gy|(Cy<<(L-i-1));
    }
  return Gy;                               //返回倒序码
}
```

2. 旋转因子数组表的形成

由欧拉恒等式，旋转因子可写成：$W_N^r=\mathrm{e}^{-\mathrm{j}\frac{2\pi}{N}r}=\cos\left(\frac{2\pi}{N}r\right)-\mathrm{j}\sin\left(\frac{2\pi}{N}r\right)$。于是用下面的旋转因子数组计算程序 Whirl( )生成余弦数组表 cos_tab[r]和正弦数组表 sin_tab[r]。

```
void Whirl(void)
{
uint16 r;
for(r=0;r<(Numb/2);r++)
  {
  cos_tab[r]=cos((2*3.14159265)*r/Numb);
  sin_tab[r]=sin((2*3.14159265)*r/Numb);
  }
}
```

3. 浮点 4 字节 FFT 编程

由前节的分析可知，N 点的按时间抽取的基-2FFT 运算流图由 L 级构成，每级的序号 $m=1\sim L$；每级内有$\frac{N}{2}$个蝶形单元；每级内具有相同旋转因子 2^{L-m}个。

根据按时间抽取的基-2FFT 信号流图编制的浮点 4 字节 FFT 程序由内、中、外三层循环构成：内层循环控制流图同一级中具有相同旋转因子的蝶形单元计算；中层循环控制流图同一级内具有不同旋转因子的蝶形单元的计算；外层循环控制流图的 L 级运算。

程序入口参数：已是倒位序的浮点抽样数据存实部数组 DataR［Numb］，虚部数组 DataI［Numb］的元素为零。

程序出口参数：L 级原位运算后，DataR［Numb］和 DataI［Numb］分别存按 Numb 自然序排列的频谱数据的实部和虚部。

浮点 4 字节快速傅里叶变换具体程序 FFTfp4()如下：

```
void FFTfp4(void)
{
 uint16 m,j,k,p,b,i;            //L=log2Numb,为流图的级数,m=1~L
 fp32 TR,TI,temp;               //TR,TI,temp 存中间结果用
 for(m=1;m<=L; m++)             //外层循环,对运算流图的级数 m 进行控制
   {b=1;i=m-1;
   while(i>0)
   {
    b=b*2;i--;                  //b=2^(m-1),第 m 级中有 b 种旋转因子的蝶形单元
   }
  for(j=0;j<=b-1;j++)           //中层循环,同一级内控制具有不同旋转因子的蝶形单
                                  元的运算
   {p=1;i=L-m;
    while(i>0)                  //p=pow(2,L-m),每级内具有 p 个相同的旋转因子
    {
   p=p*2;i--;
    }
   p=p*j;                       //p=pow(2,L-m)*j,
```

```
for(k = j;k < Numb;k = k + 2 * b)  //内层循环,计算同一级中具有相同旋转因子的蝶形单元
  {
   TR = DataR[k];TI = DataI[k];temp = DataR[k + b];
   DataR[k] = TR + DataR[k + b] * cos_tab[p] + DataI[k + b] * sin_tab[p];
   DataI[k] = TI - DataR[k + b] * sin_tab[p] + DataI[k + b] * cos_tab[p];
   DataR[k + b] = TR - DataR[k + b] * cos_tab[p] - DataI[k + b] * sin_tab[p];
   DataI[k + b] = TI + temp * sin_tab[p] - DataI[k + b] * cos_tab[p];
  }
 }
}
}
```

4. 程序执行框图

图 6-12 所示为实现按时间抽取的基-2FFT 运算的程序框图。图 6-12a 是主程序流程框图，一开机即计算旋转因子的余弦分量和正弦分量并分别存入内存备用；然后进入主程序循环（包括 A/D 转换、快速傅里叶变换运算和频谱显示刷新），其中调用的 A/D 转换程序如图 6-12b 所示。与普通的 A/D 转换程序的最大不同是，这里每次等间隔的 A/D 抽样值都要实时按倒序存入存储器，以备快速傅里叶变换之用。这样要比全部数据抽样完毕后再按倒序重排数据的存储位置要节省好多时间。以上程序是一个在嵌入式微处理器上运行成功的工程实例，也可用于移植，有一定的参考价值。

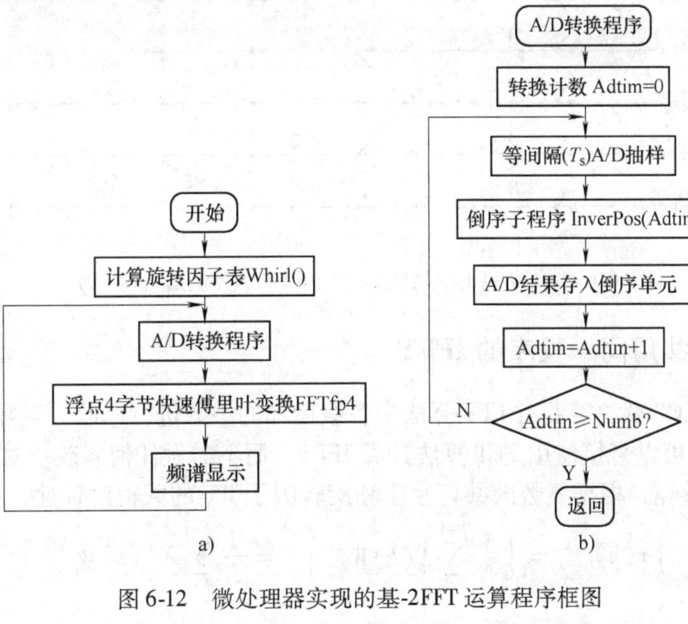

图 6-12　微处理器实现的基-2FFT 运算程序框图

6.5　快速傅里叶逆变换（IFFT）

分析离散傅里叶变换的定义式，可以很容易得到两种进行快速傅里叶逆变换（IFFT）的不同方法，分别叙述如下。

6.5.1 对 FFT 程序略做修改的 IFFT

比较离散傅里叶变换和其逆变换公式如下：

$$X(k) = \mathrm{DFT}[x(n)] = \sum_{n=0}^{N-1} x(n) W_N^{kn} \qquad 0 \leqslant k \leqslant N-1 \tag{6.5.1}$$

$$x(n) = \mathrm{IDFT}[X(k)] = \frac{1}{N}\sum_{k=0}^{N-1} X(k) W_N^{-kn} \qquad 0 \leqslant n \leqslant N-1 \tag{6.5.2}$$

可见，只要把 DFT 计算公式中的乘法因子 W_N^{kn} 替换成 W_N^{-kn}，再将累加和结果除以 N，即可得到 IDEF 的计算公式。因此，如果要将计算 DFT 的 FFT 算法转换成 IFFT 算法，则需要把 FFT 运算流图中每一级运算的乘法因子 W_N^{kn} 替换成 W_N^{-kn}，再对最后一级输出乘以 $1/N$。由于 $N=2^L$，也可以对每一级运算乘以 1/2 因子，这样经过 L 级运算后，即等效于对最后一级的输出乘以 $(1/2)^L=1/N$。

以按频率抽取的基-2FFT 运算流图为例，经过上述转换，IFFT 的运算流图如图 6-13 所示，$X(k)$ 以正位序输入，经运算后得到 $x(n)$ 的倒位序输出。

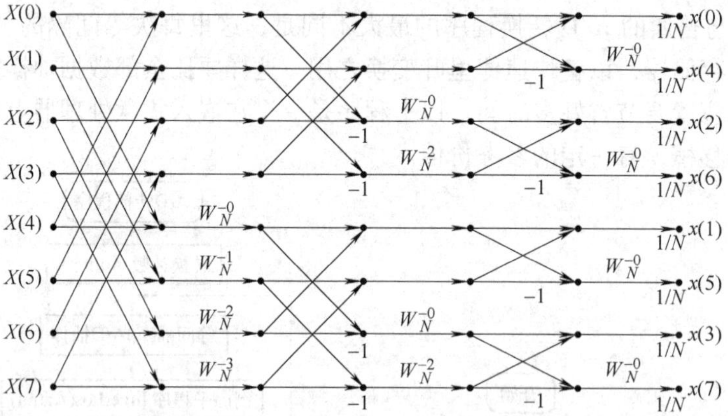

图 6-13 修改 FFT 中乘法因子的 IFFT 运算流图（$N=8$）

6.5.2 与 FFT 共用同一程序的 IFFT

前面介绍的 IFFT 算法需要对 FFT 算法中各级运算的参数进行修改，实际上只要对 IDFT 公式稍作处理，就可以直接使用 FFT 算法计算 IFFT，而不需做任何修改。对式（6.5.2）的 IDFT 公式两边取共轭，根据复数的共轭性质和旋转因子 W_N 的共轭对称性，可以得到

$$[x(n)]^* = \left[\frac{1}{N}\sum_{k=0}^{N-1} X(k) W_N^{-kn}\right]^* = \frac{1}{N}\sum_{k=0}^{N-1} X^*(k) W_N^{kn} \tag{6.5.3}$$

因此

$$x(n) = \left[\frac{1}{N}\sum_{k=0}^{N-1} X^*(k) W_N^{kn}\right]^* = \frac{1}{N}\{\mathrm{DFT}[X^*(k)]\}^* \tag{6.5.4}$$

从式（6.5.4）可以看出，只要先对 $X(k)$ 取其共轭序列，然后就可以直接利用 FFT 子程序对其进行运算，最后对 FFT 的运算结果再取其共轭，并除以序列长度 N 即可得到 $X(k)$ 的IFFT结果 $x(n)$。这样，FFT运算和IFFT运算就可以共用同一个程序，只是在做IFFT

运算的时候对程序输入和输出稍作处理即可。

6.6　线性调频 z 变换（CZT）

N 点有限长序列 $x(n)$ 的离散傅里叶变换输出 $X(k)$，可看做其 z 变换在单位圆上等间隔抽样的结果。因此 $X(k)$ 的 N 个样值均匀分布于 $[0, 2\pi)$ 的范围内。与快速傅里叶变换不同，线性调频 z 变换(Chirp z Transform，CZT)可以计算 $x(n)$ 的 z 变换在单位圆上任意一段频谱的等间隔样点，另外也可以计算 $x(n)$ 的 z 变换在非单位圆上的样点值。因此，与离散傅里叶变换(DFT)相比，CZT 具有更广泛的适应性。实际上某些工程应用常常只对某一频段感兴趣，也只是需要计算单位圆上某一段的频谱值。

对于 N 点有限长序列 $x(n)$，其 z 变换为

$$X(z) = \sum_{n=0}^{N-1} x(n) z^{-n} \tag{6.6.1}$$

这里引入新变量 z_m，令

$$z_m = AW^{-m} \tag{6.6.2}$$

式中，A 用于确定在 z 平面上起始抽样点的幅度和相位；W 用于确定两个相邻抽样点之间的幅度增益和相位间隔。

A 和 W 分别定义如下：

$$A = A_0 e^{j\theta_0} \tag{6.6.3}$$

$$W = W_0 e^{-j\varphi_0} \tag{6.6.4}$$

此时

$$z_m = A_0 e^{j\theta_0} W_0^{-m} e^{jm\varphi_0} = A_0 W_0^{-m} e^{j(\theta_0 + m\varphi_0)} \tag{6.6.5}$$

式中，A_0 表示起始抽样点的幅度；θ_0 表示起始抽样点的相位角度；W_0^{-1} 表示抽样点的幅度增益，即 $|z_{m+1}| = |z_m| W_0^{-1}$；$\varphi_0$ 表示两个相邻抽样点之间的相位间隔。

在给定常量 A_0、θ_0、W_0 和 φ_0 之后，当 $m = 0, 1, \cdots, M-1$ 时，可以得到 z 平面上的 M 个离散点 $z_0, z_1, \cdots, z_{m-1}$，$N$ 点有限长序列 $x(n)$ 在这些离散点上的 z 变换为

$$X(z_m) = \sum_{n=0}^{N-1} x(n) z_m^{-n} = \sum_{n=0}^{N-1} x(n) A^{-n} W^{mn} \qquad 0 \leqslant m \leqslant M-1 \tag{6.6.6}$$

式（6.6.6）中的 $X(z_m)$ 即为序列 $x(n)$ 的 M 点线性调频 z 变换(CZT)。

由于 CZT 的起始采样点的幅度 A_0 可以为任意值，且两个相邻采样点的幅度不相等，其增益为 W_0^{-1}，因此一般情况下，线性调频 z 变换的采样轨迹不在单位圆上，而是一条螺旋曲线，如图 6-14 所示，该曲线有如下特点：

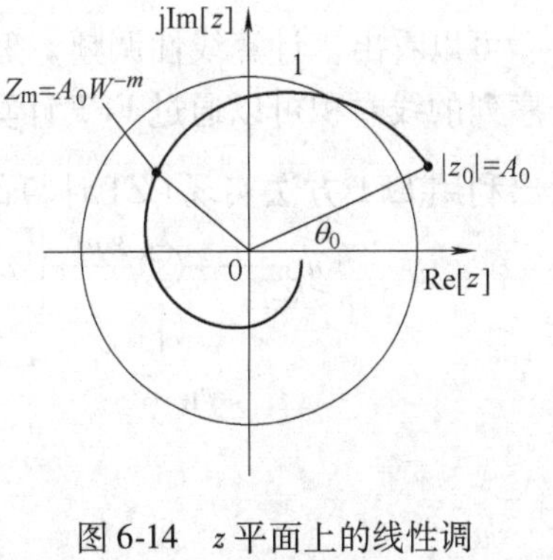

图 6-14　z 平面上的线性调频 z 变换采样轨迹

1）当 $A_0 > 1$ 时，起始采样点在单位圆之外；当 $A_0 < 1$ 时，起始采样点在单位圆之内；当 $A_0 = 1$ 时，起始采样点在单位圆之上。

2）当 $W_0 > 1$ 时，当前采样点的幅值小于前一个采样

点幅值，此时螺旋曲线内旋；当 $W_0<1$ 时，当前采样点的幅值大于前一个采样点幅值，此时螺旋曲线外旋；当 $W_0=1$ 时，当前采样点的幅值等于前一个采样点幅值，此时 CZT 的采样曲线为一圆周。

3）当 $A_0=W_0=1$ 时，CZT 的采样轨迹为单位圆上的一段圆弧。

4）当 $A=1$，$W=e^{-j\frac{2\pi}{N}}$，$M=N$ 时，CZT 即为 DFT。

下面讨论线性调频 z 变换的计算方法。由于

$$mn=\frac{1}{2}[m^2+n^2-(m-n)^2] \tag{6.6.7}$$

将式（6.6.7）代入式（6.6.6），可得

$$\begin{aligned}X(z_m) &= \sum_{n=0}^{N-1}x(n)A^{-n}W^{mn}\\ &= \sum_{n=0}^{N-1}x(n)A^{-n}W^{\frac{1}{2}[m^2+n^2-(m-n)^2]}\\ &= \sum_{n=0}^{N-1}x(n)A^{-n}W^{\frac{n^2}{2}}W^{-\frac{(m-n)^2}{2}}W^{\frac{m^2}{2}}\\ &= W^{\frac{m^2}{2}}\sum_{n=0}^{N-1}\left[x(n)A^{-n}W^{\frac{n^2}{2}}\right]W^{-\frac{(m-n)^2}{2}} \qquad 0\leqslant m\leqslant M-1\end{aligned} \tag{6.6.8}$$

构建两个有限长序列 $g(n)$ 和 $h(n)$，令

$$g(n)=x(n)A^{-n}W^{\frac{n^2}{2}} \qquad 0\leqslant n\leqslant N-1 \tag{6.6.9}$$

$$h(n)=W^{-\frac{n^2}{2}} \qquad -(N-1)\leqslant n\leqslant M-1 \tag{6.6.10}$$

经过以上定义，可以看出式（6.6.8）中的累加和即为 $g(m)$ 和 $h(m)$ 的线卷积，则有

$$X(z_m)=W^{\frac{m^2}{2}}[g(m)*h(m)] \qquad 0\leqslant m\leqslant M-1 \tag{6.6.11}$$

通过式(6.6.11）对 CZT 的计算过程可由如图 6-15 所示框图实现。

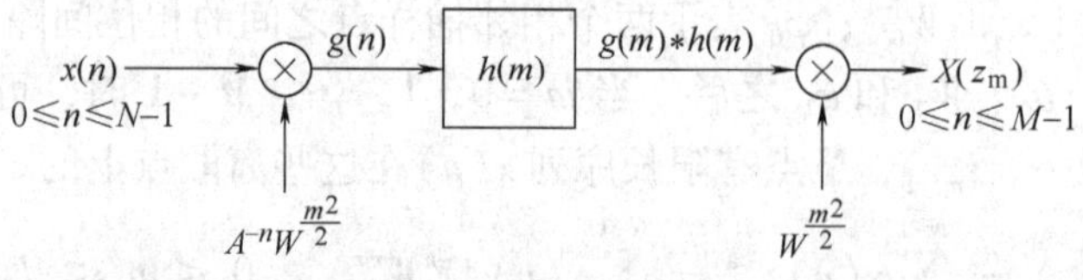

图 6-15　CZT 算法框图

可以看出，计算线性调频 z 变换的主要步骤是计算序列 $g(n)$ 和 $h(n)$ 的线卷积，而有限长序列的线卷积可以通过 FFT 计算来实现，其具体计算过程将在下一节详细讨论。图 6-16 给出利用 FFT 方法实现 CZT 计算的过程。由于系统的单位脉冲响应 $h(n)=W^{-\frac{n^2}{2}}$ 可以想象为

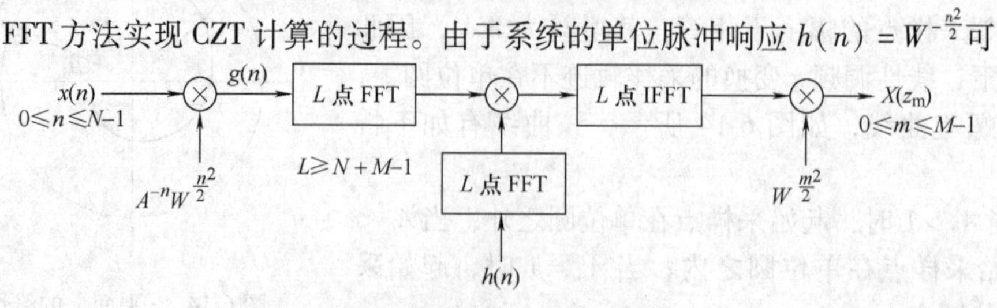

图 6-16　利用 FFT 实现 CZT 的算法框图

频率随时间(n)呈线性增长的复指数序列，在雷达系统中，这种信号称为线性调频信号(Chirp Signal)，因此，这里的变换称为线性调频 z 变换。

6.7　离散傅里叶变换的应用

有了快速傅里叶变换这种高效快速的计算方法，离散傅里叶变换得到了更加广泛的应用，在本节中将介绍几种离散傅里叶变换的实际应用，在仿真中均使用快速傅里叶变换算法对离散傅里叶变换进行计算。

6.7.1　利用快速傅里叶变换分析时域连续信号频谱

在第2章中曾经分析过，信号的时域宽度与信号的频域宽度是成反比的。也就是说，对于时域上的无限长信号，其频带是有限的，例如，时域上的 sinc 函数，其傅里叶变换为矩形脉冲；而对于时域上的有限长信号，其频带是无限宽的。离散傅里叶变换是对有限长的离散时间序列进行变换，得到有限长的离散频域序列，它的时域宽度和频域宽度均为有限，因此使用离散傅里叶变换对连续时间信号进行频谱分析，只能得到一个逼近值，必然与实际的傅里叶变换之间存在逼近误差。现在的问题是，误差出现在运算中的哪个环节和如何降低误差，提高精确度。

利用 DFT 对连续时间信号进行频谱分析的过程如图6-17 所示。从图6-17 中可以看出，从连续信号的傅里叶变换（FT）到有限长离散序列的 DFT 之间经历了时域抽样、时域截短和频域抽样等环节，其中任何一个环节处理不当，都会造成最终得到的离散傅里叶变换与信号的实际频谱有较大误差。下面，讨论在实现这些环节时要注意的一些问题。

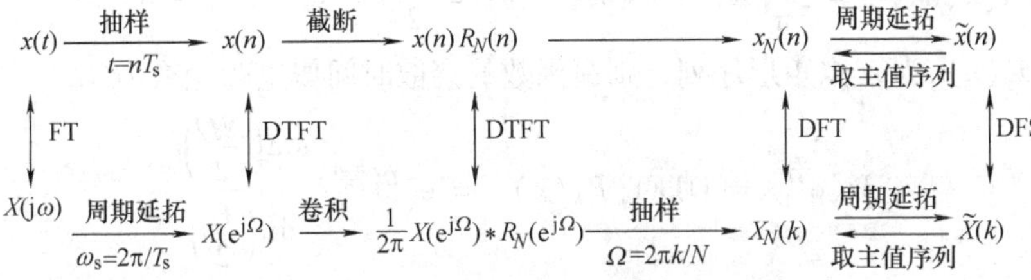

图6-17　利用 DFT 对连续时间信号进行频谱分析的过程

1. 时域抽样与截短

时域抽样与截短也即频谱混叠与频谱泄漏。在连续信号离散化中，以抽样周期 T_s 将连续信号 $x(t)$ 抽样成离散信号 $x(n)$。由于在时域上对信号做了离散化处理，则必然导致其频谱的周期性延拓，此时频谱为对离散序列 $x(n)$ 的离散时间傅里叶变换。根据时域抽样理论，若信号在频域是有限带宽的，则只要满足时域抽样理论，即抽样频率 f_s（$f_s=1/T_s$）大于信号最高频率 f_h 的2倍，频谱在进行周期性延拓时就不会产生混叠现象而导致信号失真。但是，信号的频域带宽如果是有限的，则其时域信号 $x(t)$ 必然是无限的，需要对其进行时域截短处理，使其为有限长序列。另一方面，信号 $x(t)$ 如果是有限长的，则其傅里叶变换得到的频谱函数必然是无限带宽的，此时，无论怎样提高抽样频率，频谱函数在进行周期性延拓时必然会出现混叠现象。此时可将信号通过一个抗混叠低通滤波器，滤去信号中的高频成分，将其最高频率限定在抽样频率的1/2，即$f_h = f_s/2$，这样可以避免混叠现象。

对于较长的或无限长序列$x(n)$，在进行离散傅里叶变换计算之前需要将其截短，得到N点有限长序列$x_N(n)$。这种操作可以通过对$x(n)$乘上一个长度为N的窗函数$w(n)$得到，例如可以取窗函数为一个N点矩形序列$R_N(n)$，即$w(n)=R_N(n)$，此时有限长序列$x_N(n)$有如下形式：

$$x_N(n) = x(n)w(n) = x(n)R_N(n) \tag{6.7.1}$$

根据离散时间傅里叶变换的频域卷积性质，时域信号的乘积操作对应于频谱做卷积操作。

若$W(e^{j\Omega}) = \text{DTFT}[w(n)]$，则$x_N(n)$的离散时间傅里叶变换为

$$\text{DTFT}[x_N(n)] = \frac{1}{2\pi}[X(e^{j\Omega}) * W(e^{j\Omega})] \tag{6.7.2}$$

可以想象，$X(e^{j\Omega})$与一个窗函数的频谱进行卷积操作，必然会导致频谱$X(e^{j\Omega})$的波形发生变化，产生失真。下面通过一个例子来说明这个问题。假设$x(n)$是对余弦信号进行抽样得到的无限长序列，即

$$x(n) = \cos(\omega_0 t)\big|_{t=nT_s} = \cos(\Omega_0 n) \tag{6.7.3}$$

由第4章表4-3，可知其离散时间傅里叶变换为

$$X(e^{j\Omega}) = \sum_{i=-\infty}^{\infty}\{\pi[\delta(\Omega+\Omega_0-2\pi i)+\delta(\Omega-\Omega_0-2\pi i)]\} \tag{6.7.4}$$

从式（6.7.4）可以看出，余弦序列的离散时间傅里叶变换在$0\leqslant\Omega<2\pi$的范围内，为分别位于Ω_0和$2\pi-\Omega_0$处的两个冲激函数，以2π为周期对这两个冲激函数进行延拓，即可得到其他频率范围的频谱。根据冲激信号的卷积性质可得有限长序列$x_N(n)$的离散时间傅里叶变换为

$$\text{DTFT}[x_N(n)] = \frac{1}{2\pi}[X(e^{j\Omega}) * W(e^{j\Omega})] = \frac{1}{2}\{W[e^{j(\Omega+\Omega_0)}] + W[e^{j(\Omega-\Omega_0)}]\} \tag{6.7.5}$$

若取窗函数$w(n)$为N点矩形序列，则窗函数的离散时间傅里叶变换为

$$W(e^{j\Omega}) = \text{DTFT}[R_N(n)] = e^{-j\Omega\left(\frac{N-1}{2}\right)}\frac{\sin\left(\frac{N\Omega}{2}\right)}{\sin\left(\frac{\Omega}{2}\right)} \tag{6.7.6}$$

当$\Omega_0=\frac{\pi}{4}$rad，时域截短对信号频谱产生的影响如图6-18所示。图6-18a给出了序列$x(n)$和它的频谱$|X(e^{j\Omega})|$（只画出了频谱的一个周期），图6-18b给出了窗函数及其频谱$|W(e^{j\Omega})|$的图形，图6-18c给出了截短后的有限长序列$x_N(n)$及其频谱$|X_N(e^{j\Omega})|$的图形。从图中可以看出，当对序列$x(n)$进行时域截短之后，由于窗函数的卷积作用，导致$|X(e^{j\Omega})|$的频谱的扩散现象，使得原来仅在Ω_0和$2\pi-\Omega_0$两点处出现的冲激函数，扩散到整个频率区间，这种现象称为“频谱泄漏”，这主要是由于将序列截短之后，其离散时间傅里叶变换需要与窗函数的离散时间傅里叶变换进行卷积运算造成的。“频谱泄漏”造成了频率范围的扩散，这会导致频谱的混合迭代，从而导致信号的失真。

下面考察窗函数对“频谱泄漏”现象的影响。试设想，如果窗函数的频谱为冲激函数$\delta(\Omega)$，那么与$X(e^{j\Omega})$的卷积结果保持$X(e^{j\Omega})$不变，即不会发生“频谱泄漏”，而此时，窗函数$w(n)$为一无限宽的均匀函数，也就是没有进行抽样。因此，将窗函数加宽，即截

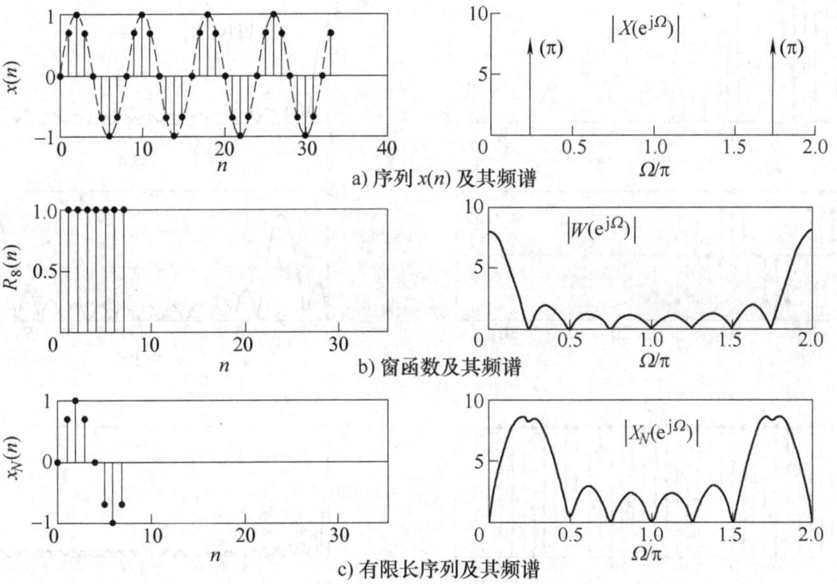

图6-18　时域截短对信号频谱产生的影响

取更长的序列，可以在一定程度上降低“频谱泄漏”的影响。图6-19给出了当窗宽 $N=16$ 和32时，对序列进行时域截短后的离散时间傅里叶变换情况。从图中可以看出，当窗宽变宽时，其频谱sinc函数的主瓣宽度($4\pi/N$)和旁瓣宽度($2\pi/N$)均变窄，这使得能量更集中于 Ω_0 和 $2\pi-\Omega_0$ 处，降低了“频谱泄漏”的影响。但加大窗宽，实际上就是增加有限长序列 $x_N(n)$ 的点数，这会增加运算方面的开销，因此在实际应用中应折中考虑。另外一种降低“频谱泄漏”的方法是不要将数据突然截短，即不使用矩形序列作为窗函数，而是用一些缓变的窗函数(例如三角形窗、升余弦窗等)，将序列缓慢截断，有关此方面的问题将在第7章详细讨论。

2. 离散傅里叶变换参数选择

离散傅里叶变换参数的选择，也即频率分辨力与抽样长度的选择。从有限长序列 $x_N(n)$ 的离散时间傅里叶变换(DTFT)到离散傅里叶变换(DFT)，还需要对频域进行抽样。如果，截取的有限长序列长度为 N，则频域上的抽样间隔 $\Delta\Omega=\dfrac{2\pi}{N}$，此时 $x_N(n)$ 的DFT与DTFT的关系如下：

$$X(k)=\mathrm{DFT}[x(n)]=X(\mathrm{e}^{\mathrm{j}\Omega})\Big|_{\Omega=\frac{2\pi}{N}k}\quad k=0,1,\cdots,N-1 \tag{6.7.7}$$

即有限长序列 $x_N(n)$ 的DFT是它的DTFT在单位圆上以 $\Delta\Omega$ 为间隔的等角距抽样值。

这里定义DFT的频率分辨力 F_0 为对两个最近的频谱峰值的分辨能力，该项指标可用下式进行衡量：

$$F_0=\frac{f_s}{N}=\frac{1}{NT_s}=\frac{1}{T_0} \tag{6.7.8}$$

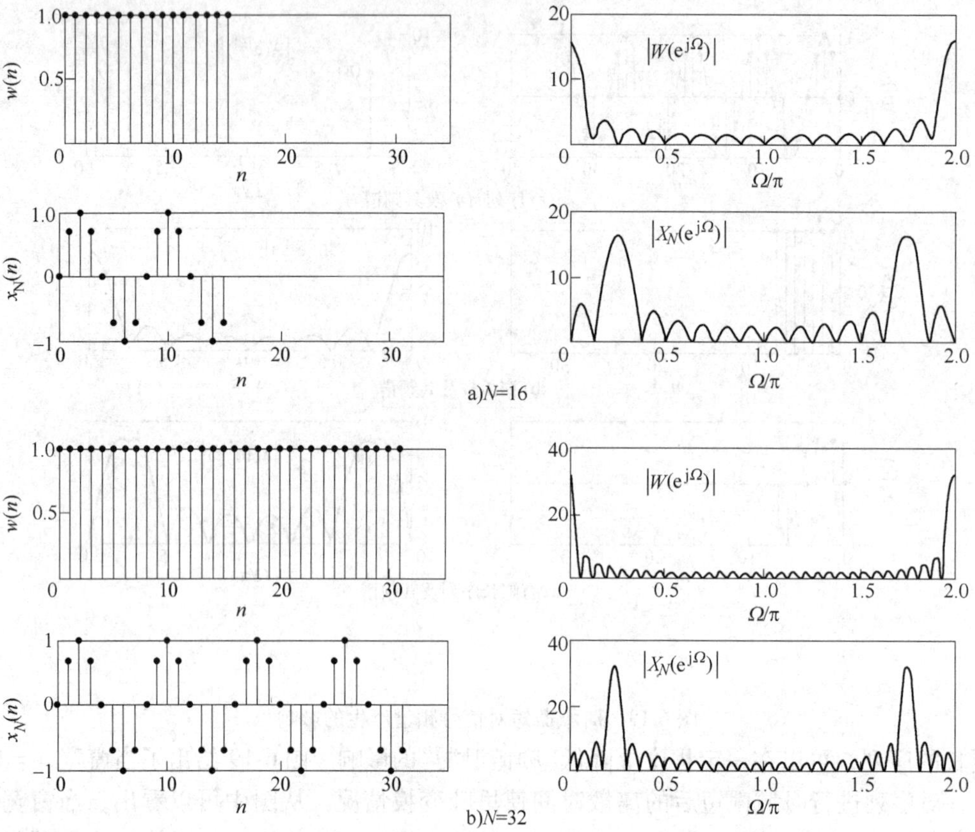

图 6-19　不同的截短窗宽对“频谱泄漏”现象的影响

式中，f_s 表示对连续信号 $x(t)$ 的抽样频率（$f_s = 1/T_s$）；T_0 表示连续信号时域的记录长度。F_0 越小，表示能够分辨的两个频谱峰值所处的频率越接近，即分辨能力越强。

从式(6.7.8)可以看出，频率分辨力与连续时间信号的时域抽样频率 f_s 和信号长度 N 有关。而根据前面的讨论已知，时域抽样频率 f_s 是由连续时间信号的最高频率 f_h 决定的，即要求 $f_s > 2f_h$。若在对连续时间信号 $x(t)$ 进行滤波时，希望保留更多的高频成分，即提高 f_h 的值，此时抽样频率 f_s 也要跟着提高，若信号长度 N 不变，则频率分辨力必然会下降。若同时要保证离散傅里叶变换对频率的分辨能力，则必须相应地增加序列点数 N 的值，即要满足

$$N = \frac{f_s}{F_0} > \frac{2f_h}{F_0} \tag{6.7.9}$$

注意，若通过补零法增加序列点数，并不能提高频率分辨力，而是要增加序列的有效值个数。下面通过实例来说明这一问题。

【例 6-2】　若某信号为三个正弦信号的叠加，即 $x(t) = \sin(2\pi f_1 t) + \sin(2\pi f_2 t) + \sin(2\pi f_3 t)$，其中 $f_1 = 4\text{Hz}$，$f_2 = 4.1\text{Hz}$，$f_3 = 5\text{Hz}$，若抽样频率 $f_s = 20\text{Hz}$，当抽样点数 $N = 64$ 时，离散傅里叶变换的频率分辨力为

$$F_0 = \frac{f_s}{N} = \frac{20\text{Hz}}{64} = 0.3125\text{Hz}$$

由于 $F_0 > 0.1$，因此 64 点离散傅里变换的频谱无法分辨频率 f_1 和 f_2 所产生的正弦信号，如图 6-20b 所示，频谱在频率 4Hz 附近只有一个峰值出现。当抽样点数 $N = 256$ 时，离散傅里叶变换的频率分辨力为

$$F_0 = \frac{f_s}{N} = \frac{20\text{Hz}}{256} = 0.0781\text{Hz}$$

此时 $F_0 < 0.1$，说明 256 点离散傅里叶变换的频谱可以对频率相差为 0.1 的信号进行分辨，如图 6-20c 所示，可以看出频谱在频率 4Hz 和 4.1Hz 附近出现了两个峰值。

若对 64 点序列，通过补零法延长至 256 点，再对其进行快速傅里叶变换运算，则运算结果如图 6-20d 所示。与图 6- 20b 相比，可以看出，由于频率抽样点数的增多，呈现了更多的频谱信息，由抽样点拟合得到的频谱曲线也更加平滑。但是在 4Hz 附近，仍然只有一个峰值，因此以补零法来增加序列点数并不能提高离散傅里叶变换的频率分辨力。频率分辨力只与抽样频率和截短窗宽有关。

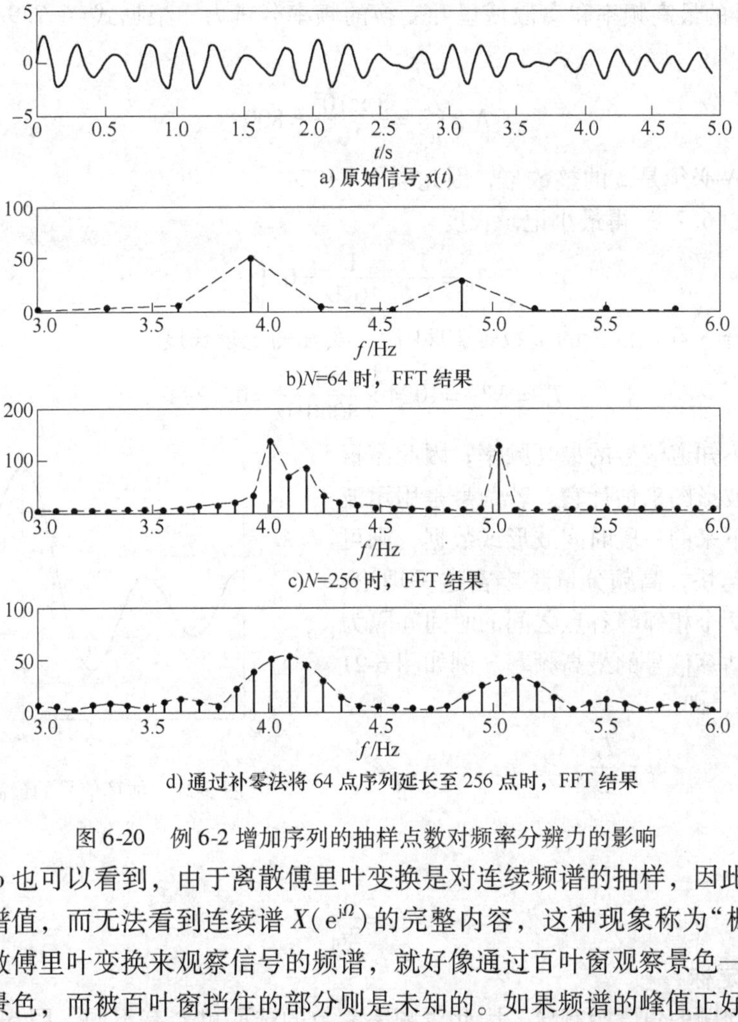

a) 原始信号 $x(t)$

b) N=64 时，FFT 结果

c) N=256 时，FFT 结果

d) 通过补零法将 64 点序列延长至 256 点时，FFT 结果

图 6-20　例 6-2 增加序列的抽样点数对频率分辨力的影响

从图 6-20b 也可以看到，由于离散傅里叶变换是对连续频谱的抽样，因此只能观察到频率离散点上的谱值，而无法看到连续谱 $X(e^{j\Omega})$ 的完整内容，这种现象称为“栅栏现象”，也就是说通过离散傅里叶变换来观察信号的频谱，就好像通过百叶窗观察景色一样，只能通过缝隙看到部分景色，而被百叶窗挡住的部分则是未知的。如果频谱的峰值正好处于两个抽样

点之间，则此峰值无法在离散傅里叶变换的谱线中得到反映，实际上图 6-20b 就是这种情况，离散傅里叶变换所反映出的峰值位置与实际频谱在 4Hz 和 5Hz 的峰值均有所偏移。解决这一问题的途径是可以通过补零将序列延长后，再进行快速傅里叶变换运算，如图 6-20d 所示，将 64 点序列延长至 256 点，再进行快速傅里叶变换运算。从图中可以看出，谱图的信息更加丰富，呈现了原谱图中未能呈现的信息，峰值的位置也基本正确。因此，补零法虽然不能提高频率分辨力，但却可以降低“栅栏现象”的影响。

【例 6-3】 有一频谱分析作用的快速傅里叶变换处理器，其抽样点数必须是 2 的整数幂，假定没有采用任何特殊的数据处理措施，要求频率分辨力 $F_0 \leqslant 10\text{Hz}$，信号最高频率小于等于 4kHz，试确定以下参量：

(1) 最小抽样频率；

(2) 截短序列的最少点数 N；

(3) 记录长度 T_0 的最小值。

【解】 (1) 根据时域抽样定理确定信号的最小抽样频率，要求

$$f_s > 2f_h = 8\text{kHz}$$

(2) 由信号的最高频率和离散傅里叶变换的频率分辨力，根据式(6.7.9)确定截短序列的最少点数

$$N > \frac{f_s}{F_0} = \frac{8 \times 10^3}{10} = 800$$

由于要求 N 必须是 2 的整数幂，因此取 $N = 1024$。

(3) 根据式(6.7.8)得最小记录长度

$$T_0 = \frac{1}{F_0} = \frac{1}{10\text{Hz}} = 0.1\text{s}$$

取 N 为大于 800 点的 2 的整数幂 1024 后，实际的记录长度

$$T_0 = NT_s = 1024 \times \frac{1}{8000\text{Hz}} = 0.128\text{s}$$

如果事先不知道信号的最高频率，因此需根据信号的时域波形图来估计它。若信号是用示波器观测或记录下来的一段时间波形或数据，则可根据时域变化越快，高频分量越丰富这一理论，令变化最快的两个相邻峰谷点之间的时间间隔为半个周期，来估算信号的最高频率。例如图 6-21 中的 a、b 两点，即

$$t_0 = \frac{T_h}{2}$$

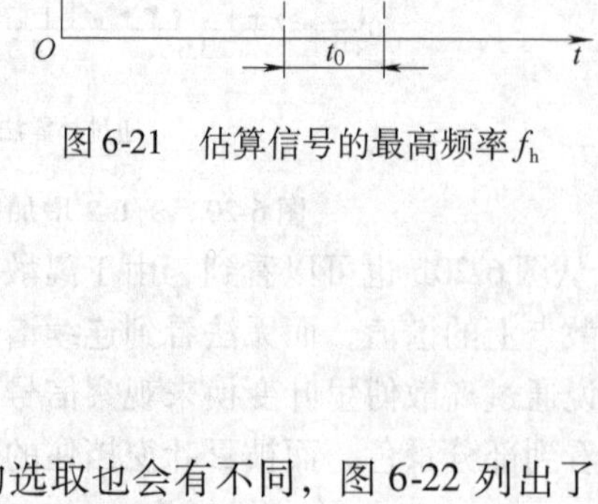

图 6-21 估算信号的最高频率 f_h

而 $f_h = \dfrac{1}{T_h}$，因此

$$f_h = \frac{1}{2t_0}$$

3. 频率轴定标

由于分析问题的角度会有异，因此对频率参数的选取也会有不同，图 6-22 列出了频率

轴几种定标方式的对应关系。

图 6-22 a 所示为模拟频率轴 f，f_s 是抽样频率；

图 6-22b 所示为模拟角频率轴 ω，模拟抽样角频率 $\omega_s = 2\pi f_s$，常把 $\frac{\omega_s}{2}$ 称为折叠角频率；

图 6-22c 所示为数字角频率轴 Ω，与模拟角频率的关系为 $\Omega = \omega T_s = 2\pi \frac{f}{f_s}$，当模拟频率 f 从 $-\infty$ 到 ∞ 变化时，每相隔 f_s，相应的 Ω 就从 0 变化到 2π，使得序列的傅里叶变换是周期的，只需要在 $0 \leqslant \Omega \leqslant 2\pi$ 或 $-\pi \leqslant \Omega \leqslant \pi$ 内标明 $X(e^{j\Omega})$ 就足够了。

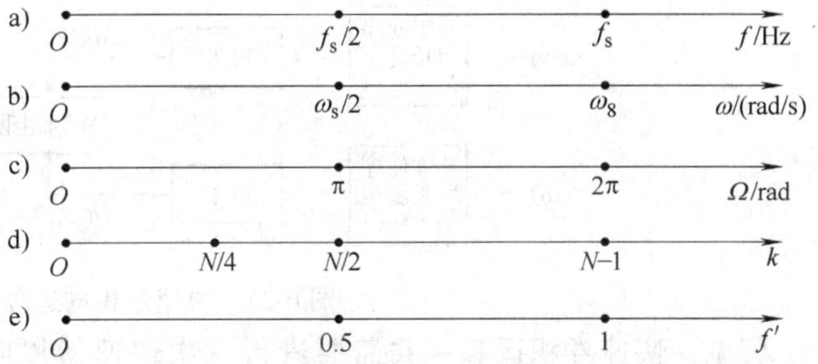

图 6-22　各种频率轴之间的定标关系

图 6-22d 所示为离散频率轴 k，由于离散傅里叶变换的共轭对称性，实序列 $x(n)$ 的离散傅里叶变换的幅频特性 $|X(k)|$ 在 k 轴上相对于 $\frac{N}{2}$ 点呈偶对称，最低频率 $k=0$，对应于实际频率为零(即直流)，最高频率 $k=\frac{N}{2}$，对应实际频率 $f=\frac{f_s}{2}$，对于处于 0，1，2，…，$\frac{N}{2}$ 上的任意点 k，对应的实际频率为 $f = kF_0 = k\frac{f_s}{N}$。

图 6-22e 所示为相对频率轴 f'，定义归一化频率 $f' = \frac{f}{f_s}$，量纲为一，在归一化频率谱图中，最高频率为 0.5。频谱分析仪器常用归一化频率表示。

6.7.2　线卷积的 FFT 算法(快速卷积)

线卷积的 FFT 算法也称快速卷积。长度为 N_1 的序列 $x(n)$ 与长度为 N_2 的序列 $h(n)$ 作线卷积，得到

$$y(n) = \sum_{m=-\infty}^{\infty} x(m)h(n-m) \tag{6.7.10}$$

$y(n)$ 也是一个有限长序列，其长度为 N_1+N_2-1。从式(6.7.10)可以看出，在对序列 $x(n)$ 和 $h(n)$ 进行线卷积时，需要将 $x(n)$ 的每一个样值与 $h(n)$ 的每一个样值进行乘法运算，因此完成线卷积运算总共需要 N_1N_2 次乘法运算，若 $N_1=N_2=N$，则需要 N^2 次乘法运算。

在第 5 章中讨论过离散傅里叶变换的圆卷积定理，即若 $\mathrm{DFT}[x(n)]=X(k)$，$\mathrm{DFT}[h(n)]=H(k)$，则

$$\mathrm{DFT}[x(n) \textcircled{N} h(n)] = X(k)H(k) \tag{6.7.11}$$

因此，可以通过快速傅里叶变换算法计算得到两个序列的离散傅里叶变换 $X(k)$ 和 $H(k)$，然后将 $X(k)$ 和 $H(k)$ 相乘，最后再利用快速傅里叶逆变换算法对乘积计算离散傅里叶逆变换，即可得到 $x(n)$ 和 $h(n)$ 的圆卷积。而在第 5 章的讨论中，还知道，只要将两个序列分别补零点，使它们的长度都等于 N_1+N_2-1，则对加长后的序列进行圆卷积与两个序列的线卷积是相等的，因此可以将线卷积运算转换为圆卷积运算，并通过快速傅里叶变换算法来减少运算

量。基于这种思想的卷积算法称为“快速卷积”。图 6-23 给出了快速卷积的运算步骤。

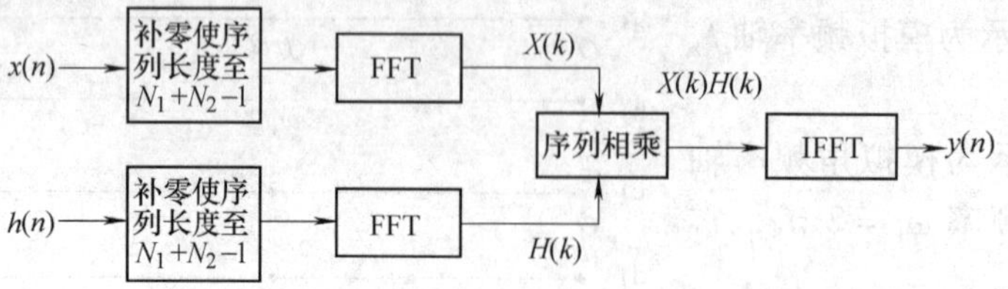

图 6-23　快速卷积的运算步骤

可见，快速卷积运算一共需要进行三次快速傅里叶变换运算（FFT）和一次序列乘法运算，假设 $N_1=N_2=N$，则对序列补零后得到的序列长度 $N_1+N_2-1\approx 2N$。根据 6.2 节的分析知道，一次 FFT 运算需要$\dfrac{(2N)}{2}\log_2(2N)$次复乘运算，一次序列乘法需要 $2N$ 次复乘运算，因此，完成两个序列的快速卷积运算的全部复乘次数为 $3(N\log_2(2N))+2N$。与线卷积需要的复乘次数 N^2 相比，当 N 较小时，优势并不明显，甚至快速卷积的运算量要略高于线卷积，但当 N 增大时，快速卷积的优势迅速呈现，如图 6-24 所示。

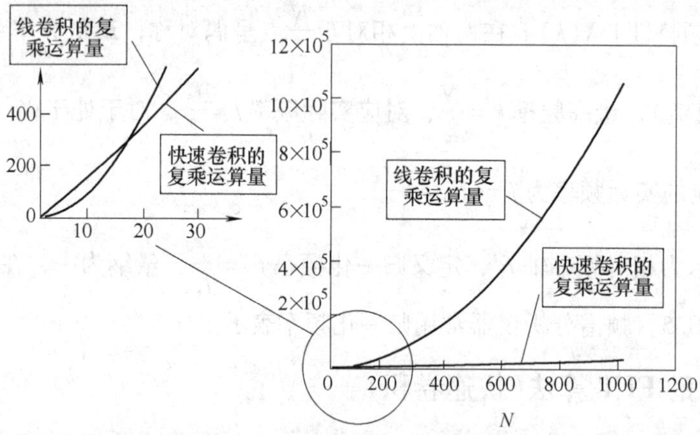

图 6-24　线卷积与快速卷积的运算量比较

以上分析是针对于两个序列长度相等或接近的情况。若其中一个序列较短，而另一个序列很长，即 $N_1>>N_2$，此时若要进行圆卷积运算，需要对短序列补零甚多，这样可能导致快速卷积方案达不到降低运算量的目的，甚至导致运算量的增加。针对这种情况，可通过分段卷积方法来降低运算开销。这里介绍一种分段卷积方法——“重叠相加法”。例如，设 $x(n)$为较长序列，$h(n)$为较短序列，此时可将 $x(n)$分成长度为 M 的若干小段，M 与 $h(n)$长度相等或接近。此时，长序列 $x(n)$可看成这些小段序列的累加和，即

$$x(n)=\sum_{i=0}^{P-1}x_i(n) \tag{6.7.12}$$

式中

$$x_i(n)=\begin{cases}x(n) & iM\leqslant n\leqslant (i+1)M-1\\ 0 & n\ \text{为其他值}\end{cases} \tag{6.7.13}$$

此时，利用卷积的分配律可得

$$y(n)=x(n)*h(n)=\sum_{i=0}^{P-1}[x_i(n)*h(n)]=\sum_{i=0}^{P-1}y_i(n) \tag{6.7.14}$$

将每个小段 $x_i(n)$ 与 $h(n)$ 的线卷积转换成圆卷积运算，需要对 $x_i(n)$ 和 $h(n)$ 补零，使它们的长度达到 $M+N_2-1$，圆卷积的运算结果 $y_i(n)$ 的长度为 $M+N_2-1$，再根据式(6.7.14)对 $y_i(n)$ 进行取和，就可以得到 $x(n)$ 和 $h(n)$ 的卷积结果 $y(n)$。这种方法的运算过程如图 6-25 所示。从图中可以看出，$y_i(n)$ 有部分重叠，在对 $y_i(n)$ 进行取和运算时，要将重叠部分相加。

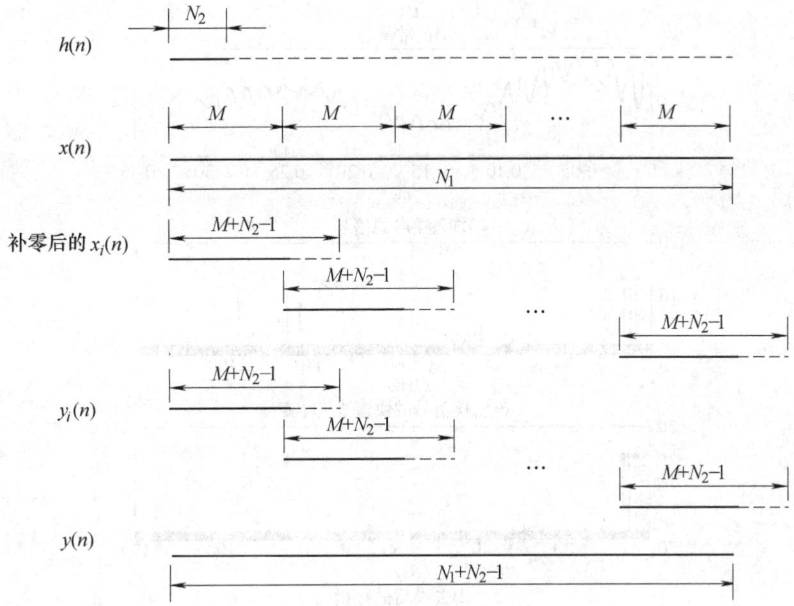

图 6-25　重叠相加法计算序列卷积

6.7.3　信号消噪

在通信系统中，信号在传输过程中必然会受到噪声的干扰，噪声可能来自系统内部也可能由系统外部原因引起，有的时候噪声强度甚至超过正常信号的强度，导致信号难以分辨，无法进行接收处理。通常以信噪比来描述噪声强度，若 S 表示正常信号强度，N 表示噪声强度，则信噪比定义如下：

$$\text{信噪比}=10\log_{10}\left(\frac{S}{N}\right) \tag{6.7.15}$$

信噪比的单位为分贝(dB)。

通常噪声信号的频率范围与正常信号的频率范围相距较远，根据这一特点，可以将含噪信号进行 FFT，然后将噪声所在频段中的 $X(k)$ 值全部置零，使 $X(k)$ 中只留下正常信号的频谱，然后再对处理后的 $X(k)$ 进行 IFFT，得到正常信号。但如果噪声信号的频段与正常信号频段接近或重叠，则这种方法不再适用。

图 6-26a 所示为某一原始信号，对原始信号加入噪声后，如图 6-26b 所示。可见，由于噪声的加入，对信号的波形产生了严重的干扰作用。对加噪后的信号进行 FFT，得到加噪信号的频谱，如图 6-26c 所示，从图中可以看出，信号的谱线集中于两个频段，将高频部分的频谱值置为零，得到去噪后的频谱，如图 6-26d 所示，对去噪后的频谱进行 IFFT 运算，可得到还原出来的信号波形，如图 6-26e 所示，与图 6-26a 比较，可以看到两个波形基本相同，

达到了去除噪声的目的。

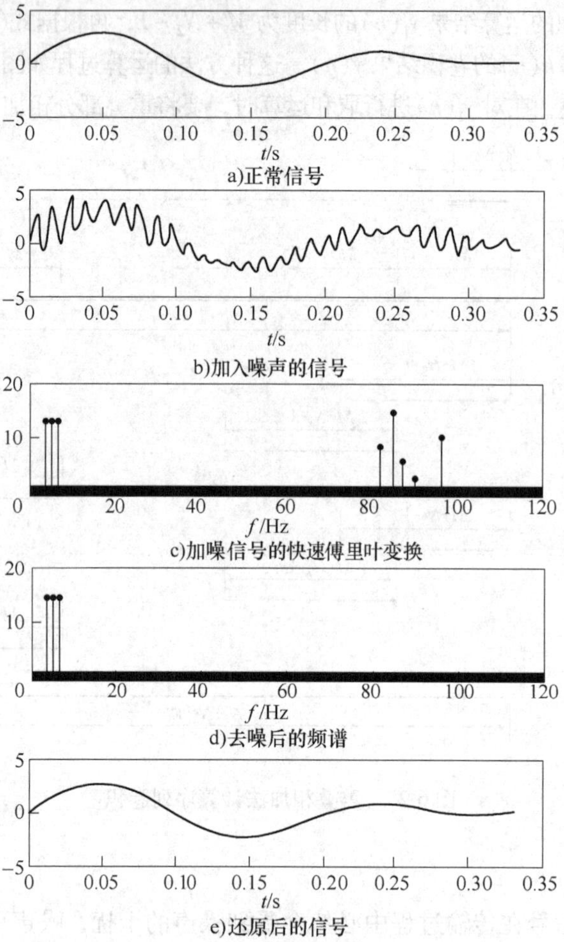

图 6-26　利用快速傅里叶变换对信号进行除噪处理

6.8　本章内容 MATLAB 仿真

6.8.1　用离散傅里叶变换分析信号的频谱

1. 快速傅里叶变换 fft 函数

语法格式：y = fft(x)。y 是计算信号 x 的快速离散傅里叶变换。当 x 为矩阵时，计算 x 中每一列信号的离散傅里叶变换。当 x 的长度为 2 的幂时，用基-2 算法；否则，采用较慢的分裂基算法。

y = fft(x, n)。计算 n 点的快速傅里叶变换。当 x 的长度大于 n 时，截断 x；否则补零。

2. 快速傅里叶逆变换 ifft 函数

语法格式：y = ifft(x)。y 是计算信号 x 的快速离散傅里叶变换的逆变换。

y = ifft(x, n)。计算 n 点的快速离散傅里叶变换的逆变换。

【例 6-4】　已知信号 $x(t) = 0.15\sin(2\pi f_1 t) + \sin(2\pi f_2 t) - 0.1\sin(2\pi f_3 t)$，$f_1 = 1\text{Hz}$，$f_2 =$

2Hz，$f_3=3\text{Hz}$。$x(t)$包含三个正弦波，从时域波形图来看，似乎是一个正弦信号，很难看到小信号的存在，因为它被大信号所掩盖。取 $f_s=32\text{Hz}$ 作频谱分析。

【解】 程序如下：

```
clear all
fs = 32;
N = fs;
n = 0: N - 1;
f1 = 1; f2 = 2; f3 = 3;
xn = 0.15 * sin(2 * pi * f1 * n/fs) + sin(2 * pi * f2 * n/fs) - 0.1 * sin(2 * pi * f3 * n/fs);
XK = fft(xn, N);
magXK = abs(XK);
phaXK = angle(XK);
subplot(1, 2, 1)
stem(n, xn,'.');
xlabel('n'); ylabel('x(n)');
axis([0, 32, -1.2, 1.2]);
grid;
subplot(1, 2, 2)
k = 0: length(magXK) - 1;
stem(k, magXK,'.');
xlabel('k'); ylabel('|X(k)|');
axis([0, 32, 0, 17]);
grid
```

仿真图如图 6-27 所示。其中，图 a 是信号的时域波形，图 b 是信号的频谱。

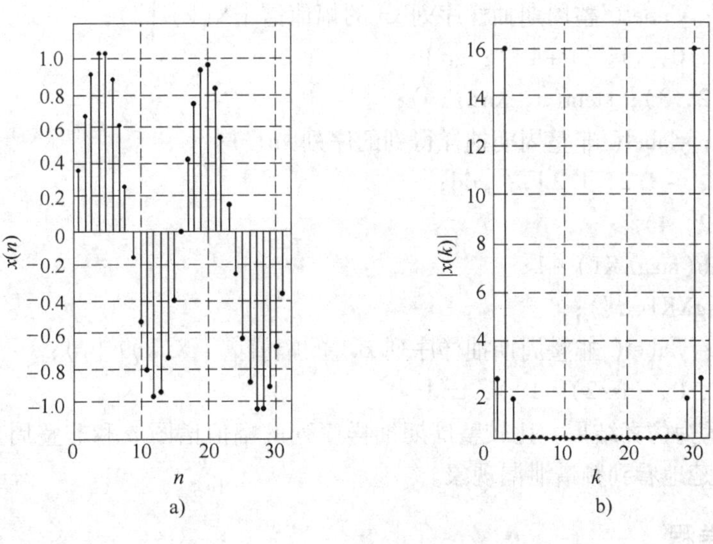

图 6-27　例 6-4 的时域波形和频谱

6.8.2　频谱泄漏分析

如果有限长序列 $x(n)$ 是连续周期信号 $x(t)$ 的等间隔抽样，那么，由于 $x(n)$ 的非整周期截断(即抽样周期 T_s 乘抽样点数 N 之积不等于信号周期 T)，将产生时域的截断误差和频域的频谱泄漏。

【例 6-5】　构造一个信号频率 $f=1\text{Hz}$、抽样频率 $f_s=32\text{Hz}$ 的正弦抽样序列，分别在整周期抽样和非整周期抽样两种情况下作谱分析。

【解】　下面是 MATLAB 仿真程序：

```
clear all; fs = 32; N = 32; n = 0: N - 1; f = 1;
d = (1/fs) * 0.05;                        % 抽样间隔误差
Ts = 1/fs;                                % 整周期抽样间隔，TsN = T
Ts1 = 1/fs - d;                           % 非整周期抽样间隔，TsN≠T
xn = sin(2 * pi * f * n * Ts);            % 整周期抽样得到的序列 xn
xn1 = sin(2 * pi * f * n * Ts1);          % 非整周期抽样得到的序列 xn1
XK = fft(xn, N);                          % 由整周期抽样序列 xn 的 DFT 得到的谱
magXK = abs(XK); phaXK = angle(XK);
XK1 = fft(xn1, N);                        % 由非整周期抽样序列 xn1 的 DFT 得到的谱
magXK1 = abs(XK1); phaXK1 = angle(XK1);
subplot(2, 2, 1); stem(n, xn,'.');
xlabel('n'); ylabel('整周期抽样得到的序列 xn');
axis([0, N, -1.2, 1.2]); grid;
subplot(2, 2, 2)
k = 0: length(magXK) - 1;
stem(k, magXK,'.');
xlabel('k'); ylabel('整周期抽样序列 xn 的幅值谱 | X(k) |');
axis([0, N, 0, (fs/2) +1]); grid
subplot(2, 2, 3); stem(n, xn1,'.');
xlabel('n'); ylabel('非整周期抽样得到的序列 xn1');
axis([0, N, -1.2, 1.2]); grid;
subplot(2, 2, 4)
k = 0: length(magXK1) - 1;
stem(k, magXK1,'.');
xlabel('k'); ylabel('非整周期抽样序列 xn1 的幅值谱 | X(k)1 |');
axis([0, N, 0, (fs/2) +1]); grid
```

图 6-28 所示为仿真结果，比较整周期抽样序列的幅值谱图 b 和非整周期抽样序列的幅值谱图 d，可清楚地看到频谱泄漏现象。

6.8.3　快速卷积

快速卷积的理论根据是圆周卷积定理，若序列 $x_1(n)$、$x_2(n)$ 是长度分别为 N_1、N_2 的有

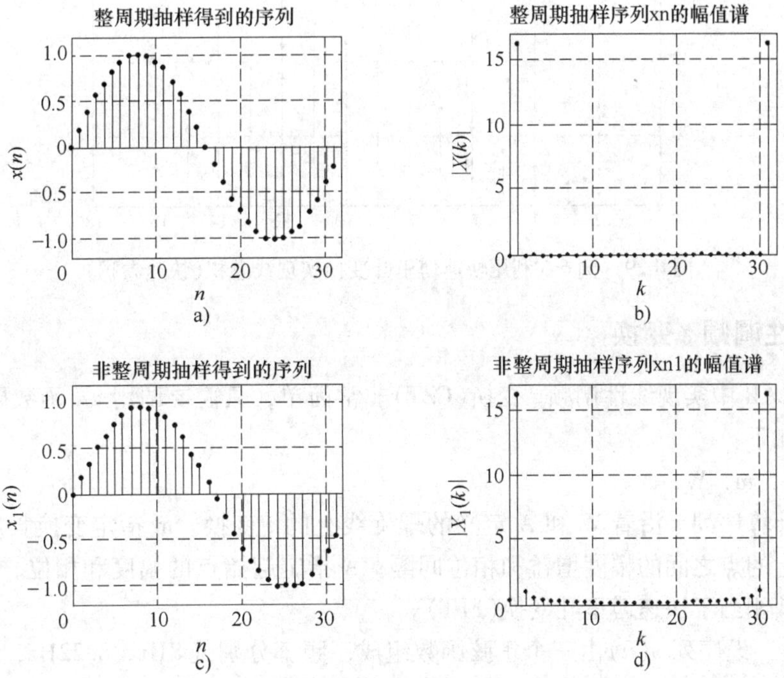

图 6-28　例 6-5 的仿真结果

限长序列，参照图 6-23 给出的快速卷积的运算步骤，编程如下：

【例 6-6】 用 FFT(即快速卷积法)实现例 5-7 中两序列的线卷积。

【解】 实现程序如下：

```
clear all;
n = [0: 11]; m = [0: 5];
N1 = length(n); N2 = length(m);
xn = n; hn = ones(1, N2);
N = N1 + N2 - 1;
XK = fft(xn, N);
HK = fft(hn, N);
YK = XK. * HK;
yn = ifft(YK, N);
if all (imag(xn) = =0)&(all(imag(hn) = =0))
    yn = real(yn);
end
x = 0: N - 1;
stem(x, yn,'.');
axis([0, 18, 0, 60]);
grid on;
```

仿真结果如图 6-29 所示。

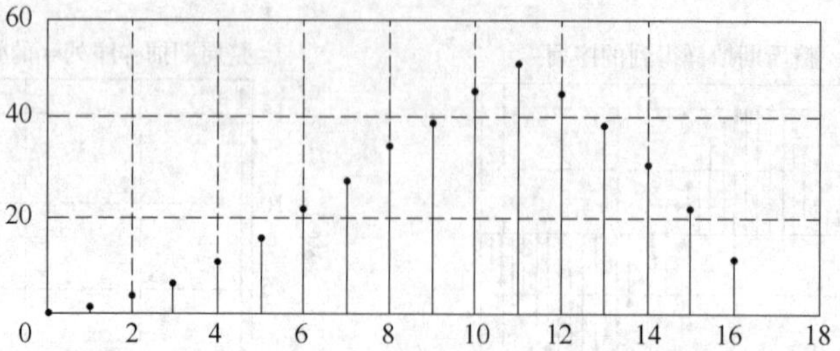

图 6-29 例 6-6 利用快速傅里叶变换实现线卷积(快速卷积)

6.8.4 线性调频 z 变换

在 MATLAB 中实现线性调频 z 变换(CZT)非常简单，只需要调用 czt 函数即可。该函数的调用格式如下：

y = czt[x，m，W，A]

它用来计算序列 x 沿着 W 和 A 定义的螺旋线上的 z 变换。m 指定变换长度；W 指定 z 平面螺旋线上的点之间的幅度增益和相位间隔；A 指定起始点的幅度和相位。当 m、W、A 未指定时，其相当于快速傅里叶变换(FFT)。

【例 6-7】 设序列 $x(n)$ 由三个正弦函数组成，频率分别是 8Hz，8.22Hz，9Hz，抽样频率为 40Hz，时域取 128 点，比较 FFT 和 CZT 的计算结果。

【解】 程序如下：

```
clear all;     %构造三个不同频率的正弦信号的叠加作为试验信号
f1 =8; f2 =8.22; f3 =9;
N =128; fs =40;
stepf = fs/N;
n =0: N -1;
t =2 * pi * n/fs;
n1 =0: stepf: fs/2 - stepf;
x = sin(f1 * t) + sin(f2 * t) + sin(f3 * t);
m = N; W = exp( -j * 2 * pi/m);
%常规 FFT
Y2 = abs(fft(x));
subplot(2, 1, 1)
stem(n1, abs(Y2(1: N/2)),'.');
ylabel('常规 FFT')
grid on;
%注意某一频段的 CZT
m =70;          %m 指定变换长度
f0 =7.0;
DELf =0.05;
A = exp(j * 2 * pi * f0/fs);     %A 指定起始点的幅度和相位
```

```
W = exp( - j * 2 * pi * DELf/fs);    %W 指定z平面螺旋线上的点之间的幅度增益和相位间隔
Y3 = czt(x, m, W, A);
n2 = f0: DELf: f0 + (m - 1) * DELf;
subplot(2, 1, 2)
stem(n2, abs(Y3),'.');
ylabel('注意某一频段的 CZT')
grid on;
```

运行结果如图 6-30 所示。

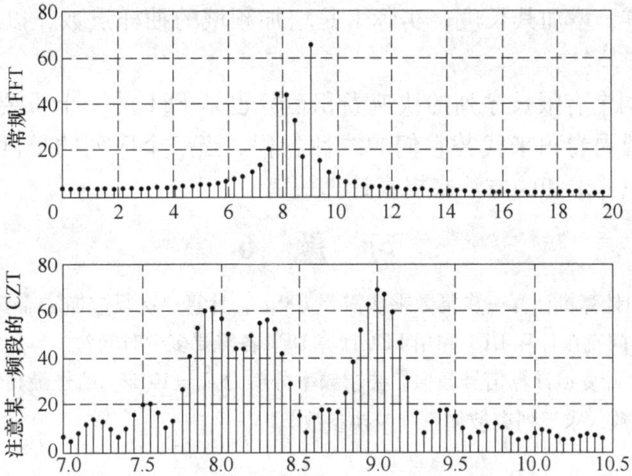

图 6-30 例 6-7 的仿真结果

6.9 小结

快速傅里叶变换(FFT)是一种大幅提高离散傅里叶变换(DFT)运算效率的算法。按时间抽取的基-2FFT 算法和按频率抽取的基-2FFT 算法的基本思想是相同的，都是根据旋转因子 W_N 的周期性和可约性将原序列分解成若干个两点序列，通过蝶形运算符计算两点 DFT，然后再将若干个两点 DFT 重新组合成原序列的 DFT。经过这样的变换之后，FFT 将 DFT 的计算速度提高了大约$\frac{2N}{\log_2 N}$倍。

有两种方法可用于实现快速傅里叶逆变换(IFFT)：一种是将 FFT 运算流图中每一级运算的乘法因子 W_N^{kn} 替换成 W_N^{-kn}，再对最后一级输出乘以系数$\frac{1}{N}$；另一种是先对 $X(k)$ 取其共轭序列，然后直接利用 FFT 子程序对其进行运算，最后对 FFT 的运算结果再取其共轭，并除以序列长度 N 即可得到 $X(k)$ 的 IFFT 结果 $x(n)$。后者，FFT 运算和 IFFT 运算就可以共用同一个程序，只是在做 IFFT 运算的时候要对程序输入和输出稍作处理。

某些实际的工程应用常常只对某一频段感兴趣，线性调频 z 变换(CZT)可以计算 $x(n)$ 的 z 变换在单位圆上任意一段频谱的等间隔样点值和非单位圆上的样点值。因此，与 DFT 相比，CZT 具有更广泛的适应性。

由蝶形运算单元构成的 FFT 信号流图，是实现 FFT 工程编程的重要依据。流图中的蝶形运算、倒位序、原位运算、蝶形单元输入端距离、乘法因子 W_N^r 的指数 r 的确定等，形成了 FFT 的主要编程思想。嵌入式微处理器为 FFT 运算用于数字信号的实时处理提供了理想平台。

应用 FFT 对连续时间信号的频谱进行分析，在对连续信号进行时域抽样时，需根据连续信号的最高频率来选择抽样频率，否则会导致频谱的混叠失真；在对序列进行截取时，会导致频谱泄漏，此时需要根据抽样频率和频率分辨力的要求对截取窗函数的宽度和形状加以选择，以减少频谱泄漏现象；在对频谱进行频域抽样时，会出现“栅栏现象”，此时需要对有限长序列进行补零，增加其长度，实际上是增加频域的抽样点数，以降低“栅栏现象”的影响。

利用 FFT 实现两个有限长序列的快速卷积运算也是 FFT 的一个重要应用，这种方法通过求取两个序列的圆周卷积来代替它们的线性卷积。当一个序列的长度远大于另一个序列时，可通过分段卷积并求和的方法来提高计算效率。

习　题　6

6-1　如果一台通用计算机计算一次复数乘法需要 100μs，计算一次复数加法需要 20μs，现在用它来计算 $N=1024$ 点的 DFT，问直接计算 DFT 和用 FFT 计算 DFT 各需要多少时间？

6-2　利用离散傅里叶变换计算信号频谱，要求频率分辨力 $F_0=10\text{Hz}$，信号最高频率 $f_h=2.5\text{kHz}$，计算点数 $N=2^M$，M 为正整数，求下列离散傅里叶变换参数。

(1) 计算点数 N；

(2) 抽样周期 T_s；

(3) 截取数据长度 T_0。

6-3　画出 $N=16$ 的 FFT 算法流程图，输入序列按倒位序排列，输出序列为自然顺序排列。

6-4　设 $x(n)=\{\underline{0}, 1, 0, 1, 1, 1\}$，现对 $x(n)$ 进行谱分析，画出基-2 DIT FFT 的流程图，并计算出每级蝶形运算的结果。

6-5　设 $x(n)=\{\underline{1}, -1, 1, -1, 2, 1, 1, 2\}$，现对 $x(n)$ 进行谱分析，画出基-2DIF FFT 的流程图，并计算出每级蝶形运算的结果。

6-6　若对模拟信号 $x(t)$ 使用 1024 点离散傅里叶变换进行频谱分析，若 $x(t)$ 的最高频率 $f_h=4\text{kHz}$，时域抽样频率 $f_s=10\text{kHz}$，则频谱抽样的频率间隔为多少？第 257 根谱线 $X(256)$ 对应于连续信号频谱的哪个频率点值？

6-7　若某 DSP 芯片最多只能对 2048 点快速傅里叶变换进行运算，若要利用此芯片实现 8192 点的快速傅里叶变换和其逆变换运算，写出它们的计算表达式。

6-8　已知一离散序列 $x(n)=\cos(\Omega_1 n)+0.8\cos(\Omega_2 n)$，其中，$\Omega_1=2\pi/15\text{rad}$，$\Omega_2=2.3\pi/15\text{rad}$。

(1) 截取序列 $x(n)$ 的 64 点序列，即令 $0\leqslant n\leqslant 63$，在 MATLAB 环境下计算 64 点 FFT，画出其频谱；

(2) 观察(1)中得到的频谱是否能分辨两个谱峰，若不能分辨，可否对 64 点序列通过补零法延长序列，再做 FFT 运算，来分辨谱峰，在 MATLAB 环境下对这种方法进行验证；

(3) 若补零法仍无法实现对谱峰的分辨，该用何种方法提高 FFT 谱图的频率分辨力，使得 FFT 谱图可以对两个谱峰进行分辨，写出你的方法，并在 MATLAB 环境下验证之。

6-9　已知连续信号 $x(t)=e^{-t}u(t)$，其傅里叶变换为 $X(j\omega)=\dfrac{1}{1+j\omega}$。

(1) 在 MATLAB 环境下画出 $X(j\omega)$ 的幅度特性，并确定 $x(t)$ 的最高频率 f_h；

(2)若要求频率分辨力 $F_0=0.25\text{Hz}$，确定连续信号 $x(t)$ 的时域抽样频率和抽样点数；

(3)在 MATLAB 环境下利用 FFT 求取 $x(t)$ 的频谱，画出幅度特性的频谱图，并与 $|X(j\omega)|$ 进行比较。

6-10　利用 128 点的离散傅里叶变换和其逆变换计算一个 60 点序列和一个 1200 点序列的线卷积。试确定重叠相加法计算上述线卷积所需要的最少的 128 点离散傅里叶变换和其逆变换的次数。

6-11　在 MATLAB 环境下构建两个 64 点和 120 点序列，利用直接法和快速傅里叶变换方法求这两个序列的线卷积，并比较它们的运算量。

6-12　按照 IDFT 算法 $x(n)=\text{IDFT}[X(k)]=\dfrac{1}{N}\{\text{DFT}[X^*(k)]\}^*$，用 MATLAB 语言编写 IFFT 程序，要求程序框图和清单。其中 FFT 部分不用写出清单，可调用 fft 子程序。

6-13　已知 $X(k)$ 和 $Y(k)$ 分别是两个 N 点实序列 $x(n)$ 和 $y(n)$ 的 N 点 DFT，若要求 $x(n)$ 和 $y(n)$，为提高运算效率，试设计用一次 N 点 IFFT 来完成。

第 7 章 数字滤波器设计

有了前面阐述的章节作为背景知识，本章将展开数字滤波器设计这一主题。从滤波器的基本概念出发，简单介绍模拟滤波器的设计方法，把重点放在数字滤波器的几种经典设计方法的讨论。与滤波器的设计相关联，本章还描述在模拟域和数字域进行频率变换，从而将低通原型滤波器变换到另一类型的选频滤波器。实现数字滤波器的网络结构的不同将会影响系统的精度、稳定性、经济性以及运算速度等许多重要性能，本章还将讨论用信号流图描述的几种数字滤波器的结构。

7.1 滤波器的基本概念

在对信号进行分析与处理时，常常会遇到有用信号中叠加了无用噪声的问题。根据信号和噪声的不同特征，消除或减弱噪声，提取有用信号的过程称为滤波。实现滤波功能的系统称为滤波器。根据滤波器所处理的信号性质，可将其划分为模拟滤波器和数字滤波器。模拟滤波器处理的是连续时间信号（模拟信号），数字滤波器处理的是离散时间信号。数字滤波器既可以在通用计算机或者数字信号处理器上编程实现，也可以通过设计专门的硬件电路来实现。由于采用数值运算的方法来实现滤波，使得数字滤波器具有精度高、稳定性好、使用灵活、体积小等显著的优点。

7.1.1 选频滤波器的分类

当信号和噪声的频带不同时，可用具有选频特性的经典滤波器，从本质上说，经典滤波器就是改变信号中各频率分量的相对幅度和相位。当噪声与有用信号的频带重叠时，经典滤波器无法在消除噪声的同时保留信号，由此产生了另一类所谓的现代滤波器，即从统计的概念出发，在时域对所要提取的有用信号进行估计，在统计指标最优的前提下，使估计值最优地逼近有用信号。本书主要讨论选频滤波器。

模拟滤波器和数字滤波器都是对信号实现滤波处理的线性时不变系统，下面把它们放在一起，比对讨论它们的选频原理。一个连续时间信号 $x(t)$ 通过一个单位冲激响应为 $h(t)$ 的线性时不变系统后，其输出响应 $y(t)$ 为

$$y(t) = x(t) * h(t) = \int_{-\infty}^{\infty} x(\tau)h(t-\tau)\mathrm{d}\tau \tag{7.1.1}$$

将式（7.1.1）两边取傅里叶变换，可得

$$Y(\mathrm{j}\omega) = X(\mathrm{j}\omega)H(\mathrm{j}\omega) \tag{7.1.2}$$

同理，一个输入序列 $x(n)$，通过一个单位脉冲响应为 $h(n)$ 的线性时不变系统后，其输出响应 $y(n)$ 为

$$y(n) = x(n) * h(n) = \sum_{m=-\infty}^{\infty} x(m)h(n-m) \tag{7.1.3}$$

将上式两边取离散时间傅里叶变换（DTFT），可得

$$Y(e^{j\Omega}) = X(e^{j\Omega})H(e^{j\Omega}) \tag{7.1.4}$$

式（7.1.2）和式（7.1.4）中，$X(j\omega)$、$X(e^{j\Omega})$ 分别为模拟滤波器系统和数字滤波器系统输入信号的频谱函数，$Y(j\omega)$、$Y(e^{j\Omega})$ 分别为模拟滤波器系统和数字滤波器系统输出信号的频谱函数，$H(j\omega)$、$H(e^{j\Omega})$ 分别是模拟滤波器系统和数字滤波器系统的频率响应函数。可以看出，输入信号的频谱通过系统（经过滤波）后，变为它与频率响应函数 $H(j\omega)$ 或 $H(e^{j\Omega})$ 的乘积。如果 $|H(j\omega)|$ 或 $|H(e^{j\Omega})|$ 的值在某些频率上是比较小的，则输入信号中的这些频率分量在输出信号中将被抑制掉。因此，只要按照输入信号频谱的特点和处理信号的目的，适当选择 $H(j\omega)$ 或 $H(e^{j\Omega})$，使得滤波后输出信号的频谱函数符合人们的要求，这就是滤波器的滤波原理。线性滤波器按照频率响应的通带特性可划分为低通、高通、带通和带阻等几种选频形式。理想模拟滤波器的幅频特性如图7-1所示，ω_c 称截止频率。理想低通滤波器选出输入信号中的低频分量，而把输入信号频率在 $\omega > \omega_c$ 范围内所有分量全部滤除掉。相反地，理想高通滤波器使输入信号中频率在 $\omega > \omega_c$ 范围内的所有分量不失真地通过，而滤除掉低于 ω_c 的低频分量。带通滤波器只保留介于低频截止频率 ω_{c1} 和高频截止频率 ω_{c2} 之间的频率分量。而带阻滤波器只滤除掉介于低频截止频率 ω_{c1} 和高频截止频率 ω_{c2} 之间的频率分量。

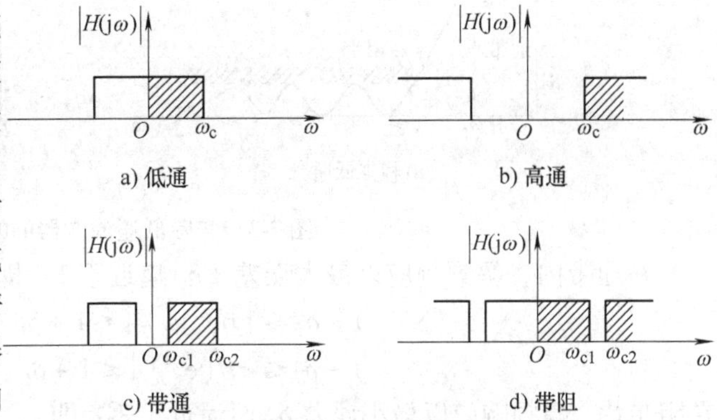

图7-1　理想模拟滤波器的幅频特性

理想数字滤波器的幅频特性如图7-2所示。其选频特性与理想模拟滤波器相同，所要注意的是，数字系统的单位脉冲响应 $h(n)$ 为实序列时，其幅频特性 $|H(e^{j\Omega})|$ 以 2π 为周期，且相对于 π 点为偶对称，$|H(e^{j\Omega})|$ 可以通过计算 $0 \leq \Omega \leq \pi$ 的 $H(e^{j\Omega})$ 结果来完全确定。

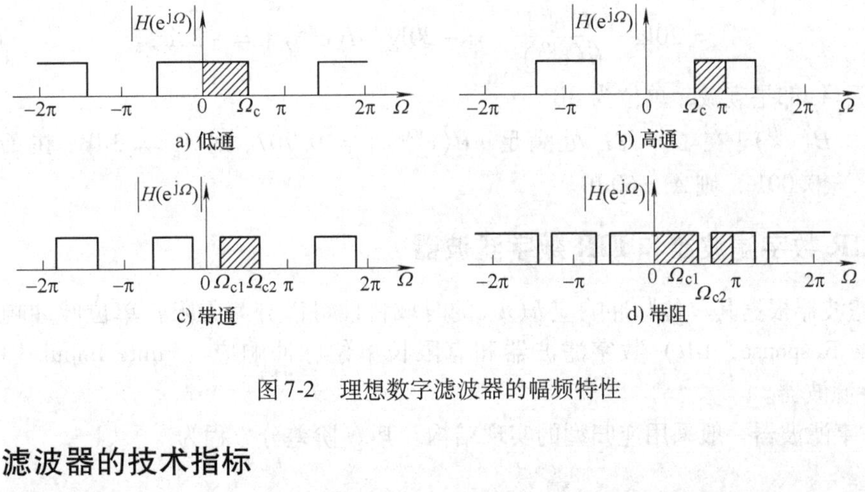

图7-2　理想数字滤波器的幅频特性

7.1.2　滤波器的技术指标

图7-1和图7-2所示的各种理想滤波器，在物理上是无法实现的。实际滤波器的幅频特

性有通带、过渡带和阻带三个频带范围。图 7-3 所示为低通滤波器的幅频特性，其中，图 a 为模拟滤波器，图 b 为数字滤波器。ω_p 与 Ω_p 分别表示模拟滤波器和数字滤波器的通带截止频率；ω_r 与 Ω_r 分别表示模拟滤波器和数字滤波器的阻带截止频率。

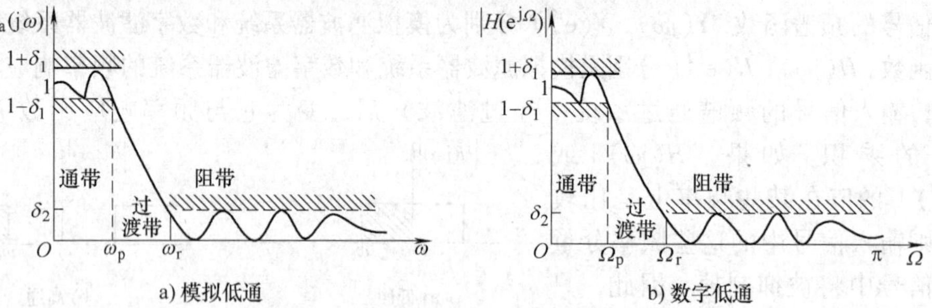

图 7-3　实际低通滤波器的幅频特性

在通带内，幅频响应以最大误差 $\pm\delta_1$ 逼近于 1，即

$$1-\delta_1 \leqslant |H_a(j\omega)| \leqslant 1+\delta_1 \qquad |\omega| < \omega_p \tag{7.1.5}$$

$$1-\delta_1 \leqslant |H(e^{j\Omega})| \leqslant 1+\delta_1 \qquad |\Omega| < \Omega_p \tag{7.1.6}$$

在阻带内，幅频响应以最小误差 δ_2 而逼近于零，即

$$|H_a(j\omega)| \leqslant \delta_2 \qquad |\omega| \geqslant \omega_r \tag{7.1.7}$$

$$|H(e^{j\Omega})| \leqslant \delta_2 \qquad \Omega_r \leqslant |\Omega| < \pi \tag{7.1.8}$$

在具体技术指标中，往往使用通带允许的最大衰减（波纹）A_p 和阻带应达到的最小衰减 A_r 描述，在归一化的情况下，即对于模拟滤波器 $|H_a(j0)|=1$，A_p 及 A_r 的定义分别为

$$A_p = 20\lg\frac{|H_a(j0)|}{|H_a(j\omega_p)|} = -20\lg|H_a(j\omega_p)| = -20\lg(1-\delta_1) \tag{7.1.9}$$

$$A_r = 20\lg\frac{|H_a(j0)|}{|H_a(j\omega_r)|} = -20\lg|H_a(j\omega_r)| = -20\lg\delta_2 \tag{7.1.10}$$

对于数字滤波器 $|H(e^{j0})|=1$，A_p 及 A_r 的定义分别为

$$A_p = 20\lg\frac{|H(e^{j0})|}{|H(e^{j\Omega_p})|} = -20\lg|H(e^{j\Omega_p})| = -20\lg(1-\delta_1) \tag{7.1.11}$$

$$A_r = 20\lg\frac{|H(e^{j0})|}{|H(e^{j\Omega_r})|} = -20\lg|H(e^{j\Omega_r})| = -20\lg\delta_2 \tag{7.1.12}$$

式中，A_p 及 A_r 都是衰减，单位为 dB。

例如，$|H(e^{j\Omega})|$ 在 $\Omega=\Omega_p$ 处满足 $|H(e^{j\Omega_p})|=0.707$，则 $A_p=3\text{dB}$；在 Ω_r 处满足 $|H(e^{j\Omega_r})|=0.001$，则 $A_r=60\text{dB}$。

7.1.3　IIR 数字滤波器和 FIR 数字滤波器

数字滤波器根据其单位脉冲响应 $h(n)$ 的时域特性可以分为无限长单位脉冲响应（Infinite Impulse Response，IIR）数字滤波器和有限长单位脉冲响应（Finite Impulse Response，FIR）数字滤波器。

IIR 数字滤波器一般采用递归型的实现结构。其 N 阶差分方程为

$$y(n) = \sum_{k=0}^{M} b_k x(n-k) + \sum_{k=1}^{N} a_k y(n-k) \tag{7.1.13}$$

式（7.1.13）中的系数 a_k 至少有一项不为零。$a_k \neq 0$ 说明必须将延时的输出序列反馈回来，也即递归系统必须有反馈环路。相应的IIR数字滤波器的系统函数为

$$H(z) = \frac{\sum_{k=0}^{M} b_k z^{-k}}{1 - \sum_{k=1}^{N} a_k z^{-k}} \qquad (7.1.14)$$

IIR数字滤波器的系统函数 $H(z)$ 在 z 平面上不仅有零点，而且有极点。

FIR数字滤波器的单位脉冲响应 $h(n)$ 是有限长的，即 $0 \leqslant n \leqslant N-1$，该系统一般采用非递归型的实现结构，但如果系统函数中出现零、极点相抵消时，也可以有递归型的结构（如频率抽样型结构）。FIR数字滤波器的系统函数为

$$H(z) = \sum_{n=0}^{N-1} h(n) z^{-n} \qquad (7.1.15)$$

由式（7.1.15）可知，$H(z)$ 在 z 平面除了原点不存在极点。

IIR数字滤波器的设计一般采取间接法和直接法。间接法是先按照设计要求设计一个合适的模拟滤波器，然后转化成满足参数要求的数字滤波器。当前模拟滤波器的设计技术已经非常成熟，有完善的图表和公式，并且设计参数已经表格化了，设计起来既方便又准确。直接法是指在某种最优化设计准则下，借助计算机辅助设计技术，直接设计出所需要的滤波器。本章主要讨论前一种方法。

FIR数字滤波器可以做到严格线性相位，同时FIR数字滤波器的单位脉冲响应是有限长的，所以它肯定是稳定的。FIR数字滤波器的设计方法与IIR数字滤波器有很大差别，具体设计方法有窗函数法、频率抽样法等。

7.2　常用模拟滤波器的设计方法

在上一节提到，可以通过先设计一个满足技术指标的模拟原型滤波器来设计IIR数字滤波器。模拟滤波器的设计技术已经非常成熟，有很多典型模型可供使用，如巴特沃思（Butterworth）滤波器、切比雪夫（Chebyshev）滤波器、贝塞尔（Bessel）滤波器与椭圆（Ellipse）滤波器等。

巴特沃思滤波器具有单调下降的幅频特性；切比雪夫滤波器的幅频特性在通带或者在阻带有波动，可以提高选择性；贝塞尔滤波器通带内有较好的线性相位特性；椭圆滤波器的选择性相对前三种是最好的，但在通带和阻带内均为等波纹幅频特性。在设计的时候，需要根据具体要求选择相应滤波器。本书仅对巴特沃思滤波器与切比雪夫滤波器进行介绍。

7.2.1　由幅度平方函数来确定系统函数

当给定滤波器的技术指标后，设计任务就是要找到一个符合要求的系统函数。这里假定模拟滤波器的系统函数是 $H_a(s)$，它是 s 的有理函数；$H_a(j\omega)$ 是滤波器的频率响应特性；$|H_a(j\omega)|$ 是滤波器的幅度特性。

模拟滤波器幅度响应常用幅度平方函数 $|H_a(j\omega)|^2$ 来表示，即

$$|H_a(j\omega)|^2 = H_a(j\omega) H_a^*(j\omega) \qquad (7.2.1)$$

由于滤波器冲激响应 $h_a(t)$ 是实函数，所以 $H_a(j\omega)$ 满足

$$H_a^*(j\omega) = H_a(-j\omega) \tag{7.2.2}$$

则有

$$|H_a(j\omega)|^2 = H_a(j\omega)H_a(-j\omega) = H_a(s)H_a(-s)|_{s=j\omega} \tag{7.2.3}$$

式（7.2.3）中，$H_a(-s)$ 的极点和零点是 $H_a(s)$ 的极点和零点的负值，因此 $H_a(s)H_a(-s)$ 的极点和零点成对出现，关于原点对称。

设 $H_a(s)$ 有一个极点（或零点）位于 $s=s_0$ 处，由于冲激响应 $h_a(t)$ 为实函数，极点（或零点）必以共轭对的形式出现，因而 $s=s_0^*$ 处也一定有一极点（或零点）。与之相对应，$H_a(-s)$ 在 $s=-s_0$ 和 $-s_0^*$ 处必有极点（或零点）。就是说，$H_a(s)$ 与 $H_a(-s)$ 的极点、零点分布是成象限对称的。只有稳定的滤波器才存在频率响应，因此 $H_a(s)H_a(-s)$ 不包含虚轴极点，但可以包含零点，且虚轴上的零点必定是二阶的。图 7-4 所示为 $H_a(s)$、$H_a(-s)$ 的极点、零点分布。

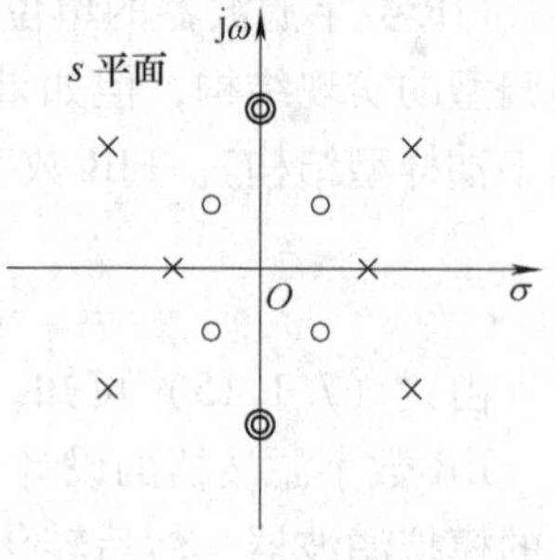

图 7-4　$H_a(s)$、$H_a(-s)$ 的极点、零点分布

一个物理可实现的滤波器必须是稳定的，因此，其系统函数 $H_a(s)$ 的极点一定落在 s 域的左半平面，所以左半平面的极点一定属于 $H_a(s)$，而右半平面的极点则必属于 $H_a(-s)$。

零点的分布与滤波器的相位特征有关。如果要求最小的相位延时特性，则 $H_a(s)$ 应取左半平面零点；如果没有最小相位延时要求，则可将对称零点的任一半（应为共轭对）取为 $H_a(s)$ 的零点。

最后，按照 $H_a(j\omega)$ 与 $H_a(s)$ 的低频特性或高频特性的对比确定出增益常数。

由求出的 $H_a(s)$ 的零点、极点及增益常数，则可完全确定系统函数 $H_a(s)$。

7.2.2　巴特沃思低通逼近

1. 建立数学模型

巴特沃思逼近又称最平幅度逼近。巴特沃思低通滤波器幅度平方函数定义为

$$|H_a(j\omega)|^2 = \left[\frac{1}{\sqrt{1+(\omega/\omega_c)^{2N}}}\right]^2 \tag{7.2.4}$$

式中，N 为正整数，表示滤波器的阶数；ω_c 是滤波器的截止频率。

巴特沃思低通滤波器的幅频特性与 N 的关系如图 7-5 所示。该特性具有以下特点：

1）最大平坦性：当 $\omega=0$ 时，$H_a(j0)=1$，并且在 $\omega=0$ 附近幅频特性都是平直的，即为"最平幅度逼近"的来由。

2）3dB 不变性：当 $\omega=\omega_c$ 时，$|H_a(j\omega_c)|=0.707$，$20\lg\left|\dfrac{H_a(j0)}{H_a(j\omega)}\right|=3\text{dB}$，$\omega_c$ 为 3dB 截止频率。当 $\omega=\omega_c$ 时，不管 N 为多少，所有的特性曲线都通过 −3dB 点，或者说衰减为 3dB。N 越大，通带内特性越

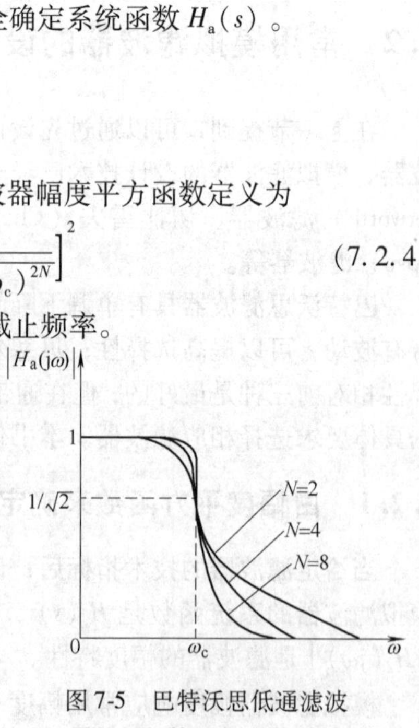

图 7-5　巴特沃思低通滤波器的幅频特性与 N 的关系

平坦，过渡带越窄。

3）通带和阻带下降的单调性：幅频特性是单调下降的，相位特性较好。

要设计一个符合性能指标要求的巴特沃思滤波器，由式（7.2.4）可知，首先要确定的参数是 -3dB 截止频率 ω_c 和系统阶数 N。

2. 确定 N 和 ω_c

由设计指标 ω_p、A_p、ω_r 和 A_r，来求得由这些参数所决定的滤波器阶次 N 和截止频率 ω_c。将式（7.2.4）代入 A_p 和 A_r 的定义式（7.1.9）和式（7.1.10），可以列出以下两个方程：

$$A_p = 20\lg\frac{|H_a(\mathrm{j}0)|}{|H_a(\mathrm{j}\omega_p)|} = -20\lg|H_a(\mathrm{j}\omega_p)| = 10\lg\left[1+\left(\frac{\omega_p}{\omega_c}\right)^{2N}\right] \tag{7.2.5}$$

$$A_r = 20\lg\frac{|H_a(\mathrm{j}0)|}{|H_a(\mathrm{j}\omega_r)|} = -20\lg|H_a(\mathrm{j}\omega_r)| = 10\lg\left[1+\left(\frac{\omega_r}{\omega_c}\right)^{2N}\right] \tag{7.2.6}$$

解此方程组可得滤波器阶数 N 为

$$N = \frac{\frac{1}{2}\lg\left(\frac{10^{0.1A_r}-1}{10^{0.1A_p}-1}\right)}{\lg\left(\frac{\omega_r}{\omega_p}\right)} \tag{7.2.7}$$

因为 N 是系统的阶数，因此取大于 N 的最小正整数，使得技术指标能满足或超出一些。将 N 代入式（7.2.5）求得滤波器的截止频率

$$\omega_c = \frac{\omega_p}{\sqrt[2N]{10^{0.1A_p}-1}} \tag{7.2.8}$$

也可将所求得的滤波器阶数 N 代入式（7.2.6）求得滤波器的截止频率

$$\omega_c = \frac{\omega_r}{\sqrt[2N]{10^{0.1A_r}-1}} \tag{7.2.9}$$

若用式（7.2.8）确定 ω_c，阻带指标得到改善；若用式（7.2.9）确定 ω_c，通带指标得到改善，通常取在两者之间。

3. 确定 $H(s)$

由式（7.2.3）$H_a(s)H_a(-s)$ 与 $|H_a(\mathrm{j}\omega)|^2$ 的关系，为求取巴特沃思低通滤波器的系统函数 $H_a(s)$，可令 $\mathrm{j}\omega=s$，代入式（7.2.4），得到

$$H_a(s)H_a(-s) = \frac{1}{1+\left(\frac{s}{\mathrm{j}\omega_c}\right)^{2N}} = \frac{(\mathrm{j}\omega_c)^{2N}}{s^{2N}+(\mathrm{j}\omega_c)^{2N}} \tag{7.2.10}$$

由 $s^{2N}+(\mathrm{j}\omega_c)^{2N}=0$，对应 $H_a(s)H_a(-s)$ 的极点分布为

$$p_k = (-1)^{\frac{1}{2N}}(\mathrm{j}\omega_c) = \omega_c \mathrm{e}^{\mathrm{j}\left(\frac{\pi}{2}+\frac{2k-1}{2N}\pi\right)} \qquad k=1,\cdots,2N \tag{7.2.11}$$

p_k 即为 $H_a(s)H_a(-s)$ 的极点，它们的分布有以下特点：

1）$H_s(s)H_a(-s)$ 的 $2N$ 个极点以 $\frac{\pi}{N}$ 为间隔均匀地分布在半径为 ω_c 的圆周上，这个圆称作巴特沃思圆。

2）所有极点以 $\mathrm{j}\omega$ 轴为对称轴成对称分布，且没有极点落在 $\mathrm{j}\omega$ 轴上。

3）N 为奇数时，有两个极点在实轴上；N 为偶数时，没有极点在实轴上。所有复数极点两两成共轭对称分布。图 7-6 给出了巴特沃思低通滤波器系统函数的极点分布特征。

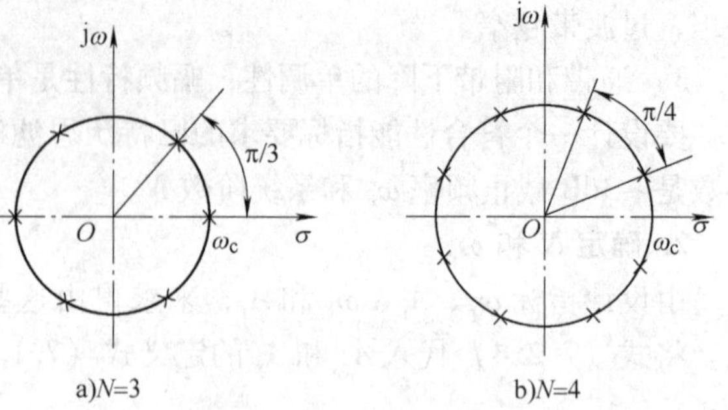

图 7-6　巴特沃思低通滤波器的极点分布特征

为了得到稳定的 $H_a(s)$，取全部左半平面的极点，即有

$$H_a(s) = \frac{\omega_c^N}{\prod_{k=1}^{N}(s-p_k)} \tag{7.2.12}$$

此时

$$p_k = \omega_c e^{j\left(\frac{\pi}{2}+\frac{2k-1}{2N}\pi\right)} \qquad k = 1,\cdots,N \tag{7.2.13}$$

式（7.2.12）的分母是 s 的多项式，被称为巴特沃思多项式。表 7-1 列出了前 6 阶巴特沃思低通滤波器的系统函数。

表 7-1　巴特沃思低通滤波器的系统函数

阶数	系统函数 $H_a(s)$
1	$\omega_c/(s+\omega_c)$
2	$\omega_c^2/(s^2+\sqrt{2}\omega_c s+\omega_c^2)$
3	$\omega_c^3/(s^3+2\omega_c s^2+2\omega_c^2 s+\omega_c^3)$
4	$\omega_c^4/(s^4+2.613\omega_c s^3+3.414\omega_c^2 s^2+2.613\omega_c^3 s+\omega_c^4)$
5	$\omega_c^5/(s^5+3.236\omega_c s^4+5.236\omega_c^2 s^3+5.236\omega_c^3 s^2+3.236\omega_c^4 s+\omega_c^5)$
6	$\omega_c^6/(s^6+3.863\omega_c s^5+7.464\omega_c^2 s^4+9.141\omega_c^3 s^3+7.464\omega_c^4 s^2+3.863\omega_c^5 s+\omega_c^6)$

【例 7-1】　设计一个满足下面要求的模拟低通巴特沃思滤波器：通带截止频率 $\omega_p = 0.2\pi\text{rad/s}$，通带最大衰减 $A_p = 7\text{dB}$；阻带截止频率 $\omega_r = 0.3\pi\text{rad/s}$，阻带最小衰减 $A_r = 16\text{dB}$。

【解】　由式（7.2.7）得到滤波器的阶数

$$N \geqslant \frac{\lg[(10^{1.6}-1)/(10^{0.7}-1)]}{2\lg(0.3\pi/0.2\pi)} = 2.79$$

取 $N=3$。在通带截止频率处满足指标，由式（7.2.8）得到滤波器的截止频率

$$\omega_c = \frac{0.2\pi}{\sqrt[6]{10^{0.7}-1}}\text{rad/s} = 0.4985\text{rad/s}$$

在阻带截止频率处满足指标，由式（7.2.9）得到滤波器的截止频率

$$\omega_c = \frac{0.3\pi}{\sqrt[6]{10^{1.6}-1}}\text{rad/s} = 0.5122\text{rad/s}$$

选 $\omega_c = 0.5$。查表 7-1，可得 $N=3$ 时的模拟滤波器系统函数为

$$H_a(s) = \frac{\omega_c^3}{s^3+2\omega_c s^2+2\omega_c^2 s+\omega_c^3}$$

代入 ω_c，得到实际的系统函数

$$H_a(s) = \frac{0.125}{s^3 + s^2 + 0.5s + 0.125}$$

7.2.3　切比雪夫低通逼近

巴特沃思滤波器的通带误差低端小高端大，为了保证滤波器通带高端的性能指标，滤波器的阶数就会较高。切比雪夫滤波器的幅频特性在通带或阻带中具有等波纹特性。幅频特性在通带中是等波纹的，在阻带中是单调的，称为切比雪夫Ⅰ型。幅频特性在通带内是单调下降的，在阻带内是等波纹的，称为切比雪夫Ⅱ型。在相同的指标情况下，切比雪夫滤波器的阶数比巴特沃思滤波器要低，但代价是相位特性较差且设计相对复杂。图 7-7 所示为 N 为奇数与 N 为偶数的切比雪夫Ⅰ型低通滤波器的幅频特性。

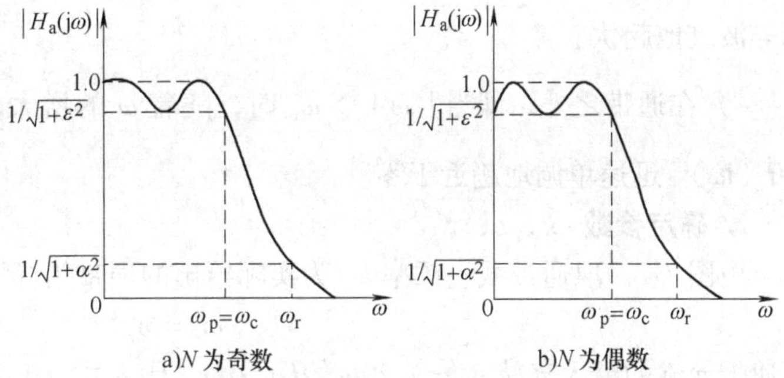

图 7-7　切比雪夫Ⅰ型低通滤波器的幅频特性

1. 建立数学模型

切比雪夫Ⅰ型低通滤波器的幅度平方函数为

$$|H_a(j\omega)|^2 = \frac{1}{1 + \varepsilon^2 C_N^2(\omega/\omega_c)} \tag{7.2.14}$$

式中，ε 为小于 1 的正数，它是表示通带波纹大小的一个参数，ε 越大，波纹也越大；ω_c 为通带截止频率。

令 $x = \dfrac{\omega}{\omega_c}$后，称 $C_N(x)$ 是第一类 N 阶切比雪夫多项式，定义为

$$C_N(x) = \begin{cases} \cos(N\arccos x) & |x| \leqslant 1 \\ \mathrm{ch}(N\mathrm{arch} x) & |x| > 1 \end{cases} \tag{7.2.15}$$

当 $N=1$ 时，$C_1(x) = x$；当 $N \geqslant 2$ 时，切比雪夫多项式的递推公式为

$$C_{N+1}(x) = 2xC_N(x) - C_{N-1}(x) \tag{7.2.16}$$

切比雪夫多项式的零值点（或根）在 $|x| \leqslant 1$ 间隔内。当 $|x| \leqslant 1$ 时，$C_N(x)$ 是余弦函数，故

$$|C_N(x)| \leqslant 1$$

多项式 $C_N(x)$ 在 $|x| \leqslant 1$ 内具有等波纹幅频特性；对所有的 N，$C_N(1) = 1$；N 为偶数时，$C_N(0) = \pm 1$，N 为奇数时，$C_N(0) = 0$；当 $|x| > 1$ 时，$C_N(x)$ 是双曲余弦函数，它随 x 增大而单调增加。显然，切比雪夫滤波器的幅度函数为 $|H_a(j\omega)| = \dfrac{1}{\sqrt{1 + \varepsilon^2 C_N^2(\omega/\omega_c)}}$ 的特点如下：

1）当 N 为偶数时，$|H_a(j0)| = \dfrac{1}{\sqrt{1+\varepsilon^2}}$；当 N 为奇数时，$|H_a(j0)| = 1$。

2）当 $\omega=\omega_c$ 时，$|H_a(j\omega)|=\dfrac{1}{\sqrt{1+\varepsilon^2}}$，即所有幅度函数曲线都通过 $\dfrac{1}{\sqrt{1+\varepsilon^2}}$ 点，所以把 ω_c 定义为切比雪夫滤波器的通带截止频率。在这个截止频率下，幅度函数不一定下降 3dB，可以是下降其他分贝值，例如 1dB 等，这是与巴特沃思滤波器不同之处。

3）在通带内，即当 $|\omega|<\omega_c$ 时，则 $|x|=\dfrac{|\omega|}{\omega_c}<1$，$|H_a(j\omega)|$ 在 $1\sim\dfrac{1}{\sqrt{1+\varepsilon^2}}$ 之间等波纹地起伏。

4）在通带之外，即当 $|\omega|>\omega_c$ 时，随着 ω 的增大，迅速满足 $\varepsilon^2C_N^2\left(\dfrac{\omega}{\omega_c}\right)\gg1$，并使 $|H_a(j\omega)|$ 迅速单调地趋近于零。

2. 确定参数 ω_c、ε、N

由图 7-7，取通带截止频率 ω_c 为实际给出的通带指标

$$\omega_c=\omega_p \tag{7.2.17}$$

将通带允许的最大衰减 $A_p=-20\lg|H_a(j\omega_c)|$ 代入式（7.2.14），得到决定通带波纹大小的系数

$$\varepsilon=\sqrt{10^{0.1A_p}-1} \tag{7.2.18}$$

将阻带允许的最小衰减 $A_r=-20\lg|H_a(j\omega_r)|$ 代入式（7.2.14），得

$$A_r=-20\lg|H_a(j\omega_r)|=-20\lg\left|\frac{1}{\sqrt{1+\varepsilon^2C_N^2(\omega_r/\omega_c)}}\right| \tag{7.2.19}$$

定义 $\varepsilon C_N\left(\dfrac{\omega_r}{\omega_c}\right)=\alpha$，则

$$\alpha=\sqrt{10^{0.1A_r}-1} \tag{7.2.20}$$

于是

$$C_N\left(\frac{\omega_r}{\omega_c}\right)=\mathrm{ch}\left[N\mathrm{arch}\left(\frac{\omega_r}{\omega_c}\right)\right]=\frac{\alpha}{\varepsilon} \tag{7.2.21}$$

由式（7.2.15）可以得到符合设计指标的滤波器的阶数要求

$$N\geqslant\frac{\mathrm{arch}(\alpha/\varepsilon)}{\mathrm{arch}(\omega_r/\omega_c)} \tag{7.2.22}$$

式（7.2.17）、式（7.2.18）和式（7.2.22）分别给出了符合设计指标要求的切比雪夫Ⅰ型低通滤波器的截止频率 ω_c、决定通带内波纹大小的系数 ε 和滤波器的阶数 N。

3. 确定 $H(s)$

为求取切比雪夫低通滤波器的系统函数 $H_a(s)$，可在式（7.2.14）中令 $\omega=\dfrac{s}{j}$，得

$$H(s)H(-s)=\frac{1}{1+\varepsilon^2C_N^2\left(\dfrac{s}{j\omega_c}\right)} \tag{7.2.23}$$

由分母多项式为零，可求出 $H(s)H(-s)$ 的 $2N$ 个极点，即

$$s_k=\sigma_k+j\omega_k\qquad k=1,2,\cdots,2N \tag{7.2.24}$$

这 $2N$ 个极点 s_k 在 s 平面上的分布满足于对称 $j\omega$ 轴的椭圆方程

$$\frac{\sigma_k^2}{\omega_c^2\mathrm{sh}^2\left(\frac{1}{N}\mathrm{arsh}\frac{1}{\varepsilon}\right)}+\frac{\omega_k^2}{\omega_c^2\mathrm{ch}^2\left(\frac{1}{N}\mathrm{arsh}\frac{1}{\varepsilon}\right)}=1 \tag{7.2.25}$$

如果取位于椭圆左半 s 平面的极点，于是有

$$H_a(s)=\frac{A}{\prod_{k=1}^{N}(s-s_k)} \tag{7.2.26}$$

式中，A 为增益常数。

为确定 A，将 $\omega=\frac{s}{\mathrm{j}}$ 代入式（7.2.14）得

$$H_a(s)=\frac{1}{\sqrt{1+\varepsilon^2C_N^2\left(\frac{s}{\mathrm{j}\omega_c}\right)}}=\frac{A}{\prod_{k=1}^{N}(s-s_k)} \tag{7.2.27}$$

式（7.2.27）右端分母展开后是 s 的多项式，其最高项阶系数为1，又考虑到 $C_N^2\left(\frac{s}{\mathrm{j}\omega_c}\right)$ 为 $\frac{s}{\mathrm{j}\omega_c}$ 的多项式，最高项前面系数为 2^{N-1}，因而式（7.2.27）中的常数 A 为

$$A=\frac{\omega_c^N}{\varepsilon\times 2^{N-1}} \tag{7.2.28}$$

这样，切比雪夫Ⅰ型低通滤波器的系统函数为

$$H_a(s)=\frac{\dfrac{\omega_c^N}{\varepsilon\times 2^{N-1}}}{\prod_{k=1}^{N}(s-s_k)} \tag{7.2.29}$$

归一化的切比雪夫Ⅰ型低通滤波器系统函数的一般形式为

$$H_a(s)=\frac{\dfrac{1}{\varepsilon\times 2^{N-1}}}{a_0+a_1s+\cdots+a_Ns^N} \tag{7.2.30}$$

对不同的 ε、N，式（7.2.30）的分母多项式可制成多种表格，表7-2列出了 $\varepsilon=0.5088$、通带衰减为1dB时，阶数 N 与分母多项式系数的关系。

表7-2　归一化切比雪夫Ⅰ型低通滤波器分母多项式系数

（$\varepsilon=0.5088$，通带允许最大衰减 $A_p=1\mathrm{dB}$）

N	a_0	a_1	a_2	a_3	a_4	a_5	a_6	a_7
1	1.9652	1						
2	1.1025	1.0977	1					
3	0.4913	1.2384	0.9883	1				
4	0.2759	0.7426	1.4539	0.9528	1			
5	0.1229	0.5805	0.9744	1.6888	0.9368	1		
6	0.0689	0.3071	0.9393	1.2021	1.9308	0.9283	1	
7	0.0307	0.2137	0.5486	1.3575	1.4288	2.1761	0.9231	1

已知 ε 和 N，查表7-2得到式（7.2.30）所示归一化系统函数分母多项式的系数 a_0、

a_1、…、a_N。在表7-2中，通带波纹用 ε 表示，也可由通带允许最大衰减 A_p 决定，这是与式（7.2.18）的结论一致的。将数据代入式（7.2.30）后，将 s 用 $\frac{s}{\omega_c}$ 代替即得所求的符合设计要求的切比雪夫Ⅰ型低通滤波器的系统函数 $H_a(s)$。

【例7-2】 设计切比雪夫Ⅰ型低通滤波器，设计指标为：通带最大衰减 $A_p=1\text{dB}$，通带截止频率 $f_p=10\text{kHz}$；阻带最小衰减 $A_r=15\text{dB}$，阻带截止频率 $f_r=20\text{kHz}$。

【解】 由式（7.2.18）可得

$$\varepsilon=\sqrt{10^{0.1A_p}-1}=\sqrt{10^{0.1\times1}-1}=0.50885$$

由式（7.2.20）可得

$$\alpha=\sqrt{10^{0.1A_r}-1}=\sqrt{10^{0.1\times15}-1}=5.5338$$

由式（7.2.22）可得

$$N\geqslant\frac{\text{arch}\ (\alpha/\varepsilon)}{\text{arch}\ (\omega_r/\omega_c)}=\frac{\text{arch}\ (5.5338/0.50885)}{\text{arch}2}=2.34$$

取 $N=3$。查表7-2，并将已知数据代入式（7.2.30），得到归一化的系统函数

$$H_a(s)=\frac{\dfrac{1}{\varepsilon\times2^{N-1}}}{a_0+a_1s+\cdots+a_ns^N}=\frac{0.4913}{0.4913+1.2384s+0.9883s^2+s^3}$$

由 $\omega_c=\omega_p=2\pi\times10\text{kHz rad/s}$，将上式中 s 用 s/ω_c 代替，得到实际的切比雪夫滤波器的系统函数

$$H_a(s)=\frac{1.2187\times10^{14}}{s^3+6.2104\times10^4s^2+4.8893\times10^9s+1.2187\times10^{14}}$$

7.3　无限长单位脉冲响应IIR数字滤波器的设计

利用模拟滤波器成熟的理论及其设计方法来设计IIR数字低通滤波器是常用的方法。设计过程如下：按照数字滤波器技术指标要求设计一个过渡模拟低通滤波器 $H_a(s)$，再按照一定的转换关系将 $H_a(s)$ 转换成数字低通滤波器的系统函数 $H(z)$。这种转换归根到底是从 s 平面到 z 平面间的映射转换，必须满足两个基本要求：

1）$H(z)$ 的频率响应要能模仿 $H_a(s)$ 的频率响应，即 s 平面的虚轴必须映射到 z 平面的单位圆上。

2）因果稳定的模拟滤波器 $H_a(s)$ 转换成数字滤波器 $H(z)$，仍是因果稳定的。也就是 s 平面左半平面（$\text{Re}[s]<0$）应该映射到 z 平面的单位圆以内（$|z|<1$）。

将系统函数 $H_a(s)$ 从 s 平面映射到 z 平面可以有多种方法，工程上常用的是脉冲响应不变法和双线性变换法，下面对这两种方法略作介绍。

7.3.1　脉冲响应不变法

1. 变换原理

利用模拟滤波器来设计数字滤波器，也就是使数字滤波器能模仿模拟滤波器的特性。脉冲响应不变法是从滤波器的输出响应出发，使数字滤波器的单位脉冲响应序列 $h(n)$ 模仿模

拟滤波器的冲激响应 $h_a(t)$，也就是将 $h_a(t)$ 进行等间隔抽样，使 $h(n)$ 正好等于 $h_a(t)$ 的抽样值，即满足

$$h(n) = h_a(nT_s) \tag{7.3.1}$$

式中，T_s 为抽样周期。

如果令 $H_a(s)$ 是 $h_a(t)$ 的拉氏变换，$H(z)$ 为 $h(n)$ 的 z 变换，利用抽样序列的 z 变换和模拟信号的拉氏变换的关系，有

$$H(z)\Big|_{z=e^{sT_s}} = \frac{1}{T_s}\sum_{n=-\infty}^{\infty} H_a(s - jn\omega_s) \tag{7.3.2}$$

这里 $\omega_s = \frac{2\pi}{T_s}$。应该看到，当采用脉冲响应不变法将模拟滤波器变换为数字滤波器时，它所完成的 s 平面到 z 平面的变换是对 $H_a(s)$ 作周期延拓后，再经过 $z = e^{sT_s}$ 的映射关系映射到 z 平面上的。

这个周期延拓后的映射，把 s 平面上 $-\frac{\pi}{T_s} \sim \frac{\pi}{T_s}$ 的一个宽度为 $\frac{2\pi}{T_s}$ 的条形域映射到整个 z 平面，条形域虚轴上的那段长 $\frac{2\pi}{T_s}$ 的线段绕 z 平面上的单位圆一次，左半条形域映射到 z 平面上单位圆的内部，右半条形域映射到 z 平面上单位圆的外部。

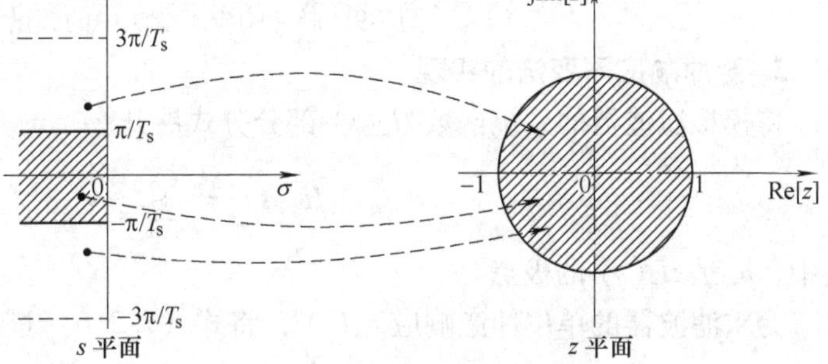

图7-8　脉冲响应不变法的映射关系

由式（7.3.2）可见，s 平面沿虚轴周期延拓成无穷多个条形域，这些条形域把以上映射重复了无穷次，s 平面到 z 平面的映射是多值映射，如图7-8所示。所以说，$z = e^{sT_s}$ 的映射关系反映的是 $H_a(s)$ 的周期延拓与 $H(z)$ 的关系，而不是 $H_a(s)$ 和 $H(z)$ 的关系。因此，使用脉冲响应不变法时，从 $H_a(s)$ 到 $H(z)$ 并没有一个由 s 平面到 z 平面的一一对应的简单代数映射关系。

从式（7.3.2）还可看出，当 $s = j\omega$ 时，得到数字滤波器的频率响应为

$$H(z)\Big|_{z=e^{j\omega T_s}}\Big|_{\Omega=\omega T_s} = H(e^{j\Omega}) = \frac{1}{T_s}\sum_{n=-\infty}^{\infty} H_a\left(\frac{j\Omega - j2\pi n}{T_s}\right) \tag{7.3.3}$$

由式（7.3.3）可见，数字滤波器的频率响应不是简单地重现模拟滤波器的频率响应，而是模拟滤波器频率响应的周期延拓，其中频率映射关系为 $\Omega = \omega T_s$。

要使数字滤波器的频率响应在折叠频率以内重现模拟滤波器的频率响应而不产生混叠失真，只有当模拟滤波器的频率响应 $H_a(j\omega)$ 是限带的，且带限于折叠频率 $\frac{\omega_s}{2}$ 以内时才能实现，即

$$H(e^{j\omega T_s}) = \frac{1}{T_s}H_a(j\omega) \quad |\omega| < \frac{\omega_s}{2} \tag{7.3.4}$$

也即

$$H(e^{j\Omega}) = \frac{1}{T_s}H_a\left(j\frac{\Omega}{T_s}\right) \quad |\Omega| < \pi \tag{7.3.5}$$

已知，任何一个可实现的模拟滤波器，其频率响应都不可能是真正带限的，如图 7-9a 所示，那么就不可避免地要出现频谱的混叠，如图 7-9b 所示。这时数字滤波器的频率响应就带有一定的失真，不等同于原模拟滤波器的频率响应。当模拟滤波器频率响应在折叠频率以上衰减越大时，这个失真才能越小，这时采用脉冲响应不变法设计的数字滤波器才能得到良好的效果。

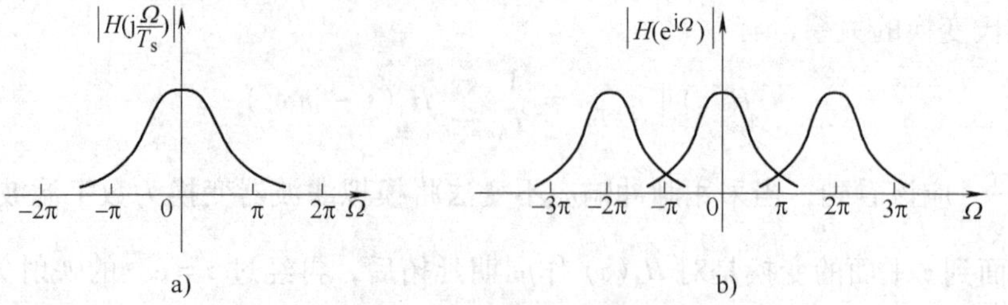

图 7-9　脉冲响应不变法中的频谱混叠

2. 脉冲响应不变法的实现

将模拟滤波器的系统函数 $H_s(s)$ 部分分式展开

$$H_a(s) = \sum_{i=1}^{N} \frac{A_i}{s - p_i} \tag{7.3.6}$$

式中，p_i 是 $H_a(s)$ 的极点。

为求滤波器的单位冲激响应 $h_a(t)$，将式（7.3.6）进行拉普拉斯逆变换得到

$$h_a(t) = \mathcal{L}^{-1}[H_a(s)] = \sum_{i=1}^{N} A_i e^{p_i t} u(t) \tag{7.3.7}$$

式中，$u(t)$ 是单位阶跃函数。

在脉冲响应不变法中，要求数字滤波器的单位脉冲响应等于对 $h_a(t)$ 的抽样，即

$$h(n) = h_a(nT_s) = \sum_{i=1}^{N} A_i e^{(p_i T_s)n} u(n) \tag{7.3.8}$$

再对 $h(n)$ 进行 z 变换，即得所要求的数字滤波器的系统函数 $H(z)$

$$H(z) = \sum_{n=-\infty}^{\infty} h(n) z^{-n} = \sum_{n=0}^{\infty} \left(\sum_{i=1}^{N} A_i e^{(p_i T_s)n} \right) z^{-n} = \sum_{i=1}^{N} A_i \sum_{n=0}^{\infty} (e^{p_i T_s} z^{-1})^n = \sum_{i=1}^{N} \frac{A_i}{1 - e^{p_i T_s} z^{-1}} \tag{7.3.9}$$

比较式（7.3.6）和式（7.3.9），可以看出：

1）通过变换，s 平面的单极点 $s = p_i$ 对应于 z 平面上 $z = e^{p_i T_s}$ 处的单极点。

2）$H_a(s)$ 和 $H(z)$ 的部分分式具有相同的增益系数，都是 A_i。

3）如果 $H_a(s)$ 所有极点 p_i 位于 s 平面的左半平面，则变换后的数字滤波器 $H(z)$ 的全部极点将在单位圆内。就是说，如果模拟滤波器是因果稳定的，变换后的数字滤波器也是稳定的。

4）虽然 s 平面的极点与 z 平面的极点有 $z = e^{sT_s}$ 的对应关系，但它反映的是 $H_a(s)$ 的周期延拓与 $H(z)$ 的关系，而不是 $H_a(s)$ 和 $H(z)$ 的关系。

另外，由式（7.3.5）可知，频率响应 $H(e^{j\Omega})$ 和抽样周期 T_s 成反比，因此如果抽样频率很高，即 T_s 很小时，数字滤波器可能有太高的增益。为防止溢出通常在抽样时就作修正，令

$$h(n) = T_s h_a(nT_s) \tag{7.3.10}$$

这样就有

$$H(z) = \sum_{i=1}^{N} \frac{T_s A_i}{1 - e^{p_i T_s} z^{-1}} \tag{7.3.11}$$

$$H(e^{j\Omega}) = \sum_{n=-\infty}^{\infty} H_a\left(\frac{j\Omega - j2\pi n}{T_s}\right) \approx H_a\left(j\frac{\Omega}{T_s}\right) \qquad |\Omega| < \pi \tag{7.3.12}$$

下面举例说明脉冲响应不变法设计 IIR 数字滤波器。

【例 7-3】 给定数字低通滤波器的设计指标为通带截止频率 $\Omega_p = 0.25\pi rad$，通带允许最大衰减 $A_p = 2dB$，阻带截止频率 $\Omega_r = 0.4\pi rad$，阻带允许的最小衰减 $A_r = 16dB$，抽样周期 $T_s = 0.1s$，试写出采用脉冲响应不变法设计数字滤波器时的模拟滤波器的设计指标。

【解】 由 $\Omega = \omega T_s$ 可方便求得模拟滤波器的通带截止频率

$$\omega_p = \frac{\Omega_p}{T_s} = 2.5\pi rad/s$$

阻带截止频率

$$\omega_r = \frac{\Omega_r}{T_s} = 4\pi rad/s$$

通带允许最大衰减 $A_p = 2dB$，阻带允许的最小衰减 $A_r = 16dB$。

【例 7-4】 设已求得模拟滤波器的系统函数为

$$H_a(s) = \frac{2}{s^2 + 3s + 2}$$

若抽样频率 $f_s = 1Hz$。试采用脉冲响应不变法将 $H_a(s)$ 转换成数字滤波器的系统函数 $H(z)$ 。

【解】 $H_a(s) = \frac{2}{s^2 + 3s + 2} = \frac{2}{s+1} - \frac{2}{s+2}$

利用式（7.3.11）得到数字滤波器的系统函数为

$$H(z) = \frac{2T_s}{1 - e^{-T_s} z^{-1}} - \frac{2T_s}{1 - e^{-2T_s} z^{-1}}$$

当 $f_s = 1Hz$ 即 $T_s = 1s$ 时

$$H(z) = \frac{0.465z^{-1}}{1 - 0.5032z^{-1} + 0.098z^{-2}}$$

3. 脉冲响应不变法的优缺点

通过以上的讨论可以看到，脉冲响应不变法使得数字滤波器的单位脉冲响应完全模仿模拟滤波器的单位冲激响应，也就是时域逼近良好。而且频率坐标的变换是线性的，模拟频率 ω 和数字频率 Ω 之间成 $\Omega = \omega T_s$ 线性关系。因而，一个线性相位的模拟滤波器（例如贝塞尔滤波器）通过脉冲响应不变法得到的仍然是一个线性相位的数字滤波器。

脉冲响应不变法的最大缺点是有频率响应的混叠失真，所以它只适用于限带的模拟滤波器（例如衰减特性很好的低通或带通滤波器），而且高频衰减越快，混叠效应越小。高通和带阻滤波器的频率响应在高频部分不衰减，因此将完全混淆在低频响应中。如果要对高通和带阻滤波器采用脉冲响应不变法，就必须先对高通和带阻滤波器加一保护滤波器，滤掉高于折叠频率以上的频率，然后再使用脉冲响应不变法转换为数字滤波器。当然这样会进一步增加设计复杂性和滤波器的阶数。

7.3.2　双线性变换法

1. 变换原理

限制脉冲响应不变法应用范围的主要缺点是产生频率响应的混叠失真。这是因为从 s 平面到 z 平面是多值的映射关系所造成的。为了克服这一缺点，可以采用非线性频率压缩方法，将整个 s 平面压缩到 s_1 平面的范围在 $-\frac{\pi}{T_s}\sim\frac{\pi}{T_s}$ 的一个条形域里，然后再用 $z=e^{s_1T_s}$ 的映射将之转换到 z 平面上。这样就使 s 平面与 z 平面建立了一一对应的单值关系，消除了多值变换性，也就消除了频谱混叠现象。双线性变换的映射关系如图 7-10 所示。

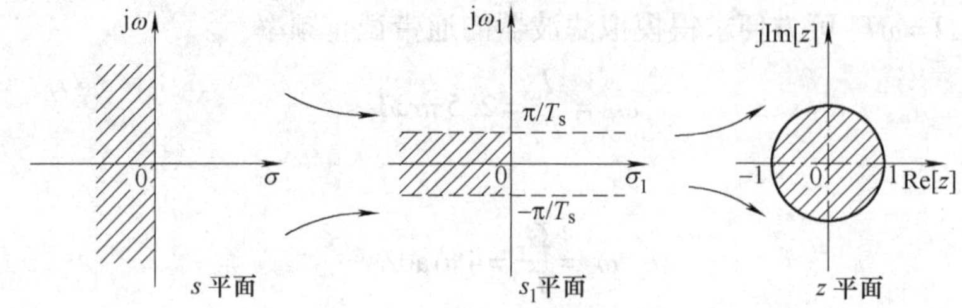

图 7-10　双线性变换的映射关系

下式的正切变换将 s 平面的 $j\omega$ 轴压缩到了 s_1 平面 $j\omega_1$ 轴上 $-\frac{\pi}{T_s}\sim\frac{\pi}{T_s}$ 的一段线段上

$$\omega = \frac{2}{T_s}\tan\left(\frac{\omega_1 T_s}{2}\right) \tag{7.3.13}$$

当 ω_1 由 $-\frac{\pi}{T_s}$ 经过 0 变化到 $\frac{\pi}{T_s}$ 时，ω 由 $-\infty$ 经过 0 变化到了 ∞，也即映射了整个 $j\omega$ 轴。由欧拉恒等式，将式（7.3.13）写成

$$j\omega = j\frac{2}{T_s}\tan\left(\frac{\omega_1 T_s}{2}\right) = \frac{2}{T_s}\frac{e^{j\omega_1T_s/2}-e^{-j\omega_1T_s/2}}{e^{j\omega_1T_s/2}+e^{-j\omega_1T_s/2}} \tag{7.3.14}$$

将这个关系解析延拓到整个 s 平面，令 $j\omega=s$，$j\omega_1=s_1$，则得到 s 平面到 s_1 平面的映射关系

$$s=\frac{2}{T_s}\frac{e^{s_1T_s/2}-e^{-s_1T_s/2}}{e^{s_1T_s/2}+e^{-s_1T_s/2}}=\frac{2}{T_s}\frac{1-e^{-s_1T_s}}{1+e^{-s_1T_s}} \tag{7.3.15}$$

然后令 $z=e^{s_1T_s}$，将 s_1 平面映射到 z 平面，得

$$s=\frac{2}{T_s}\frac{1-z^{-1}}{1+z^{-1}} \tag{7.3.16}$$

或

$$z=\frac{1+\frac{T_s}{2}s}{1-\frac{T_s}{2}s}=\frac{\frac{2}{T_s}+s}{\frac{2}{T_s}-s} \tag{7.3.17}$$

式（7.3.16）和式（7.3.17）描述了 s 平面与 z 平面之间的单值映射关系，这种变换是两个线性函数之比，因此称这种变换为双线性变换。

下面再看一下双线性变换的逼近情况。

1）把 $z=e^{j\Omega}$ 代回式（7.3.16），得

$$s=\frac{2}{T_s}\frac{1-e^{-j\Omega}}{1+e^{-j\Omega}}=j\frac{2}{T_s}\tan\left(\frac{\Omega}{2}\right)=j\omega \tag{7.3.18}$$

即 s 平面的虚轴映射到 z 平面的单位圆。

2）令 $s=\sigma+j\omega$ 并代入式（7.3.17），得

$$z=\frac{\frac{2}{T_s}+\sigma+j\omega}{\frac{2}{T_s}-\sigma-j\omega} \tag{7.3.19}$$

因有

$$|z|=\frac{\sqrt{\left(\frac{2}{T_s}+\sigma\right)^2+\omega^2}}{\sqrt{\left(\frac{2}{T_s}-\sigma\right)^2+\omega^2}} \tag{7.3.20}$$

当 $\sigma<0$ 时，$|z|<1$；当 $\sigma>0$ 时，$|z|>1$。这表明 s 域左半平面映射到 z 平面的单位圆内，s 域右半平面映射到 z 平面的单位圆外，正如图 7-10 所表示的那样。所以说，稳定的模拟滤波器通过双线性变换后，所得到的数字滤波器也一定是稳定的。

2. 双线性变换法的实现

通过双线性变换法给出的 s 和 z 的变换关系式（7.3.16），可从模拟滤波器的系统函数 $H_a(s)$，直接得到数字滤波器的系统函数

$$H(z)=H_a(s)\Big|_{s=\frac{2}{T_s}\frac{1-z^{-1}}{1+z^{-1}}}=H_a\left(\frac{2}{T_s}\frac{1-z^{-1}}{1+z^{-1}}\right) \tag{7.3.21}$$

这种代入运算要比脉冲响应不变法的利用部分分式展开求解数字滤波器的系统函数简单很多。

从双线性变换法的频率变换关系式（7.3.13）可见，数字滤波器的频率响应 $H(e^{j\Omega})$ 也可以直接由模拟滤波器的频率响应 $H_a(j\omega)$ 通过代数替换得到

$$H(e^{j\Omega})=H_a(j\omega)\Big|_{\omega=\frac{2}{T_s}\tan\left(\frac{\Omega}{2}\right)}=H_a\left(j\frac{2}{T_s}\tan\frac{\Omega}{2}\right) \tag{7.3.22}$$

由 $\omega=\frac{2}{T_s}\tan\left(\frac{\omega_1 T_s}{2}\right)$ 和图 7-10 中 ω 和 Ω 的关系可知，当 $|H_a(j\omega)|$ 在 $\omega_1\sim\omega_2$ 区间单调上升（下降）时，$|H(e^{j\Omega})|$ 在 $\Omega_1=2\arctan\left(\frac{\omega_1 T_s}{2}\right)\sim\Omega_2=2\arctan\left(\frac{\omega_2 T_s}{2}\right)$ 区间也是单调上升（下降）的；或者如果 $|H_a(j\omega)|$ 在 $\omega_1\sim\omega_2$ 区间有 m 次波动，则相应的数字滤波器的幅频特性 $|H(e^{j\Omega})|$ 在 $\Omega_1=2\arctan\left(\frac{\omega_1 T_s}{2}\right)\sim\Omega_2=2\arctan\left(\frac{\omega_2 T_s}{2}\right)$ 区间也将有 m 次波动。因此，由模拟滤波器通过双线性变换得到的数字滤波器的幅频性能保持原有的特性，其映射关系如图 7-11 所示。

双线性变换造成通带截止频率、阻带截止频率等临界频率的位置发生了非线性的变化，这可以通过频率的预畸变来校正，方法如下：

1）根据所要求的数字滤波器的各临界频率，按照式（7.3.13）$\omega=\frac{2}{T_s}\tan\left(\frac{\Omega}{2}\right)$ 转变成相

应的模拟角频率；再根据这个要求来设计模拟滤波器；最后用双线性变换法将这个模拟滤波器转换成数字滤波器；所得到的数字滤波器的各临界频率就会正好被映射到所需的位置上。

2）如果给出的是待设计的滤波器的模拟域转折频率（通、阻带截止频率）f_p、f_r 和抽样间隔 T_s，则首先要利用式 $\Omega=2\pi fT_s$ 计算数字滤波器的转折频率（通、阻带截止频率）Ω_p、Ω_r。再利用式 $\omega=\dfrac{2}{T_s}\tan\left(\dfrac{\Omega}{2}\right)$ 对频率预畸变，得到预畸变后的模拟滤波器的转折频率 ω_p、ω_r。这样得到的模拟滤波器 $H_s(s)$ 的转折频率 ω_p、ω_r 经双线性变换后映射到数字滤波器 $H(z)$ 的转折频率 Ω_p、Ω_r，并且能保证数字域频率 Ω_p、Ω_r 与给定的模拟域转折频率 f_p、f_r 成线性关系。

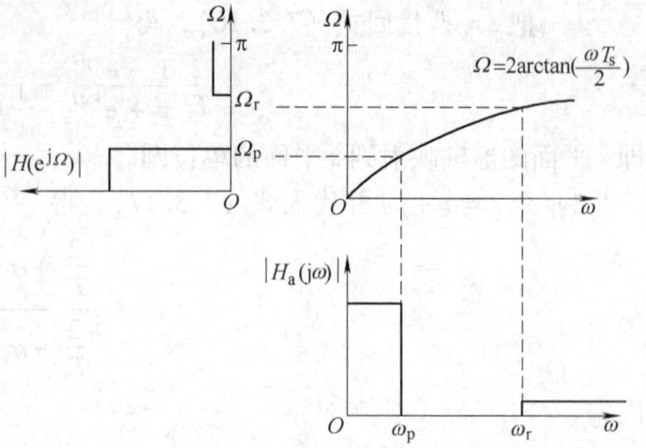

图 7-11　双线性变换滤波器幅频特性映射关系

需要特别强调的是，若模拟滤波器 $H_a(s)$ 为低通滤波器，应用 $s=\dfrac{2}{T_s}\dfrac{1-z^{-1}}{1+z^{-1}}$变换得到的数字滤波器 $H(z)$ 也是低通滤波器；若 $H_a(s)$ 为高通滤波器，应用 $s=\dfrac{2}{T_s}\dfrac{1-z^{-1}}{1+z^{-1}}$变换得到的数字滤波器 $H(z)$ 也是高通滤波器；若为带通、带阻滤波器也是如此。

【例 7-5】　已知模拟滤波器的系统函数为

$$H_a(s)=\frac{3}{(s+1)(s+3)}=\frac{3}{s^2+4s+3}$$

试采用双线性变换法将其转换成数字滤波器，设 $T_s=0.5\text{s}$。

【解】　由式（7.3.21）

$$H(z)=H_a(s)\Big|_{s=\frac{2}{T_s}\frac{1-z^{-1}}{1+z^{-1}}}=H_a\left(\frac{2}{T_s}\frac{1-z^{-1}}{1+z^{-1}}\right)$$

得数字滤波器的系统函数

$$H(z)=H_a(s)\Big|_{s=4\frac{1-z^{-1}}{1+z^{-1}}}=\frac{3+6z^{-1}+3z^{-2}}{35-26z^{-1}+3z^{-2}}$$

图 7-12a 给出了模拟滤波器的幅频特性，图 7-12b 给出了数字滤波器的幅频特性。显然，在图 b 中没有出现频谱混叠现象，由于频率的非线性变换，使截止区的衰减越来越快，使得滤波器的过渡带变窄，选择性改善。

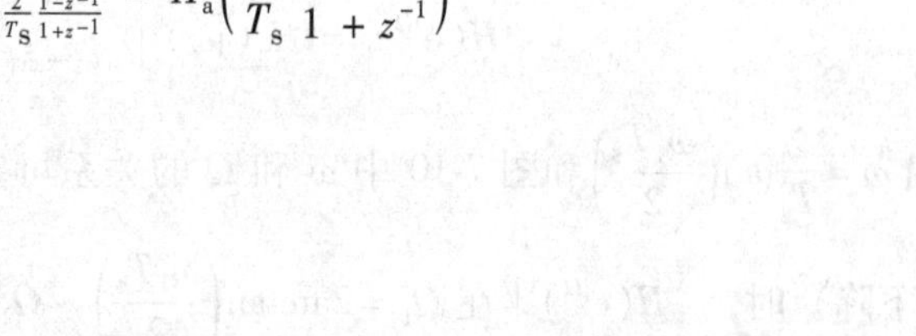

图 7-12　例 7-5 的幅频特性

【例 7-6】　用双线性变换法设计一个以巴特沃思模拟滤波器为原型的数字

低通滤波器（巴特沃思数字低通滤波器），已知设计指标为：通带截止频率 $\Omega_p = 0.3\pi\text{rad}$，阻带截止频率 $\Omega_r = 0.6\pi\text{rad}$，通带最大衰减 $A_p = 3\text{dB}$，阻带最小衰减 $A_r = 10\text{dB}$，抽样角频率 $\omega_s = 20\pi\text{rad/s}$。

【解】（1）将数字滤波器设计指标转换为模拟滤波器设计指标，将给定指标中的各临界频率按式（7.1.13）预畸变，$T_s = \dfrac{2\pi}{\omega_s} = 0.1\text{s}$，则

$$\omega_p = 20\tan\frac{\Omega_p}{2} = 20\tan\frac{0.3\pi}{2}\text{rad/s} = 10.19\text{rad/s}$$

$$\omega_r = 20\tan\frac{\Omega_r}{2} = 20\tan\frac{0.6\pi}{2}\text{rad/s} = 27.53\text{rad/s}$$

（2）因为 $A_p = 3\text{dB}$，可令 $\omega_c = \omega_p$，由式（7.2.7）可得巴特沃思低通滤波器的阶数

$$N > \frac{\lg[(10^{A_r/10}-1)/(10^{A_p/10}-1)]^{1/2}}{\lg(\omega_r/\omega_p)} = \frac{\lg[(10-1)/(10^{0.3}-1)]}{2\lg(27.53/10.19)} = 1.01054$$

取滤波器的阶数 $N = 2$，由表 7-1 查得二阶巴特沃思模拟低通滤波器的系统函数为

$$H_a(s) = \frac{\omega_c^2}{s^2 + \sqrt{2}\omega_c s + \omega_c^2}$$

将 3dB 截止频率 $\omega_c = \omega_p = 10.19\text{rad/s}$ 代入上式，得实际的巴特沃思模拟低通滤波器为

$$H_a(s) = \frac{252.63}{s^2 + 22.478s + 252.63}$$

（3）由双线性变换法式（7.3.21）得巴特沃思数字低通滤波器的系统函数为

$$H(z) = H_a(s)\Big|_{s=\frac{2}{T_S}\frac{1-z^{-1}}{1+z^{-1}}} = \frac{0.2292 + 0.4584z^{-1} + 0.2292z^{-2}}{1 - 0.2675z^{-1} + 0.1843z^{-2}}$$

【例 7-7】 用双线性变换法设计一个三阶巴特沃思数字低通滤波器，采样频率为 $f_s = 4\text{kHz}$（即抽样周期为 $T_s = 250\mu\text{s}$），其 3dB 截止频率为 $f_c = 1\text{kHz}$。三阶模拟巴特沃思滤波器为

$$H_a(s) = \frac{\omega_c^3}{s^3 + 2\omega_c s^2 + 2\omega_c^2 s + \omega_c^3}$$

【解】（1）确定数字域截止频率 $\Omega_c = 2\pi f_c T = 0.5\pi\text{rad}$。

（2）根据频率的非线性关系式（7.3.13），确定预畸变的模拟滤波器的截止频率

$$\omega_c = \frac{2}{T_s}\tan\left(\frac{\Omega_c}{2}\right) = \frac{2}{T_s}\tan\left(\frac{0.5\pi}{2}\right) = \frac{2}{T_s}$$

将 ω_c 代入三阶模拟巴特沃思滤波器 $H_a(s)$，得

$$H_a(s) = \frac{1}{1 + 2(sT_s/2) + 2(sT_s/2)^2 + (sT_s/2)^3}$$

（3）最后，将双线性变换关系代入就得到数字滤波器的系统函数

$$H(z) = H_a(s)\Big|_{s=\frac{2}{T_S}\frac{1-z^{-1}}{1+z^{-1}}} = \frac{1}{1 + 2\left(\frac{1-z^{-1}}{1+z^{-1}}\right) + 2\left(\frac{1-z^{-1}}{1+z^{-1}}\right)^2 + \left(\frac{1-z^{-1}}{1+z^{-1}}\right)^3}$$

$$= \frac{1}{2}\,\frac{1 + 3z^{-1} + 3z^{-2} + z^{-3}}{3 + z^{-2}}$$

3. 双线性变换法的优缺点

将双线性变换法的频率转换关系式（7.3.13）重写如下：

$$\omega = \frac{2}{T_s}\tan\left(\frac{\Omega}{2}\right)$$

或

$$\Omega = 2\arctan\left(\frac{\omega T_s}{2}\right)$$

双线性变换法的频率变换关系如图 7-13 所示。这表明当 ω 从 $-\infty \sim \infty$ 变化，Ω 则由 $-\pi \sim \pi$ 变化，也就是说，s 平面上的整个虚轴确实映射到了 z 平面单位圆的一周，且 ω 和 Ω 是一一对应的。因此，采用双线性变换法不存在频率响应的混叠失真问题，对模拟滤波器的频率响应函数 $H_a(j\omega)$ 没有限带要求，而这是以 ω 和 Ω 的非线性关系为代价的。

双线性变换法借助 s 和 z 之间的简单代数关系，可以从模拟滤波器的系统函数通过代换直接得到数字滤波器的系统函数，其频率响应也可通过直接代换的方法得到。双线性变换法还能直接用于设计低通、高通、带通、带阻等各种类型的滤波器。所以，在设计时双线性变换法要比脉冲响应不变法方便很多。

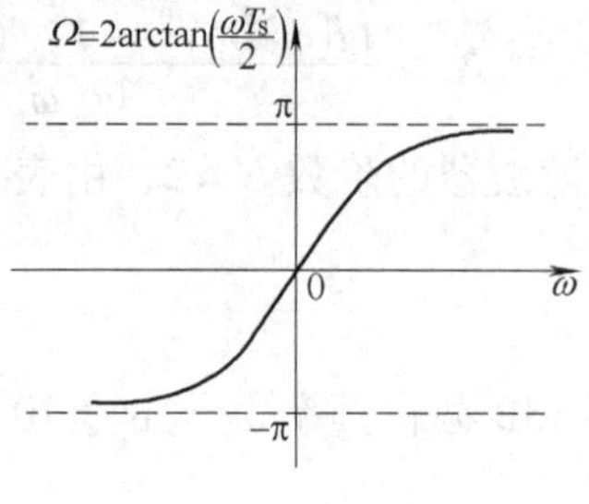

图 7-13　双线性变换法的频率变换关系

双线性变换法的缺点是模拟滤波器的频率和所转换成的数字滤波器的频率之间呈非线性关系。但是，通过事先的频率预畸变，这种非线性关系不会对所设计的数字滤波器的幅频特性产生过大的影响。另外，由于上述的非线性关系会产生相频特性的失真，所以若对数字滤波器的相位特性有要求，则不宜使用此方法设计。

在 IIR 数字滤波器的设计中，如果重视滤波器的瞬态响应，那么采用脉冲响应不变法较好；而在其他情况下，除非对滤波器的相频特性有十分严格的线性要求，否则大多采用双线性变换法。

7.3.3　IIR 数字高通、带通及带阻滤波器设计

实际待求的数字滤波器有各种不同的低通、高通、带通、带阻滤波器，下面着重讨论由模拟低通原型 $H_L(j\omega)$ 设计实际选通数字滤波器 $H_d(e^{j\Omega})$ 的方法，如图 7-14 所示，一般有三种方法。

第①种方法是由模拟低通原型滤波器 $H_L(j\omega)$，通过模拟域 s 平面的频率变换 $s \to s'$ 设计所需的模拟低通、高通、带通、带阻滤波器 $H_d(j\omega')$，这个变换也称 s 平面变换法。再由 $H_d(j\omega')$ 经脉冲响应不变法或双线性变换法得到所需的数字滤波器的 $H_d(e^{j\Omega})$。

第②种方法是先由模拟低通原型滤波器 $H_L(j\omega)$，用脉冲响应不变法或双线性变换法得到数字低通滤波器的 $H_L(e^{j\theta})$；

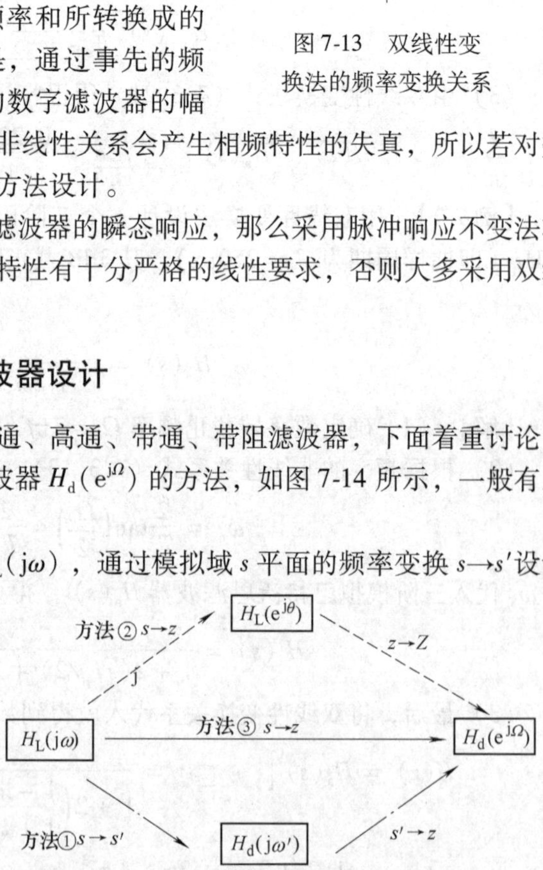

图 7-14　数字选通滤波器的三种设计方法

再由这个数字低通滤波器通过离散域 $z \to Z$ 的频率变换得到所需的数字滤波器的 $H_d(e^{j\Omega})$。后面的这个变换也称 z 平面变换法。

第③种方法是由模拟低通原型滤波器 $H_L(j\omega)$，直接设计所需的数字滤波器的 $H_d(e^{j\Omega})$。因为这种方法将前两种方法中的两步合为一步，直接由模拟原型滤波器变换到数字滤波器，所以也称原型变换法。由于脉冲响应不变法频谱的混叠效应，应用受到一定限制，所以此法适用双线性变换法。

1. s 平面变换法

s 平面变换法，又称模拟域频率变换法，即如何由模拟低通原型滤波器转换为截止频率不同的模拟低通、高通、带通、带阻滤波器，这里不作详细推导，仅在表 7-3 列出一些模拟到模拟的频率转换关系。一般直接用归一化原型转换，取 $\omega_c = 1$，可使设计过程简化。

表 7-3　截止频率为 ω_c 的模拟低通滤波器到其他选频滤波器的转换公式

变换类型	变换关系式	新的截止频率
低通原型→低通	$s \to \dfrac{\omega_c}{\omega_c'} s$	ω_c'：实际低通滤波器的截止频率，一般指通带宽度
低通原型→高通	$s \to \dfrac{\omega_c \omega_c'}{s}$	ω_c'：实际高通滤波器的截止频率，一般指阻带宽度
低通原型→带通	$s \to \omega_c \dfrac{s^2 + \omega_l \omega_h}{s(\omega_h - \omega_l)}$	ω_h、ω_l：实际带通的通带截止频率
低通原型→带阻	$s \to \omega_c \dfrac{s(\omega_h - \omega_l)}{s^2 + \omega_l \omega_h}$	ω_h、ω_l：实际带阻的阻带截止频率

【例 7-8】　考虑一个系统函数为

$$H(s) = \frac{\omega_c}{s + \omega_c}$$

的单极点低通巴特沃思滤波器，请将其变换成一个上限截止频率和下限截止频率分别为 ω_h 和 ω_l 的带通滤波器。

【解】　所需要的变换式由表 7-3 第 3 行给出，于是有

$$H(s) = \frac{1}{\dfrac{s^2 + \omega_l \omega_h}{s(\omega_h - \omega_l)} + 1} = \frac{(\omega_h - \omega_l)s}{s^2 + (\omega_h - \omega_l)s + \omega_l \omega_h}$$

2. z 平面变换法

z 平面变换法又称数字域频率变换法。为了区分变换前后的两个不同的 z 平面，设变换前为小 z 平面，变换后为大 Z 平面，其映射关系为

$$z^{-1} = G(Z^{-1}) \tag{7.3.23}$$

z 平面变换可以表示为

$$H_d(Z) = H_l(z)\big|_{z^{-1} = G(Z^{-1})} \tag{7.3.24}$$

对映射关系的要求，或 $G(Z^{-1})$ 应满足的条件如下：

1）稳定性不变，z 平面的单位圆内→Z 平面的单位圆内；

2）具有相应的频率关系，z 平面的单位圆 $e^{j\theta}$→Z 平面的单位圆 $e^{j\Omega}$。将满足 z 域频率变换的两个条件，代入式（7.3.23）有

$$e^{-j\theta} = G(e^{-j\Omega}) = |G(e^{-j\Omega})| e^{-j\varphi(\Omega)} \tag{7.3.25}$$

式中

$$|G(e^{-j\Omega})| = 1 \tag{7.3.26}$$

$$\theta = \varphi(\Omega) \tag{7.3.27}$$

由式（7.3.26）可见，函数 $G(Z^{-1})$ 在单位圆上恒为 1，是一个全通函数。任意一个全通函数可以表示为

$$G(Z^{-1}) = \pm \prod_{i=1}^{N} \frac{Z^{-1} - a_i^*}{1 - a_i Z^{-1}} \tag{7.3.28}$$

由式（7.3.28）分析全通函数特点：第一，只要有一个极点 a_i，就有一个零点 $1/a_i^*$，零、极点成对出现。由于 $G(Z^{-1})$ 要满足映射后稳定性不变，所以这些极点一定在单位圆内（$|a_i|<1$）；第二，当 Ω 由 $0\sim\pi$ 变化时，全通函数的相位 $\theta=\varphi(\Omega)$ 变化量为 $0\sim N\pi$，N 是全通函数的阶数。由式（7.3.28）可知 z 平面变换法的映射关系及参数，见表 7-4。

表 7-4 z 平面变换法的映射关系及参数

变换类型	变换公式 $G(Z^{-1})$	参 数
低通→低通	$\dfrac{Z^{-1}-a}{1-aZ^{-1}}$	$a=\dfrac{\sin[(\theta_c-\Omega_c)/2]}{\sin[(\theta_c+\Omega_c)/2]}$
低通→高通	$\dfrac{-Z^{-1}-a}{1+aZ^{-1}}$	$a=-\dfrac{\cos[(\theta_c-\Omega_c)/2]}{\cos[(\theta_c+\Omega_c)/2]}$
低通→带通	$-\dfrac{Z^{-2}-a_1Z^{-1}+a_2}{a_2Z^{-2}-a_1Z^{-1}+1}$	$a_1=\dfrac{2ak}{k+1}; a_2=\dfrac{1-k}{1+k}$ $a=\dfrac{\cos[(\Omega_l+\Omega_h)/2]}{\cos[(\Omega_h-\Omega_l)/2]}$ $k=\cot[(\Omega_h-\Omega_l)/2]\tan(\theta_c/2)$
低通→带阻	$\dfrac{Z^{-2}-a_1Z^{-1}+a_2}{a_2Z^{-2}-a_1Z^{-1}+1}$	$a_1=\dfrac{2ak}{k+1}; a_2=\dfrac{1-k}{1+k}$ $a=\dfrac{\cos[(\Omega_l+\Omega_h)/2]}{\cos[(\Omega_h-\Omega_l)/2]}$ $k=\tan[(\Omega_h-\Omega_l)/2]\tan(\theta_c/2)$

注：θ_c 为原型数字低通 $H_l(e^{j\theta})$ 的截止频率，Ω_c 为待求数字低（高）通的截止频率；Ω_h、Ω_l 为待求数字带通（阻）的高、低截止（边界）频率。

【例 7-9】 考虑系统函数为

$$H(z) = \frac{0.245(1+z^{-1})}{1-0.509z^{-1}}$$

的单极点低通巴特沃思滤波器，将其转变成上限截止频率和下限截止频率分别为 $\Omega_h=\dfrac{3}{5}\pi\text{rad}$ 和 $\Omega_l=\dfrac{2}{5}\pi\text{rad}$ 的带通滤波器。低通滤波器有 3dB 带宽 $\Omega_p=0.2\pi\text{rad}$。

【解】 由表 7-4 查得，需要的变换为

$$z^{-1} \rightarrow -\frac{Z^{-2}-a_1Z^{-1}+a_2}{a_2Z^{-2}-a_1Z^{-1}+1}$$

式中，参数 a_1 和 a_2 的定义见表 7-4。

将 a_1、a_2 代入 $H(z)$ 得

$$H(Z)=\frac{0.245\left(1-\dfrac{Z^{-2}-a_1Z^{-1}+a_2}{a_2Z^{-2}-a_1Z^{-1}+1}\right)}{1+0.509\left(\dfrac{Z^{-2}-a_1Z^{-1}+a_2}{a_2Z^{-2}-a_1Z^{-1}+1}\right)}$$

$$=\frac{0.245(1-a_2)(1-Z^{-2})}{(1+0.509a_2)-1.509a_1Z^{-1}+(a_2+0.509)Z^{-2}}$$

因为 $\Omega_h=\frac{3}{5}\pi\text{rad}$，$\Omega_l=\frac{2}{5}\pi\text{rad}$，$\Omega_p=0.2\pi\text{rad}$，可算得 $k=1$，$a_1=0$，$a_2=0$，所以

$$H(Z)=\frac{0.245(1-Z^{-2})}{1+0.509Z^{-2}}$$

3. 原型变换法

通过归一化模拟低通原型滤波器直接设计各种数字滤波器的方法称模拟原型直接变换法，其特点是不经过数字域或模拟域的频率变换，直接完成 $s\to z$ 的变换。由于脉冲响应不变法的混叠效应，使其应用受到一定限制，所以原型直接变换法只讨论双线性变换。下面以一个模拟低通滤波器变换成数字高通滤波器为例（其他变换可以举一反三），将 s 平面变换法和双线性变换法中的转换和映射关系融合成一个数学表达式，使变换一步完成。

首先，有来自表 7-3 的低通模拟原型到模拟高通的变换关系

$$s\to\frac{\omega_c\omega_c'}{s}\tag{7.3.29}$$

式中，ω_c 为模拟低通滤波器的截止频率；ω_c'为实际高通滤波器的截止频率。

再根据双线性变换原理，模拟滤波器与数字滤波器之间的 s 平面与 z 平面的关系为

$$s=\frac{2}{T_s}\frac{1-z^{-1}}{1+z^{-1}}\tag{7.3.30}$$

将变换式（7.3.30）代入变换式（7.3.29）后，就得到了直接从模拟低通原型变换成数字高通滤波器的公式

$$s=\frac{\omega_c\omega_c'}{\dfrac{2}{T_s}\dfrac{1-z^{-1}}{1+z^{-1}}}=\frac{T_s\omega_c\omega_c'}{2}\frac{1+z^{-1}}{1-z^{-1}}=C\frac{1+z^{-1}}{1-z^{-1}}\tag{7.3.31}$$

式中，$C=T_s\dfrac{\omega_c\omega_c'}{2}$。

由此得到数字高通滤波器的系统函数为

$$H(z)=H_a(s)\Big|_{s=C\frac{1+z^{-1}}{1-z^{-1}}}\tag{7.3.32}$$

式中，$H_a(s)$ 为模拟低通滤波器的系统函数。

显然，式（7.3.32）的直接变换没有改变滤波器的阶数，数字高通滤波器和模拟低通滤波器具有相同数量的极点。

下面再来看频率转换关系，根据双线性变换，频率变换之间的关系为

$$\omega_c'=\frac{2}{T_s}\tan\left(\frac{\Omega_c}{2}\right)$$

又因 $C=T_s\dfrac{\omega_c\omega_c'}{2}$，故直接得到

$$C = \omega_c \tan\left(\frac{\Omega_c}{2}\right) \tag{7.3.33}$$

在式（7.3.31）中，令 $s=\mathrm{j}\omega$，$z=\mathrm{e}^{\mathrm{j}\Omega}$，可得模拟低通滤波器与数字高通滤波器频率之间的关系

$$\mathrm{j}\omega = C\frac{1+\mathrm{e}^{-\mathrm{j}\Omega}}{1-\mathrm{e}^{-\mathrm{j}\Omega}} = C\frac{\mathrm{e}^{\mathrm{j}\frac{\Omega}{2}}+\mathrm{e}^{-\mathrm{j}\frac{\Omega}{2}}}{\mathrm{e}^{\mathrm{j}\frac{\Omega}{2}}-\mathrm{e}^{-\mathrm{j}\frac{\Omega}{2}}}$$

$$= \mathrm{j}C\frac{\cos\left(\dfrac{\Omega}{2}\right)}{\sin\left(\dfrac{\Omega}{2}\right)} = \mathrm{j}C\cot\left(\frac{\Omega}{2}\right)$$

或

$$|\omega| = C\cot\left(\frac{\Omega}{2}\right) \tag{7.3.34}$$

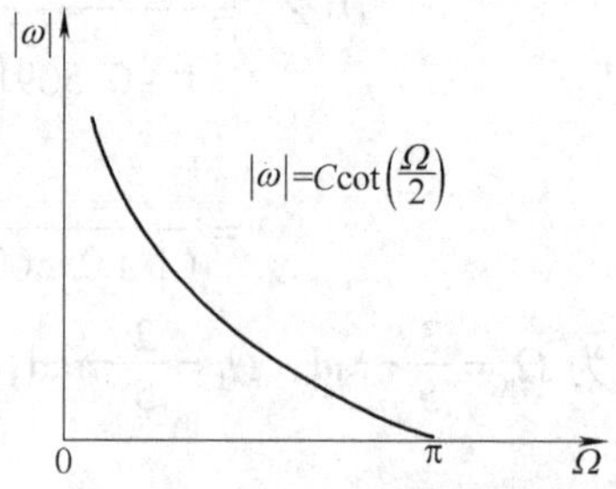

图 7-15　模拟低通到数字高通时的频率变换的关系曲线

图 7-15 示出了频率变换的关系曲线。

7.4　有限长单位脉冲响应 FIR 数字滤波器的设计

IIR 数字滤波器由于吸收了模拟滤波器的设计成果，所以能简便、有效地完成一些数字滤波器的设计。但 IIR 数字滤波器幅频特性的改善一般是以相位的非线性为代价的。如果系统有线性相位要求，IIR 系统就需要增加复杂的相位校正网络。而 FIR 系统在满足幅频特性要求下，可以保证严格的线性相位特性。尤其是相对 IIR 系统，FIR 系统只有原点处的极点，又因为任何一个非因果的有限长序列通过一定的延时，都可以做成因果系统，所以 FIR 系统没有因果稳定问题。此外，FIR 系统还可以利用快速傅里叶变换技术来过滤信号，从而大大提高了运算效率。总之，FIR 系统具有 IIR 系统没有的许多特点，现在，FIR 数字滤波器得到了越来越广泛的应用。

7.4.1　线性相位 FIR 数字滤波器的条件和特点

FIR 系统并不是都具有线性相位，只有满足一定条件的 FIR 系统才具有线性相位。如果 FIR 数字滤波器的单位脉冲响应 $h(n)$ 是实数序列，而且满足偶对称或奇对称的条件，即

$$h(n) = h(N-1-n) \qquad 0 \leqslant n \leqslant N-1 \tag{7.4.1}$$

或

$$h(n) = -h(N-1-n) \qquad 0 \leqslant n \leqslant N-1 \tag{7.4.2}$$

则滤波器就具有严格的线性相位特点。

1. 相位特性

1）若 FIR 数字滤波器的单位脉冲响应为实偶对称序列，如式（7.4.1）所示时，其系统函数为

$$H(z) = \sum_{n=0}^{N-1} h(n)z^{-n} = \sum_{n=0}^{N-1} h(N-1-n)z^{-n}$$

令 $m=N-1-n$ 并代入上式，于是有

$$H(z)=\sum_{m=0}^{N-1}h(m)z^{-(N-1-m)}=z^{-(N-1)}\sum_{m=0}^{N-1}h(m)z^{m}$$

由上式可得

$$H(z)=z^{-(N-1)}H(z^{-1})$$

则有

$$H(z)=\frac{1}{2}[H(z)+z^{-(N-1)}H(z^{-1})]=\frac{1}{2}\sum_{n=0}^{N-1}h(n)[z^{-n}+z^{-(N-1)}z^{n}]$$

$$=z^{-\left(\frac{N-1}{2}\right)}\sum_{n=0}^{N-1}h(n)\left[\frac{z^{-\left(n-\frac{N-1}{2}\right)}+z^{\left(n-\frac{N-1}{2}\right)}}{2}\right] \tag{7.4.3}$$

系统的频率特性为

$$H(e^{j\Omega})=e^{-j\Omega\left(\frac{N-1}{2}\right)}\sum_{n=0}^{N-1}h(n)\cos\left[\Omega\left(\frac{N-1}{2}-n\right)\right] \tag{7.4.4}$$

若令

$$H(e^{j\Omega})=H(\Omega)e^{j\theta(\Omega)} \tag{7.4.5}$$

式中

$$H(\Omega)=\sum_{n=0}^{N-1}h(n)\cos\left[\Omega\left(\frac{N-1}{2}-n\right)\right] \tag{7.4.6}$$

$$\theta(\Omega)=-\left(\frac{N-1}{2}\right)\Omega=-M\Omega \tag{7.4.7}$$

称 $H(\Omega)$ 为系统的幅度函数，$\theta(\Omega)$ 为系统的相位函数。常数 $M=\frac{N-1}{2}$ 为 $h(n)$ 的偶对称中心。所以，当 FIR 数字滤波器的单位脉冲响应为实偶对称序列时，系统具有严格的线性相位特性，如图 7-16 所示。

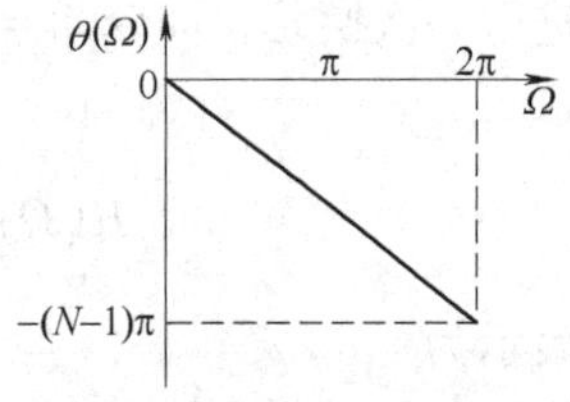

图 7-16 $h(n)$ 偶对称时的线性相位特性

2）同样可以证明，当 $h(n)$ 为实奇对称序列，如式 (7.4.2) 所示时，滤波器系统的频率特性为

$$H(e^{j\Omega})=e^{-j\left(\frac{N-1}{2}\right)\Omega+j\frac{\pi}{2}}\sum_{n=0}^{N-1}h(n)\sin\left[\Omega\left(\frac{N-1}{2}-n\right)\right] \tag{7.4.8}$$

系统的幅度函数和相位函数分别为

$$H(\Omega)=\sum_{n=0}^{N-1}h(n)\sin\left[\Omega\left(\frac{N-1}{2}-n\right)\right] \tag{7.4.9}$$

$$\theta(\Omega)=-\left(\frac{N-1}{2}\right)\Omega+\frac{\pi}{2}=-M\Omega+\frac{\pi}{2} \tag{7.4.10}$$

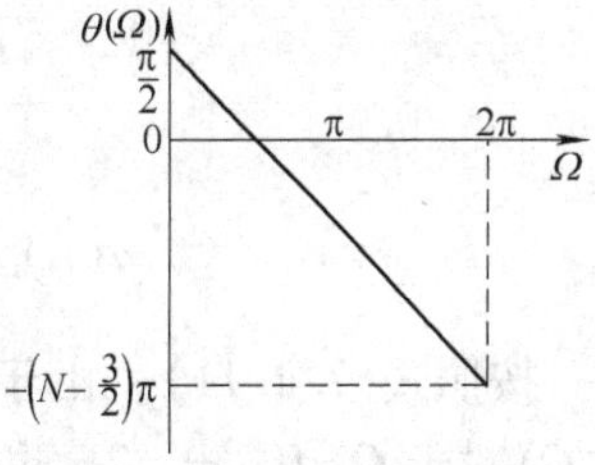

图 7-17 $h(n)$ 奇对称时的线性相位特性

常数 $M=\frac{N-1}{2}$ 为 $h(n)$ 的奇对称中心。所以，当 FIR 数字滤波器的单位脉冲响应为实奇对称序列时，FIR 数字滤波器不仅有 $\frac{N-1}{2}$ 个抽样的延时，还产生一个 90° 的相移，如图 7-17 所示。这种使所有频率的相移皆为 90° 的网络，称为 90° 移相器，或

称正交变换网络。它和理想低通滤波器、理想微分器一样，有着极重要的理论和实际意义。

线性相位 FIR 数字滤波器的设计就是在保证线性相位的条件下，设计幅度函数 $H(\Omega)$ 使其与要求的频域容差图在选定的逼近准则下具有最小误差。

2. 幅度特性

若 $h(n)$ 是对 $\frac{N-1}{2}$ 偶对称或奇对称的序列，又由 N 为奇数或偶数，可以得到四种幅度类型的线性相位 FIR 数字滤波器。下面讨论这四类线性相位 FIR 系统的幅度特性。

1）第一种类型：$h(n)$ 为偶对称，N 为奇数。

从 $h(n)$ 偶对称的幅度函数式(7.4.6)

$$H(\Omega) = \sum_{n=0}^{N-1} h(n)\cos\left[\Omega\left(\frac{N-1}{2}-n\right)\right]$$

可以看出，其中 $h(n)$ 与 $\cos\left[\Omega\left(\frac{N-1}{2}-n\right)\right]$ 都对 $\frac{N-1}{2}$ 呈偶对称，即

$$h(n) = h(N-1-n)$$

$$\cos\left\{\Omega\left[\frac{N-1}{2}-(N-1-n)\right]\right\} = \cos\left[-\Omega\left(\frac{N-1}{2}-n\right)\right] = \cos\left[\Omega\left(\frac{N-1}{2}-n\right)\right]$$

因此，可以将 $\sum$ 内两两相等的项合并，例如 $n=0$ 项与 $n=N-1$ 项合并，$n=1$ 项与 $n=N-2$ 项合并……。但是，由于 N 是奇数，两两合并的结果必然还剩下一项，即 $n=\frac{N-1}{2}$ 项是单项，无法和其他项合并，这样，由式(7.4.6)的幅度函数就可以表示为

$$H(\Omega) = h\left(\frac{N-1}{2}\right) + \sum_{n=0}^{\frac{N-3}{2}} 2h(n)\cos\left[\Omega\left(\frac{N-1}{2}-n\right)\right]$$

再进行一次换元，即令 $m=\frac{N-1}{2}-n$，则上式可改写为

$$H(\Omega) = h\left(\frac{N-1}{2}\right) + \sum_{m=1}^{\frac{N-1}{2}} 2h\left(\frac{N-1}{2}-m\right)\cos(\Omega m)$$

可表示为

$$H(\Omega) = \sum_{n=0}^{\frac{N-1}{2}} a(n)\cos(\Omega n) \tag{7.4.11}$$

式中

$$a(0) = h\left(\frac{N-1}{2}\right) \tag{7.4.12}$$

$$a(n) = 2h\left(\frac{N-1}{2}-n\right) \qquad n = 1,2,3,\cdots,\frac{N-1}{2} \tag{7.4.13}$$

按照式(7.4.11)，由于式中 $\cos(\Omega n)$ 项对 $\Omega=0$，π，2π 皆为偶对称，因此幅度函数 $H(\Omega)$ 对于 $\Omega=0$，π，2π 也呈偶对称，其幅频特性示意如图 7-18 所示。

2）第二种类型：$h(n)$ 为偶对称，N 为偶数。

推导过程和前面 N 为奇数相似，不同点是由于 N 为偶数，因此式(7.4.6)中无单独项，

全部可以两两合并得

$$H(\Omega) = \sum_{n=0}^{\frac{N}{2}-1} 2h(n)\cos\left[\Omega\left(\frac{N-1}{2}-n\right)\right]$$

令 $n=\frac{N}{2}-m$，代入上式可得

$$H(\Omega) = \sum_{m=1}^{\frac{N}{2}} 2h\left(\frac{N}{2}-m\right)\cos\left[\Omega\left(m-\frac{1}{2}\right)\right]$$

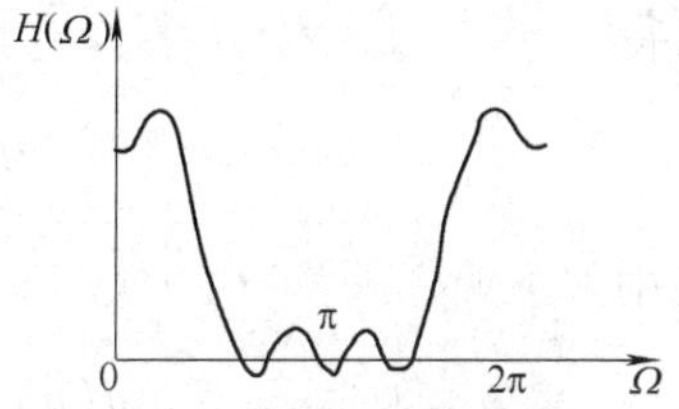

图 7-18　第一种类型线性相位滤波器幅频特性示意

因此

$$H(\Omega) = \sum_{n=1}^{\frac{N}{2}} b(n)\cos\left[\Omega\left(n-\frac{1}{2}\right)\right] \tag{7.4.14}$$

式中

$$b(n) = 2h\left(\frac{N}{2}-n\right) \qquad n = 1,2,3,\cdots,\frac{N}{2} \tag{7.4.15}$$

按照式(7.4.14)，当 $\Omega=\pi$ 时，$\cos\left[\Omega\left(n-\frac{1}{2}\right)\right]=0$，余弦项对 $\Omega=\pi$ 呈奇对称，因此 $H(\pi)=0$,即 $H(z)$ 在 $z=e^{j\pi}=-1$ 处必然有一个零点，而且 $H(\Omega)$ 对 $\Omega=\pi$ 呈奇对称。当 $\Omega=0$ 或 2π 时，$\cos\left[\Omega\left(n-\frac{1}{2}\right)\right]=1$ 或 -1，余弦项对 $\Omega=0$，2π 为偶对称，幅度函数 $H(\Omega)$ 对于 $\Omega=0$，2π 也呈偶对称，其幅频特性示意如图 7-19 所示。

如果数字滤波器在 $\Omega=\pi$ 处不为零，例如高通滤波器、带阻滤波器，则不能用这类数字滤波器来设计。

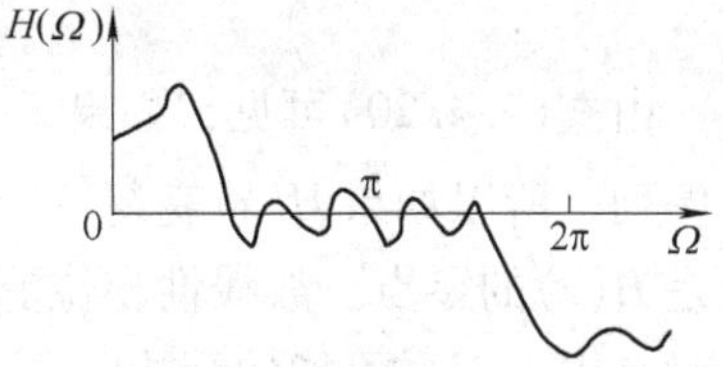

图 7-19　第二种类型线性相位滤波器幅频特性示意

3)第三种类型：$h(n)$ 为奇对称，N 为奇数。

从 $h(n)$ 为奇对称时的滤波器幅度函数式(7.4.9)出发，推导过程与第一种类型相似，可得

$$H(\Omega) = \sum_{n=1}^{\frac{N-1}{2}} c(n)\sin(\Omega n) \tag{7.4.16}$$

式中

$$c(n) = 2h\left(\frac{N-1}{2}-n\right) \qquad n = 1,2,3,\cdots,\frac{N-1}{2} \tag{7.4.17}$$

由于 $\sin(\Omega n)$ 在 $\Omega=0$，π，2π 处都为零，并对这些点呈奇对称，因此幅度函数 $H(\Omega)$ 在 $\Omega=0$，π，2π 处为零，即 $H(z)$ 在 $z=\pm1$ 上都有零点，且 $H(\Omega)$ 对于 $\Omega=0$，π，2π 也呈奇对称，其幅频特性示意如图 7-20 所示。

如果数字滤波器在 $\Omega=0$，π，2π 处不为零，例如低通滤波器、高通滤波器、带阻滤波器，则不能用这类数字滤波器来设计，除非不考虑这些频率点上的值。

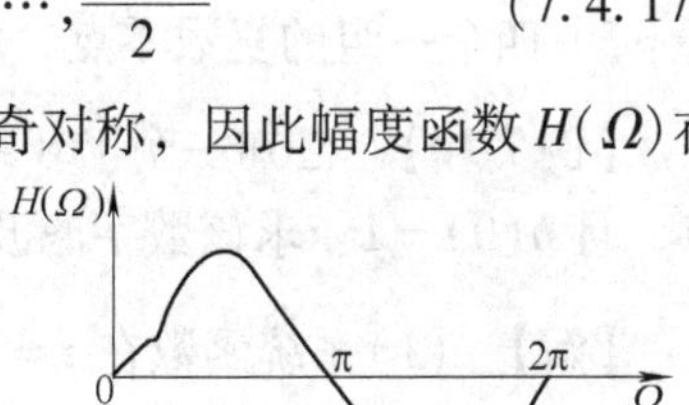

图 7-20　第三种类型线性相位滤波器幅频特性示意

4)第四种类型：$h(n)$ 为奇对称，N 为偶数。

从 $h(n)$ 为奇对称时的滤波器幅度函数式(7.4.9)出发，推导过程与第二种类型相似，

可得

$$H(\Omega)=\sum_{n=1}^{N/2}d(n)\sin\left[\Omega\left(n-\frac{1}{2}\right)\right] \tag{7.4.18}$$

式中

$$d(n)=2h\left(\frac{N}{2}-n\right)\qquad n=1,2,3,\cdots,\frac{N}{2} \tag{7.4.19}$$

由式(7.4.18)，当 $\Omega=0$，2π 时，$\sin\left[\Omega\left(n-\frac{1}{2}\right)\right]=0$，且对 $\Omega=0$，2π 呈奇对称，因此 $H(\Omega)$ 在 $\Omega=0$，2π 处为零，即 $H(z)$ 在 $z=1$ 处有一个零点，且 $H(\Omega)$ 对 $\Omega=0$，2π 也呈奇对称。当 $\Omega=\pi$ 时，$\sin\left[\Omega\left(n-\frac{1}{2}\right)\right]=-1$ 或 1，则 $\sin\left[\Omega\left(n-\frac{1}{2}\right)\right]$ 对 $\Omega=\pi$ 呈偶对称，幅度函数 $H(\Omega)$ 对于 $\Omega=\pi$ 也呈偶对称，其幅频特性示意如图 7-21 所示。

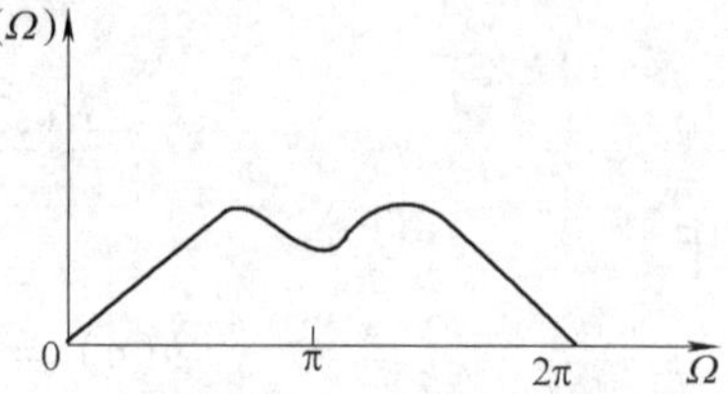

图 7-21　第四种类型线性相应滤波器幅频特性示意

如果数字滤波器在 $\Omega=0$，2π 处不为零，例如低通滤波器、带阻滤波器，则不能用这类数字滤波器来设计。

3. 零点特性

除了原点处的极点外，线性相位 FIR 系统只有零点，因此有必要讨论其零点特性。因为线性相位滤波器的系统函数有

$$H(z)=\pm z^{-(N-1)}H(z^{-1}) \tag{7.4.20}$$

由式(7.4.20)可见，如果 z_i 是 $H(z)$ 的零点，则 z_i^{-1} 也是 $H(z)$ 的零点。又由于 $h(n)$ 是实序列，所以如果 $H(z)$ 有复零点，必为共轭成对出现，即若 z_i 是 $H(z)$ 的零点，其共轭 z_i^* 也是 $H(z)$ 的零点。故线性相位滤波器的零点必须是互为倒数的共轭对。这种互为倒数的共轭对有以下三种可能的结构：

1）单零点：$z_i=1$ 或 $z_i=-1$，对应一阶节结构 $1\pm z^{-1}$。

2）双零点：在实轴上，$z_1=z_1^*$，$\frac{1}{z_1}=\frac{1}{z_1^*}$；在单位圆上，$z_2=\frac{1}{z_2^*}$，$z_2^*=\frac{1}{z_2}$；对应二阶节结构，$1+az^{-1}+z^{-2}$。

3）四个一组的复数零点，对应的系统为四阶节结构 $a+bz^{-1}+cz^{-2}+bz^{-3}+az^{-4}$。

【例 7-10】　已知一个 FIR 线性相位滤波器的系统函数在 $z=3$ 和 $z=0.5e^{j\frac{\pi}{3}}$ 各有一个零点，且 $h(0)=1$。求该数字滤波器的系统函数 $H(z)$ 和单位脉冲响应 $h(n)$。

【解】　(1)系统函数在 $z=3$ 有零点，线性相位的约束条件需要在 $\frac{1}{3}$ 也有一个零点。于是，$H(z)$ 具有如下二阶节结构：

$$H_1(z)=(1-3z^{-1})\left(1-\frac{1}{3}z^{-1}\right)=1-\frac{10}{3}z^{-1}+z^{-2}$$

(2) 当 $H(z)$ 在 $z=0.5e^{j\frac{\pi}{3}}$ 有一个复零点时，则在它的共轭位置 $z=0.5e^{-j\frac{\pi}{3}}$ 处一定有另一个零点。这个零点共轭对产生如下的二阶节结构：

$$H_2(z)=(1-0.5\mathrm{e}^{\mathrm{j}\frac{\pi}{3}}z^{-1})(1-0.5\mathrm{e}^{-\mathrm{j}\frac{\pi}{3}}z^{-1})=1-0.5(\mathrm{e}^{\mathrm{j}\frac{\pi}{3}}+\mathrm{e}^{-\mathrm{j}\frac{\pi}{3}})+0.25z^{-2}$$

$$=1-\cos\left(\frac{\pi}{3}\right)z^{-1}+0.25z^{-2}=1-0.5z^{-1}+0.25z^{-2}$$

(3)线性相位的约束条件需要在共轭零点 $z=0.5\mathrm{e}^{\pm\mathrm{j}\frac{\pi}{3}}$ 的倒数位置上有零点，所以 $H(z)$ 同样必须包括如下的二阶节结构：

$$H_3(z)=[1-(0.5\mathrm{e}^{\mathrm{j}\frac{\pi}{3}})^{-1}z^{-1}][1-(0.5\mathrm{e}^{-\mathrm{j}\frac{\pi}{3}})^{-1}z^{-1}]=1-2z^{-1}+4z^{-2}$$

(4)综合以上结果，有

$$H(z)=AH_1(z)H_2(z)H_3(z)$$

$$=A\left(1-\frac{10}{3}z^{-1}+z^{-2}\right)(1-0.5z^{-1}+0.25z^{-2})(1-2z^{-1}+4z^{-2})$$

$$=A\left(1-\frac{17.5}{3}z^{-1}+\frac{43.75}{3}z^{-2}-\frac{67.5}{3}z^{-3}+\frac{43.75}{3}z^{-4}-\frac{17.5}{3}z^{-5}+z^{-6}\right)$$

题给 $h(0)=1$，由 z 变换的初值定理

$$\lim_{z\to\infty}H(z)=h(0)$$

解得 $A=1$，所以此 FIR 数字滤波器的系统函数和单位脉冲响应分别为

$$H(z)=1-\frac{17.5}{3}z^{-1}+\frac{43.75}{3}z^{-2}-\frac{67.5}{3}z^{-3}+\frac{43.75}{3}z^{-4}-\frac{17.5}{3}z^{-5}+z^{-6}$$

$$h(n)=\left\{\underline{1},-\frac{17.5}{3},\frac{43.75}{3},-\frac{67.5}{3},\frac{43.75}{3},-\frac{17.5}{3},1\right\}$$

7.4.2　窗函数法

1. 基本原理

设计 FIR 数字滤波器最简单的方法是窗函数法。窗函数法设计 FIR 数字滤波器在时域进行。设希望得到的理想数字滤波器的单位脉冲响应为 $h_{\mathrm{d}}(n)$，它是无限长非因果序列，频率特性为

$$H_{\mathrm{d}}(\mathrm{e}^{\mathrm{j}\Omega})=\sum_{n=-\infty}^{\infty}h_{\mathrm{d}}(n)\mathrm{e}^{-\mathrm{j}\Omega n}\tag{7.4.21}$$

现设计一个 FIR 数字滤波器，其单位脉冲响应 $h(n)$ 为长度 N 的因果序列，所以要用有限长的 $h(n)$ 来逼近无限长的 $h_{\mathrm{d}}(n)$。一个简单的方法是截断 $h_{\mathrm{d}}(n)$，通常对 $h_{\mathrm{d}}(n)$ 乘以一个长度为 N 的因果序列 $w_N(n)$ 得到 $h(n)$

$$h(n)=h_{\mathrm{d}}(n)w_N(n)\tag{7.4.22}$$

把 $w_N(n)$ 称为窗函数。选择窗函数序列的形状及长度，对设计 FIR 数字滤波器非常关键。

设 $h_{\mathrm{d}}(n)$ 是一个理想数字低通滤波器，且具有线性相位特性，滤波器的频率响应为

$$H_{\mathrm{d}}(\mathrm{e}^{\mathrm{j}\Omega})=H_{\mathrm{d}}(\Omega)\mathrm{e}^{-\mathrm{j}M\Omega}=\begin{cases}\mathrm{e}^{-\mathrm{j}M\Omega} & |\Omega|\leqslant\Omega_{\mathrm{c}}\\ 0 & \Omega_{\mathrm{c}}<|\Omega|\leqslant\pi\end{cases}\tag{7.4.23}$$

式中，幅度函数

$$H_{\mathrm{d}}(\Omega)=\begin{cases}1 & \Omega\leqslant\Omega_{\mathrm{c}}\\ 0 & \Omega_{\mathrm{c}}<|\Omega|\leqslant\pi\end{cases}\tag{7.4.24}$$

由离散时间傅里叶逆变换的定义，该滤波器的单位脉冲响应

$$h_d(n)=\frac{1}{2\pi}\int_{-\pi}^{\pi}H_d(e^{j\Omega})e^{j\Omega n}d\Omega=\frac{1}{2\pi}\int_{-\Omega_c}^{\Omega_c}e^{-j\Omega n}e^{j\Omega M}d\Omega=\frac{\sin[\Omega_c(n-M)]}{\pi(n-M)}\tag{7.4.25}$$

这样，$h_d(n)$是以 M 为中心的偶对称的无限长非因果序列，如图 7-22a 所示。为了构造一个长度为 N 的线性相位滤波器，现按照式(7.4.22)，选取窗函数 $w_N(n)=R_N(n)$，截取 $h_d(n)$ 的从 $0\sim N-1$ 的部分来作为 $h(n)$，如图 7-22b 所示。为保证 $h(n)$ 的偶对称性，故 $h(n)$ 的长度应满足 $N=2M+1$，如图 7-22c 所示。

窗函数为矩形序列 $w_N(n)=R_N(n)$时，其频率特性为

$$W_N(e^{j\Omega})=\sum_{n=0}^{N-1}w_N(n)e^{-j\Omega n}=\sum_{n=0}^{N-1}e^{-j\Omega n}=\frac{1-e^{-j\Omega N}}{1-e^{-j\Omega}}$$

$$=e^{-j\left(\frac{N-1}{2}\right)\Omega}\frac{\sin\left(\frac{\Omega N}{2}\right)}{\sin\left(\frac{\Omega}{2}\right)}=e^{-jM\Omega}\frac{\sin\left(\frac{\Omega N}{2}\right)}{\sin\left(\frac{\Omega}{2}\right)}\tag{7.4.26}$$

式中，幅度函数为

$$W_N(\Omega)=\frac{\sin\left(\frac{\Omega N}{2}\right)}{\sin\left(\frac{\Omega}{2}\right)}\tag{7.4.27}$$

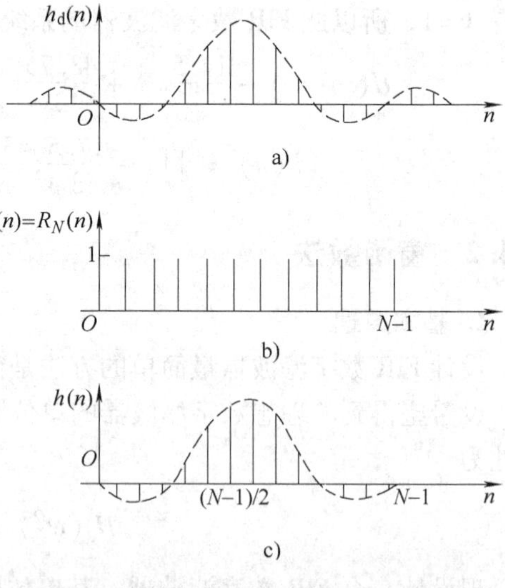

图 7-22 理想单位脉冲响应的矩形窗截取

根据离散时间傅里叶变换的频域卷积公式，由式(7.4.22)得

$$H(e^{j\Omega})=\frac{1}{2\pi}H_d(e^{j\Omega})*W(e^{j\Omega})$$

即实际 FIR 数字滤波器的频率响应为

$$H(e^{j\Omega})=\frac{1}{2\pi}\int_{-\pi}^{\pi}H_d(e^{j\theta})W_N[e^{j(\Omega-\theta)}]d\theta$$

$$=\frac{1}{2\pi}\int_{-\pi}^{\pi}H_d(\theta)e^{-jM\theta}W_N(\Omega-\theta)e^{-jM(\Omega-\theta)}d\theta$$

$$=e^{-jM\Omega}\left[\frac{1}{2\pi}\int_{-\pi}^{\pi}H_d(\theta)W_N(\Omega-\theta)d\theta\right]\tag{7.4.28}$$

设

$$H(e^{j\Omega})=H(\Omega)e^{-jM\Omega}\tag{7.4.29}$$

则实际 FIR 数字滤波器的幅度函数 $H(\Omega)$ 为

$$H(\Omega)=\frac{1}{2\pi}\int_{-\pi}^{\pi}H_d(\theta)W_N(\Omega-\theta)d\theta\tag{7.4.30}$$

用图 7-23 来说明这个幅度卷积过程，只看几个特殊的频率点。特别注意卷积过程给 $H(\Omega)$ 响应上造成的起伏现象。图 7-23a 和 b 所示分别是理想低通和矩形窗的幅度函数。

1）由式(7.4.30)，当 $\Omega=0$ 时，$H(0)$ 等于 $W_N(\theta)$ 在 $\theta=-\Omega_c\sim\theta=\Omega_c$ 一段的积分面积。一般情况下，满足当 $\Omega_c>>2\pi/N$ 时，$H(0)$ 近似于 $W_N(\theta)$ 的全部积分面积，图 7-23f 所示幅度卷积的结果将之归一化到 1。

2）如图 7-23c 所示，当 $\Omega=\Omega_c$ 时，$H_d(\theta)$ 正好与 $W_N(\Omega-\theta)$ 的一半重叠，因此卷积值正

好是零频响应 $H(0)$ 的一半，$\dfrac{H(\Omega_c)}{H(0)}=0.5$，如图 7-23f 所示。

3) 如图 7-23d 所示，当 $\Omega=\Omega_c-\dfrac{2\pi}{N}$ 时，Ω 在通带截止频率 Ω_c 以内 $\dfrac{2\pi}{N}$ 处，整个 $W_N(\Omega-\theta)$ 的主瓣刚好都在 $H_d(\theta)$ 的通带内，因此卷积有最大值 $H\left(\Omega_c-\dfrac{2\pi}{N}\right)$，这时频响出现正肩峰。

4) 如图 7-23e 所示，当 $\Omega=\Omega_c+\dfrac{2\pi}{N}$ 时，Ω 在通带截止频率 Ω_c 以外 $\dfrac{2\pi}{N}$ 处，此时整个 $W_N(\Omega-\theta)$ 的主瓣刚好都在 $H_d(\theta)$ 的通带外，通带内旁瓣负的面积大于正的面积，因此卷积有最小值 $H\left(\Omega_c+\dfrac{2\pi}{N}\right)$，这时频响出现负肩峰。

5) 随着 Ω 的增加，当 $\Omega>\Omega_c+\dfrac{2\pi}{N}$ 时，卷积值随着 $W_N(\Omega-\theta)$ 在通带内面积的变化而变化，$H(\Omega)$ 将围绕着零值起伏摆动；相反，当 Ω 由 $\Omega_c-\dfrac{2\pi}{N}$ 向通带内减小时，$W_N(\Omega-\theta)$ 的右旁瓣进入 $H_d(\theta)$ 的通带，使得 $H(\Omega)$ 围绕 $H(0)$ 而波动，如图 7-23f 所示。

通过以上分析可知，加窗处理对理想低通滤波器的频率响应将会产生以下几点影响：

1) 在理想频率特性不连续点处形成一个过渡带，过渡带的宽度取决于窗函数的频率响应的主瓣宽度。当窗函数是矩形窗时，$H(\Omega)$ 的正肩峰和负肩峰之间的宽度等于矩形窗的主瓣宽度 $\Delta\Omega=\dfrac{4\pi}{N}$，过渡带的宽度与截取长度 N 成反比。

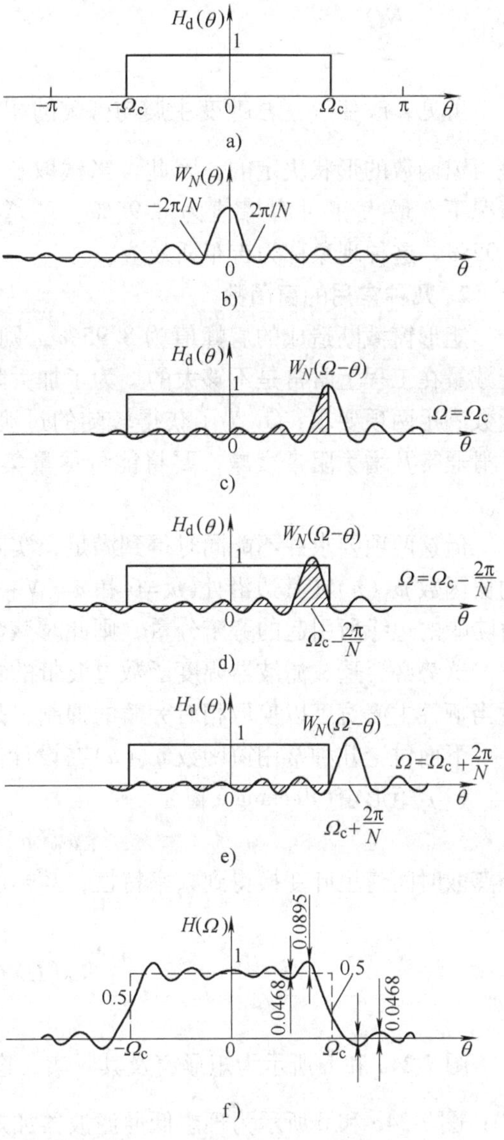

图 7-23　矩形窗对理想低通幅频特性的影响

2) $H(\Omega)$ 的正肩峰和负肩峰出现在截止频率 Ω_c 的两边即 $\Omega=\Omega_c\pm\left(\dfrac{2\pi}{N}\right)$ 的地方，肩峰的两侧形成起伏振荡，其振荡幅度取决于旁瓣的相对幅度，而振荡的多少，则取决于旁瓣的多少。

3) 由式(7.4.27)，矩形窗窗函数主瓣附近的频率响应为

$$W_N(\Omega)=\frac{\sin\left(\dfrac{\Omega N}{2}\right)}{\sin\left(\dfrac{\Omega}{2}\right)}\approx\frac{\sin\left(\dfrac{\Omega N}{2}\right)}{\dfrac{\Omega}{2}}=N\frac{\sin x}{x} \tag{7.4.31}$$

式中，$x=\dfrac{N\Omega}{2}$。

可见，改变 N 无法改变主瓣与旁瓣的相对比例，这个相对比例是由$\dfrac{\sin x}{x}$决定的，或者说是由窗函数的形状决定的。因此，当截取长度 N 增加时，不会改变肩峰值。例如在矩形窗情况下，最大相对肩峰值为 8.95%，N 增加时，起伏振荡变密，最大相对肩峰值总是 8.95%，这种现象称为吉布斯效应。

2. 几种常用的窗函数

矩形窗截断造成的肩峰值为 8.95%，则阻带最小衰减为 20lg(8.95%) = −21dB，这个衰减量在工程上常常是不够大的。为了加大阻带衰减，只能改变窗函数的形状。一般希望窗函数满足两项要求：① 为了获得较陡的过渡带，窗函数频谱的主瓣应该尽可能窄；②为了平滑通带及增大阻带衰减，要将能量尽量集中于主瓣，窗谱最大旁瓣的相对幅度应尽量减少。

但这两项要求并不能同时得到满足，实际所选用的窗函数往往是它们的折中。如果选用的窗函数 $w_N(n)$ 在其边沿处($n=0$ 和 $n=N-1$ 附近)比矩形窗变化要平滑而缓慢，以此减少由陡峭的边缘所引起的旁瓣分量，则此时该窗函数频谱的主瓣宽度却比矩形窗频谱的主瓣要宽，这势必会造成滤波器幅度函数过渡带的加宽。在保证主瓣宽度达到一定要求的前提下，适当牺牲主瓣宽度以换取相对旁瓣的抑制，是从幅频特性的改善对窗函数提出的要求。

下面讨论几种常用窗函数 $w_N(n)$ 在设计低通数字滤波器时的幅频特性。

（1）矩形窗(Rectangle 窗)

$$w_N(n) = R_N(n) \tag{7.4.32}$$

经离散时间傅里叶变换得到频率特性，其幅度函数为

$$W_R(\Omega) = \frac{\sin\left(\dfrac{\Omega N}{2}\right)}{\sin\left(\dfrac{\Omega}{2}\right)} \tag{7.4.33}$$

图 7-24a 和 b 所示为矩形窗及其频谱，窗谱中旁瓣峰值幅度为 −13dB，过渡带宽 $\Delta\Omega=\dfrac{4\pi}{N}$；图 7-24c 和 d 所示为理想低通滤波器加矩形窗后的单位脉冲响应及其幅频特性，阻带最小衰减为 −21dB。

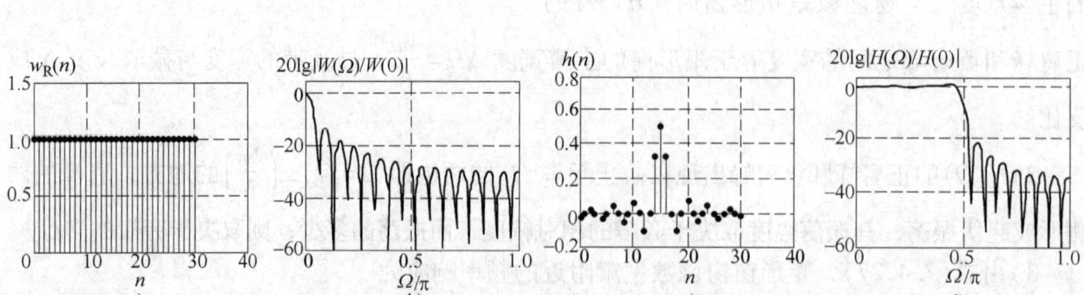

图 7-24　矩形窗及其窗谱、理想低通加窗后的幅频特性($N=31$)

（2）三角窗(Bartlett 窗)

$$w_N(n) = \begin{cases} \dfrac{2n}{N-1} & 0 \leqslant n \leqslant \dfrac{N-1}{2} \\ 2 - \dfrac{2n}{N-1} & \dfrac{N-1}{2} \leqslant n \leqslant N-1 \end{cases} \tag{7.4.34}$$

经离散时间傅里叶变换得到频率特性

$$W(e^{j\Omega}) = \frac{2}{N-1}\left\{\frac{\sin\left[\left(\dfrac{N-1}{4}\right)\Omega\right]}{\sin\left(\dfrac{\Omega}{2}\right)}\right\}^2 e^{-j\left(\frac{N-1}{2}\right)\Omega} \approx \frac{2}{N}\left(\frac{\sin\left(\dfrac{N\Omega}{4}\right)}{\sin\left(\dfrac{\Omega}{2}\right)}\right)^2 e^{-j\left(\frac{N-1}{2}\right)\Omega} \tag{7.4.35}$$

图7-25a 和 b 所示为三角窗及其频谱，窗谱中过渡带宽 $\Delta\Omega = \dfrac{8\pi}{N}$，旁瓣峰值幅度为 -25dB；图7-25c 和 d 所示为理想低通滤波器加三角窗后的单位脉冲响应及其幅频特性，阻带最小衰减为 -25dB。

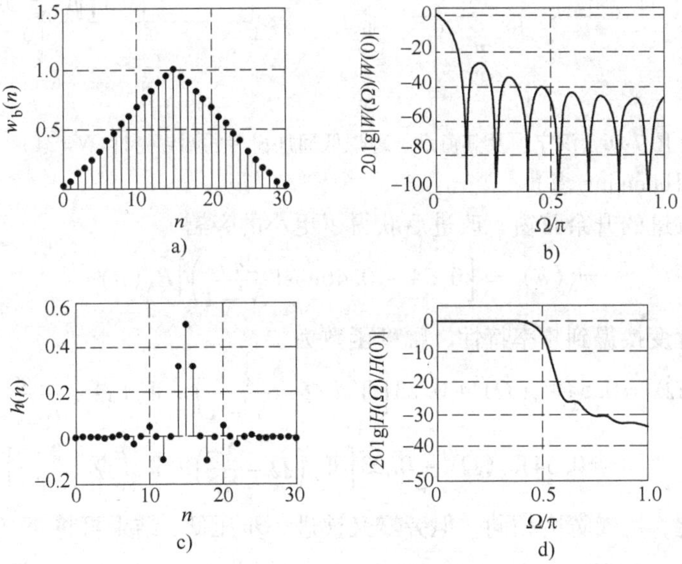

图7-25　三角窗及其窗谱、理想低通加窗后的幅频特性（$N=31$）

(3) 汉宁窗（Hanning 窗）

汉宁窗又称升余弦窗

$$w_N(n) = \sin^2\left(\frac{\pi n}{N-1}\right)R_N(n) = \frac{1}{2}\left[1-\cos\left(\frac{2\pi n}{N-1}\right)\right]R_N(n) \tag{7.4.36}$$

经离散时间傅里叶变换得到频率特性，幅度函数为

$$W(\Omega) = 0.5W_R(\Omega) + 0.25\left[W_R\left(\Omega - \frac{2\pi}{N}\right) + W_R\left(\Omega + \frac{2\pi}{N}\right)\right] \tag{7.4.37}$$

式(7.4.37)中的三部分之和，使旁瓣互相抵消，能量更集中在主瓣。$W_R(\Omega)$是矩形窗频谱的幅度函数，由式(7.4.33)定义，下同。

图7-26a 和 b 所示为汉宁窗及其频谱，窗谱中旁瓣峰值幅度为 -31dB，过渡带宽 $\Delta\Omega = \dfrac{8\pi}{N}$；图7-26c 和 d 所示为理想低通滤波器加汉宁窗后的单位脉冲响应及其幅频特性，阻带最

小衰减为 -44dB。

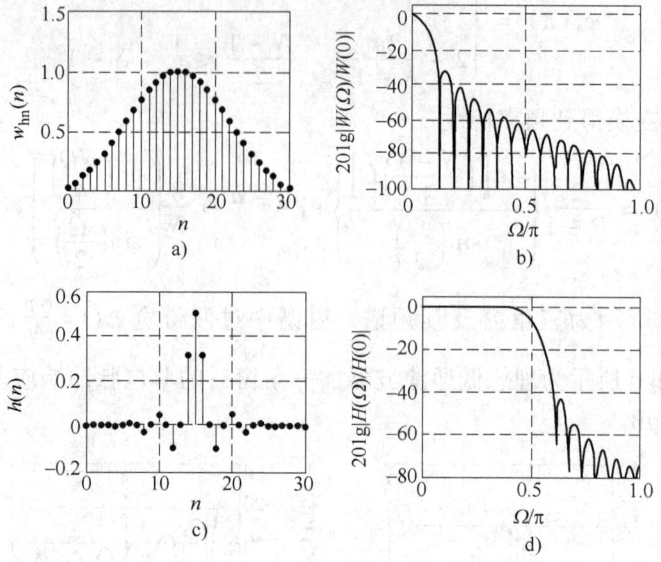

图 7-26　汉宁窗及其窗谱、理想低通加窗后的幅频特性（$N=31$）

（4）海明窗（Hamming 窗）

海明窗又称改进的升余弦窗，改进后获得了更小的旁瓣

$$w_N(n) = \left[0.54 - 0.46\cos\left(\frac{2\pi n}{N-1}\right)\right]R_N(n) \tag{7.4.38}$$

经离散时间傅里叶变换得到频率特性，幅度函数为

$$\begin{aligned} W(\Omega) &= 0.54W_R(\Omega) + 0.23\left[W_R\left(\Omega - \frac{2\pi}{N-1}\right) + W_R\left(\Omega + \frac{2\pi}{N-1}\right)\right] \\ &\approx 0.54W_R(\Omega) + 0.23\left[W_R\left(\Omega - \frac{2\pi}{N}\right) + W_R\left(\Omega + \frac{2\pi}{N}\right)\right] \end{aligned} \tag{7.4.39}$$

与汉宁窗相比，主瓣宽度相同，但旁瓣又被进一步压低，结果可将 99.963% 的能量集中在窗谱的主瓣内。

图 7-27a 和 b 所示为海明窗及其频谱，窗谱中旁瓣峰值幅度为 -41dB，过渡带宽 $\Delta\Omega = \frac{8\pi}{N}$；图 7-27c 和 d 所示为理想低通滤波器加海明窗后的单位脉冲响应及其幅频特性，阻带最小衰减为 -53dB。

（5）布莱克曼窗（Blackman 窗）

布莱克曼窗又称二阶升余弦窗。为了进一步抑制旁瓣，对升余弦窗函数再加上一个二次谐波的余弦分量，变成布莱克曼窗，故又称二阶升余弦窗

$$w_N(n) = \left[0.42 - 0.5\cos\left(\frac{2\pi n}{N-1}\right) + 0.08\cos\left(\frac{4\pi n}{N-1}\right)\right]R_N(n) \tag{7.4.40}$$

经离散时间傅里叶变换得到频率特性，幅度函数为

$$\begin{aligned} w(\Omega) &= 0.42W_R(\Omega) + 0.25\left[W_R\left(\Omega - \frac{2\pi}{N-1}\right) + W_R\left(\Omega + \frac{2\pi}{N-1}\right)\right] \\ &\quad + 0.04\left[W_R\left(\Omega - \frac{4\pi}{N-1}\right) + W_R\left(\Omega + \frac{4\pi}{N-1}\right)\right] \end{aligned} \tag{7.4.41}$$

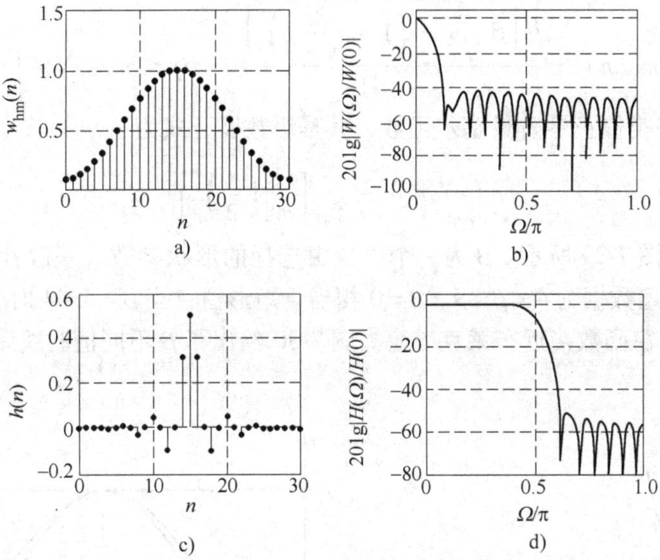

图 7-27　海明窗及其窗谱、理想低通加窗后的幅频特性($N=31$)

图 7-28a 和 b 所示为布莱克曼窗及其频谱，窗谱中旁瓣峰值幅度为 −57dB，过渡带宽 $\Delta\Omega=\dfrac{12\pi}{N}$；图 7-28c 和 d 所示为理想低通滤波器加布莱克曼窗后的单位脉冲响应及其幅频特性，阻带最小衰减为 −74dB。

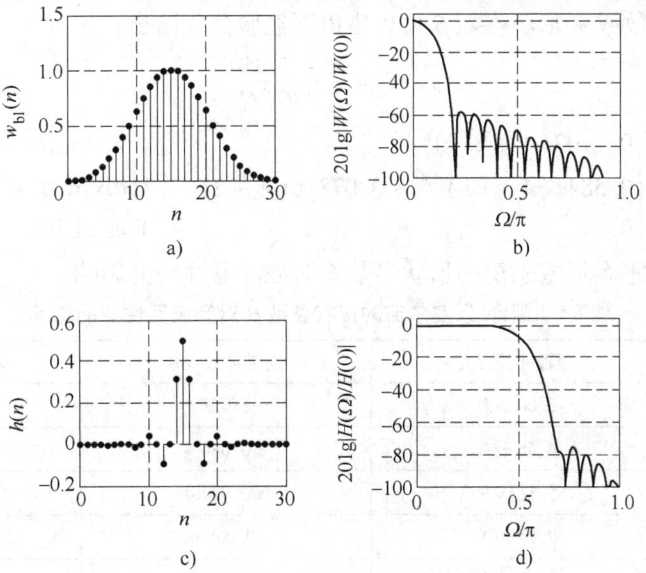

图 7-28　布莱克曼窗及其窗谱、理想低通加窗后的幅频特性($N=31$)

(6)凯泽-贝塞尔(Kaiser-Basel)窗

这是一种适应性较强且比较灵活的窗，它的表达式为

$$w_N(n) = \frac{I_0\left[\beta\sqrt{1-\left(1-\frac{2n}{N-1}\right)^2}\right]}{I_0[\beta]} \qquad 0 \leqslant n \leqslant N-1 \qquad (7.4.42)$$

式中，$I_0(x)$是第一类修正零阶贝塞尔函数，其幂级数展开式为

$$I_0(x) = 1 + \sum_{m=1}^{\infty}\left[\frac{1}{m!}\left(\frac{x}{2}\right)^m\right]^2 \qquad (7.4.43)$$

零阶贝塞尔函数如图7-29所示。β为一个可自由选择的形状参数，一般β加大，主瓣加宽，旁瓣幅度减小，典型数据为$4<\beta<9$。$\beta=0$相当于矩形窗；当$\beta=5.44$时，窗函数接近汉明窗；$\beta=7.865$时，窗函数接近布莱克曼窗。图7-30给出了β不同值时凯泽-贝塞尔窗函数的形状。

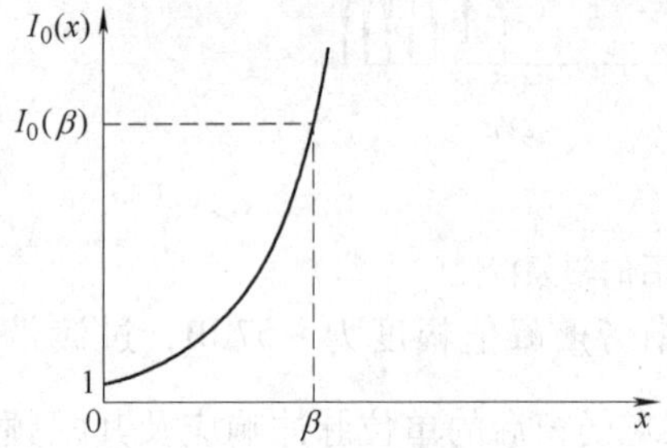

图7-29　零阶贝塞尔函数

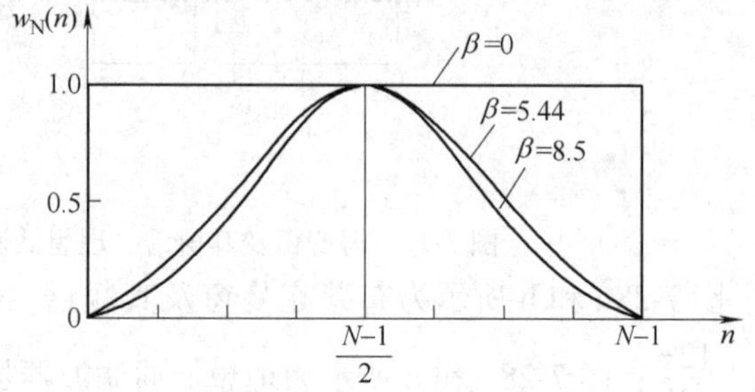

图7-30　凯泽窗函数

若给定滤波器过渡带宽度$\Delta\Omega$(单位为rad)和阻带衰减A(单位为dB)，用凯泽-贝塞尔窗设计时，滤波器阶数N和形状参数β可以由以下经验公式给出：

$$N \approx \frac{A-7.95}{2.286\Delta\Omega}$$

$$\beta \approx \begin{cases} 0.1102(A-8.7) & A \geqslant 50\text{dB} \\ 0.5842(A-21)^{0.4} + 0.07886(A-21) & 21\text{dB} < A < 50\text{dB} \\ 0 & A \leqslant 21\text{dB} \end{cases}$$

表7-5给出了凯泽-贝塞尔窗的形状参数β对滤波器性能的影响。

表7-5　凯泽-贝塞尔窗的形状参数β对滤波器性能的影响

β	过渡带宽 $\Delta\Omega$	通带波纹/dB	阻带最小衰减/dB
2.120	$3.00\pi/N$	±0.27	−30
3.384	$4.46\pi/N$	±0.086 4	−40
4.538	$5.86\pi/N$	±0.027 4	−50
5.568	$7.24\pi/N$	±0.008 68	−60
6.764	$8.64\pi/N$	±0.002 75	−70
7.865	$10.0\pi/N$	±0.000 868	−80
8.960	$11.4\pi/N$	±0.000 275	−90
10.056	$12.8\pi/N$	±0.000 087	−100

表7-6给出了六种窗函数基本参数的比较。

表7-6　六种窗函数基本参数的比较

窗函数	旁瓣峰值幅度/dB	过渡带宽 $\Delta\Omega$	阻带最小衰减/dB
矩形窗	-13	$4\pi/N$	-21
三角窗	-25	$8\pi/N$	-25
汉宁窗	-31	$8\pi/N$	-44
海明窗	-41	$8\pi/N$	-53
布莱克曼窗	-57	$12\pi/N$	-74
凯泽-贝塞尔窗($\beta=7.865$)	-57	$10\pi/N$	-80

【例7-11】　根据下列技术指标，设计一个线性相位FIR数字低通滤波器。

通带截止频率 $\Omega_p=0.2\pi\text{rad}$，通带允许波动 $A_p=0.25\text{dB}$；

阻带截止频率 $\Omega_r=0.3\pi\text{rad}$，最小阻带衰减 $A_r=50\text{dB}$。

【解】　(1)由过渡带宽及阻带最小衰减的要求，查表7-6可知，海明窗和布莱克曼窗均可提供大于50dB的阻带衰减。但海明窗具有较小的过渡带从而具有较小的长度 N，因此选择海明窗。

根据题意，所要设计的滤波器的过渡带宽为

$$\Delta\Omega\approx\Omega_r-\Omega_p=0.3\pi-0.2\pi=0.1\pi\text{rad}$$

由表7-6可知，利用海明窗设计的滤波器的过渡带宽 $\Delta\Omega=\dfrac{8\pi}{N}$，所以低通滤波器单位脉冲响应的长度为

$$N=\frac{8\pi}{\Delta\Omega}=\frac{8\pi}{0.1\pi}=80$$

(2)若滤波器的截止频率是3dB通带频率，即当 $A_p=3\text{dB}$ 时，可选 $\Omega_c=\Omega_p$；否则可令滤波器的截止频率为

$$\Omega_c\approx\frac{\Omega_p+\Omega_r}{2}=\frac{0.2\pi+0.3\pi}{2}=0.25\pi\text{rad}$$

(3)由海明窗表达式确定FIR数字滤波器的单位脉冲响应 $h(n)$。海明窗表达式为[式(7.4.38)]

$$w_N(n)=\left[0.54-0.46\cos\left(\frac{2\pi n}{N-1}\right)\right]R_N(n)$$

理想低通的单位脉冲响应为

$$h_d(n)=\frac{\sin[\Omega_c(n-M)]}{\pi(n-M)}$$

式中，$M=\dfrac{N-1}{2}$。

于是，滤波器的单位脉冲响应为

$$h(n)=h_d(n)w_N(n)=\frac{\sin[\Omega_c(n-M)]}{\pi(n-M)}\left[0.54-0.46\cos\left(\frac{2\pi n}{N-1}\right)\right]R_N(n)$$

式中，$\Omega_c=0.25\pi$，$N=80$，$M=\dfrac{N-1}{2}=39.5$。

(4)由 $h(n)$ 求 $H(e^{j\Omega})$，检验各项指标是否满足要求，如不满足要求，要改变 N 或改变

窗形状(或两者都可改变)来重新计算。这些工作在计算机上是很容易实现的，后面将在7.6节中给出仿真。

窗函数法设计的主要优点是简单，使用方便。窗函数大多有封闭的公式可循，性能、参数都已有表格、资料可供参考，计算程序简便，所以很实用。缺点是通带和阻带的截止频率不易控制，有时需要不断地加以尝试窗函数的形状和长度。

7.4.3 频率抽样法

1. 基本原理

上面讨论了窗函数法，它的出发点是从时域开始，用有限长的 $h(n)$ 近似理想的 $h_d(n)$，以实现滤波器频率响应逼近要求的理想频率响应。设计 FIR 数字滤波器的频域抽样法是从频域出发，把给定的理想频率响应 $H_d(e^{j\Omega})$ 在一个周期内进行等间隔抽样 N 点，得到有限长序列 $H_d(k)$，即

$$H_d(k) = H_d(e^{j\Omega})\Big|_{\Omega=\frac{2\pi}{N}k} \qquad k = 0,1,\cdots,N-1 \tag{7.4.44}$$

对 $H_d(k)$ 作离散傅里叶逆变换，可得到 N 点单位序列 $h_d(n)$，即

$$h_d(n) = \frac{1}{N}\sum_{k=0}^{N-1} H_d(k) W_N^{-kn} \qquad n = 0,1,\cdots,N-1 \tag{7.4.45}$$

由频率抽样理论可知，理想滤波器的单位脉冲响应为有限长序列且序列长度不大于频域抽样的长度 N 时，有 $h(n)=h_d(n)$。此时，用 N 个频域抽样 $H_d(k)$ 来插值得到滤波器的系统函数 $H(z)$，即

$$H(z) = \frac{1-z^{-N}}{N}\sum_{k=0}^{N-1}\frac{H_d(k)}{1-W_N^{-k}z^{-1}} \tag{7.4.46}$$

从而得到滤波器的频率响应

$$\begin{aligned} H(e^{j\Omega}) &= H(z)\Big|_{z=e^{j\Omega}} = \frac{1-z^{-N}}{N}\sum_{k=0}^{N-1}\frac{H_d(k)}{1-W_N^{-k}z^{-1}}\Bigg|_{z=e^{j\Omega}} \\ &= \frac{1}{N}\sum_{k=0}^{N-1}H_d(k)\frac{1-e^{-jN\Omega}}{1-e^{j\frac{2\pi}{N}k}e^{-j\Omega}} = \frac{1}{N}\sum_{k=0}^{N-1}H_d(k)\frac{1-e^{-j\left(\Omega-\frac{2\pi}{N}k\right)N}}{1-e^{-j\left(\Omega-\frac{2\pi}{N}k\right)}} \\ &= \frac{1}{N}e^{-j\frac{N-1}{2}\Omega}\sum_{k=0}^{N-1}H_d(k)e^{-j\left(1-\frac{1}{N}\right)\pi k}\frac{\sin\left[\left(\Omega-\frac{2\pi}{N}k\right)\frac{N}{2}\right]}{\sin\left[\left(\Omega-\frac{2\pi}{N}k\right)\frac{1}{2}\right]} \\ &= \sum_{k=0}^{N-1}H_d(k)\Phi\left(\Omega-\frac{2\pi k}{N}\right) \end{aligned} \tag{7.4.47}$$

式中，内插函数

$$\Phi(\Omega) = \frac{\sin\left(\frac{N\Omega}{2}\right)}{N\sin\left(\frac{\Omega}{2}\right)}e^{-j\frac{N-1}{2}\Omega}$$

一般情况下，理想滤波器的单位脉冲响应是无限长的，$h(n)\neq h_d(n)$，因此由求得的

$h(n)$来构成实际的 FIR 数字滤波器，也是对理想滤波器的近似。由式(7.4.46)和式(7.4.47)可知，实际滤波器的系统函数 $H(z)$ 和频率响应 $H(e^{j\Omega})$ 是由理想滤波器频率特性的抽样值$H_d(k)$进行内插得到的，至少在抽样点上，有

$$H(e^{j\Omega})\Big|_{\Omega=\frac{2\pi}{N}k} = H_d(k)$$

因此，将这种设计 FIR 数字滤波器的方法称为频率抽样法。

2. 设计方法

(1)确定抽样点数 N

N 是 $H(z)$ 在单位圆上的等间隔取样数。如图 7-31 所示，通带最后的取样点与阻带第一个取样点之间形成过渡带，所以由所要求的过渡带可以确定取样点数 N。由过渡带 $\Delta\Omega=\dfrac{2\pi}{N}$，可以解出

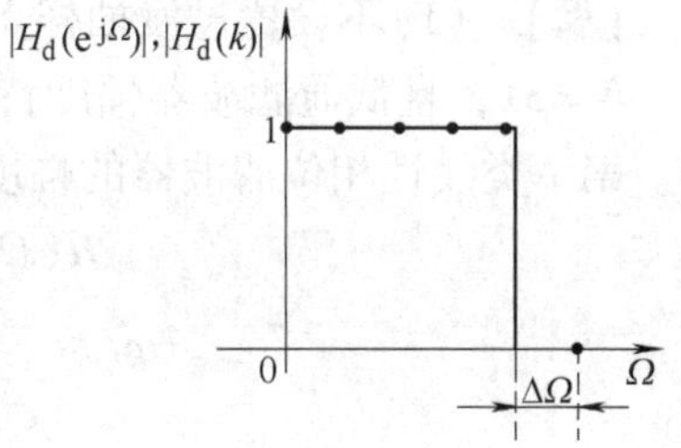

图 7-31　频域抽样示意

$$N = \frac{2\pi}{\Delta\Omega}$$

(2)确定频率抽样函数 $H(k)$

如果设计的是线性相位滤波器，$H(k)$要满足线性相位滤波器的四种类型的幅度及相位条件。表 7-7 给出了四种类型 FIR 系统频域抽样的幅度特性和相位特性。

表 7-7　四种类型 FIR 系统频域抽样的幅度特性和相位特性

滤波器类型	幅频特性示意图	$H(\Omega)H(k)$对称情况	线性相位 $\theta(k)$
偶对称单位脉冲响应 $h(n)=h(N-1-n)$			
第一类 N 为奇数	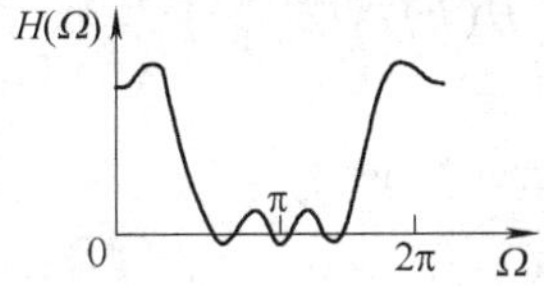	$H(\Omega)=H(2\pi-\Omega)$ $H_k=H_{N-k}$	$\theta(k)=-\left(\frac{N-1}{2}\right)\Omega\Big\|_{\Omega=\frac{2\pi}{N}k}$ $=-\frac{N-1}{N}k\pi$
第二类 N 为偶数	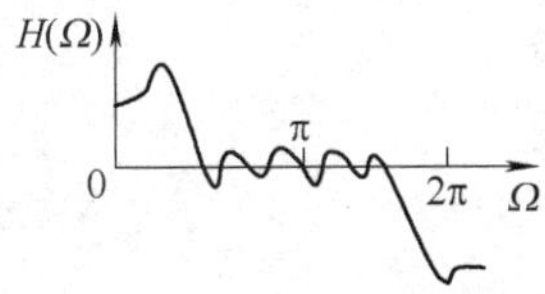	$H(\Omega)=-H(2\pi-\Omega)$ $H_k=-H_{N-k}$	
奇对称单位脉冲响应 $h(n)=-h(N-1-n)$			
第三类 N 为奇数	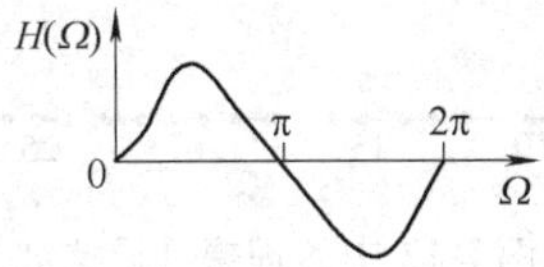	$H(\Omega)=-H(2\pi-\Omega)$ $H_k=-H_{N-k}$	$\theta(k)=\left[-\left(\frac{N-1}{2}\right)\Omega+\frac{\pi}{2}\right]\Big\|_{\Omega=\frac{2\pi}{N}k}$ $=-\frac{N-1}{N}k\pi+\frac{\pi}{2}$
第四类 N 为偶数	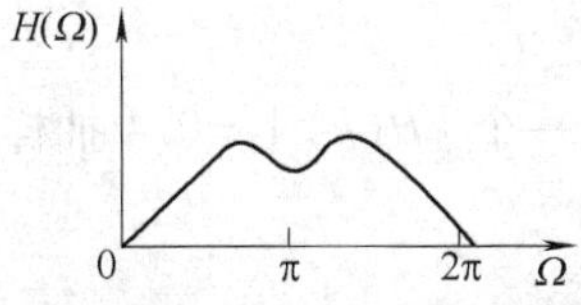	$H(\Omega)=H(2\pi-\Omega)$ $H_k=H_{N-k}$	

由于频率抽样函数 $H(k)$ 是对理想滤波器频率特性在 $0\sim2\pi$ 范围内等间隔抽样的结果，因此在频率特性的通带内可令 $|H(k)|=1$，阻带内可令 $|H(k)|=0$。

【例 7-12】 用频率抽样法设计线性相位低通滤波器，已知截止频率 $\Omega_c=0.25\pi\text{rad}$，抽样点数 $N=31$，在过渡边沿上设一个抽样点 $|H(k)|=0.4$。分析过渡抽样点设置前后的频率响应情况。

【解】 (1)不设置过渡抽样点

$N=31$，且低通滤波器幅度特性 $H(0)=1$，由表 7-7 可知，这属于第一类线性相位滤波器。第一类线性相位滤波器的幅度特性和相位特性分别为

$$H(\Omega)=H(2\pi-\Omega)\to H_k=H_{N-k}$$

$$\theta(k)=-\left(\frac{N-1}{2}\right)\Omega\bigg|_{\Omega=\frac{2\pi}{N}k}=-\frac{N-1}{N}k\pi$$

对低通滤波器频率特性在 $0\sim2\pi$ 范围内等间隔抽样 N 点，由 $0.25\pi=\frac{2\pi}{N}k=\frac{2\pi}{31}k$ 得到截频点的 $k=3.875$，由 $(2\pi-0.25\pi)=\frac{2\pi}{N}k=\frac{2\pi}{31}k$ 得到另一截频点的 $k=27.125$。考虑到 N 为奇数，因此有

$$H(k)=\begin{cases}e^{-j\frac{\pi(N-1)}{N}k}=e^{-j\frac{30}{31}\pi k} & 0\leqslant k\leqslant 4,27\leqslant k\leqslant 30\\ 0 & 5\leqslant k\leqslant 26\end{cases}$$

图 7-32 给出了理想低通滤波器幅频特性中抽样点的分布。将频率抽样值 $H(k)$ 代入式(7.4.45)得到系统的单位脉冲响应

$$h(n)=\frac{1}{N}\sum_{k=0}^{N-1}H(k)e^{j\frac{2\pi}{N}nk}=\frac{1}{31}\sum_{k=0}^{30}H(k)e^{j\frac{2\pi}{31}nk}$$

$$=\frac{1}{31}\left[\sum_{k=0}^{4}e^{-j\frac{30}{31}\pi k}e^{j\frac{2\pi}{31}nk}+\sum_{k=27}^{30}e^{-j\frac{30}{31}\pi k}e^{j\frac{2\pi}{31}nk}\right]$$

其幅频特性如图 7-33 所示。

从图 7-33 可看到，由于在通带边缘抽样点数值的陡然变化，使得在通带边缘产生过冲，在过渡带内出现余振，在阻带内出现较大的波纹，使得阻带内最小衰减变小。

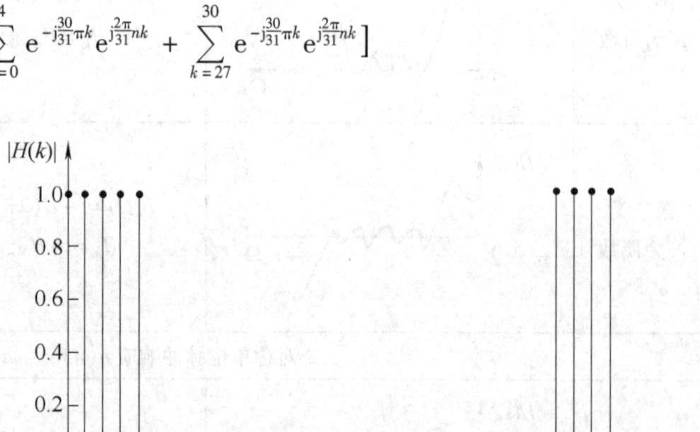

图 7-32　例 7-12 中的理想低通滤波器幅频特性中抽样点的分布

(2)设置过渡抽样点

为了克服上述缺点，用频率抽样法设计 FIR 数字滤波器时，可人为地在过渡带内设置若干个抽样点，让这些点的内插函数与原内插函数进行线性叠加，从而消除过冲和余振。例如对例 7-12 的设计指标，在过渡带内人为地设置一个 $|H(k)|=0.4$ 抽样点，如图 7-34 所示。

过渡带内设置抽样点后的频率抽样函数 $H(k)$ 如下式：

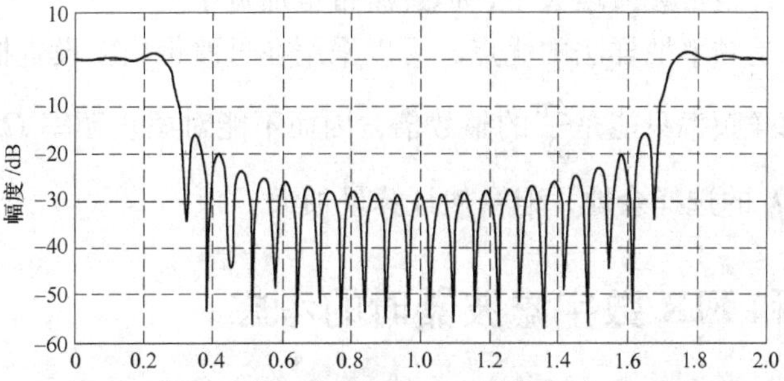

图 7-33　例 7-12 中实际滤波器的幅频特性

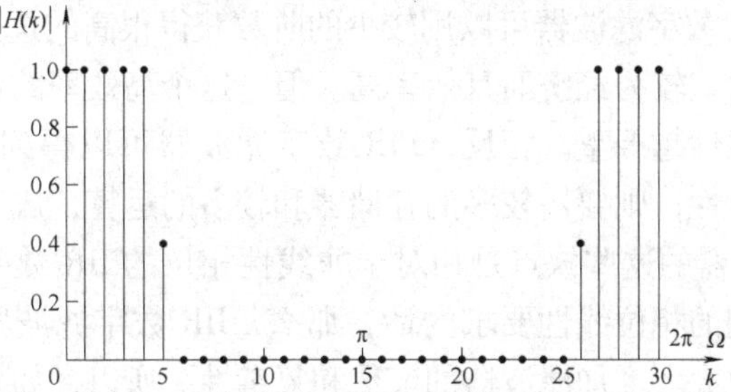

图 7-34　例 7-12 中的低通滤波器增加一个抽样点

$$H(k)=\begin{cases}e^{-j\frac{\pi(N-1)}{N}k}=e^{-j\frac{30\pi}{31}k} & 0\leqslant k\leqslant 4, 27\leqslant k\leqslant 30\\ 0.4e^{-j\frac{30\pi}{31}k} & k=5, k=26\\ 0 & 6\leqslant k\leqslant 25\end{cases}$$

将此 $H(k)$ 代入式(7.4.45)得到系统的单位脉冲响应

$$\begin{aligned}h(n)&=\frac{1}{31}\sum_{k=0}^{30}H(k)e^{j\frac{2\pi}{31}kn}\\&=\frac{1}{31}\left[\sum_{k=0}^{4}e^{-j\frac{30\pi}{31}k}e^{j\frac{2\pi}{31}kn}+0.4e^{-j\frac{30\pi}{31}\times 5}e^{j\frac{2\pi}{31}\times 5n}+0.4e^{-j\frac{30\pi}{31}\times 26}e^{j\frac{2\pi}{31}\times 26n}+\sum_{k=27}^{30}e^{-j\frac{30\pi}{31}k}e^{j\frac{2\pi}{31}kn}\right]\\&\qquad 0\leqslant k\leqslant 30\end{aligned}$$

所得滤波器的频率特性如图 7-35 所示。与前相比，在过渡带中设置一点后，通带过冲得以

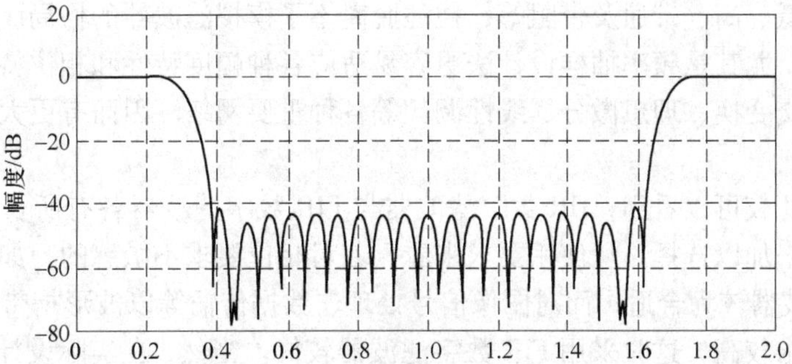

图 7-35　例 7-12 中的低通滤波器增加一个抽样点后的幅频特性

消除，阻带波纹减少，阻带衰减增大了，但过渡带也加宽了。

在频域直接设计是频率抽样法的优点，可以采用在过渡带内多设置抽样点的办法来达到设计指标。缺点是抽样频率只能是$\frac{2\pi}{N}$的整数倍，因而不能对截止频率 Ω_c 自由取值。增加抽样点数 N 可以增加 Ω_c 的选择余地，但会使计算量加大。

7.5　设计 IIR 和 FIR 数字滤波器时的考虑

本章讨论了 IIR 数字滤波器和 FIR 数字滤波器的设计方法。这两种滤波器究竟各自有些什么优劣之处？在实际应用时应该怎样去选择它们？下面作一个简单的比较。

1）从性能上说，IIR 数字滤波器可以用较少的阶数获得很高的选择特性，这样一来，所用存储单元少，运算次数少，较为经济而且效率高。但是这个高效率的代价是以相位的非线性换来的。选择性越好，非线性越严重。相反，FIR 数字滤波器可以得到严格的线性相位。但是，如果需要获得一定的选择性，则要用较多的存储器和较多的运算，成本比较高，信号延时也较大。然而，FIR 数字滤波器的这些缺点是相对于非线性相位的 IIR 数字滤波器比较而言的。如果按相同的选择性和相同的相位线性要求的话，那么，IIR 数字滤波器就必须加全通网络来进行相位校正，因此同样要大大增加滤波器的节数和复杂性。所以，如果相位要求严格一点，那么采用 FIR 数字滤波器不仅在性能上而且在经济上都将优于 IIR 数字滤波器。

2）从结构上看，IIR 数字滤波器必须采用递归型结构，极点位置必须在单位圆内；否则，系统将不稳定。此外，在这种结构中，由于运算过程中对序列的四舍五入处理，有时会引起微弱的寄生振荡。相反，FIR 数字滤波器主要采用非递归结构，不论在理论上还是在实际的有限精度运算中都不存在稳定性问题，运算误差也较小。此外，FIR 数字滤波器可以采用快速傅里叶变换算法，在相同阶数的条件下，运算速度可以快得多。

3）从设计工作看，IIR 数字滤波器可以借助模拟滤波器的成果，一般都有有效的封闭函数的设计公式可供准确计算，又有许多数据和表格可查，设计计算的工作量比较小。FIR 数字滤波器设计则一般没有封闭函数的设计公式。窗函数法虽然仅仅对窗口函数可以给出计算公式，但计算通阻带衰减等仍无显式表达式。一般，FIR 数字滤波器设计只有计算程序可循，因此设计计算的工作量比较大。

4）此外，还应看到，IIR 数字滤波器虽然设计简单，但主要是用于设计具有片段常数特性的滤波器，如低、高、带通及带阻等，往往脱离不了模拟滤波器的格局。而 FIR 数字滤波器则要灵活得多，尤其是频率抽样设计法更容易适应各种幅度特性和相位特性的要求，可以设计出理想的正交变换、理想微分、线性调频等各种重要网络。因而有更大的适应性和更广阔的天地。

从以上简单比较可以看到，IIR 数字滤波器与 FIR 数字滤波器各有所长，在实际应用时要从多方面考虑来加以选择。从使用要求来看，若对相位要求不敏感的，如语言通信等，则选用 IIR 数字滤波器较为合适；而对图像信号处理、数据传输等以波形携带信息的系统，一般对线性相位要求较高，这时采用 FIR 数字滤波器较好。当然，在实际设计中，还应综合考虑经济上的要求等多方面的因素。

7.6　数字滤波器的结构

前面已经看到，数字滤波器的功能就是将输入的数字序列通过一种运算、一种变换，转变为需要的输出数字序列，因此它就是数字式的信号处理装置。数字滤波器这个信号处理装置既可以是利用计算机软件实现的离散系统，也可以是专用硬件芯片组成的离散系统。实现数字滤波器时，必须把系统的输入与输出的关系转变成可实现的算法。在这一节，讨论数字滤波器的算法结构。

描述时域离散系统或网络的数学模型可以是差分方程、单位脉冲响应以及系统函数。如果滤波器的输入、输出服从 N 阶后向差分方程

$$y(n) = \sum_{r=0}^{M} b_r x(n-r) + \sum_{k=1}^{N} a_k y(n-k) \tag{7.6.1}$$

则其系统函数为

$$H(z) = \frac{Y(z)}{X(z)} = \frac{\sum_{r=0}^{M} b_r z^{-r}}{1 - \sum_{k=1}^{N} a_k z^{-k}} \tag{7.6.2}$$

为了实现对输入信号的处理，需要把差分方程或系统函数变换成一种算法。对于同一个系统函数 $H(z)$，可以有很多种对应于不同的运算结构(网络结构)的算法，例如

$$H(z) = \frac{1}{1-0.8z^{-1}+0.15z^{-2}} = \frac{2.5}{1-0.5z^{-1}} - \frac{1.5}{1-0.3z^{-1}} = \frac{1}{1-0.5z^{-1}}\frac{1}{1-0.3z^{-1}} \tag{7.6.3}$$

每一种不同的运算结构，都可以用三种基本的运算单元，即单位延时器、标量乘法器和加法器来实现。这三种基本运算单元的常用框图表示法和信号流图表示法如图 7-36 所示。

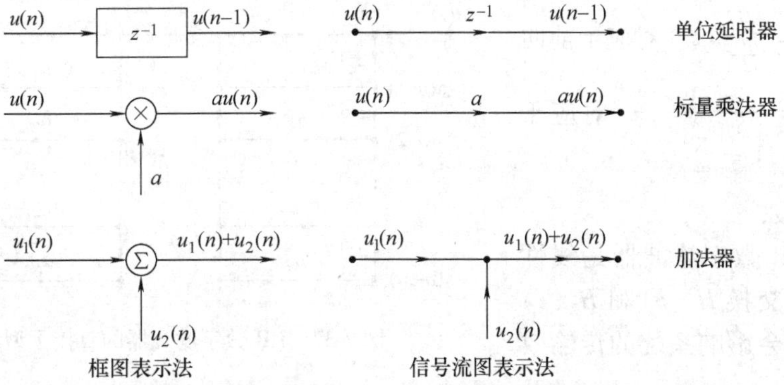

图 7-36　数字滤波器的基本运算单元的常用框图和信号流图

实现数字滤波器的运算结构是重要的，不同结构所需要的存储单元及乘法次数是不同的，前者影响系统的复杂性，后者影响系统的运算速度。此外，在有限精度(有限字长)情况下，不同运算结构的误差、稳定性是不同的。下面以信号流图来分析 IIR 数字滤波器和 FIR 数字滤波器的结构。

7.6.1 IIR 数字滤波器的结构

IIR 数字滤波器的单位脉冲响应 $h(n)$ 是一个无限长序列，其结构是递归型的，即在其信号流图中含有反馈支路。实现 IIR 数字滤波器的网络结构有直接型、级联型和并联型等几种。

1. 直接 I 型

一个 N 阶的 IIR 数字滤波器的输入与输出的关系可以由式(7.6.1)所示的 N 阶差分方程来描述，即

$$y(n) = \sum_{r=0}^{M} b_r x(n-r) + \sum_{k=1}^{N} a_k y(n-k)$$

差分方程的等号右边由两项构成：前向网络项和反馈网络项。第一项即用 $\sum_{r=0}^{M} b_r x(n-r)$ 表示，是由输入信号的 $M+1$ 个延时环节加权 b_r 后构成的前向网络；第二项用 $\sum_{k=1}^{N} a_k y(n-k)$ 表示，是将输出信号延时加权后组成 N 节反馈网络。用加法器把前向网络和反馈网络结合起来，即为图 7-37 所示的流图形式。可见这种结构共需要 $N+M$ 个延时单元，$N+M+1$ 个乘法器。系统函数 $H(z)$ 的零点是由前向网络实现的，极点则是由反馈网络实现的。

2. 直接Ⅱ型(正准型)

由图 7-37 可看出，直接 I 型结构的系统函数 $H(z)$ 也可以看成是两个独立的系统函数的乘积，即

$$H(z) = H_1(z)H_2(z) = \left(\sum_{r=0}^{M} b_r z^{-r}\right)\frac{1}{1-\sum_{k=1}^{N} a_k z^{-k}} \tag{7.6.4}$$

式中，$H_1(z) = \sum_{r=0}^{M} b_r z^{-r}$ 对应于前向网络；$H_2(z) = \frac{1}{1-\sum_{k=1}^{N} a_i z^{-k}}$ 对应于反馈网络的倒数。

假设该 IIR 数字滤波器是线性时不变系统，交换 $H_1(z)$ 和 $H_2(z)$ 的级联次序不会影响系统的传输效果，即

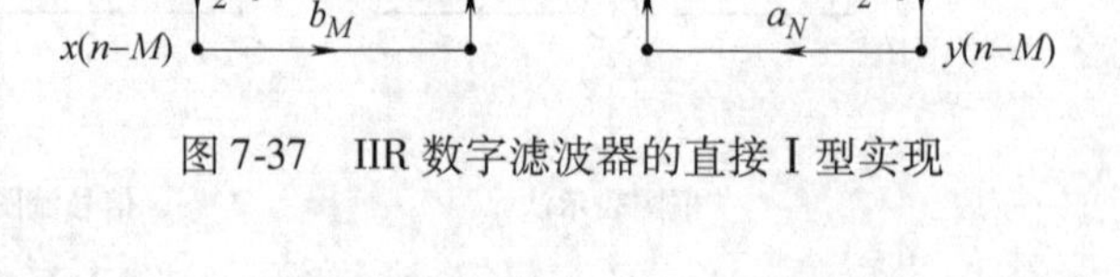

图 7-37 IIR 数字滤波器的直接 I 型实现

$$H(z) = H_1(z)H_2(z) = H_2(z)H_1(z)$$

交换前向网络 $H_1(z)$ 和反馈网络 $H_2(z)$ 的级联次序得到的 IIR 数字滤波器的直接 I 型的变形结构如图 7-38a 所示，输入信号 $x(n)$ 先经过反馈网络 $H_2(z)$，得到中间变量

$$y_2(n) = \sum_{i=1}^{N} a_i y_2(n-i) + x(n)$$

再通过前向网络 $H_1(z)$，得到系统输出

$$y(n) = \sum_{i=0}^{M} b_i y_2(n-i)$$

可以看出，前向网络的延时支路和反馈网络的延时支路具有相同的输入，因而可以将它们合并，得到图 7-38b 的直接Ⅱ型结构(为方便描述，图中假设输入与输出阶数相等，$M=N$)。由于在直接Ⅱ型中，延时单元可以共用，因此只需 N 个延时单元(一般满足 $N \geqslant M$)。与直接Ⅰ型结构相比，可以节省 M 个延时单元。硬件实现可以节省延迟器，软件实现可以节省存储单元。直接Ⅱ型结构又称为正准型结构。

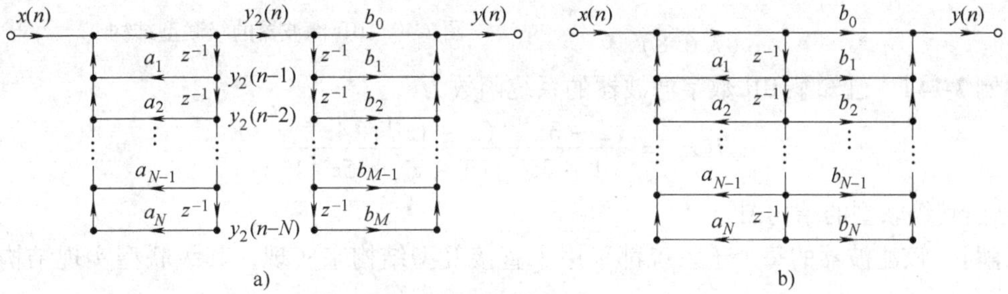

图 7-38　IIR 数字滤波器的直接Ⅱ型实现

直接Ⅰ型和Ⅱ型结构的优点是简单直观。它们的共同缺点是系数 a_k、b_r 对滤波器性能的控制关系不直接，调整不方便，极点位置对滤波器性能影响太灵敏，字长效应太敏感，误差较大，容易出现不稳定。

【例 7-13】　某 IIR 数字滤波器的系统函数为 $H(z)=\dfrac{1+2z^{-1}+3z^{-2}}{1-6z^{-1}+7z^{-2}}$，求其直接Ⅱ型实现。

【解】　该 IIR 数字滤波器的直接Ⅱ型实现结构如图 7-39 所示。

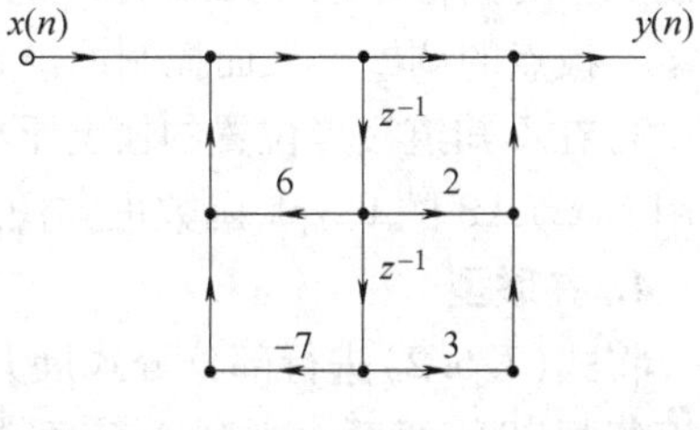

图 7-39　例 7-13 中滤波器的直接Ⅱ型实现

3. 级联型

将式(7.6.2)描述的 N 阶 IIR 数字滤波器的系统函数的分子分母多项式按照零、极点进行因式分解，则得到多个因子连乘积的形式

$$H(z) = \frac{\sum_{r=0}^{M} b_r z^{-r}}{1-\sum_{k=1}^{N} a_k z^{-k}} = A\frac{\prod_{r=1}^{M_1}(1-c_r z^{-1})}{\prod_{k=1}^{N_1}(1-d_k z^{-1})} \tag{7.6.5}$$

式中，c_r 是零点；d_k 是极点。

系统的零、极点有可能是复数，由于 b_r、a_k 均是实数，所以如果 $H(z)$ 有复数的零、极点，一定是共轭成对的。把每对共轭因子合并，可构成一个实系数的二阶节。实系数单根也可以看成是复数的特例，也两两合并为二阶节。这样就有

$$H(z) = A\prod_{k=1}^{L}\frac{b_{0k}+b_{1k}z^{-1}+b_{2k}z^{-2}}{1+a_{1k}z^{-1}+a_{2k}z^{-2}} \tag{7.6.6}$$

式(7.6.6)说明，数字滤波器可以用若干个二阶网络级联起来构成，这些二阶网络也称为滤波器的二阶基本节。它的一般形式为

$$H_i(z) = \frac{\beta_{0i} + \beta_{1i}z^{-1} + \beta_{2i}z^{-2}}{1 - \alpha_{1i}z^{-1} - \alpha_{2i}z^{-2}} \tag{7.6.7}$$

这样一个二阶基本节可以采用直接Ⅱ型结构来实现，而整个滤波器则是它们的级联。如式(7.6.8)和图7-40所示。

$$H(z) = A\prod_{i=1}^{K} H_i(z) \tag{7.6.8}$$

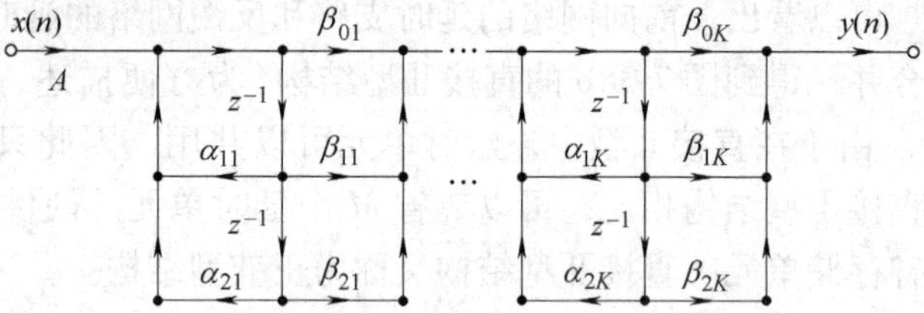

图 7-40　IIR 滤波器的级联型结构

【例 7-14】　已知某 IIR 数字滤波器的系统函数为

$$H(z) = \frac{(2 - 3z^{-1})(3 - 1z^{-1} + 4z^{-2})}{(1 + 3z^{-1})(1 - z^{-1} + 5z^{-2})}$$

画出其级联型的结构图。

【解】　该滤波器的每个子系统都采用了直接Ⅱ型结构来实现，其级联型实现结构如图7-41所示。

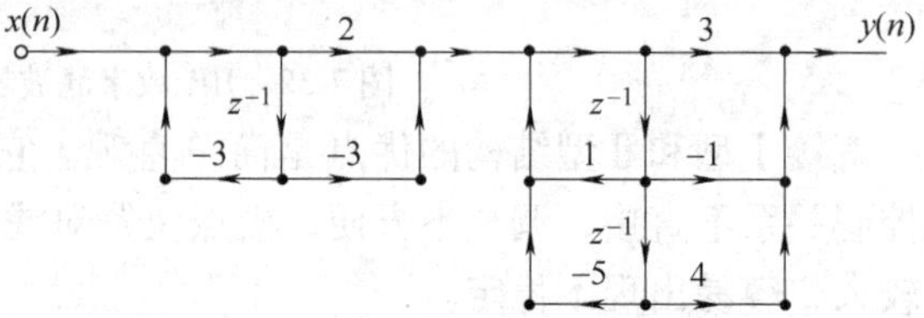

图 7-41　例 7-14 中滤波器的级联型实现

IIR 数字滤波器级联型结构有如下特点：

1）可用不同的分子因子和分母因子的搭配关系、改变基本节的顺序等方法，优选出有限字长影响小的结构。

2）改变第 K 节系数可以调整第 K 对零极点，对其他零极点无影响，因此，与直接型结构相比，级联型结构便于准确地实现滤波器零、极点的调整，从而控制滤波器的性能。

3）在不知道极点位置的情况下，将系统函数的直接形式转换成级联形式有时并不容易。利用 MATLAB 的 tf2zpk 函数可方便地实现转换。

4. 并联型

将式(7.6.2)进行部分分式展开，再将其中的共轭复根部分两两合并得到实系数的二阶网络，则有

$$H(z) = A_0 + \sum_{i=1}^{L}\frac{A_i}{1 - p_i z^{-1}} + \sum_{i=1}^{M}\frac{\gamma_{0i} + \gamma_{1i}z^{-1}}{1 - \alpha_{1i}z^{-1} - \alpha_{2i}z^{-2}} \tag{7.6.9}$$

由式(7.6.9)知，滤波器可由 L 个一阶网络、M 个二阶网络和一个常数支路并联构成，其实现结构如图 7-42 所示。

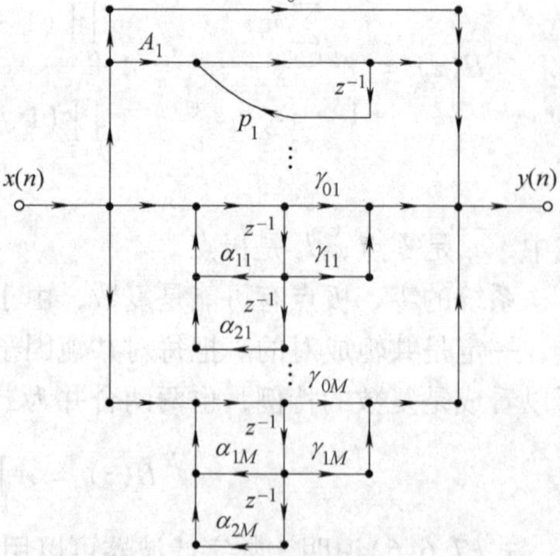

图 7-42　IIR 数字滤波器的并联型实现

并联型结构也可以单独调整极点位置，但对于零点的调整却不如级联型方便。在运算误差方面，由于各基本网络间的误差互不影响，没有误差积累，因此比直接型和级联型误差稍小一点。

和级联型结构一样，每个子系统都可以采用直接Ⅱ型实现。并联型结构当滤波器的阶数较高时，部分分式展开比较麻烦。

7.6.2　FIR 数字滤波器的结构

FIR 数字滤波器的单位脉冲响应是有限长序列，采用非递归型结构。实现 FIR 数字滤波器的网络结构有直接型、级联型、频率抽样型等几种。

1. 直接型

具有有限长单位脉冲响应 $h(n)$ 的 FIR 数字滤波器，其系统函数为

$$H(z) = \sum_{n=0}^{N-1} h(n) z^{-n} \tag{7.6.10}$$

由式(7.6.10)可见，FIR 数字滤波器在 $z=0$ 处有 $N-1$ 阶极点，在有限 z 平面的任何位置上有 $N-1$ 个零点。当滤波器的输入为 $x(n)$ 时，其输出为

$$y(n) = \sum_{m=0}^{N-1} h(m) x(n-m) \tag{7.6.11}$$

根据系统函数式(7.6.10)或者由卷积和描述的系统的输入与输出关系式(7.6.11)，可直接画出如图 7-43 所示的 FIR 数字滤波器的直接型结构，有时也称为卷积型或横截型结构。

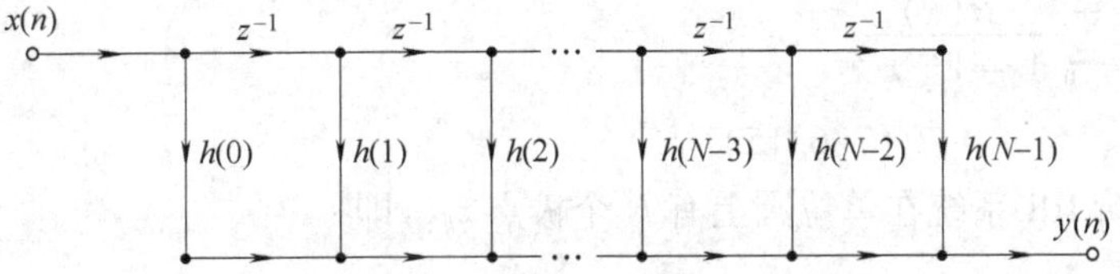

图 7-43　FIR 数字滤波器的直接型结构

2. 级联型

FIR 数字滤波器的系统函数 $H(z)$ 也可被分解成实系数二阶多项式的乘积形式

$$H(z) = \sum_{n=0}^{N-1} h(n) z^{-n} = \prod_{i=1}^{L} H_i(z) = \prod_{i=1}^{L} (b_{0i} + b_{1i} z^{-1} + b_{2i} z^{-2}) \tag{7.6.12}$$

由此式可得到 FIR 数字滤波器的级联型结构，如图 7-44 所示。

FIR 数字滤波器的级联型结构的每一节子系统(前向网络)由一对(或一个)零点所构成，所以可精确控制系统零点。但这种结构所需要的系数比直接型的系数要多，因而所需乘法次数也比直接型的要多。

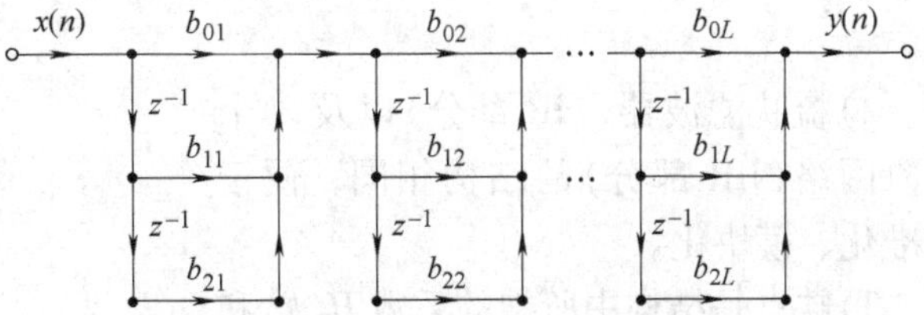

图 7-44　FIR 滤波器的级联型结构

3. 频率抽样型

由频率插值理论，一个有限长序列，其 z 变换可以用单位圆上的 N 个等间隔取样表示。由此得到了一条实现 FIR 数字滤波器系统函数的途径，即

$$H(z) = \frac{1}{N}(1 - z^{-N}) \sum_{k=0}^{N-1} \frac{H(k)}{1 - W_N^{-k} z^{-1}} \tag{7.6.13}$$

式中，$W_N^{-k} = e^{j\frac{2\pi}{N}k}$；$H(k) = H(z)\big|_{z=W_N^{-k}} = |H(k)| e^{j\theta(k)}$ 是单位圆上的频率抽样值。

频率抽样型结构的系统函数式(7.6.13)，是由 FIR 子系统和 IIR 子系统级联而成的。FIR 部分是由 N 个延时单元组成的梳状滤波器，其系统函数为

$$H_1(z) = 1 - z^{-N} \tag{7.6.14}$$

其频率响应函数为

$$H_1(e^{j\Omega}) = 1 - e^{-jN\Omega}$$

幅频特性

$$|H_1(e^{j\Omega})| = |1 - e^{-jN\Omega}| = 2\left|\sin\left(\frac{N\Omega}{2}\right)\right|$$

是梳状的，故因此得名。图 7-45 所示为 $N=6$ 时的梳状滤波器的幅频特性。

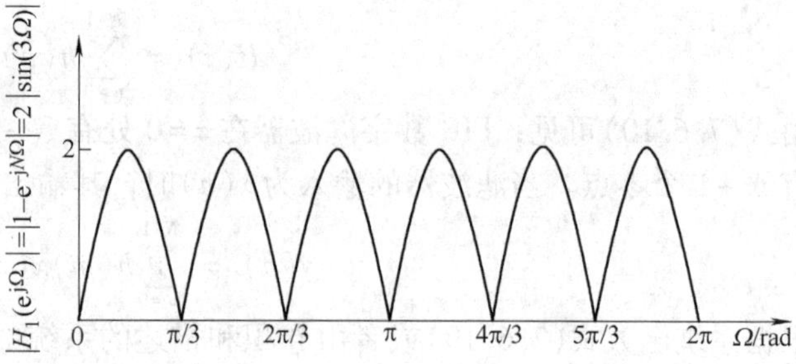

图 7-45　梳状滤波器的幅频特性

$H_1(z)$ 在单位圆上有 N 个等分的零点 z_i，即

$$1 - z^{-N} = 0$$

$$z_i = \sqrt[i]{1} = e^{j\frac{2\pi}{N}k} \quad i = 0,1,2,\cdots,N-1$$

IIR 部分是由 N 个一阶 IIR 系统并联而成的，其系统函数为

$$H_2(z) = \sum_{k=0}^{N-1} \frac{H(k)}{1 - W_N^{-k} z^{-1}} \tag{7.6.15}$$

$H_2(z)$ 这 N 个一阶 IIR 系统在单位圆上有 N 个极点 z_k，即

$$z_k = W_N^{-k} = e^{j\frac{2\pi}{N}k} \qquad k = 0,1,2,\cdots,N-1$$

IIR 系统与 FIR 系统级联后，N 个 IIR 系统在单位圆上的极点正好与 FIR 系统 $H_1(z)$ 在单位圆上的 N 个零点相互抵消，整个系统无极点，所以频率抽样型结构属于 FIR 系统，结构如图 7-46 所示。

FIR 数字滤波器的频率抽样型结构有如下特点：

1）系数 $H(k)$ 即为滤波器在频率 $\Omega = \frac{2\pi}{N}k$ 处的频率响应，因此控制滤波器的响应比较方便。

2）梳状滤波器（FIR 部分）以及 N 个一阶网络（IIR 部分）的结构相同，便于标准化、模块化。

3）缺点是结构中所乘的系数 $H(k)$ 和 W_N^{-k} 都是复数，增加了乘法次数和存储量；而且所有极点都在单位圆上，当用硬件来实现这种结构时，由于多种误差的存在，FIR 子系统 $H_1(z)$ 的零点和 IIR 子系统 $H_2(z)$ 的极点不一定能相互抵消，这样，在单位圆上存在极点将使系统不稳定。

图 7-46　FIR 数字滤波器的频率抽样型结构

7.7　本章内容 MATLAB 仿真

7.7.1　IIR 数字滤波器仿真

基于模拟滤波器变换原理的 IIR 数字滤波器的设计方法是：首先，根据模拟滤波器的指标设计出相应的模拟滤波器；然后，将设计好的模拟滤波器转换成满足给定技术指标的数字滤波器，常用算法有脉冲响应不变法和双线性变换法等。在 MATLAB 的数字信号处理工具箱中，提供了相应的设计函数。常用的函数如下：

1. 巴特沃思滤波器阶数选择函数

[N,wc] = buttord(wp,wr,Ap,Ar,'s')

输入参数：wp 为通带截止频率，wr 为阻带截止频率，Ap 为通带最大衰减，Ar 为阻带最小衰减；参数中的's'表示是模拟滤波器。

输出参数：N 为符合技术指标的滤波器的最小阶数，wc 为巴特沃思滤波器的固有频率 (3 dB)。

2. 巴特沃思低通滤波器系统函数获得

[B, A] = butter（N, wc, 's'）

输入参数：N 为符合要求的滤波器最小阶数，wc 为巴特沃思低通滤波器截止频率（3 dB)。

输出参数：B 和 A 分别为系统函数分子和分母的多项式系数。

3. 切比雪夫 I 型低通滤波器阶数选择函数

[N, wc] = cheblord（wp, wr, Ap, Ar,'s'）

输入参数：wp 为通带截止频率，wr 为阻带截止频率，Ap 为通带最大衰减，Ar 为阻带最小衰减；参数中的's'表示这是切比雪夫模拟滤波器。

输出参数：N 为符合技术指标的滤波器的最小阶数，wc 为切比雪夫滤波器的截止频率。

4. 切比雪夫 I 型低通滤波器系统函数获得

[B, A] = chebyl（N, Ap, wc）

其中，Ap 为通带允许的最大衰减，它与决定通带起伏的系数 ε 有唯一关系；B 和 A 分别为所获得的切比雪夫 I 型低通滤波器系统函数 $H_a(s)$ 分子多项式和分母多项式的系数。

5. 脉冲响应不变法函数

[d, c] = impinvar（b, a, fs）

其中，向量 b 和 a 分别为模拟滤波器系统函数 $H(s)$ 的分子和分母多项式的系数；向量 d 和 c 分别为数字滤波器系统函数 $H(z)$ 的分子和分母多项式的系数；fs 为抽样频率，默认值为 1Hz。

6. 双线性变换函数

[d, c] = bilinear（b, a, fs）

其中，向量 b 和 a 分别为模拟滤波器系统函数 $H(s)$ 的分子和分母多项式的系数；向量 d 和 c 分别为数字滤波器系统函数 $H(z)$ 的分子和分母多项式的系数；fs 为抽样频率，默认值为 1Hz。

【例 7-15】　分别用脉冲响应不变法和双线性变换法仿真设计一个巴特沃思低通数字滤

波器，要求其通带截止频率为 0.2π，阻带截止频率为 0.5π，通带最大衰减 A_p 小于 3dB，阻带最小衰减 A_r 大于 15dB，抽样频率 fs = 500Hz。

【解】　用 MATLAB 实现的程序如下：

```
close all; clear all;
Ap = 3; Ar = 15; fs = 500; Ts = 1/fs;
Wp = 0.2 * pi; Wr = 0.5 * pi;
% 脉冲响应不变法
wp = Wp/Ts; wr = Wr/Ts;% 求模拟滤波器参数
[N, wc] = buttord (wp, wr, Ap, Ar,'s')% 选择模拟滤波器的最小阶数
[b, a] = butter (N, wc,'s')% 把模拟滤波器原型转化成截止频率为 wc 的低通滤波器
[bz, az] = impinvar (b, a, fs)% 用脉冲响应不变法实现模拟滤波器到数字滤波器的转换
[H, W] = freqz (bz, az);% 绘制频率响应曲线
subplot (2, 1, 1); plot ((W/pi) * (fs/2), abs (H)); grid
xlabel ('频率、Hz'); ylabel ('脉冲响应不变法幅频特性')
% 双线性变换法
wp = (2/Ts) * tan (Wp/2); wr = (2/Ts) * tan (Wr/2);% 求模拟滤波器参数
[N, wc] = buttord (wp, wr, Ap, Ar,'s');% 选择模拟滤波器的最小阶数
[b, a] = butter (N, wc,'s');% 把模拟滤波器原型转化成截止频率为 wc 的低通滤波器
[bz, az] = bilinear (b, a, fs, 64);% 用双线性变换法实现模拟滤波器到数字滤波器的转换
[H, W] = freqz (bz, az);% 绘制频率响应曲线
subplot (2, 1, 2); plot ((W/pi) * (fs/2), abs (H)); grid
xlabel ('频率、Hz'); ylabel ('双线性变换法幅频特性')
```

本例中两种设计方法的幅频特性仿真如图 7-47 所示。

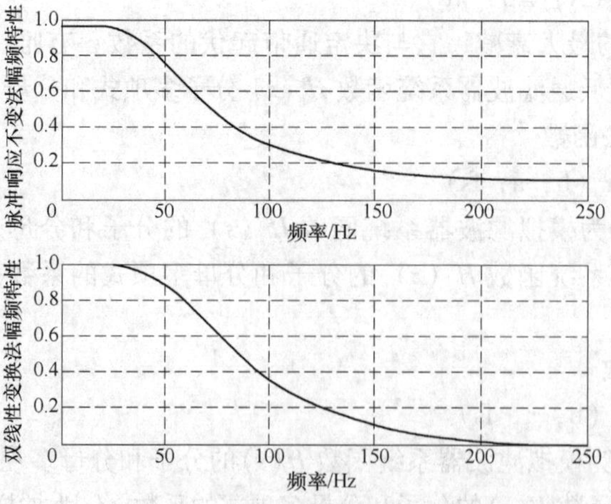

图 7-47　例 7-15 中两种设计方法的幅频特性仿真

7.7.2　FIR 数字滤波器仿真

1. fir1 函数(窗函数法)

fir1 函数是采用经典窗函数法设计线性相位 FIR 数字滤波器，且具有标准低通、带通、高通和带阻等类型。

语法格式：B = fir1(N, Wn,'ftype', window)
其中，N 为 FIR 数字滤波器的阶数，对于高通、带阻滤波器，N 取偶数；Wn 为滤波器截止频率，取值范围 0 ~ 1，对于带通、带阻滤波器，Wn = [W1, W2]，且 W1 < W2；'ftype'为滤波器类型。默认时为低通或带通滤波器，为'high'时是高通滤波器，为'stop'时是带阻滤波器；window 为窗函数，列向量，其长度为 N + 1；默认时，自动取海明窗。输出参数 B 为 FIR 数字滤波器系数向量(单位脉冲响应)，长度为 N + 1。表 7-8 列出了 fir1 函数中参数“window”的窗函数选项。

表 7-8　fir1 函数中参数“window”的窗函数选项

函数中参数 window	窗函数选项
boxcar(N)	矩形窗
bartlett(N)	三角窗
hanning(N)	汉宁窗
hamming(N)	海明窗
blackman(N)	布莱克曼窗

【例 7-16】　用窗函数法设计一个线性相位 FIR 数字低通滤波器，性能指标如下：通带截止频率 $wp = 0.2\pi$，阻带截止频率 $wr = 0.3\pi$，阻带衰减不小于 40 dB，通带衰减不大于 3 dB。

【解】　实现程序如下：

```
close all; clear all;
wp = 0.2 * pi;
wr = 0.3 * pi;
wdelta = wr - wp;
N = ceil(8 * pi/wdelta);
Wn = (wp + wr)/2;
B = fir1(N, Wn/pi, hamming(N + 1));% 阻带衰减不小于 40 dB，选海明窗
freqz(B, 1, 512)
```

该滤波器的幅频和相频特性的仿真见图 7-48 所示。

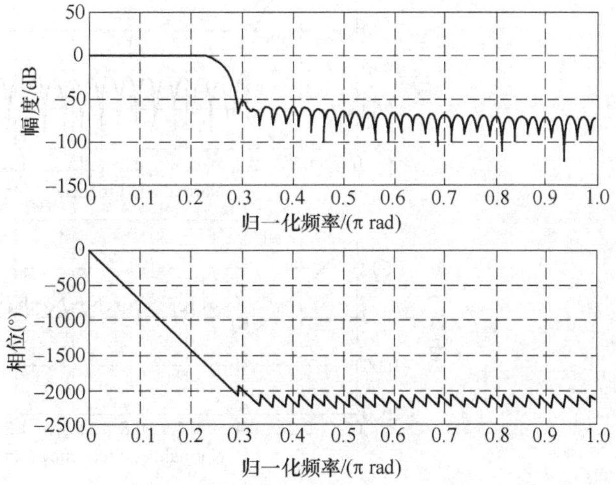

图 7-48　例 7-16 中 FIR 数字滤波器的幅频和相频特性的仿真

2. 频率抽样法

频率抽样法实质上是人为地构造一个理想滤波器的幅频特性 $H(e^{j\Omega})$ 在 0 ~ 2π 内的等间隔抽样值 $H(k)$，然后通过离散傅里叶逆变换(IDFT)得到滤波器的单位脉冲响应 $h(n)$。下

面通过一个例子来看仿真过程。

【例 7-17】 例 7-12 中用频率抽样法设计 FIR 线性相位数字低通滤波器，已知截止频率 $\Omega_c=0.25\pi\text{rad}$，抽样点数 $N=31$，在过渡边沿上设一个抽样点 $|H(k)|=0.4$ 。分析设置过渡抽样点后的频率响应情况。

【解】 频率抽样法可以根据滤波器系统的频率特性要求在频域直接设计，并能借助快速傅里叶变换进行设计。

由例 7-12 解得数字滤波器的频率抽样函数 $H(k)$ 如下式：

$$H(k)=\begin{cases}e^{-j\frac{\pi(N-1)}{N}k}=e^{-j\frac{30\pi}{31}k} & 0\leqslant k\leqslant 4,27\leqslant k\leqslant 30\\ 0.4e^{-j\frac{30\pi}{31}k} & k=5,k=26\\ 0 & 6\leqslant k\leqslant 25\end{cases}$$

其单位脉冲响应及其频率分析的 MATLAB 仿真程序如下：

```
clear; close all;
Hk = zeros(1, 31); L1 = 1: 5; L2 = 28: 31; L3 = 6; L4 = 27;
Hk(L1) = exp( -(j * 30 * pi * (L1)/31));
Hk(L2) = exp( -(j * 30 * pi * (L2)/31));
Hk(L3) = 0.4 * exp( -(j * 30 * pi * (L3)/31));
Hk(L4) = 0.4 * exp( -(j * 30 * pi * (L4)/31));
hn = ifft(Hk)
freqz(hn, 1, 512,'whole')
```

其频率特性仿真如图 7-49 所示。

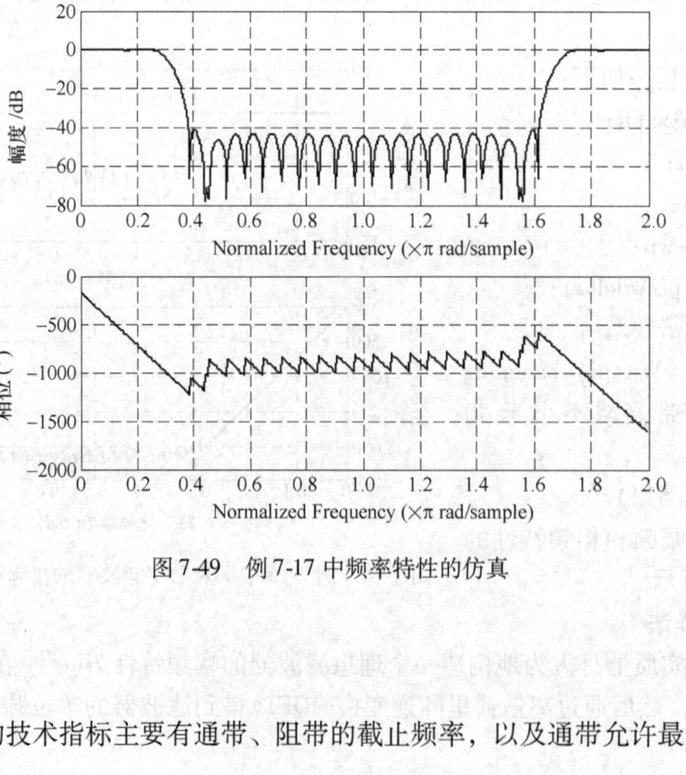

图 7-49　例 7-17 中频率特性的仿真

7.8　小结

选频滤波器的技术指标主要有通带、阻带的截止频率，以及通带允许最大衰减和阻带应达到的最小衰减等。数字滤波器根据其单位脉冲响应 $h(n)$ 的时域特性可以分为无限长单位脉冲响应 IIR 数字滤波器和有限长单位脉冲响应 FIR 数字滤波器。

设计模拟滤波器以幅度平方函数作为数学模型，再根据技术指标来确定其参数，进而用公式和查表的方法得到系统函数 $H_a(s)$ 。巴特沃思低通逼近在通带内具有最大平坦幅频响应；切比雪夫低通逼近具有更陡峭的过渡带幅频特性，但允许通带中出现波纹。

利用模拟滤波器成熟的理论和设计方法来设计 IIR 数字低通滤波器，设计过程是按照数字滤波器技术指标设计一个过渡的模拟低通滤波器 $H_a(s)$ ，再按照一定的转换关系将 $H_a(s)$ 转换成数字低通滤波器的系统函数 $H(z)$ 。工程上常用的转换方法是脉冲响应不变法和双线性变换法。这两种方法，前者具有线性相位，但其频率响应易产生频谱混叠现象；后者不存在频率特性的混叠失真，但其转换前后的频率关系是非线性的。IIR 数字高通、带通及带阻滤波器的设计方法有：s 平面变换法、z 平面变换法以及原型变换法等。

FIR 数字滤波器具有严格线性相位的条件是其单位脉冲响应 $h(n)$ 为偶对称或奇对称的实数序列。根据四种类型的线性相位 FIR 数字滤波器的幅频特性，可以判断其适合哪一类选频滤波器的设计。窗函数法是在时域设计 FIR 数字滤波器，对理想滤波器的单位脉冲响应加窗得到因果序列作为实际滤波器的单位脉冲响应，可以根据技术指标选择不同的窗函数和序列长度，以获得良好的频率特性。频率抽样法可以在频域直接设计，对理想滤波器频率响应的有限个抽样值进行离散傅里叶逆变换得到实际滤波器的单位脉冲响应，为了克服在通带边缘抽样值突然变化造成的频响过冲现象，可在通带边缘设置若干个抽样点以形成过渡带来改善。

数字滤波器的结构是指实现其功能的运算结构。IIR 数字滤波器的结构有直接Ⅰ型和直接Ⅱ型(正准型)、级联型和并联型。其基本二阶节中，前向网络的增益取自系统函数分子多项式的系数，反馈网络的增益取自系统函数分母多项式的系数。FIR 数字滤波器的结构包括直接型(卷积型)、级联型和频率抽样型等。

习　题　7

7-1　已知一滤波器的通带允许最大衰减 $A_p=0.15\text{dB}$，阻带允许最小衰减 $A_r=51\text{dB}$，分别求通带和阻带容限 δ_1、δ_2。

7-2　设 $H_a(s)=\dfrac{3}{(s+1)(s+3)}$，试用脉冲响应不变法和双线性变换法，将以上模拟系统函数转变为数字系统函数 $H(z)$ ，抽样周期 $T=0.5\text{s}$ 。

7-3　用双线性变换法设计一个一阶巴特沃思低通滤波器。要求 3dB 截止频率为 $\Omega_c=0.2\pi\ \text{rad}$ 。

7-4　一个数字滤波器的系统函数为

$$H(z)=\frac{2}{1-0.5z^{-1}}-\frac{1}{1-0.25z^{-1}}$$

如果该滤波器用双线性变换法设计，$T=2\text{s}$，求可以用作原型的模拟滤波器。

7-5　编写用双线性变换法设计巴特沃思低通 IIR 数字滤波器的程序。这个低通数字滤波器的设计要求如下：

$$\Omega_p=0.2\pi\ \text{rad}\qquad A_p=1\text{dB}$$
$$\Omega_r=0.3\pi\ \text{rad}\qquad A_r=15\text{dB}$$

(1)以 $\pi/64$ 为抽样间隔，在屏幕上打印数字滤波器的频率区间$[0,\ \pi]$上的幅频响应特性曲线($|H(e^{j\Omega})|$)；

(2)在屏幕上打印出 $H(z)$ 的分子、分母多项式系数。

7-6　分别用脉冲响应不变法和双线性变换法仿真设计一个切比雪夫低通数字滤波器，要求其通带截止频率为 0.2π rad，阻带截止频率为 0.5π rad，通带衰减 A_p 小于 3 dB，阻带衰减 A_r 大于 15 dB，抽样频率 $f_s=500$ Hz。

7-7　用直接变换法设计一个巴特沃思高通数字滤波器，其通带截止频率（-3dB 点处）为 $f_c=3$kHz，阻带上限截止频率 $f_r=2$kHz，通带衰减不大于 3 dB，阻带衰减不小于 14dB，采样频率 $f_s=10$kHz。

7-8　FIR 数字滤波器的单位脉冲响应 $h(n)$ 如下：

(1) $h(n)=\{1,2,4,2,1\}$

(2) $h(n)=\{1,2,4,3,2\}$

(3) $h(n)=\{1,-2,2,-1\}$

(4) $h(n)=\{-1,-2,2,-1\}$

(5) $h(n)=\{1,2,-4,4,-2,-1\}$

(6) $h(n)=\{1,2,4,4,2,1\}$

试：①分别作图，表示它们的 $h(n)$；②分别判断是否为线性相位 FIR 数字滤波器？如是，请问是哪一类？并写出它们的相位函数。

7-9　证明 FIR 数字滤波器的单位脉冲响应为实奇对称序列 $h(n)=-h(N-1-n),0\leqslant n\leqslant N-1$ 时，其频率响应为

$$H(e^{j\Omega})=e^{-j\left(\frac{N-1}{2}\right)\Omega+j\frac{\pi}{2}}\sum_{n=0}^{N-1}h(n)\sin\left[\Omega\left(\frac{N-1}{2}-n\right)\right]$$

7-10　证明 FIR 数字滤波器的单位脉冲响应为实奇对称序列 $h(n)=-h(N-1-n),0\leqslant n\leqslant N-1$，且长度 N 为奇数时，其幅度函数为

$$H(\Omega)=\sum_{n=1}^{\frac{N-1}{2}}c(n)\sin(\Omega n)$$

式中

$$c(n)=2h\left(\frac{N-1}{2}-n\right)\qquad n=1,2,3,\cdots,\frac{N-1}{2}$$

7-11　设系统的单位脉冲响应为

$$h(n)=\begin{cases}1 & 0\leqslant n\leqslant 2\\0 & \text{其他}\end{cases}$$

计算并画出其频率响应。

7-12　设 FIR 数字滤波器系统的单位脉冲响应为

(1) $h(n)=\begin{cases}1 & 0\leqslant n\leqslant 4\\0 & \text{其他}\end{cases}$

(2) $h(n)=\begin{cases}1 & 0\leqslant n\leqslant 5\\0 & \text{其他}\end{cases}$

(3) $h(n)=\delta(n)-\delta(n-2)$

(4) $h(n)=\delta(n)-\delta(n-1)$

说明它们是哪一类线性相位 FIR 数字滤波器，计算并用 MATLAB 仿真其频率响应 $H(e^{j\Omega})$。

7-13　用矩形窗设计一个线性相位低通滤波器。已知

$$H_d(e^{j\Omega})=\begin{cases}e^{-j\Omega\alpha} & 0\leqslant\Omega\leqslant\Omega_c\\0 & \Omega_c\leqslant\Omega\leqslant\pi\end{cases}$$

(1)求出 $h(n)$ 的表达式，确定 a 与 N 的关系；

(2)问有几种类型，分别是属于哪一种线性相位滤波器；

(3)若改用升余弦窗(汉宁窗)设计，求出 $h(n)$ 的表达式。

7-14　用窗函数法设计一个线性相位 FIR 数字低通滤波器，性能指标如下：通带截止频率 wp = 0.2π rad，阻带截止频率 wr = 0.3π rad，阻带衰减不小于 70 dB，通带衰减不大于 3 dB。

7-15　用频率抽样法设计线性相位低通滤波器，已知截止频率 $\Omega_c = 0.4\pi$ rad，抽样点数 $N = 41$，边沿上设置一个过渡点令其幅度为 0.5。

7-16　试用频率抽样法设计一个带通滤波器，其通带频率为 400 ~ 800Hz，抽样频率 $f_s = 4000$Hz，使用阶次 $N = 33$。并用 MATLAB 编程画出其频率特性。

7-17　已知某信号 $x(t) = 1 + \cos 2t + \cos 7t$，试设计一个低通 FIR 数字滤波器滤掉 $\cos 7t$ 成分。

7-18　设一因果时不变系统可以用差分方程

$$y(n) = 4y(n-1) - 3y(n-2) + 2x(n) - 2x(n-1) + 2x(n-2)$$

来描述。试分别画出系统的直接Ⅰ型、直接Ⅱ型、级联型和并联型结构。差分方程中 $x(n)$ 和 $y(n)$ 分别表示系统的输入和输出。

7-19　试分别用级联型和并联型结构实现系统函数

$$H(z) = \frac{3 - 3.5z^{-1} + 2.5z^{-2}}{(1 - z^{-1} + z^{-2})(1 - 0.5z^{-1})}$$

7-20　已知 FIR 数字滤波器的单位脉冲响应为 $h(n) = \delta(n) - \delta(n-1) + \delta(n-4)$，设抽样点数 $N = 5$。画出其频率抽样型结构。

7-21　求图 7-50 所示结构的差分方程和系统函数。

7-22　用直接型结构和级联型结构实现 FIR 系统

$$H(z) = (1 - 1.73z^{-1} + z^{-2})(1 + 2z^{-1})$$

7-23　设计第一类线性相位 FIR 高通数字滤波器，3dB 截止频率 $\Omega_c = \left(\frac{3\pi}{4} \pm \frac{\pi}{16}\right)$rad，阻带最小衰减 $A_r = 50$dB，过渡带宽 $\Delta\Omega = \frac{\pi}{16}$，用窗函数法设计。

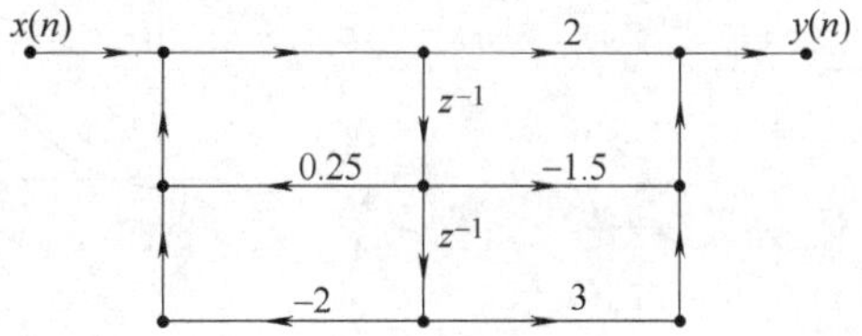

图 7-50　习题 7-21 图

7-24　利用频率抽样法设计一个线性相位 FIR 低通数字滤波器，给定 $N = 21$，通带截止频率 $\Omega_c = 0.15\pi$ rad。求出 $h(n)$，为了改善其频率响应应采取什么措施？

7-25　利用频率抽样法设计一线性相位 FIR 低通数字滤波器，给定 $N = 16$，给定希望逼近的滤波器的幅度抽样值为

$$H_d(k) = \begin{cases} 1 & k = 0,1,2,3 \\ 0.389 & k = 4 \\ 0 & k = 5,6,7 \end{cases}$$

7-26　用频率抽样法设计第一类或第二类线性相位 FIR 低通数字滤波器。要求通带截止频率为 $\Omega_c = \left(\frac{\pi}{16} \pm \frac{\pi}{32}\right)$rad，过渡带宽度 $\Delta\Omega \leqslant \frac{\pi}{32}$，阻带最小衰减 $A_r = 40$dB。

7-27　利用矩形窗、升余弦窗、改进的升余弦窗和布莱克曼窗设计线性相位 FIR 低通数字滤波器。要求通带截止频率 $\Omega_c = \frac{\pi}{4}$rad，$N = 21$。求出分别对应的单位脉冲响应，绘出它们的幅频特性并进行比较。

7-28　已知 FIR 数字滤波器的单位脉冲响应为 $h(n) = \delta(n) - \delta(n-1) + \delta(n-4)$，抽样点数 $N = 5$，求其频率抽样型结构。

7-29　已知 FIR 数字滤波器的 16 个频率抽样值为 $H(0) = 12, H(1) = -3 - \sqrt{3}j, H(2) = 1 + j, H(3) \sim H(13)$ 都为零，$H(14) = 1 - j, H(15) = -3 + \sqrt{3}j$。计算并画出滤波器的频率抽样型结构。

部分习题参考答案

第 1 章

1-2

$$f(t)=\begin{cases}\dfrac{t^2}{4}+\dfrac{t}{4}+\dfrac{1}{16} & -0.5\leqslant t\leqslant 1\\ \dfrac{3}{4}t-\dfrac{3}{16} & 1\leqslant t\leqslant 1.5\\ -\dfrac{t^2}{4}+\dfrac{t}{2}+\dfrac{3}{4} & 1.5\leqslant t\leqslant 3\\ 0 & t\leqslant -0.5, t\geqslant 3\end{cases}$$

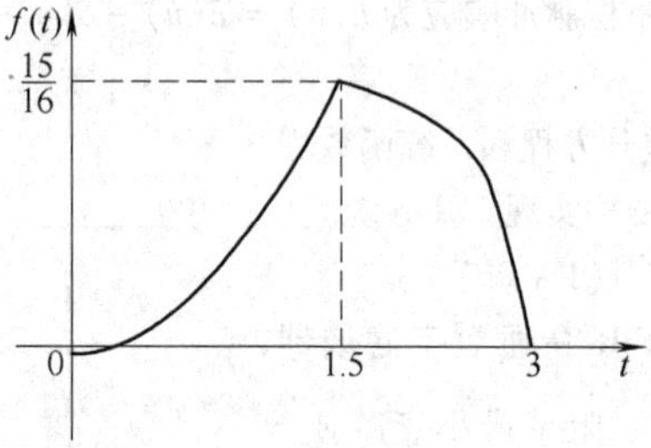

习题答案图-1　习题 1-2 答案

1-3　(2) $x_e(n)=\left\{\frac{5}{2},\ \frac{9}{2},\ \frac{7}{2},\ \frac{9}{2},\ 6,\ \underline{9},\ 6,\ \frac{9}{2},\ \frac{7}{2},\ \frac{9}{2},\ \frac{5}{2}\right\}$

(3) $x_o(n)=\left\{-\frac{5}{2},\ -\frac{9}{2},\ -\frac{7}{2},\ \frac{7}{2},\ 1,\ \underline{0},\ -1,\ -\frac{7}{2},\ \frac{7}{2},\ \frac{9}{2},\ \frac{5}{2}\right\}$

(4) $x(n)=x_1(n)$，即实数序列可以分解成偶对称序列和奇对称序列

1-4　(1) $T=\pi$

(2) T_1、T_2 不存在公倍数

(3) $N=14$

(4) $N=6$

(5) 不是周期序列

(6) $N=72$

1-5　(1) $T=0.05\text{s}$

(2) $x(n)=\cos\left(0.8\pi n+\frac{\pi}{6}\right)$

(3) $N=5$

1-6　(1) 非线性系统，时不变系统

(2) 线性时变系统

1-7

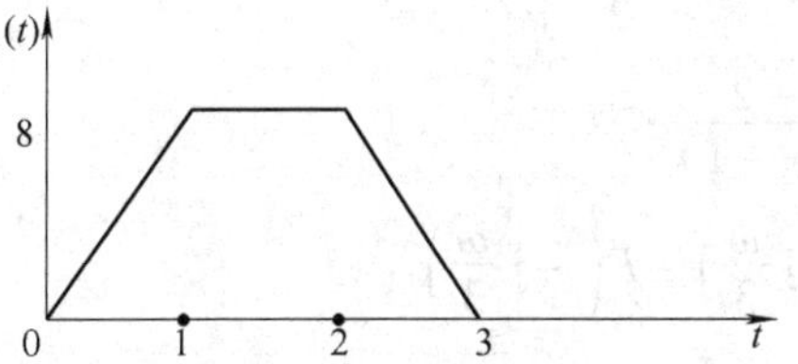

习题答案图-2　习题 1-7 答案

1-14　$y(n)=(-1)^n\left(\frac{4}{5}-\mathrm{j}\frac{2}{5}\right)$

第 2 章

2-3　$f(t)=\frac{E}{2}+\frac{4E}{\pi^2}\left[\cos(\omega_1 t)+\frac{1}{9}\cos(3\omega_1 t)+\frac{1}{25}\cos(5\omega_1 t)+\cdots\right]$，$\omega_1=\frac{2\pi}{\tau}$

2-5　(1) 1rad/s

(2) 图略

2-6　(1) $F_1(\mathrm{j}\omega)=2\cos(2\omega)$

(2) $F_2(\mathrm{j}\omega)=2\mathrm{sinc}(\omega)\mathrm{e}^{-\mathrm{j}\omega}$

(3) $F_3(\mathrm{j}\omega)=\mathrm{j}\frac{2}{\omega}[\cos(\omega)-\mathrm{sinc}(\omega)]$

(4) $F_4(\mathrm{j}\omega)=\frac{2\pi\tau}{\pi^2-(\omega\tau)^2}\cos\left(\frac{\omega\tau}{2}\right)=\frac{\tau}{2}\left[\mathrm{sinc}\left(\frac{\omega\tau}{2}+\frac{\pi}{2}\right)+\mathrm{sinc}\left(\frac{\omega\tau}{2}-\frac{\pi}{2}\right)\right]$

2-7　(1) $\frac{1}{3+\mathrm{j}\omega}$　(2) $\frac{\pi}{2}\Pi\left(\frac{\mathrm{j}\omega}{4}\right)$　(3) $\frac{1}{a-\mathrm{j}\omega}$　(4) $\mathrm{j}\pi\delta(\omega)-\frac{1}{\omega^2}$。图略

2-8　(1) $Y_1(\mathrm{j}\omega)=F(\mathrm{j}\omega)\mathrm{e}^{-\mathrm{j}\omega}$

(2) $Y_2(\mathrm{j}\omega)=\mathrm{j}\frac{\mathrm{d}F(\mathrm{j}\omega)}{\mathrm{d}\omega}\mathrm{e}^{-\mathrm{j}\omega}$

(3) $Y_3(\mathrm{j}\omega)=\frac{\mathrm{j}}{2}\frac{\mathrm{d}}{\mathrm{d}\omega}\left[F\left(-\mathrm{j}\frac{\omega}{2}\right)\right]$

(4) $Y_4(\mathrm{j}\omega)=\frac{1}{2}F\left[\frac{\mathrm{j}}{2}(\omega-3)\right]$

(5) $Y_5(\mathrm{j}\omega)=-\omega\frac{\mathrm{d}F(\mathrm{j}\omega)}{\mathrm{d}\omega}-F(\mathrm{j}\omega)$

(6) $Y_6(\mathrm{j}\omega)=\frac{1}{2}F\left(\frac{\mathrm{j}\omega}{2}\right)\mathrm{e}^{-\mathrm{j}3\omega}$

2-9　(1) $F_1(\mathrm{j}\omega)=10\delta(\omega)$

(2) $F_2(\mathrm{j}\omega)=\frac{\pi}{2}\sum_{n=-\infty}^{\infty}\delta\left(\omega-n\frac{\pi}{2}\right)$

(3) $F_3(\mathrm{j}\omega)=\frac{1-\mathrm{e}^{-\mathrm{j}(\omega+1)}}{1+\mathrm{j}\omega}$

(4) $F_4(\mathrm{j}\omega)=\frac{\pi}{2}g_2(t)$

2-10 (1) $F(j\omega)=4\pi\delta(\omega)+\dfrac{4}{2+j\omega}$

(2) $F(j\omega)=\dfrac{-2}{j(\omega-1)}e^{-j\frac{3}{2}(\omega-1)}$

2-11 (1) $j\dfrac{1}{3}\dfrac{d}{d\omega}F\left(-j\dfrac{\omega}{3}\right)-F\left(-j\dfrac{\omega}{3}\right)$

(2) $\dfrac{-e^{-j2\omega}}{j\omega}F(-j2\omega)+\pi F(0)\delta(\omega)$

(3) $\dfrac{1}{2}F[j(\omega+3)]e^{j12}+\dfrac{1}{2}F[j(\omega-3)]e^{-j12}$

(4) $\dfrac{1}{j2\omega}F\left(\dfrac{j\omega}{2}\right)e^{-j\omega}+\dfrac{\pi}{2}F(0)\delta(\omega)$

2-12 (1) $\pi\mathrm{sinc}(t)$

(2) 0

(3) $|\omega|F(j\omega)$

2-13 $F(j\omega)=j\dfrac{\pi}{2}[u(\omega+2)-u(\omega)]-j\dfrac{\pi}{2}[u(\omega)-u(\omega-2)]$

2-14 (2)（提示：利用能量性质帕斯瓦尔定理证明）

2-15 $F(j\omega)=10\pi[e^{j\frac{\pi}{4}}\delta(\omega+200\pi)+e^{-j\frac{\pi}{4}}\delta(\omega-200\pi)]$

2-16 (1) $j\dfrac{2}{\omega}[\cos 2\omega-\sin c(\omega)]$

(2) $\dfrac{2}{j\omega}e^{-j\omega}$

2-17 $f(t)=u(t)e^{j\omega_0 t}$

2-18 $f(0)=3$; $f(4)=0$

2-19 (1) $f(t)=\delta(t)+2e^{-t}u(t)-e^{-2t}u(t)$

(2) $f(t)=e^{-t}u(t)-\dfrac{t^2}{2}e^{-2t}u(t)-te^{-2t}u(t)-e^{-2t}u(t)$

(3) $f(t)=u(t)e^{j\omega_0 t}$

2-20 (1) $\delta(t)+\dfrac{e^{jt}}{j\pi t}$

(2) $\dfrac{1}{4\pi}\left[\Pi\left(\dfrac{t+5}{2}\right)+\Pi\left(\dfrac{t-5}{2}\right)\right]$

(3) $\dfrac{1}{2}e^{-j2t}\Pi\left(\dfrac{t}{6}\right)$

（提示：利用傅里叶变换频域积分、频移、时移和对称性质求解）

2-21 (1) $f(t)=\dfrac{1}{2\pi}e^{j\omega_0 t}$

(2) $f(t)=\dfrac{\omega_0}{\pi}\mathrm{sinc}(\omega_0 t)$

(3) $f(t)=\mathrm{j}\dfrac{1}{\pi t}$

2-22 $\mathcal{F}^{-1}\left[Y\left(\dfrac{\mathrm{j}\omega}{2}\right)\right]=\begin{cases}\dfrac{2t}{\mathrm{j}\pi} & |t|<\dfrac{1}{2}\\ 0 & |t|>\dfrac{1}{2}\end{cases}$

（提示：利用傅里叶变换对称性、奇偶性和尺度变换特性进行求解）

2-23 (1) $\omega_{\mathrm{m}}=200\mathrm{rad/s}$，$f_s=\dfrac{200}{\pi}\mathrm{Hz}$，$T_{\mathrm{s}}=\dfrac{\pi}{200}\mathrm{s}$

(2) $\omega_{\mathrm{m}}=200\mathrm{rad/s}$，$f_s=\dfrac{200}{\pi}\mathrm{Hz}$，$T_{\mathrm{s}}=\dfrac{\pi}{200}\mathrm{s}$

(3) $\omega_{\mathrm{m}}=120\mathrm{rad/s}$，$f_s=\dfrac{120}{\pi}\mathrm{Hz}$，$T_{\mathrm{s}}=\dfrac{\pi}{120}\mathrm{s}$

(4) $\omega_{\mathrm{s}}=2\omega_{\mathrm{m}}=1000\mathrm{rad/s}$，$f_s=\dfrac{500}{\pi}\mathrm{Hz}$，$T_{\mathrm{s}}=\dfrac{\pi}{500}\mathrm{s}$

2-24 (1) $f_s=2000\mathrm{Hz}$

(2) $f_s=4000\mathrm{Hz}$

(3) $f_s=1000\mathrm{Hz}$

(4) $f_s=666.67\mathrm{Hz}$

(5) $f_s=7000\mathrm{Hz}$

(6) $f_s=2000\mathrm{Hz}$

2-26 $y(t)=\cos(200\pi t)$

2-27 (1) $v_2(t)=u(t-t_0)-u(t-t_0-T)$

(2) $v_2(t)=\mathrm{sinc}\left[\dfrac{1}{2}(t-t_0)\right]-\mathrm{sinc}\left[\dfrac{1}{2}(t-t_0-T)\right]$

2-28 (1) $\dfrac{1}{2}\mathrm{sinc}(t-3)$

(2) 0

第3章

3-2 (1) $F(s)=\dfrac{a}{s(s+a)}$

(2) $F(s)=\dfrac{1-\mathrm{e}^{-s}}{s+1}$

(3) $F(s)=\dfrac{\alpha\cos\varphi+s\sin\varphi}{s^2+\alpha^2}$

(4) $F(s)=\dfrac{1}{s}-1$

(5) $F(s)=\dfrac{1}{s^3}(2+4s+4s^2)\mathrm{e}^{-2t}$

(6) $F(s)=\dfrac{1}{s^2}\mathrm{e}^{-s}$

(7) $\dfrac{3}{(s+1)^2+9}$

(8) $\dfrac{6}{s+2}-3$

3-3 (1) $F(s)=\dfrac{s+4}{(s+2)^2}e^{-\frac{1}{2}(s+2)}$

(2) $F(s)=\dfrac{s^2(s+1)}{(s+1)^2+1}$

(3) $F(s)=\dfrac{1}{s}\left[2+\dfrac{1}{s}(1-e^{-2s})\right]$

(4) $F(s)=\dfrac{1}{2}e^{-\frac{s}{2}}$

(5) $F(s)=\dfrac{\pi(1+e^{-s})}{s^2+\pi^2}$

(6) $F(s)=\dfrac{2-s}{\sqrt{2}(s^2+4)}$

3-4 (1) $F(s)=\dfrac{1}{s}e^{-2s}$

(2) $F(s)=\dfrac{2\cos 2+s\sin 2}{s^2+4}e^{-s}$

(3) $F(s)=\dfrac{1}{s+\beta}+\dfrac{s+\beta}{(s+\beta)^2+\alpha^2}$

(4) $F(s)=\dfrac{\pi}{2}-\arctan\left(\dfrac{s}{a}\right)$

(5) $F(s)=\dfrac{s+3}{(s+1)^2}$

(6) $F(s)=\dfrac{s+1}{s^2+1}$

3-5 (1) $F(s)=\dfrac{1}{s}e^{-\frac{3s}{2}}$

(2) $F(s)=\dfrac{1}{s+1}e^{-\frac{3(s+1)}{2}}$

(3) $F(s)=\dfrac{e^3}{s+2}$

(4) $F(s)=\dfrac{1}{s+2}e^{-\frac{3s}{2}}$

3-6 (1) $F(s)=\dfrac{1}{s(s^2+2s+5)}$

(2) $F(s)=\dfrac{1}{2j}\left[\dfrac{1}{(s-j\omega_0)^2+2(s-j\omega_0)+5}-\dfrac{1}{(s+j\omega_0)^2+2(s+j\omega_0)+5}\right]$

(3) $F(s)=\dfrac{2}{s^2+4s+20}e^{2s}$

(4) $F(s)=\frac{\pi}{4}-\frac{1}{2}\arctan\left(\frac{s+1}{2}\right)$

(5) $F(s)=\frac{2s(s+5)}{(s^2+2s+5)^2}$

3-7 (1) $F(s)=\frac{1}{s}+\frac{1}{s^2}(e^{-2s}-e^{-3s})$

(2) $F(s)=\frac{1}{s}e^{-2s}+\frac{1}{2s^2}e^{-6s}(1-e^{-2s})$，$F(s)=\frac{1}{s}e^{-\frac{s}{2}}+\frac{2}{s^2}(e^{-\frac{3}{2}s}-e^{-2s})$

3-8 (1)初值为1，终值为0

(2)初值为0，终值为0

(3)初值为1，终值为不存在

(4)初值为9，终值为1/3

(5)初值为0，终值为不存在

(6)初值为0，终值为不存在

(提示：本题利用初值定理和终值定理求拉式逆变换的初值和终值)

3-9 (1) $f(t)=e^{-t}$

(2) $f(t)=\frac{1}{2}\sin(2t)u(t)$

(3) $f(t)=2(1-e^{-\frac{3}{2}t})u(t)$

(4) $f(t)=e^{-t}(\cos t+\sin t)u(t)$

(5) $f(t)=\frac{1}{4}e^{-t}(1+3\cos 2t-4\sin 2t)u(t)$

(6) $f(t)=\frac{1}{4}e^{-t}(1-\cos 2t)u(t)$

(7) $f(t)=\delta(t-2)+\{\cos[2(t-2)]-\frac{3}{2}\sin[2(t-2)]\}u(t-2)$

(8) $f(t)=[1-\cos 2(t-1)]u(t-1)$

3-10 (1) $f(t)=e^{-t}u(t)-e^{-(t-T)}u(t-T)$

(2) $f(t)=\sum_{n=0}^{\infty}(-1)^n\delta(t-n)$

(3) $f(t)=\sum_{n=0}^{\infty}u(t-n)$

3-11 (1) $f(t)=\frac{1}{2}+\frac{1}{2}e^{-2t}-e^{-t}\quad t\geqslant 0$

(2) $f(t)=\frac{1}{4}-\frac{1}{3}e^{-t}-\frac{1}{12}e^{-4t}\quad t\geqslant 0$

(3) $f(t)=3e^{-t}+7e^{-2t}-7e^{-3t}\quad t\geqslant 0$

3-12 (1) $y(0^-)=3$

(2) $H(s)=\frac{s-2}{s+2}$

第 4 章

4-1 （1）$\dfrac{1}{1-\frac{1}{2}z^{-1}}$ $\quad |z|>\frac{1}{2}$

（2）$\dfrac{1}{1-\frac{1}{2}z^{-1}}$ $\quad |z|<\frac{1}{2}$

（3）$\dfrac{-\frac{1}{2}z^{-1}}{1-\frac{1}{2}z^{-1}}$ $\quad |z|<\frac{1}{2}$

（4）$\dfrac{z+1}{z}$ $\quad |z|>0$

（5）z $\quad |z|<\infty$

（6）$\dfrac{-\left(\frac{1}{2}\right)^{10}z^{-10}}{1-\frac{1}{2}z^{-1}}$ $\quad |z|\neq 0$

（7）$\dfrac{z^{-1}}{2(1-z^{-1})^2}$ $\quad |z|>1$

（8）$\dfrac{e^{-a}z^{-1}}{(e^{-a}-z^{-1})^2}$ $\quad |z|>e^{a}$

4-2 （1）$X(z)=\dfrac{z^{-1}(\alpha-\alpha^{-1})}{(1-\alpha z^{-1})(1-\alpha^{-1}z^{-1})}$ $\quad$ ROC：$|\alpha|<|z|<|\alpha^{-1}|$

（2）$X(z)=\dfrac{1-z^{-N}}{1-z^{-1}}$ $\quad$ ROC：$|z|\neq 0$

（3）$X(z)=z^{-1}\dfrac{(1-z^{-N})^2}{(1-z^{-1})^2}$ $\quad$ ROC：$|z|\neq 0$

4-3 （1）$x(n)=\left(-\frac{1}{2}\right)^n u(n)$

（2）$x(n)=-\left(-\frac{1}{2}\right)^n u(-n-1)$

（3）$x(n)=4\left(-\frac{1}{2}\right)^n u(n)-3\left(-\frac{1}{4}\right)^n u(n)$

（4）$x(n)=\left(-\frac{1}{2}\right)^n u(n)$

（5）$x(n)=-(a^{-(n+1)})u(n)+a^{-(n-1)}u(n-1)$

（6）$x(n)=[(-1)^{n-1}-3(-2)^{n-1}]u(n)+\frac{1}{2}\delta(n)$

（7）$x(n)=\left[\frac{1}{2}n-\frac{1}{4}+\frac{1}{4}(-1)^n\right]u(n)$

4-4 (1) $X(z)=\dfrac{-z}{(z+1)^2}$ $|z|>1$

(2) $X(z)=\dfrac{z+1}{(z-1)^3}$ $|z|>1$

(3) $X(z)=\dfrac{z}{a}\ln\dfrac{z}{z-a}$ $|z|>a$

(4) $X(z)=\dfrac{z^2}{z^2-1}$ $|z|>1$

4-5 (1) $y(n)=\dfrac{b}{b-a}[a^n u(n)+b^n u(-n-1)]$

(2) $y(n)=a^{n-2}u(n-2)$

(3) $y(n)=\dfrac{1-a^n}{1-a}u(n)$

4-6 (1) $y(n)=3^{-n}u(n)$

(2) $y(n)=\dfrac{3-3^{-n}}{2}u(n)$

4-7 $b_0y(n)+b_1y(n-1)=a_0x(n)+a_1x(n-1)$

4-8 (1) $y_c(n)=A_1\times 2^n+A_2\times 3^n$，$B(n)=B_0$

(2) $y_c(n)=A_1\sin\dfrac{n\pi}{2}+A_2\cos\dfrac{n\pi}{2}$，$B(n)=B_1\sin n+B_2\cos n$

(3) $y_c(n)=A_0$，$B(n)=B_1 n$

(4) $y_c(n)=(A_2n^2+A_1n+A_0)(-2)^n$，$B(n)=n^3(B_2n^2+B_1n+B_0)(-2)^n$

4-9 $y(n)=\dfrac{1-0.8^{n+1}}{1-0.8}u(n)-\dfrac{1-0.8^{n-2}}{1-0.8}u(n-3)$

4-10 (1) $\dfrac{1}{3}+\dfrac{2}{3}\cos\left(\dfrac{2n\pi}{3}\right)+\dfrac{4\sqrt{3}}{3}\sin\left(\dfrac{2n\pi}{3}\right)$ $n\geqslant 0$

(2) $0.5-0.45(0.9)^n$ $n\geqslant 0$

(3) $0.5+0.45(0.9)^n$ $n\geqslant 0$

(4) $\dfrac{1}{9}[3n-4+13(-2)^n]$ $n\geqslant 0$

4-11 (1) $y_{zs}(n)=\left[\dfrac{2e}{2e+1}(-2)^n+\dfrac{1}{2e+1}\left(\dfrac{1}{e}\right)^n\right]u(n)$

(2) $y_{zs}(n)=\left[-\dfrac{1}{4}(-1)^n+\dfrac{1}{5}(-2)^n+\dfrac{1}{20}3^n\right]u(n)$

(3) $y_{zs}(n)=[(0.8)^{n-1}-(-0.2)^{n-1}]u(n-1)$

(4) $y_{zs}(n)=\dfrac{1}{3!}(n-1)u(n+1)$

4-12 $y(n)=(2^{n+1}-1)u(n)+[(n+1)2^n-1]u(n-1)$ $n\geqslant 0$

4-13 (1) $y_{zi}(n)=u(n)$，$y_{zs}(n)=nu(n)$，$y(n)=(n+1)u(n)$ (2) 图略

4-14 (1) $H(z)=\dfrac{1-z^{-1}}{\left(1-\dfrac{1}{2}z^{-1}\right)\left(1+\dfrac{3}{4}z^{-1}\right)}$ $|z|>\dfrac{3}{4}$

(2) $h(n) = -\frac{2}{5}\left(\frac{1}{2}\right)^n u(n) + \frac{7}{5}\left(-\frac{3}{4}\right)^n u(n)$

(3) $y(n) + \frac{1}{4}y(n-1) - \frac{3}{8}y(n-2) = x(n) - x(n-1)$

4-15 (1) $|K| < 1$
(2) $|K| < 1/2$
(3) $|K| < 1$

4-16 (1) $H(z) = \frac{z}{z+1}$，$h(n) = (-1)^n u(n)$

(2) $y(n) = 5[1 + (-1)^n]u(n)$

4-17 $-2 < a < 0$

4-18 (1) $R(e^{j\Omega}) = e^{-j\Omega(N-1)/2}\dfrac{\sin\left(\frac{N}{2}\Omega\right)}{\sin\left(\frac{\Omega}{2}\right)}$

(2) $X(e^{j\Omega}) = \frac{1}{2}R\left(e^{j\Omega} + \frac{1}{4}R(e^{j(\Omega-2\pi/(N-1))}) + \frac{1}{4}R(e^{j(\Omega+2\pi/(N-1))})\right)$

4-19 (1) $y(n) - Ky(n-1) = x(n)$

(2) $K=0$ 时，$|H(e^{j\Omega})| = 1$，$\varphi(\Omega) = 0$

$K=0.5$ 时，$|H(e^{j\Omega})| = \dfrac{1}{\sqrt{1.25-\cos\Omega}}$，$\varphi(\Omega) = -\arctan\dfrac{\sin\Omega}{2-\cos\Omega}$

$K=1$ 时，$|H(e^{j\Omega})| = \dfrac{1}{\sqrt{2(1-\cos\Omega)}}$，$\varphi(\Omega) = \dfrac{\Omega-\pi}{2}$

4-20 $|H(e^{j\Omega})| = \sqrt{\dfrac{2(1-\cos\Omega)}{1.25-\cos\Omega}}$，$\varphi(\Omega) = -\arctan\left(-\frac{1}{3}\cos\frac{\Omega}{2}\right)$

4-22 (1) $a^n u(n) + 2a^{n-2}u(n-2)$

(2) $Y(e^{j\Omega}) = \dfrac{1+2e^{j2\Omega}}{1-ae^{-j\Omega}}$

4-23 (2) $a < 1$

4-24 (1) $H(z) = \dfrac{1+0.9z^{-1}}{1-0.9z^{-1}}$

(2) $H(e^{j\Omega}) = \dfrac{1+0.9e^{j\Omega}}{1-0.9e^{j\Omega}}$

(3) $y(n) = e^{j\Omega_0 n}\dfrac{1+0.9e^{j\Omega_0}}{1-0.9e^{j\Omega_0}}$

第 5 章

5-1 (1) $X(k) = e^{-j\frac{2\pi}{N}kN_0}$

(2) $X(k) = \dfrac{1-a^N}{1-ae^{-j\frac{2\pi}{N}k}}$　　$0 \leqslant k \leqslant N-1$

(3) $X(k) = N\delta(k-m)$

(4) $X(k) = \frac{N}{2}[\delta(k-m) + \delta(k+m)]$

5-2 $X(k) = \{5, 2+j, -5, 2-j\}$

5-3 (1) $\mathrm{DFT}\left[x(n)\cos\left(\frac{2\pi rn}{N}\right)\right] = \frac{1}{2}[X((k-r))_N + X((k+r))_N]R_N(k)$

(2) $\mathrm{DFT}\left[x(n)\cos\left(\dfrac{2\pi rn}{N}\right)\right]=\dfrac{1}{2\mathrm{j}}[X((k-r))_N-X((k+r))_N]R_N(k)$

5-5 (1) $y_{\mathrm{L}}(n)=\{-15, 14, -9, 17, -14, 9, -2\}$

(2) $y_{\mathrm{C1}}(n)=\{-17, 14, -9, 17, -14, 9\}$

(3) $y_{\mathrm{C2}}(n)=\{-15, 14, -9, 17, -14, 9, -2\}$

(4) $y_{\mathrm{C3}}(n)=\{-15, 14, -9, 17, -14, 9, -2, 0\}$

5-7 $a=-1$，值唯一

5-8 $\tilde{X}(k)=\mathrm{e}^{-\mathrm{j}\frac{4\pi k}{5}}\dfrac{\sin\left(\dfrac{\pi}{2}k\right)}{\sin\left(\dfrac{\pi}{10}k\right)}$

5-9 (1) $\tilde{X}(k)=\begin{cases}4 & k=rN\\2 & k=rN+1\\0 & k=rN+2\\2 & k=rN+3\end{cases}\quad(N=4,\ -\infty<r<\infty)$

(2) $X(k)=\{\underline{4}, 2, 0, 2\}=\tilde{X}(k)R_N(n)$

5-10 (1) $X_1(k)=\mathrm{e}^{\mathrm{j}\frac{2\pi}{N}k}X(-k)$

(2) $X_2(k)=X\left(k+\dfrac{N}{2}\right)$

(3) $X_3(k)=[1+(-1)^k]X\left(\dfrac{k}{2}\right)$

(4) $X_4(k)=X(2k)$

(5) $X_5(k)=X\left(\dfrac{k}{2}\right)$

(6) $X_6(k)=X(k)$

(7) $X_7(k)=\dfrac{1}{2}\left[X(k)+X\left(k+\dfrac{N}{2}\right)\right]$

5-11 $y(n)=\left(\dfrac{1}{2}\right)^n\dfrac{1}{1-\left(\dfrac{1}{2}\right)^{10}}\qquad 0\leqslant n\leqslant 9$

5-12

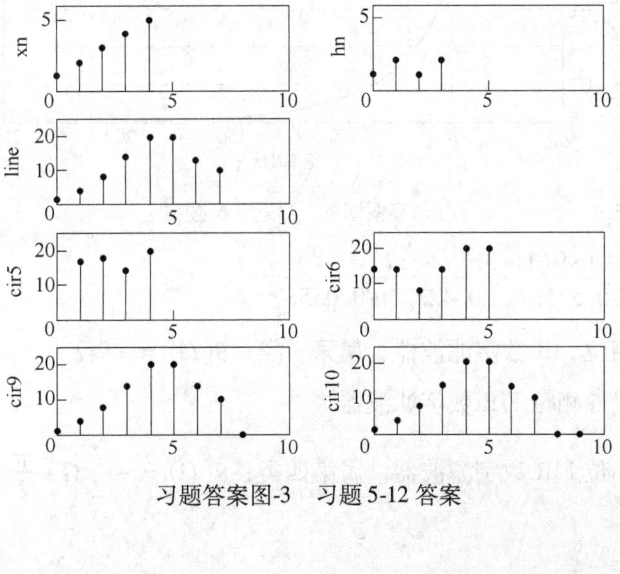

习题答案图-3 习题5-12答案

第 6 章

6-1　直接计算 DFT 为 126s；利用 FFT 计算 DFT 为 0.7168s

6-2　$T_0 = 0.1024\mathrm{s}$；$T_\mathrm{s} = 0.0002\mathrm{s}$；$N = 512$

6-6　9.7656Hz，2500Hz

第 7 章

7-1　$\delta_1 = 0.01712$、$\delta_2 = 0.00282$

7-2　（1）采用脉冲响应不变法

$$H(z) \approx \frac{0.286z^{-1}}{1-0.830z^{-1}+0.135z^{-2}}$$

（2）采用双线性变换法

$$H(z) = \frac{3(1+2z^{-1}+z^{-2})}{35-26z^{-1}+3z^{-2}}$$

7-3　$$H(z) = \frac{0.2452(1+z^{-1})}{1-0.5095z^{-1}}$$

7-4　$$H_\mathrm{a}(s) = \frac{8(1+2s+s^2)}{3+14s+15s^2}$$

7-6

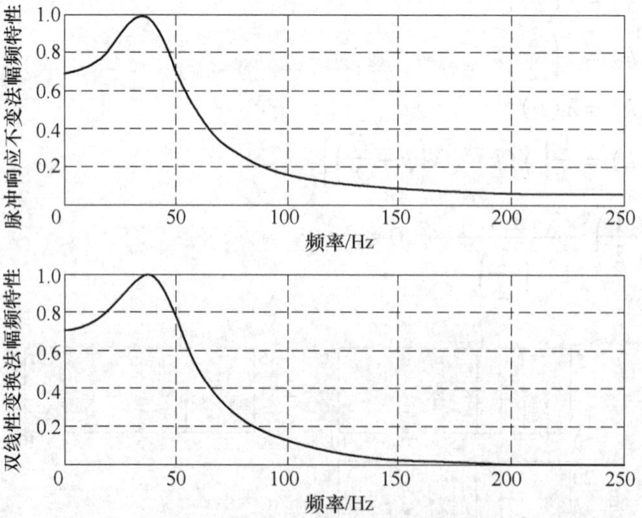

习题答案图-4　习题 7-6 答案

7-7　$$H(z) = \frac{0.099(1-3z^{-1}+3z^{-2}-z^{-3})}{1+0.571z^{-1}+0.42z^{-2}+0.055z^{-3}}$$

7-8　(1)线性相位 FIR 数字滤波器，属第一类；$\theta(\Omega) = -2\Omega$

(2)不是线性相位 FIR 数字滤波器

(3)线性相位 FIR 数字滤波器，属第四类；$\theta(\Omega) = -\frac{3}{2}\Omega + \frac{\pi}{2}$

(4)不是线性相位 FIR 数字滤波器

(5)线性相位 FIR 数字滤波器，属第四类；$\theta(\Omega)=-\frac{5}{2}\Omega+\frac{\pi}{2}$

(6)线性相位 FIR 数字滤波器，属第二类；$\theta(\Omega)=-\frac{5}{2}\Omega$

7-11　$H(\Omega)=1+2\cos\Omega$；$\theta(\Omega)=-\Omega$；图略

7-14

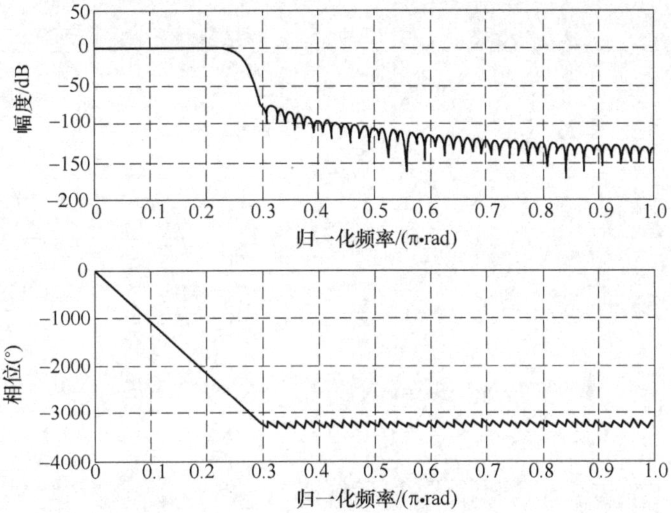

习题答案图-5　习题 7-14 答案

7-15　$$h(n)=\frac{1}{41}\sum_{n=0}^{40}H(k)e^{j\frac{2\pi}{41}kn}$$

$$=\frac{1}{41}\left(\sum_{n=0}^{8}e^{-j\frac{40\pi}{41}k}e^{j\frac{2\pi}{41}kn}+0.5e^{-j\frac{40\pi}{41}9}e^{j\frac{2\pi}{41}9n}+0.5e^{-j\frac{40\pi}{41}32}e^{j\frac{2\pi}{41}32n}+\sum_{n=33}^{40}e^{-j\frac{40\pi}{41}k}e^{j\frac{2\pi}{41}kn}\right)$$

$0\leqslant k\leqslant 40$

7-20　$$H(z)=(1-z^{-5})\times\frac{1}{5}\sum_{k=0}^{4}\frac{H(k)}{1-W_5^{-k}z^{-1}}$$

7-21　差分方程　$y(n)=0.25y(n-1)-2y(n-2)+2x(n)-1.5x(n-1)+3x(n-2)$

系统函数 $H(z)=\dfrac{2-1.5z^{-1}+3z^{-2}}{1-0.25z^{-1}+2z^{-2}}$

7-23　海明窗

$$h(n)=\frac{1}{\pi(n-64)}\left\{\sin[\pi(n-64)]-\sin\left[\frac{3}{4}\pi(n-64)\right]\right\}$$

$$\left[0.54-0.46\cos\left(\frac{2\pi n}{128}\right)\right]R_{128}(n)$$

7-24 $h(n)=\frac{1}{21}\left\{1+2\cos\left[\frac{2\pi}{21}(n-10)\right]\right\}R_{21}(n)$；加过渡带抽样点，加大抽样点数 N

7-25 $$h(n)=\frac{1}{16}\left\{1+2\cos\left[\frac{\pi}{8}\left(n-\frac{15}{2}\right)\right]+2\cos\left[\frac{\pi}{4}\left(n-\frac{15}{2}\right)\right]\right.$$
$$\left.+2\cos\left[\frac{3\pi}{8}\left(n-\frac{15}{2}\right)\right]+0.778\cos\left[\frac{\pi}{2}\left(n-\frac{15}{2}\right)\right]\right\}$$

7-29 $$H(z)=\frac{1}{16}(1-z^{-16})\left(\frac{12}{1-z^{-1}}+\frac{-6+6.86z^{-1}}{1-1.85z^{-1}+z^{-2}}+\frac{2-2.83z^{-1}}{1-1.414z^{-1}+z^{-2}}\right)$$

参考文献

[1] 郑君里，应启珩，杨为理．信号与系统[M]．2 版．北京：高等教育出版社，2000.

[2] 管致中，夏恭恪，孟桥．信号与线性系统[M]．北京：高等教育出版社，2004 .

[3] 胡广书. 数字信号处理——理论、算法与实现[M]．2 版. 北京：清华大学出版社，2003.

[4] 吴大正，杨林耀，张永瑞. 信号与线性系统分析[M]．3 版. 北京：高等教育出版社，1998.

[5] Oppenheim A V，Willsky A S. Signal and System[M]. 2nd ed. Englewood Cliffs，NJ：Prenice Hall，1997.

[6] 徐守时．信号与系统——理论、方法和应用[M]．2 版．合肥：中国科学技术大学出版社，2006.

[7] 于慧敏．信号与系统[M]．北京：化学工业出版社，2002.

[8] 曾喆昭．信号与线性系统[M]．北京：清华大学出版社，2007.

[9] 乐正友．信号与系统[M]．北京：清华大学出版社，2004.

[10] 阎鸿森，王新凤，田惠生．信号与线性系统[M]．西安：西安交通大学出版社，1999.

[11] 李培芳，孙晖，李江．信号与系统分析基础[M]．北京：清华大学出版社，2006.

[12] 余成波，张莲，邓力．信号与系统[M]．北京：清华大学出版社，2004.

[13] 刘顺兰，等．数字信号处理[M]．西安：西安电子科技大学出版社，2003.

[14] 王宝祥．信号与系统[M]．哈尔滨：哈尔滨工业大学出版社，2000.

[15] 丁玉美，高西全．数字信号处理[M]．2 版．西安：西安电子科技大学出版社，2001.

[16] 张小虹，王丽娟，任姝婕．数字信号处理[M]．北京：清华大学出版社，2007 .

[17] 姜建国，曹建中，高玉明．信号与系统分析基础[M]．北京：清华大学出版社，2006.

[18] John G Proakis，Dimitris G Manolaks. 数字信号处理[M]．方艳梅，刘永清，等译．北京：电子工业出版社，2007 .

[19] A V 奥本海姆．离散时间信号处理[M]．2 版．刘树棠，译．西安：西安交通大学出版社，2007.

[20] 薛年喜．MATLAB 在数字信号处理中的应用[M]．北京：清华大学出版社，2003.

[21] 杨育霞．信号与系统[M]．北京：人民邮电出版社，2005.

[22] 潘文诚．工频信号测量中参数自寻优智能采样法的研究[J]．电力自动化设备，2007(6)：66-70.

[23] 肖宛昂．嵌入式系统中 FFT 算法研究[J]．单片机与嵌入式系统，2003(4)：68-69.